风沙线上的美丽中国

强政府与强社会双强协同治理模式的28县（旗、市）历时考察

杨立华　黄河　等◎著

BEAUTIFUL CHINA ON THE BLOWN-SAND LINE:
A DIACHRONIC INVESTIGATION ON THE DUAL-STRONG COLLABORATIVE GOVERNANCE MODEL OF
STRONG GOVERNMENT AND STRONG SOCIETY IN THE 28 COUNTIES (BANNERS、CITIES)

中国经济出版社
CHINA ECONOMIC PUBLISHING HOUSE

·北京·

图书在版编目（CIP）数据

风沙线上的美丽中国：强政府与强社会双强协同治
理模式的28县（旗、市）历时考察／杨立华等著. -- 北
京：中国经济出版社，2022.12
ISBN 978 - 7 - 5136 - 7189 - 7

Ⅰ.①风… Ⅱ.①杨… Ⅲ.①沙漠治理 - 研究 - 北方
地区 - 2007 - 2014 Ⅳ.①P942.207.3

中国版本图书馆 CIP 数据核字（2022）第 241795 号

责任编辑　李若雯
责任印制　马小宾

出版发行　中国经济出版社
印　刷　者　河北宝昌佳彩印刷有限公司
经　销　者　各地新华书店
开　　本　710mm×1000mm　1/16
印　　张　28.75
字　　数　426 千字
版　　次　2022 年 12 月第 1 版
印　　次　2022 年 12 月第 1 次
定　　价　98.00 元

广告经营许可证　京西工商广字第 8179 号

中国经济出版社 网址 www.economyph.com 社址 北京市东城区安定门外大街 58 号 邮编 100011
本版图书如存在印装质量问题，请与本社销售中心联系调换（联系电话：010 - 57512564）

谨以此书献给：

为美丽中国而努力奋斗的最美丽的中国人！

"大漠孤烟直，长河落日圆。"

"葡萄美酒夜光杯，欲饮琵琶马上催。"

"劝君更尽一杯酒，西出阳关无故人。"

"天苍苍，野茫茫，风吹草低见牛羊。"

…………

这些耳熟能详的古诗描绘的中国北方，既有大漠的雄伟壮观、草原的辽阔美丽，也有路途的遥远坎坷、环境的苍凉恶劣。时至今日，也是一样，中国北方不仅给美丽富饶的大中国提供了丰富多彩的地理景观——别具一格的走廊、沙漠、戈壁、荒滩、绿洲、草原……养育了勤劳勇敢的北方人民，也时刻面临着沙化、沙漠化、荒漠化、草原退化等各种严重生态环境问题的困扰。生态环境问题不断影响着生活在中国北方的人们，也影响着整个中国，影响着整个美丽中国的建设进程。因此，防沙治沙和荒漠化防治等几乎成了很多中国北方地区必须经常面临并需要不断寻找办法解决的课题！

或许，我们读者中的很多人没有亲自参与过防沙治沙或荒漠化防治，但是我们相信，我们中的不少人，尤其是大多数生活在中国北方的朋友，都知道甚至非常熟悉沙漠化、荒漠化、沙尘暴等的巨大危害。即使我们中的很多朋友没有一点儿生活在受沙化、沙漠化或荒漠化直接影响的地方的经历，也应该对每年中国北方频繁发生的沙尘暴等印象深刻。是的，每当这个时候，空气污染严重，人们难以出行，不仅严重影响了人们的生产和生活，而且还会造成重大人员伤亡、严重经济损失，乃至显著的国际纠纷。因此，防沙治沙和荒漠化防治等不仅会大大造福直接受沙化、沙漠化或荒漠化等困扰的地区，也能广泛惠及周边，惠及其他更遥远的地区，惠及整个大中国，甚至惠及国外很多地方。

防沙治沙或荒漠化防治等，历来是我国北方生态环境治理的重大课题。多年来，党和国家一直高度重视防沙治沙和荒漠化防治等工作。不仅党和国家领导人曾多次到不同沙化、沙漠化或荒漠化地区进行深入调研考察，而且通过实施诸如天然林保护工程、京津风沙源治理工程、退耕还林工程等一系列重大工程，为防沙治沙和荒漠化防治等投入了大量人力、物力、财力等，并在多个方面取得了治理的重大胜利。

本书的主要目的是从政治学和公共管理学的角度，对我国多年来开展的防沙治沙和荒漠化防治等工作进行研究。我们关注的核心问题是：在防沙治沙和荒漠化防治等治理过程中，政府和其他各种社会力量究竟是如何协同发挥作用的。而且，由于防沙治沙和荒漠化防治等治理问题的复杂性，我们在前期尤其关注不同类型的专家学者以及科学技术究竟在防沙治沙和荒漠化防治等治理中发挥着什么样的作用。

本研究源于我们历时多年进行的三个主要研究项目的实地调研：集中于2007年的调研是杨立华英文博士学位论文研究的一部分，在这项研究中，我们重点调研了位于甘肃河西走廊的6县（市）和邻近的宁夏中卫市①共7个县（市）；集中于2011年的调研是杨立华主持的国家自然科学基金面上项目——"PIA框架下科学技术对北方荒漠化治理变迁作用模型的实证研究"的一部分，在这项研究中，我们重点调研了内蒙古和宁夏的8个县（旗、市）；集中于2014年的调研是杨立华主持的国家自然科学基金面上项目——"基于复杂系统观的北方草原多元协作治理绩效评价及其改进对策研究"的一部分，在这项研究中，我们重点调研了内蒙古的13个旗。合起来，一共调研了28个县（旗、市）。

---

① 我们当时调查的主要是沙坡头区，也就是原来的中卫县，没有去2004年建立地级市之后并入的中宁县和海原县。所以，虽然用了"中卫市"的称呼，但仍可看作县级单位。

对于研究收集的大量调研和定量数据，一部分我们通过撰写相关中英文学术论文，尤其是英文学术论文等，进行了使用和汇报；另一部分我们还在继续整理和分析中。但研究收集的大量访谈和观察数据，除了在部分定量研究中作为补充或支持数据进行了极少量的使用之外，都未曾系统汇报过。为了更好地理解我们考察的问题，也为了不浪费我们花费大量时间、精力等收集的这些定性调研数据，经过反复思考，我们决定以类似于"讲故事"的方式来更系统地汇报这些数据，并希望通过这一工作，能为我们更好地理解相关研究议题提供一些有益的帮助。

三次大规模调研的具体议题或许略有不同，但三次调研的核心问题事实上都是围绕着政府和社会在防沙治沙和荒漠化防治等治理中如何进行协同展开的。我们的发现很多，但最基本的结论是：只有强政府和强社会相结合的"双强"治理，才是真正的强治理，也才能真正把防沙治沙和荒漠化防治工作做好。同时，我们也发现："美丽中国除了美丽风景之外，还有美丽的人；那些不辞辛苦、勤勤恳恳地为建设美丽中国而努力奋斗的人，无论他们是政府官员，是农民牧民，是专家学者，是工程师或技术人员，是教师学生，是社会组织工作人员，是宗教人士，是超市老板，是出租车司机，是酒店服务员，是医生，还是其他任何人，只有他们，也只有他们，才是美丽中国的最美丽的风景！"

原本，我们规划在序言中对自己的研究发现进行一些更为详细的总结，以为读者在正式阅读本书前提供一个更好的导引。但是，思考再三，我们认为，既然是通过"讲故事"的方式"真实""原味"地汇报研究结果，那么我们又何必非要用自己的想法和看法去框定读者的想法和看法呢？况且，我们的想法和看法也不一定都正确，更有可能以偏概全。同时，虽然调研获得的资料本身非常丰富，但因篇幅有限，我们又大都围绕中心问题进行讨论和总结，所以并非都能将资料本身包含和揭示的重要信息全部挖掘、归纳出来。读者从任何一段资料入手，都可能发现对自己特别有用的信息，从而有自己的解读，获得自己的独特收获；或者，也可以直接挑选自己感兴趣的资料去查，去看，去理解，去感悟。而且,对我们自己而言,未来也需要对这些资料继续进行研究、分析,继续发现其有价值的信息,并得出其他有价值的结论。总而言之,所有这些,都可以看作一旦拥有资料之后,在保证资料真实性和有效性的前提下,充分展现对资料使用和分析的开放性,而这本身就是定性(或质性)研究的一大优势。故此,我们最终选择不在序言中对我们的发现进行更系统的介绍或阐述,也希望读者朋友能够谅解并支持。

但是,为了弥补可能有人认为本书过于"故事化""资料化"而缺乏理论分析和总结的遗憾,我们除了夹叙夹议,在每个(少数是每2个)县(旗、市)的调研汇报之后安排专门部分,进行适当的总结讨论之外,也在本书前三编分别汇报三次大规模调研结果的基础上,增加了独立的第四编,对三次调研结果进行了更为整体性的经验总结和更为学理性的系统思考。但需要说明的是,就是这样的总结和思考,仍然是不完善的,甚至很有偏颇性。故而,我们对这些总结和思考的态度也是开放的,希望读者朋友能够有更多自己的看法和结论。

最后,从"讲故事"与"经验总结和理论分析"的角度来看,本书仍存在各种各样的缺点和不足,欢迎读者朋友批评指正!

杨立华、黄河

2021 年 10 月 8 日

目 录
Contents

第一编

2007 年甘肃和宁夏七县（市）防沙治沙调研

调研目的及路线安排说明

本次调研的主要目的是考察专家学者（包括各种相关自然科学和社会科学科研人员、工程师、技术人员等）在中国北方防沙治沙以及荒漠化防治等过程中的作用及其机制。主要选择了位于甘肃省河西走廊的著名防沙治沙县（市）民勤县、景泰县、临泽县、金塔县、瓜州县、敦煌市（县级市）以及临近河西走廊、号称"沙漠之都"的宁夏回族自治区的中卫市共7个典型县（市）进行调研。调研的行程依次是甘肃民勤县，宁夏中卫市，甘肃景泰县、临泽县、金塔县、瓜州县和敦煌市；调研时间主要集中在2007 年 6 月 5 日至 8 月 1 日，前后历时近两个月。

一、甘肃省民勤县

民勤县在行政上隶属于甘肃省武威市，位于河西走廊东北部、石羊河下游，南邻武威市，西接金昌市，东北和西北与内蒙古自治区阿拉善盟相接；地理位置在东经 101°49′41″ ~ 104°12′10″、北纬 38°3′45″ ~ 39°27′37″，东西长 206 千米，南北宽 156 千米，总面积 1.58 万平方千米①。根据武威市统计局数据，2007 年民勤县常住人口为 30 万人②；根据第七次全国人

---

① 武威通志编委会. 武威通志:民勤卷[M]. 兰州:甘肃人民出版社,2007:156.
② 汇聚数据. 武威民勤县人口 [EB/OL]. [2021 - 10 - 06]. https://population. gotohui. com/pdata - 823/2007.

口普查数据，截至 2020 年 11 月 1 日零时，民勤县常住人口为 178470 人（约 17.8 万人）①，有接近一半的大幅下降。

民勤县平均海拔 1400 米，由沙漠、低山丘陵和平原三种基本地貌组成。② 其东、北、西三面为巴丹吉林沙漠和腾格里沙漠，形成半封闭的内陆荒漠区，温带大陆性干旱或沙漠气候特征十分明显，是河西走廊和古丝绸之路著名的沙漠绿洲。这里冬冷夏热，昼夜温差大，日照时间长，但降水稀少，年均降水量 113.2 毫米③，而蒸发量则高达 2600 毫米以上。

民勤县历史悠久，早在 2800 多年前，这里就有人类繁衍生息，创造了著名的"沙井文化"；东周时，分属秦和西戎；汉时，霍去病西征后，汉武帝曾在县境置武威县、宣威县，后又置武威郡；之后，被不同朝代先后命名为"关西""镇番卫""镇番县"等；民国十七年（1928 年），因"俗朴风醇，人民勤劳"而易名"民勤"。民勤县历来注重文教，素有"人居长城之外，文在诸夏之先"的美称。历史上民勤县曾"文运之盛甲于河西"，新中国成立后也为全国各地培养了大批人才，是甘肃省著名的"文化之乡"和"教育名县"④。

民勤县名胜古迹和文物众多，有国内唯一的、因苏武牧羊的故事命名的苏武山，有亚洲最大的沙漠水库——红崖山水库，有石羊河国家湿地公园和青土湖，有西部保存最完整并被称为"西部庄园之最"的地主庄园瑞安堡，还有闻名国内外的沙生植物王国——沙生植物园、连古城国家级自然保护区、沙井柳湖墩遗址、三角城遗址、东镇大庙等。

民勤县的粮食生产以优质小麦、玉米和啤酒大麦为主，是甘肃省重要的商品粮基地县；其他经济作物则以黑瓜子、黄河蜜瓜、白兰瓜、棉

① 武威市人民政府. 武威市第七次全国人口普查公报［EB/OL］.（2021 - 05 - 26）［2021 - 10 - 06］. https://www.gswuwei.gov.cn/art/2021/5/26/art_177_319320.html.
② 民勤县人民政府. 地理环境［EB/OL］.（2020 - 02 - 13）［2021 - 10 - 07］. http://www.minqin.gov.cn/xq/mqzrdl/dlhj.
③ 民勤县人民政府. 气候水文［EB/OL］.（2020 - 02 - 13）［2021 - 10 - 07］. http://www.minqin.gov.cn/xq/mqzrdl/qhsw.
④ 民勤县志办. 民勤简介［EB/OL］.（2020 - 02 - 13）［2021 - 01 - 06］. http://www.minqin.gov.cn/xq/lsrw/mqjj.

花、葵花子、小茴香等为主，并作为其名优产品闻名遐迩；此外，民勤县的甘草、锁阳、发菜、沙米等名贵资源也深具挖掘潜力。

民勤县还是农业农村部认定的"全国蔬菜产业大县"，是甘肃省首批"有机产品认证示范区"①，而且被中国食品工业协会、中国蔬菜流通协会誉名为"中国肉羊之乡""中国蜜瓜之乡""中国茴香之乡""中国人参果之乡"等②。

独特的地理气候养育了勤劳、淳朴、善良、敦厚、勇敢不屈的民勤人，也给民勤人的生产和生活带来了艰巨的挑战。特别是，民勤县境内沙漠戈壁和盐碱滩占91%，农田绿洲仅占9%，土地沙漠化、盐碱化形势十分严峻。因此，民勤自古以来就是全国乃至全世界知名的防沙治沙重点县。自2001年以来，温家宝同志曾先后6次批示："决不能让民勤成为第二个罗布泊。"这对生于斯长于斯的民勤人来说，"不仅是一个决心，而且是一定要实现的目标"③。

不得不说的调研缘由

民勤是我调研的第一站，这里在很多方面与美国凤凰城的沙漠气候环境类似。差异在于，美国凤凰城的气候较为炎热，属亚热带沙漠气候；民勤的气候相对更寒冷，属温带大陆性沙漠气候。

民勤是我的故乡，我生于斯，长于斯，可以说踩着沙子，玩着沙子，甚至吃着沙子长大。在1995年考上北京大学之前，我几乎每天都生活在那里，熟知老家的一草一木、一砖一瓦，甚至一土一沙。那段时间，我离开民勤县城的机会只有两次。第一次大约是在我上初二的时候，我代表学校到武威市参加全国化学竞赛。在武威市住了一晚，第二天早上竞赛之后，就直接回到了民勤的学校。第二次时间较长，是在我初三毕业以后，考上了小中专（新疆乌鲁木齐铁路运输学校），到乌鲁木齐去上

---

① 民勤县人民政府. 自然资源［EB/OL］.（2020－02－13）［2021－10－07］. http://www.minqin.gov.cn/xq/mqzrdl/zrzy.

② 武威市人民政府. 民勤再添三块"国字号"招牌［EB/OL］.（2020－10－25）［2021－10－07］. https://www.gswuwei.gov.cn/art/2020/10/25/art_175_241836.html.

③ 武威通志编委会. 武威通志：民勤卷［M］. 兰州：甘肃人民出版社, 2007:54.

学，前后离开了 2~3 个月。在那个年代，学生初中毕业，只有成绩最优秀的才会上小中专，这在农村被视为"鲤鱼跃龙门"式的重大人生转变。我们家兄弟姐妹多，父亲又因病早逝，全靠母亲、姐姐和哥哥支撑全家。所以，家里人希望我能上小中专，可以早点出来工作。但是，当时的我痴迷的人生理想是做诗人、作家甚至书法家，虽然上了小中专，心里却极不情愿。几个月以后，我又回到了民勤，并在休整一段时间后重新上了高中。之后，直到 1995 年考入北京大学之前，我再也没有离开过民勤。所以，从粗略的方面来说，我对民勤的很多情况都很熟悉，民勤是我永远魂牵梦萦的故乡！

我真正下定决心研究民勤，研究民勤的荒漠化问题，是在 20 世纪与 21 世纪之交。当时的我正在北京大学攻读学士和硕士学位，北京的沙尘暴问题非常严重，经常听到有人说西北——乃至民勤就是北京沙尘暴的重要来源地之一。这让我一方面想把问题搞清楚，另一方面想朴素地关心一下自己的家乡，为家乡做点力所能及的事情。另外，当时之所以关注这个问题，还因为我觉得自己有一些个人经历和经验的优势，能够帮助我更好地理解这个问题。因此，在读硕士期间乃至硕士毕业以后，我一直想研究这个主题。

2004 年 8 月，我远赴美国印第安纳大学（布卢明顿）留学，跟随著名政治学家与公共管理学家文森特·奥斯特罗姆和 2009 年诺贝尔经济学奖得主埃莉诺·奥斯特罗姆教授夫妇学习。文森特和埃莉诺两人都擅长从政治学、公共管理学和经济学的角度出发，研究环境资源问题，两人的博士学位论文也都是研究的环境问题；尤其是埃莉诺·奥斯特罗姆，是我的直接导师，她以研究自然资源和环境治理问题闻名全球。于是，我下定决心以专家学者在荒漠化治理中的作用为主题，作为我博士学位论文研究的重点，并撰写了初步的研究计划。随后，我在最初的基于博弈论等规范分析的基础上，发展了不同于已有三种经典模型——政府（或强制）模型、私有化模型和自治模型（该模型也是奥斯特罗姆的重要贡献）——解决公地悲剧或集体行动困境的新模型，或称作第四模型：

专家学者参与型治理模型①或知识驱动型治理模型②。2006年8月，我又到亚利桑那州立大学继续学习和完成博士学位论文。这所大学本身就地处沙漠边缘，使我研究沙化、沙漠化、荒漠化防治等问题更为方便。2007年暑假，我在确定了具体的调研地点和方法后，下决心回国进行实地调研。

因此，把新中国成立尤其是改革开放之后我国沙化、沙漠化、荒漠化等最严重的县域之一——民勤作为调研的第一站，既兼顾了研究设计科学性等的基本要求，也兼顾了个人情感和研究便利性等其他诸多因素。

6月5日　在北京感知民勤治沙的困难

近乡情怯！为了省钱，出国三年，我都没有回过民勤老家。从北京下飞机后，我一方面想平复久别回国的游子激动和复杂的情绪，另一方面想从北京的远视角来看看自己想要研究的民勤沙漠化等问题。也是机缘巧合，我在某国家机关随缘采访了一位祖籍民勤的政府官员Z，想先听听他的看法。这样，不仅可以为我研究既熟悉又有点陌生了的家乡，尤其是家乡的沙漠化治理等问题先垫个底儿，而且可以多一个观察视角。

言归正传，在听了我的问题后，Z认为，造成民勤沙漠化的主要原因有两点：

一是人类对自然资源掠夺性的开发和利用。如20世纪90年代对民湖公路（民勤县内主要公路）两侧杨树的大面积砍伐。二是政府在沙化治理方面的行政不作为甚至失职。如曾有学者在20世纪60—70年代提出要治理民勤沙漠化问题，但未能引起政府关注，三角城的消失应该足以引起政府的警觉。国家每年投入数十亿元资金，但对于1.2万平方千米的民勤来说，杯水车薪。最重要的是水的问题，据说民勤每年至少需要5亿立方米的水才能满足不再继续沙化的需要，但根据现在的拨款来看，

---

① 杨立华. 专家学者参与型治理模型：荒漠化及其他集体行动困境问题解决的新模型[M]. 北京：北京大学出版社,2015.

② YANG L. Knowledge - driven governance：the role of experts and scholars in combating desertification and other dilemmas of collective action [M]. Singapore：Springer,2018.

不足以将这 5 亿立方米的水远距离调入。民勤荒漠化治理面临两大困境:**资金不足和措施不合理**。

由于我关注的重点是专家学者在治理过程中的作用及其发挥,在进一步的追问下,Z 告诉我:

早在 1959 年,民勤治沙站就有专业的科技人员常驻(民勤)。这些人隶属于甘肃省林业厅,主要做沙漠动植物标本收集、研究等工作,为民勤提供治沙的科技指导。政府和这些治沙专家未能很好地合作,由于建议往往不被采纳,所以他们未能很好地参与到民勤的治沙决策中来。另外,他们的研究水平有限。虽然这些科技人员常驻民勤,对民勤各方面情况很了解,但是在治理沙漠化和沙尘暴方面,他们有时缺乏责任心。这些人在治沙过程中发挥了一定的积极作用,但就目前民勤的沙化状况来看,他们没有尽到应尽的义务,他们甚至自认为在参与政府治沙决策过程中人微言轻。

Z 认为,至少有五类专家可以为民勤治沙服务:

①**地质专家**;②**农、林业专家**;③**环境治理专家**;④**水利专家**;⑤**社会学家**。当地的老农在治沙方面有很多经验,他们知道怎样让这片土地养活他们,同样他们也知道怎样让这片土地绿起来,如治沙英雄石述柱。这类人是特殊条件下产生的,当政府在治沙过程中不作为时,他们的作用就是通过自己的努力,刺激和鞭策当地政府。

在 Z 看来,20 世纪 80 年代以前,如果尊重民勤那些有治沙经验的人的意见,至少可以减缓沙化的速度。此外,专家学者在那个时候的作用主要是给人们以警示。他说:

据说曾有专家蹲守三角城两个月,提出治沙建议,但是无人问津。20世纪 80 年代以后,洪水猛兽般迅速的沙化形势使人们措手不及。**此时,专家学者的作用变得至关重要,因为他们可以通过科学拯救即将消亡的绿洲。**虽然专家、学者、技术员具有相对较多的知识或经验,但(他们)在沙漠化和沙尘暴治理活动的参与中又面临着行政配合不足的问题。应该建立有效机制,让(当地)有经验的人和专家学者、政府合作。

通过对 Z 的访谈不难看出,一方面,民勤治沙必须有政府的统筹协调。尤其是外省调水这种工作,必须依靠当地政府,甚至是中央政府的强有力组织。换句话说，面对如此巨大的治理问题，一个强政府是必需的。另一方面，民勤治沙还需要社会多元主体的共同参与，尤其是发挥当地专家学者的作用。但多元参与中究竟是要政府主导、专家主导，还是要社会其他主体主导？从民勤的现状来看，更多的还是要政府主导。

6月27日　专家也有局限

真没想到，回乡访谈也需要准备这么久！在北京休整了一段时间，收集了各种研究资料之后，我先坐飞机到达兰州中川机场；然后，我又从机场旁边的公路边招手拦过往的长途汽车上车，一路摇晃颠簸，到达武威；之后，我又从武威坐车，才回到民勤县城；到达民勤县城后，我又和小哥一起打车，最终回到了久别的乡下老家。见到了老妈、哥哥、嫂嫂、姐姐、姐夫、侄儿、侄女等亲人后，大家都百感交集，自然有说不完的话和唠不完的嗑。月是故乡明，一切都充满了亲情，到处是熟悉的景象，时时都有无尽的回忆，餐餐都是老家和妈妈的味道，自然惬意无比！更为可喜的是，夏天的民勤，只要不刮风和阴天，大都是蓝天白云，晴空万里。可民勤的夏天本来就是少风的季节，再加上降水量极少，难得有阴天出现。白日的温度，虽然在太阳底下有点暴晒，但是一到了阴凉的地方，立马就会凉下来。由于昼夜温差大，即使白天很热，到了晚上睡觉也得盖较厚的被子。

民勤的夏天总是最好的季节，民勤的夏天也总是最美的季节！一到夏天，这里便披上一年中最茂盛的绿装，虽不能说是满目苍翠，却也是绿意盎然。于是乎，蓝天、白云、沙丘、黄土、或多或少的绿色、或稀或疏的植被、盛开的各色花朵（尤其是大片大片的向日葵和棉花）、遍野的各种瓜果（西瓜、黄瓜、白兰瓜、苹果梨等）、成群的各路牛羊，把整个民勤盆地装扮成了独有的沙漠绿洲。再辅之以淳朴勤劳、大度开朗的民风，这里能让久居城市的人真正领略到独特的乡野气息。这种气息既带几分野性和质朴，也带一些宁静和安详，犹如世外桃源，令人神往。可由于这次是带着任务回国，我内心虽然希望在家陪老妈的时间越长越好，但在稍微休整了几天和拜访了一些必须拜访的亲朋故友之后，我又不得不开始了紧锣密鼓的调研。

趁着在家休整期间，我对周围的一些地区——包括原来的养猪场进行了实地考察，加深了对家乡沙漠化问题的认识，对近年来沙漠化治理成效也有了深入了解，并拍摄了大量图片。6月26日，我再次回到县城，居住在小哥家，开始了第一次以县城为中心的集中调研。

6月27日，因拜访老同学，我来到了民勤县电力光明印刷厂，顺便访谈了几位工人。大家普遍认为，民勤县早些年种植黑瓜子，大面积开垦荒地，导致植被破坏，造成了现在的沙漠化。他们说道：

民勤缺水，政府资金投入有限。乱开荒和超采地下水比较严重。从这一两年来看，政府（包括关井压田）有些进步，但还是需要一个过程。多种植苜蓿、须根（植物）等才能抑制风沙。我们小时候，树多，沙尘暴少。但是，这里降雨少，治沙还是要依靠国家投入，从外省调水。在外围设置防沙屏障，里面治沙，不如外面治沙。（沙漠）每年扩展一千米，十年十千米，一米一米推进。三北防护林这些小时候有，现在已经看不到了。

他们像北京的Z一样，强调从外省调水的重要性，也强调从外围治沙的稳步推进。对于专家学者在民勤治沙中的作用，他们更多介绍的是外来专家，尤其是政府组织的专家学者。例如，一位工人说：

学者自发来的较少，多是政府请进来或上级部门组织的，但真正搞研究的更少。过去民勤治沙站有很多人，外国专家都来民勤学习。这些人基本上是各大研究所或者国家专门治沙的，实际上和官员差不多。既是学者又是官员的人比较多，而专门的学者比较少，没有听到过。

另一位工人回忆道：

我记得（有些专家）来自国家的科研部门，外省的基本没有。2005年，武威沙生植物园有学者从东北林业大学来，民勤好像没有。这些人研究石羊河流域的生态治理，也对民勤做过调查，水土测试、提取样土，是真正来研究的。东北林业大学专门在武威有研究基地。石羊河领域研究站在全国有100家，还有博士研究站。（这些专家学者）每年来，长期不断。（这些人）每天来两三个小时，聊天，研究治理办法。

在这些工人眼中，相对于本地人，专家有其自身的优势。他们认为，专家在理论、知识上对生态治理有着更科学的意见和建议，而当地人主要应用老土办法，因此总体来说专家更科学。但专家也有其劣势，即在民勤的时间短，对当地情况不一定了解得特别透彻，研究的论文和结果也可能会有些偏差。这几位受访者都认为，如果外来的专家能真正参与到生态综合治理中，就可以提出更科学的治理方案和治理措施。例如，有工人说：

如果专家学者可以住个三年五年，就可以了解（得）更透彻。短期调查可能吃不透，但是他们留下的话从资金、待遇上又没有办法满足。（这里）无法和大城市相提并论，包括沙生植物园，过去在省沙漠研究所，好的学者都走了，一部分到了武威，留下的专门搞沙生植物研究……过去移民，省委书记提出"人退沙退"，水利部部长则提出不同意见。中国人几千年听的都是"人进沙退"，还没有听说过"人退沙退"，现在基本验证，湖区无人的地方已经被沙淹没。

受访者还认为，民勤县要治沙，需要多来一些懂得水利知识、环境知识、沙漠化治理知识的专家。一位工人给我举了几个例子：

水利学者懂得如何进水；从哪方面节水；地下水如何；哪种树木可以节水；哪种树木会提升、降低地下水位；是从内到外，还是从外到内……龙王庙、青土湖、老虎口是风沙比较大的地方……更重要的是，在治沙过程中，小面积的荒漠都被忽视了，但是实际上小的（沙漠）和大的（沙漠）危害一样大。民勤县现在最需要的是学者型的政府官员，不仅了解知识，还知道政策导向，能在人员安排上发挥重大作用。光（靠）民间自己不行，还得靠政府资金、政策倾斜。**民勤的事不只是民勤的事，也不只是武威的事，而是整个中国的事情。**

在工人看来，不管是专家、学者，还是技术员，这些人都不能深入了解当地实际。由于气候、环境等各种原因，这些人不能长期待下去，最多的也就待十天半个月。虽然如此，但是从生态治理到政策措施，这些人的作用还是很大的。尤其是这些人对当地政府官员的知识是一种补充，因为有些官员没有这些方面的知识，治沙不够专业。在这方面，受访者又给我讲了一件事：

比如，在红沙梁和西渠之间，本来植被相当好。听说领导要来，（开始）踩荒滩，栽树，但是（最后）也没有弄成。本来自然植被相当好，结果用推土机推掉，栽的小树在盐碱地成活不了，最后黄土盖天。下面的人想弄政绩，风沙知识欠缺，做外围。这些人也可能没有坏心，但就是知识欠缺，导致这样一个结果，人们一走到这个地方就生气。

不难想象，政府与社会形成合力协同治沙的前提就是政府要重视其他社会主体的参与，至少要实现各方平等协商，沟通交流。

治沙重点是钱，专家作用不同

离开印刷厂，我又来到了民勤县妇幼保健站，在这里访谈了一位做临床检验师的老同学。从他口中得知，民勤县近年来大量开垦荒地，大量抽取地下水，地表面退化严重。对于水位下降的原因，他认为一方面是上游的来水太少，另一方面是传统的劳作方式有问题。这种劳作方式虽然增加了农民收入，无形中却破坏了很多植被。植被破坏之后，风沙很大。他曾听说在1992年某月，与民勤县邻近的古浪县的4个小孩被风吹走，最后没有找到。对于上游来水问题，他认为是上游水库太多，他听说每年到民勤的水不足1亿立方米，仅7000万立方米。对于民勤的沙化治理，他有自己的一套看法：

第一，民勤县治理沙化重点是钱的问题，只要给钱，问题就能解决。第二，农民的观念、思想、理念必须改变。第三，种树成活率不高，管理上不行，尤其是偏僻地方成活率不高。此前，北京来的专家推荐了北京公司生产的土壤激活剂。有了这个东西，毛条等作物成活率提高了，相应提高了抗旱能力。

对于民勤近些年的治沙，他也给我介绍了很多细节。

民勤县专门有个治沙站，配备专业技术人员，专家从去年（2006年）才开始正式参与治沙活动。特别是今年（2007年）（传言）温家宝（同志）要来，结果后来是人大副委员长、民进中央主席许嘉璐（来此）。在此之前，专家参与不足。由于民勤有关媒体的宣传，所以从去年开始引起上面领导重视。民勤推出了全国十佳治沙人物，中央一台敬一丹报道过。来民勤县治沙的技术人员一般都是中央级的，也有省里来的。（这些人）先来看看状况，回去再研究。也有研究机构搞这方面调研的，但基本上（大家）还是观摩调研，继续考察。这些专家一般不常驻，来了以后待一两天就走。在大棚里有一些蹲点指导专家，确实手把手地指导百姓，例如，民勤县大坝乡六沟村大棚基地，类似的还有勤锋沙产业生态示范园。来的这些人都是治沙领域的专家，有一定技术，有一定研究，但是群体不大，力度不大。有些专家光跑，没有实质性进展。技术人员都是与政府官员直接联系，与普通民众接触比较少。（治沙）只要政府部门倡导，就会全部出动，全员参加，但在后续管理上不尽如人意。成活率很低，（虽然）植树了，（但是树）死了，然后再种，（结果是）劳民伤财。

对于治沙的效果，他认为整体上专家学者起到了一定的指导作用，但由于财力支持有限，政府行为无力，老百姓的发动做不好，导致效果有限。具体来看，近几年相关的上级指导部门开始对植树治沙相关项目立项，但项目投资力度有限。不过，他特别强调，新中国成立后民勤在治沙方面做了很多工作：

（20世纪）50年代，红崖山水库是当时亚洲最大的水库，至今还是民勤的生命之源。围绕水利建设，五六十年代民勤涌现了一批水利专家，如武威地区的专家左凤章，为民勤和武威水利事业贡献了毕生精力。再如王开禄，原先担任武威水利科科长，现在在石羊河综合治理指挥部，50多岁，名气仅次于左凤章。（但是）80年代改革开放后，（群众）发展经济的热情高涨，（开始）只要生产和收入，不关注环境，没有想到人与自然的和谐发展。近二三十年的时间，（这里）大面积开垦荒地，专家指导增收创益，不关注环境。有的专家指导老百姓打深井，但一年后水位就下降半米，后来更厉害。现在本地水位比较浅的地方都是不怎么有人的地区。例如，以畜牧业为主要收入来源的南湖乡、花儿园乡、北山乡。其余的以民湖公路为主的地区水位都在60米以下。

总之，他热切关注民勤的生态环境问题，尤其关注地下水位严重下降的问题。打深井固然能解燃眉之急，但从长远来看，可能会造成更大的风险。在他看来，不同专家对治沙的作用有明显差异。例如，指导农业创收的专家显然就不利于治沙。那么是不是治沙本身就与经济效益相冲突，或者说要想治沙就不能要经济效益？

6月28日　村里的"防沙治沙展览馆"

根据《武威通志》的记载：石述柱，民勤县薛百乡宋和村农民，1936年出生，中共党员。1991年被省委、省政府授予"全省造林绿化先进个人"称号；2002年又被中宣部、国家林业局授予"全国防沙治沙标兵"称号；2005年被国务院授予"全国劳动模范"称号。[①] 在《甘肃省志·林业志》[②] 中，对石述柱的介绍还有"曾任民勤薛百乡宋和村党支部书记。2004年被全国绿化委员会授予'治沙英雄'"。作为一名普通的农村干部，其头顶的光环能走出民勤，直达中央，不难想象他为宋和村治沙做出的巨大贡献。6月28日，我和陪同的堂哥来到了薛百乡宋和村，遗憾的是，石述柱外出参加会议，未能谋面。

事实上，石述柱带领村民治沙已经形成一种氛围，甚至形成了一种品牌。我虽然未见到石述柱本人，但参观了民勤防沙治沙展览馆。该展览馆已经成为民勤县的一个知名景点，县政府官方网站有专门的介绍[③]。展览馆以民勤县治沙的历史和成就为主要内容，形式较为丰富。除了石述柱等治沙先进事迹，还包括国家领导人的视察及石羊河流域综合治理的成就。

参观完展览馆，我在路边与一位村民S聊起了民勤的治沙情况。不知道有什么内情，S不甚愿意谈及该话题，答复得可谓言简意赅，或者说意有所指。例如，就"从你的个人观点而言，造成沙漠化和沙尘暴的主要原因是什么？请举个例子"一问。S的答复是：

管理问题。林场有护林员，但是今年（2007年）没怎么见到人。这些人能成为护林员主要是村委会安排的，和村上人（上面人）关系好，

---

　① 武威通志编委会. 武威通志:人物卷[M]. 兰州:甘肃人民出版社,2007:197.

　② 甘肃省林业志编纂委员会,甘肃省地方史志编纂委员会. 甘肃省志·林业志:下册(1986—2005)[M]. 兰州:甘肃文化出版社,2009:1268.

　③ 民勤防沙治沙展览馆简介[EB/OL]. (2019 – 01 – 01)[2019 – 08 – 15]. http://www.minqin.gansu.gov.cn/Item/63571.aspx.

和村民本身没有关系。

又如，针对"治理沙漠和沙尘暴现象目前面临的主要问题是什么？请举例说明"。S的答复是：

钱的问题、管理问题。林场养的骆驼太多，有些老百姓，说也不能说……

类似这样的回答，让我觉得这位村民似乎对现有的相关情况有些不满，但又不太愿意说。因此，我转变思路，从治沙的具体方法和经验开始访谈，这下S打开了话匣子。

在这里治沙就要压住沙，要把树管好。压沙有土压和麦压两种，土压的比较牢固，麦压的风吹雨淋腐烂以后就不行了。**就石羊河的压沙来看，还是土压的比较好**。治沙站老师教村民用沙下的焦泥，这个方法比较好，但是比较费力。专家学者也参与治沙，但都是和政府接触，普通的农民接触不到。（20世纪）80年代，有专家过来蹲点蹲了好几年，例如，陈大春、杨克仁等。农民经常和他们接触。杨老师（杨克仁）现在还在治沙站，陈老师（陈大春）现在在武威。他们教农民种毛条、花棒，告诉农民哪些植物不喜欢浇水太多，浇太多了会死。但是现在蹲点的少了，几乎没有了。总体来说，专家们在（20世纪）七八十年代参与得多，当时他们住进了林场。（20世纪）90年代主要是压沙多，植树，但是村民没有见过这些专家。还有知识青年下乡到这里，例如，兰州的青年到宋和，一蹲（就是）几年，主要是压沙。但现在这些专家没有了。尤其是（20世纪）七八十年代，专家和民众的关系很好。他们参与较多，当地民众也很信任他们。

不难看出，S眼中的这些专家能够长期在本地居住，与当地居民建立了良好的关系，因此他们的专业知识也能发挥出来，服务于当地的治沙。在我看来，外来治沙专家一旦长期在当地蹲点，就算是半个本地专家了。就目前的几位受访者来看，似乎民众和专家的不同互动模式对治沙效果有着很大程度的影响。受访者回忆治沙效果较好的时期，都是专家与民众沟通交流较多的时期；而现在治沙效果开始一般化，民众与专家的接触也明显少了。

6月29日　县领导眼中的治沙

6月29日，我在小哥的陪同下，来到了民勤县人民政府，正好县领导M也在。M公务繁忙，但对于我的调研主题还是表现出了极大的兴趣。

民勤这个地方由于自然变迁导致水资源匮乏，加之早些年过度开采，导致涵养水源恶化，致使沙化日益严重。可以说民勤荒漠化的根源很多，自然变迁、上游来水（不足）、涵养水源恶化、宏观管理机构不健全、过度开发严重……根源在全国，但民勤表现最明显。民勤治沙的最大问题是经费，现在跑项目成本很大。（我们去跑项目）有些时候根本没有尊严，连看大门的"关"都得过。

对于专家在治沙中的作用，M的概括是：

病一样，但是开的方子不一样。民勤治沙有专家参与，也有帮助，但是没有整合起来，意见很不一致。这些专家来自各个领域，水利、林业、防沙治沙，等等，主要作用就是提供咨询。治沙站整体上在萎缩，治沙站和政府之间没有太多的交流，它们和各种研究机构的合作比较多，甚至和外国特别是非洲的专家有较多的合作。治沙研究所的小宾馆里面经常有人，但是他们和地方政府之间的关系不是很紧密。

治沙要统一规划。石羊河流域的综合治理规划，涉及林业、土地、教育、移民、水利等各个方面，但是水利局在审查时仅仅考虑水利问题，没有考虑其他方面的问题。石羊河流域4县9市，但是流域管理局主要考虑了金昌和武威的6个县区。到2010年，第一期工程33亿元，凉州区21亿元、民勤9亿元。远期十几亿元主要在金昌，但是有好多专家对核心指标提出了异议，认为即使达到现在设定的目标，民勤还是有问题。

现状如此，该如何解决这些问题，M有自己的看法：

首先，可以组织一个智囊团，聘请一些著名专家参与，组织一个相应的机构，以民间组织的形式募集资金；其次，政府和治沙研究所可以合作，甚至可以补助他们一些经费，依赖社会组织和各种民间组织累积资金；再次，要有综合性规划，而且需要年年规划；最后，要建立技术示范区，开发新产品，建立治沙特区……

在列举了上述工作后，M 强调，最重要的是必须考虑农民的利益。在我看来，民勤的治沙虽然有各自为政之嫌，但至少表明大家都在积极参与，只不过这种参与需要综合考虑、全盘推进。作为一县的领导，自然强调整体规划和政府主导的重要性。但是，如果不用政府规划，就能形成治理合力，岂不是更好？另外，如果全县一盘棋，会不会造成所有问题都向一点集中？换句话说，形成合力固然是好事，但合力的形成需要组织、人力、物力、财力的统一调配，而统一调配又会有相应的弊端，当然这些问题似乎超出了县领导的职权范围和关注重点。

离开 M 的办公室，我们就赶往红崖山水库。

主要问题是缺水，内外专家要结合

时至中午，我们来到红崖山水库（见图 1 - 1）。红崖山水库号称"亚洲最大沙漠水库"，如此大的水库，有几艘游艇在湖岸停泊，一眼望去烟波浩渺，如果不是周围的沙漠和零星的绿洲，会让人以为置身于海岸沙滩。

图 1 - 1　红崖山水库景色

资料来源：笔者摄于 2007 年。

水库旁有一家东升餐厅，外表虽陈旧，里面却十分整洁。我们正好边吃中午饭边对红崖山水库管理处的一位管理人员 G 进行访谈。在 G 看来：

民勤的主要问题是缺水。（我）过去在土地管理部门工作，（对该问题）比较熟悉。人为破坏的因素有，但不是绝对的。开垦在总面积（中的比例）还是比较少，（更多的是）气候干燥、降雨量少、植被枯死。（我记得）专家有句话：**有水是绿洲，无水就是沙漠**。（对于治沙），历届县委、县政府调动老百姓做了不少工作，但不从源头上治理不行。例如，2000年的"万人治沙"，有效果，但是比较小，（治理的）面积比例很小。《甘肃日报》在2000年8月左右还报道过"万人治沙"。治沙要具有长效机制，（现在是）不同领导不同办法，各行其是，人人一套，政策不稳定，没有连续性。

对于专家学者在治沙中的作用，G认为县林业部门的专家参与较多。就他所知，民勤的基本情况林业部门比较清楚，专家的参与也比较多。林业部门把具体情况向上面汇报，上面的专家也多次来民勤。县林业局下设林业站，分布在水库站、连古城、清风滩、三角城等地。在问到当地有没有治沙比较有经验的民众时，G着重强调了几个人：

宋和村的石述柱，当地有民勤治沙示范园区。我的总印象是……（把治沙）政治化了。但是，宋和也确实做了一些事情。还有四中（也可能是六中）的蔡老师。还有武威市的左凤章，是水利处的高级工程师，治理沙漠从年轻一直到退休，为此还有一个专题片，我也参与过制作。还有县政协副主席李玉寿，也做过专题片，他还搞过一段时间县志，很多治沙资料都在他那里。来治沙的这些人基本上分布在各乡镇的风沙沿线，最开始是保护林地，后来逐渐有计划地植树造林，扩大绿洲面积，虽然资金有限，发展缓慢，但作用还是有的。

值得注意的是，外来专家学者的作用不应被夸大。G认为这些外来的专家和当地民众相互没有什么关系，只不过在区域内有这么一个单位，各管各的，平常也没有什么交流。即便有交流，也都是政治活动，或者是政府组织的治沙活动。此外，当地民众治沙采用麦草沙障控制沙化，虽然这种方法使用时间不长，但很有效，得到了专家的赞赏。因此，治沙还需要本土专家与外来专家的共同努力。

在我看来，G对于民勤治沙的情况还是比较熟悉的，对于专家学者在治沙中的作用也是了解的。他告诉我们，他在水库工作了8年多，县里的治沙活动也都参与过。目前，红崖山水库的治沙工作由他负责，虽然苦，但很愉快。在G看来，能在这个地方管护水库，参与治沙，人活得比较充实，苦中有乐。典型的民勤人或许就是如此勤劳淳朴吧！

沙化的根子是人，技术推广有困难

辞别水库管理员，下午我们来到民勤县治沙站，受到了副站长的热情招待。对于我们的调研，副站长安排了一位专门研究沙漠化的X研究员。对于民勤的治沙，X认为：

沙漠化最重要的是人的原因，根子是人。从历史上看，汉代水域面积比较大。现在一是就地起沙，二是流沙迁移。这导致了水越来越少，湖泊萎缩。再加上不断的垦荒，这里人口不断膨胀。20世纪80年代民勤开荒，一些柴湾基本消失。民勤在治沙上下了很多功夫，以前还是全国先进县，国家、当地政府以及老百姓在资金和人力上都有很大的投入。

经过几十年的努力，民勤已经建立了比较完整的过渡带，既有人工植被，也有天然植被。但是，这些年地下水位下降，植被开始退化，导致土壤旱化、沙丘活化、植被死亡，梭梭和红柳等植物也没有了。现在民勤的沙漠治理变得更加棘手，生态环境更加恶化。虽然随着治理难度加大，国家投资也大了，但还是少（远远不够）。例如，治理1亩沙地补助农民100元，但是由于涨价（物价上涨），现在100元不够用。现状是不断投入，不断治沙，但是成效不大。问题的关键是，钱是否用到了治沙上，老百姓栽树需要钱，如果不给钱，人家就不会好好栽。从技术角度来说，基本的治沙民勤几乎每个农民都会，但现在老百姓的治沙积极性不高。

仔细对比，X与之前的水库管理员对沙漠化的归因重点明显不同，更强调了人的因素。这些人的因素既包括人为破坏，也包括在现行政策主导下，民众积极性调动困难。那么，面对这种现状，怎样才能进行更好的治理？X的看法是：

治沙既需要资金投入，也要技术投入。**民勤现在没有水了，应该少**

17

栽树。过去曾有过用黏土的治理办法，但坏处是形成了土壤壳，水渗不下去，植被的生长受到很大限制，本来这地方降水量就小。现在普遍的做法是通过人工造灌木林，但田间应该种大树，防止干热风，保护生产。沙区可以种灌木，但是不能太密，因为没有太多水。例如，**国家规定1亩地可以种100株，但是民勤只能栽40株。**当然密度太小也不行，因为灌木太少不能防沙，所以需要（在）植树的同时采取工程措施，例如，围沙障、喷洒化学药剂、铺设尼龙网，等等。

我们作为技术人员，把技术研究出来，提供给政府。但是政府是否采用，由政府自己决定。目前（来）看，政府不一定听研究员的建议，政府有政府的规章。政府站在宏观的角度上制定政策，不能制定具体的政策，因此要做到因地制宜，难度很大。研究人员不参与治沙工程，这些工程由县上做，任务下达后，下面各县市林业局组织。更多的时候是开些研讨会，但最后的落脚点还是在政府，研究者只能提供建议。

不难看出，由于研究人员和政府的角色不同，各自发挥的作用也不同。在 X 研究员看来，研究人员的工作主要是技术上的指导，还有就是发现问题、提出项目、研究出成果推广等。例如，上面的 40 株/亩的种植密度就是研究人员搞出来的。但即使这个密度符合地方实际，也得经常呼吁，因为技术推广会面临一些困难。

过去搞"输血"式的，我们拿钱给百姓办事，但是收益就是几年。现在需要将"输血"和技术结合起来。例如，在做商业推广时，将羊免费给农民，但要求农民连续 3 年每年还 1 只羊羔。联合国的专家认为这种模式比较好，叫作"绿色银行"。也有一些推广不是很成功，下去推广技术，只是发一些册子，开培训班。但是对培训班来说，老百姓对农业技术等感兴趣，对治沙技术没有太大兴趣，有些时候甚至有抵触情绪，因为治沙没有利益。另外，一些项目我们请人来做示范，老百姓看到好，都不用推广，自己就会跟着做。

如此看来，治沙技术的推广确实需要注重方式方法，不能只是简单地宣传。此外，各方面的专家学者也应该联手协作。但 X 认为，来这里治沙的专家学者大多是只考虑自己的利益，不考虑整体的利益。

例如，县上的水利专家和农业专家就是如此，也就是说，卖石灰的看不得卖面的。目前号召的是参与式治理，但是谁都认为自己的水平比较高，不需要别人参与（更重要的是，外来专家对本地实际的了解需要一个过程）。比如，**很多人批评民勤的大水漫灌，认为太浪费水。但是，如果不漫灌，土壤中的盐分洗不下去，就没有办法种庄稼。所以，有些专家并不一定了解当地的实际情况。**又如，植树，本地可以种植一些松树，但是生长期较长，解决办法是杨树和松树混合种植，当松树长大时，伐掉杨树。

在我看来，作为一名技术人员，X研究员既了解专家学者的作用，也知晓其不足。事实上，针对民勤的沙漠化，当地居民、技术人员、基层政府和外来专家都既有优势，也有不足。面对日益恶化的生态环境，民勤治沙最重要的是政府力量和社会力量的携手合作，共同努力。

访谈结束后，我们回到小哥家休息，整理材料，为第二天去往石羊河林业总厂红崖山分厂做好准备。

6月30日　植树造林也得看条件

石羊河林业总厂隶属于武威市，从20世纪60年代至今在防沙治沙方面做了很多工作。该林场目前有79万亩林地，其中红崖山水库林场近2万多亩，此外，还有洪水河扎子沟分场、小西沟分场、小坝口分场、大滩分场、大滩园林场、泉山分场、义粮滩分场、葡萄中心和沙井子分场，基本上都在民勤。6月30日上午，我们抵达石羊河林业总厂红崖山分厂，G厂长热情地接待了我们，但提供的信息有限：

民勤治沙面临的最主要问题就是水的问题。政府现在提倡节水，但是实际上根本没有水，如何节水？还得靠外流域调水。但调水本身的问题也比较多，黄河提灌花费比较大，还得由黄河管委会统一分配。钱当然也是问题，但最关键的问题是外流域的水也少。

来这儿治沙的基本上都是林业专业的技术人员，主要工作基本都是林木管护，技术人员基本上也都是民勤人。过去，因为国家支援大西北的战略，有其他省份的技术人员来这里，比如河南，但现在（这些人）

基本退休。现在的民勤治沙技术人员是必不可少的，因为过去自然条件好，不管怎样都能种活，但现在必须依靠技术。例如，石述柱，虽然特别有实干精神，但假如现在造林，（这些树）未来也可能枯死。

可见，治沙必须植树造林，但不同自然条件对造林要求也不一样。在自然条件较好的情况下，植树造林只要做就会取得成果。但如果自然条件越来越恶劣，就不能一味地强调植树造林，而是要在尊重自然规律的情况下，发挥技术人员的作用，让植树造林见实效，而不是做无用功。

缺水仍是大问题，修复只能靠自然

这几天的受访者，无一例外都在强调水的重要性。部分缺水是受自然条件限制的，如降雨量、地表河流等；部分是受人类活动影响的，如地下水开采。晚上，我们在宏源药店遇到了一位前来买药的市民，交谈中得知他是民勤县红崖山水库管理处的一名职工。对于与民勤水利相关的问题，他了解的细节比较多：

民勤沙化的主要原因是地下水位下降，过度开采地下水。工农业生产需要地下水，人口压力也会影响地下水。拿洪水河来说，作为石羊河的一个支流，在民勤县的干流只有23千米。流经民勤地区的有8条河，但引流灌溉后的余水及水流（暗流）在武威盆地，溢出地面形成泉河道，成为石羊河实质上的河道。20世纪50年代，这些河流的径流量是17.78亿立方米，流入民勤的有5.43亿立方米。到90年代，流入民勤的径流量只有1.3亿立方米。总量每年以1000万～1500万立方米的速度在下降。2004年6月26日至7月24日，总共28天，水库干枯。

在他看来，目前只能靠自然修复，只能顺其自然。换句话说，治沙可以遏制沙化速度，但不能扭转沙化的方向。更重要的是，治沙单靠民勤是不行的，需要整合各方面的力量，变"民勤治沙"为"中国治沙"，甚至是"国际治沙"。

7月1日　北京都知道民勤

7月1日，我们访谈了民勤县水利局①的一位官员S。

民勤出现沙化问题，主要原因就是正常来水少。人口增加了，地下水资源开发太多了，水资源更缺乏。要想治理民勤的沙化，主要措施就是调水。其次是在调水（的）基础上调整种植结构，地下水要有序、有计划（地）开采。

在S看来，民勤的沙化问题受到了全国的关注，近几年来到民勤的领导也有很多。就S所知，来民勤的有水利部第四任部长钱正英、第五任部长杨振怀，还有其他国家部委的领导，还有全国人大常委会原副委员长许嘉璐。来民勤的技术专家更多，S称都记不住名字了。不仅领导和专家关心民勤的沙化问题，媒体关注也很多。他说：

从中央的《焦点访谈》，中央一台、中央二台，到《甘肃日报》《人民日报》，都报道过。民勤如果没有新闻媒体、官方、技术人员的宣传，不可能有现在的知名度，现在北京都知道民勤。

S认为，民勤的治沙模式在全国也是有名的，可以推广，但也存在一些问题：

当前有些地方行政人员"迷信"技术人员，行政人员要求老百姓按照技术人员的要求做，（但）有些时候（技术人员）是错的。此外，在治理活动中，包括决策中，像出一些规划，定一些技术规范，实际上都是专业技术人员先编出来再给行政人员。虽然技术上是合理的，但是人家说改就改了，你也没有什么办法。

可以看出，虽然这位水利局的官员对民勤治沙模式很自信，但对于现存问题也感到无奈。当然，因为他在水利局工作，自然对水利方面较为熟悉，可能因此淡化其他相关问题。就像前几位受访者强调的，如果节水的作用已经很有限，那么民勤治沙除了要面对集体行动的困境，还要警惕不当治理带来的破坏。

---

①　2005年，民勤县水务局更名为"民勤县水利局"。访谈时，受访者经常用"水务局"来指"水利局"。

7月2日　缺水与否都要节水，治沙应有长远规划

从7月1日下午到2日上午，我暂停了访谈，不仅是因为需要继续整理这段时间的资料，也因为从民勤县城回到了红沙梁乡高来旺村的乡下老家。如此安排，主要是为了以乡下老家为据点，展开下一阶段的调研。我的调研还有问卷调查，但是这一阶段遇到了一个难题，很多农民文化程度不高，甚至不怎么识字，拿到问卷不知道如何填写。因此，7月2日下午，我赶往坐落在民勤县泉山镇的民勤三中。

民勤三中是我的母校。这次到学校来，一方面，固然是为了看望久别的各位恩师；另一方面，是希望通过老师帮忙，系统培训一些在校的高中学弟学妹，在此基础上，请他们帮忙带问卷回家给家长填写，或者由他们作为访员访问亲戚和邻居。重归母校，自然一草一木、一房一路，皆关情怀；师生重逢，自然欢愉异常，讨论聚会，情深意长。这些自然不必细说。值得一提的是，在完成了培训学弟学妹的任务后，我也顺便对老师进行了访谈，尤其与J老师的访谈，更是值得记录。在J老师看来：

民勤沙化有多个因素，既有降雨量减少等自然因素，也有过度开垦和植被被破坏等人为因素。尤其是种籽瓜的时候，开荒滩和柴湾，造成地下水位下降。这种人为开垦除了集体性的，还有很多个人性的。过去民勤县考虑农民的收入，对开垦荒地没有限制，农民和政府官员的生态治理意识都比较淡薄。现在民勤治沙有三个问题。一是沙漠化治理和农民收入的关系问题，节水和农民收入有矛盾。二是沙漠化治理中的管理问题。沙漠化治理过去也搞过，植树也搞，植了不少，但管理不善，造成人力、物力、财力的浪费和环境的破坏。三是原沙漠边缘的治理问题。目前来看，对沙漠边缘的治理还是不够，应该以种植灌木为主，建造防沙林带。现在是零星种植的不少，大面积种植的不多。

访谈过程中，J老师反复强调节水的重要性。他认为具体如何节水，还要根据各村社的实际安排，因为村社之间的土地分配面积差距较大。

有些村社土地比较少，开垦的土地就比较多。因此，节水应该根据

土地多少，限定指标。既要保证土地少的农民（解决）穿衣吃饭问题，也要对土地多的地方加以限制，以解决节水的问题。过去说，三分地，七分管，现在是三分灾，七分管。**民勤要治沙就必须节水，不管是否缺水，都要节水。节水可以说是一种资源意识。**

J老师还特别强调统一规划的重要性。在他看来，民勤治沙总的问题还是管理上不去，没有长远规划。

对民勤的沙漠化治理应该有一个长远的规划，政府官员按照长远规划，有步骤地进行长期性的沙漠治理。在专家学者的指导下节水，或者展开农作物的种植。现在民勤治沙总体的感觉是技术含量还是很低，电视上、报纸上主要说沙漠化严重的问题比较多，就科学家如何指导治理，从报纸、电视上看到的比较少。（听说）县上好像要成立一个权威性的机构，一要注意技术指导，二要注意管理。比如，过去的护林员，每个村都有，铲草、割红柳都要罚款，应该在这个方面加强管理。没有系统的规划，哪一年治理哪一段不明确。特别是树，年年植树，年年不行。实际上，用于植树的资金应该拿一部分出来，加强管护。往年栽树之后，无人浇水管护。有句俗语概括的是"春天栽，夏天干，冬天变成烧火柴"。

J老师也知晓宋和村的治沙，他认为石述柱是民勤典型的治沙模范。但在他看来，民勤治沙最重要的还是农民。

年轻人往外考学，根本不考虑民勤的问题。所以还是要依靠40岁以上的老农民，能在这地方长期待下去。但是这些老农民没有多少知识，还是用过去传统的方法治沙，或者用麦草格子，或者用黏土，再就是栽些梭梭、毛条、沙枣树等抗旱植物。因此，当前提出的"兴水压沙办教育、关井压田调结构、强工活商促发展"是对的。现在经济制约教育越来越明显了。**教育这些年发展得好，主要是因为农民收入多，收入多主要是因为地多、抽水多，实际上是先人吃了后人的饭。**听说《武威日报》上有报道，在青土湖两大沙漠开始合拢。现在的问题是农村老龄化严重，这样发展下去民勤本身的科技人才都少了。

就我关心的专家学者在治沙中的作用发挥问题，J老师也表现出了极大的热情。

相对来说，专业人员来民勤治沙在20世纪50年代效果还比较好，六七十年代基本上还务本。但是对中国来说，专业人员是否发挥作用关键要看政府重视的程度。比如说，林业过去是冷门，现在政府投入多了，也热了。但是这些技术人员也受到制约，首先是资金问题，其次是自身能力问题，最后是制度的限制或制约问题。不过我们和这些人接触得也比较少，学校根本不接触这些人。在这方面，需要政府加强宏观上的指导，特别是在沙漠化的治理方面，政府要有统一的计划安排，通过政府主要发挥这些人的专业作用。尤其是要有这方面的组织结构和研究机构，因为有些人有专业知识，但是没有发挥作用的平台。

对于外来专家对本地治沙实践的结合，J老师也有自己的看法。

相比较而言，外来的组织或者个人还是和政府官员比较密切，这些人的作用大小和政府机构有直接关系。外来的技术人员也尊重当地农民的土方法，如浇水，坑挖开，水浇上，再覆盖上……实际上这些方法农民也掌握，也比较清楚。如果双方之间意见不一致，农民还是会相信技术人员，因为农民已经到了相信科学的阶段，人家怎么说，就怎么样做，同时技术人员也应吸收当地经验。治沙这些方面技术含量不高，还不像农作物种植方面，专家和农民还是以传统办法为主。就我所知，治沙机构有治沙站、林业站、植被保护站等，还有自然保护局①、治沙研究所。这些组织近些年对沙漠化的规划、治理还是发挥了很大的作用。相对来说，这些组织还是以专业技术人员为主。

显然，J老师对于民勤的沙漠化有着自己的理解，对于很多问题的分析也很深入。尤其是对于治沙依靠的主要力量、存在的主要问题有着较为深刻的理解，对于农民收入与地下水开采、经济与教育等问题的剖析也很到位。他特别强调治沙要有政府领导下的统一规划和管理。但在我看来，这不仅需要一个组织能力强的基层政府，还需要搭建一个能够充分发挥各方面专家作用的平台，更需要地方民众的全力配合。总而言之，

---

① 即自然保护区管理局。

民勤的沙漠化治理既需要政府主导，更需要社会广泛参与。

母校之恩，山高水长。过去如此，今日还是如此。母校给我的太多，我为母校做得却太少。受记述主题的限制，在此不便对很多问题过多赘述，但我真心希望，今后能有机会再次报答母校及恩师和各位学弟学妹的恩情。

7月3日　沙化重点还是缺水，治沙必须全民行动

7月3日上午，在专程看望了年过八旬的老姑父之后，我就在小表哥和三表哥——姑父的两个儿子的陪同下，一路开车向北，到达了民勤县著名的三角城林场。该林场位于红沙梁乡小东村西5千米左右。所谓的"三角城"，是一座古城遗址，属于沙井文化，距今约3000年，大体上相当于西周中期到春秋晚期。该地区地表有大量陶片等，对研究沙井文化的分布和特征具有重要价值。在一间似乎是办公室与宿舍合二为一的房间里，挤着1张简陋的单人床和4张沙发，这让人感到了林场职工生活和工作条件的简陋。在这里，我们遇到了3名工作人员O、M和Y。O出生于1952年，M出生于1962年，Y出生于1972年，三人年龄各差10岁，对于治沙问题他们也很感兴趣。他们说：

民勤沙化重点是缺水，没有水还是不行。现在植被破坏严重，植树之后，很多都死了。现在主要是没水，地下水深27米，以每年1米的速度下降。而且水质恶化，降水量越来越少，可能只有150毫米。只要有水，这个地方就是个好地方，这里地大，长庄稼。可是没有水，很容易导致沙漠化。现在提倡搬迁，人走沙进，很有可能像温家宝同志所说的成为第二个罗布泊。民勤人为了节水，也想了很多办法，如以亩定水、以电限水，但作用有限。民勤水的问题，造成人们心理恐慌，都想迁移出去。民勤是腾格里沙漠的楔子，民勤必须保住，否则两大沙漠就会合拢。

民勤治沙就要喊出去，让全国甚至全世界来关注民勤，向民勤投资，向民勤调水。同时，要压缩耕地面积，多造植被，尽量少提取地下水。还有，政府作为要和百姓作为结合起来。现在地方政府光知道争取资金，

但资金没有用对地方。百姓的生态意识又比较差，水价太高，百姓用不起，只能用地下水。必须经过一段时间，整个官方和百姓合力，才能实现系统性治理。治沙不能光植树，不能成为形象工程。现在民勤治沙也有进步，例如，林业系统一共有几万亩造林，三角城国有造林有几千亩。治沙单靠官方行为和投资不行。有些时候，即使有水，也不能利用，因为其他配套措（设）施不行，组织领导也不行。总体上，老百姓对水的认识不清，光扩大耕地面积，节水意识比较差，开采超量，先人吃后人的水。

昨天我们听到的是"先人吃后人的饭"，今天听到的是"先人吃后人的水"。事实上，无论是饭还是水，都是我们生存的必需品。从这两句话我们不难看出，有远见的民勤人已经意识到了可持续发展的重要意义。对于参与治理的专家学者，3名工作人员也谈了自己了解的信息和看法。

来民勤治沙的人很多，甚至还有北京、上海的，甘肃的（专家也）经常来。本地为了节水，从南方购来智能化计量设施，正在普及。一台设备整个安装起来得3668元，一个社安装一个。有些是国家投资，有些是自筹，像机关农林场。这里的农场分四类：国有、企业、机关、私人。上次来了18个国家的专家，主要是搞荒漠化治理。本地还有一个有关沙漠的研究所，总部设在北京。外面来的人一般是（待）一半天时间，走马观花。本地农、林、牧方面的高级工可能也就是几个。本地的技术员主要依靠老一辈延续下来的经验来治沙，上面分配什么任务，下面就完成什么。虽然每年的任务量大，但是没有从根本上解决问题。

这些专家来到民勤的工作重点就是治沙、节水、植树造林。从分工来看，技术员就是在这个地方搞技术指导，专家来就是论证如何治理沙漠，如何保护生态。共同目标是如何延续民勤绿洲。（在我们看来）专家最起码能把恶化程度反映上去，这就是很大的作用。因为民勤当地的治沙人员说出来，也没有人听。下面的农民整体素质差，一些工作不配合，漠不关心，生态意识比较淡漠。大家每个人都为了小家庭，不关心整体利益。沙漠化这个问题还得政府解决，政府部门支持配合，我们才能执行，必须全民行动，建立生态县。

访谈结束后，其中的一名职工又领着我们实地参观了林场各处，尤其是三角城故址。现在的古城遗址主体就剩了一个大土台，上面立着一个五条腿的大三角木架，大概是为了观测之用。登上高台，举目望去，四边都是连绵起伏的荒滩、沙地和沙丘，上面长着稠密的梭梭、红柳等沙生植物，随风摇摆。在满目皆绿下，也会看到早已干枯的植株或零散或成片地间杂其中，让人顿生一种历史的苍凉和悠远之感。

总之，民勤治沙固然需要强政府和强社会的"双强"合作治理，但现状是政府不可能各方面都强，民众的素质也参差不齐。可能是因为工作中遇到了种种困难，三人对当地农民生态意识的淡薄进行了反复强调。

访谈结束后，我们又回到老姑父家吃午饭，打算午饭后去石羊河下游的青土湖考察。没想到小表哥又有了别的事情，我只能让三表哥和四姐夫开车陪我去。乡间路上，颠簸是家常便饭，好在有调研动力支撑也能承受。终于，我们来到了在腾格里和巴丹吉林两大沙漠包围下的青土湖。这个曾经碧波荡漾、鸟雀成群的美丽湖泊，早于20世纪50年代彻底干涸。来到这里，映入眼帘的是一望无际的荒滩沙地。一个个沙丘连绵不绝，此起彼伏，就像汹涌澎湃的沙漠大海一样。"海上"零星漂荡着红柳、梭梭、沙棘、柠条、苦蒿等沙生植物。一些几乎没有植被的沙地上，能见到不少用麦秸压成的草方格，既像一根根黄金锁链在用尽全力地束缚着狂躁粗野的大地，也像一只只硕大的眼睛向高远的天空表达着深情的渴望，这不正是民勤人民与沙漠英勇战斗的有力见证吗？

我们实地考察的时候，看到了停靠在路边的一辆破旧三轮手扶车，后面的车厢里拉着不少麦秸。车主人显然是正在压沙的农民，因为车上还放着他们的衣服和一只油桶。但环顾四周，我们没有见到这些人究竟在哪里。由于沙地松软，他们无法把车开到实际作业的地方，而且他们作业的地点应该离柏油马路特别远，所以即使我们多方查看，也找不到他们究竟在哪里作业，这甚为遗憾。在这里，我们还看到了小骆驼群和小羊群。骆驼约有十峰，而羊只有六七只，它们在沙地上一边寻食，一边缓缓移动。我想，之所以这里的畜牧群比较少也比较小，一方面是因为加强生态保护和限制畜牧放养；另一方面是因为环境恶化，再也无法进行大规模的放牧。无意间，我们在这里看到了民勤人无论到哪里都会魂牵梦萦、美味无比的沙葱。但是，由于天气干旱，长久得不到雨水滋润，这里的沙葱不仅瘦干，而且稀少。

在公路两旁茫茫无边的沙地上，我们见到了唯一的人造建筑，在一个石砌的高台上立着两块大红石碑：一块用行草书写着"绝不让民勤成为'第二个罗布泊'"，我猜想这就是温家宝同志的题字或批示吧；而另一块则用隶楷书写着"关键在节水 民勤变民富"十个大字。这两块孤零零的石碑，一方面衬托了干涸的青土湖区的荒凉和寂寞，另一方面承载了民勤人重建美丽生态的坚强决心和殷切希望。

7月7日下午，我又回到了县城，准备开始第二次以县城为主要据点的访谈。

7月8日　苏武庙和道教生态林

7月8日，趁着星期日，我赶往民勤县南的苏武庙。苏武庙是一座道教寺庙，这里有知名的中国道教生态林建设基地（见图1-2）。从远处看，苏武庙端坐于沙地疏林中，俨然是沙地绿洲的保护神。

图1-2　道教生态林建设基地一景

资料来源：笔者摄于2007年。

道长 Z 50 多岁，有着诸多头衔：中国道教第七届全国代表、民勤县道教协会会长、威武市政协常委、威武市政协委员……对于民勤的沙化问题，Z 有着自己的看法。

民勤沙漠化主要原因是缺水。现在植物干枯，沙漠化蔓延，面临的主要问题有两个，一个是缺钱，另一个是缺水，这里水比钱珍贵。我从 1996 年开始治沙，当时温家宝同志的指示还没有发表，县上还不怎么重视治沙，后来我获得了"全国治沙英雄模范""地区治沙能手""全国治沙能手"等荣誉称号，贾庆林、刘延东等党和国家领导人也接见了我。民勤治沙在摸索中取得了自己的经验，如水波浪式的压沙、田字格治沙等都是农民自己发明的。我的治沙方法是田字格，现在看，10 多年（的治沙成绩）还很好。

民勤治沙要依靠科学，要由有丰富经验的人担任主要领导和乡镇领导，科学治理民勤。要请求国家、全世界关注民勤、治理民勤。专家特别是治沙的科学家要积极献计献策。有一分热，发一分光，要向全省、全国、全世界呼吁。现在的移民搬家、劳务输出有些也是错误的，没有人栽树，很快就变成了沙漠。

民勤政府对宗教比较支持，在县委、县政府的领导下，道人也参加治沙。我们压沙好几千亩，栽树，种毛条、梭梭、花棒，共 20 万亩，总投资将近 240 万元。这些投资中，中国道教协会捐助了 200 多万元，我们自己花了 40 万元。中国道教协会为了响应温家宝同志的号召，于 2003 年 4 月 22 日在民勤召开了第一场中国道教生态林现场揭碑仪式，当时获得捐赠 206 万元。第二次是 2006 年 6 月 21 日，共投资 55 万元。我们和香港的道学院也有联系，汤伟奇、汤伟侠几名专家博士也经常到民勤考察。他们联合香港、澳门等地的专家学者，先后来民勤四次，考察论证如何保住民勤，而且在技术资金上给了援助，前后将近 50 多万元。（道教协会的治沙行为）不仅感动了省内其他四大教，而且感动了全国其他地方。2006 年 6 月 22 日，在北京人民大会堂道教会议上，贾庆林对民勤道教协会的行为给予高度评价，认为成果来之不易，值得其他方面学习。

可见，道教在民勤治沙中确实发挥了积极的作用。道教林是有目共睹的，道长 Z 也提供了很多有价值的信息，值得肯定。

7 月 10 日　人为因素非人为破坏，民勤人实是生态功臣

我的下一步访谈计划是走访与治沙直接相关的一些政府部门，但星期一这些部门都事务繁忙，好不容易才确定下了大致的时间规划。7 月 10 日上午，我对县政协分管宣传的副书记 X 进行了深入的访谈。

实事求是地说，(我不赞成)沙化是人为破坏的(说法)，但是人为因素(确实)占主要成分。(在我看来)人为因素和人为破坏是两个概念。人要生存，人口(就会)增长，但民勤人口增长很慢。在道光年间，(民勤)已经有 18 万人。(到了)1953 年有 23 万人，过了 50 年(2003 年)，才增长到 30 万人。道光(年间)武威(共有人口)24 万人，(到了)1953 年 37 万人，现在武威(的人口增加了)3 倍，(有)110 万人。所以(沙化的)最主要原因不在民勤，而在上游。民勤人口增加很少，(因为大部分)都跑了，成了生态难民。从 1993 年至今，(民勤)走了 10 万多人，实际走的不下 20 万人，(而)官方(的统计是)3 万人。

从 X 提供的数据来看，相比这些年武威市的人口增加速度，民勤的人口增加确实不多。当然，人口数量少并不能说明人为破坏较少，还得看实际的人类活动和土地开垦情况等。

耕地(面积)民勤在民国时 110 万(亩)，现在加上所谓"乱开荒"才 150 万(亩)，增加很少。民勤水浇地不到 60 万(亩)，比新中国成立前减少了一半。(20 世纪)60 年代石羊河来水量还有 57 亿(立方米)，如今差不多占原来的 1/10。(水量减少)不是专家所谓的大气变暖，雪线上升，而是(因为)石羊河的出山口水量 70 年来基本上没有变，(原因只能是)水(被)上游用了，被截流很多。在(20 世纪)60 年代末期，(石羊河)上游武威用水 3.3 亿~3.4 亿立方米，民勤用水 5.7 亿立方米。如今，武威用水 9 亿立方米，民勤用水 0.7 亿立方米，民勤 5 亿立方米的水被武威用了，也就是说，民勤的水，完全被武威截流了。很多专家不从事实出发，甚至为了政治利益，否定了这个事实，(但)水文资料是真实的。

在 X 看来，民勤县的沙化主要是来水减少，而来水减少的重要原因是被武威市的上游地区截流。相比这个原因，人口数量增加和开荒面积增加只是很次要的原因。那么找到原因后，该如何解决问题？X 也有自己的看法。

民勤治沙最主要的问题是政府的关心，（要看）政府的重视程度。民勤的荒漠化靠民勤自己是不行的，因为风沙线很长，靠30万（民勤）人民杯水车薪。我说的政府是中央政府，民勤荒漠化逐渐恶化的基本原因是没有水，要给民勤水，必须靠政府的力量。有人说在于节水，显然是不科学的，关键在于调水。当然，节水是全球、全国都应该做的，但是民勤（治沙）在于给水，在于补水。有水，民勤继续是绿洲；没有水，民勤将变成沙漠，（变成）第二个罗布泊。

我认为关于民勤的沙漠化问题，我们的专家仅限于在办公室搞研究。也许有些专家提出了好的方案，但是没有被政府很好地采纳。关于这个问题，恐怕政府、专家、老百姓各是一套。就我知道的，甘肃省一个水利厅厅长，为了给民勤说真话，辞职了。（水利厅厅长）给中央的报告说，拯救民勤的根本出路在调水，而不是节水。一些地方政府官员听不得相反意见，包括专家意见和群众意见。

在我看来，X 特别关注民勤的沙漠化治理问题，也特别敢于仗义执言。对于专家学者在民勤治沙中的作用发挥如何呢？X 的观点也颇为直接。

过来治沙的专家学者的力度很小，大家都在侃侃而谈，都是书面的东西，真正的实际行动，（我认为）老百姓还没有看到。仅就民勤来说，他们这些人的优势还没有充分显露出来，研究面上的、现象上的、纯学术的比较多，但是比较深入的、可供政府采纳的东西比较少。

随着交谈的不断深入，X 言辞越来越犀利，语气中的气愤表露无遗。

（我觉得这些人的作用）发挥得不够，尤其是有一些科学家不讲科学，见风使舵，一味迎合。我非常反感有些科学家谴责民勤老百姓破坏了生态，应该说民勤人为了民勤和全国的生态做出了巨大的牺牲。长期以来，民勤的老百姓生活在这里，被三面夹击，对治沙有丰富经验，并且为保护民勤这块绿洲发挥了巨大的作用。但是有一点，社会文明进步到今天，不能一味期望民勤的老百姓无偿治沙，国家应该给予老百姓治沙一定的补偿，不然长此以往会使老百姓对治沙失去信心和兴趣。民勤的老百姓（治沙）都是义务的，从精神上是可贵的，但是对国家来说不能一味鼓励甚至强调，而应该给予老百姓一定的报酬。

与"老百姓破坏生态"这种观点相反，X强调了民勤人民在治理沙漠中的积极作用，而且强调了国家应该给予百姓报酬。那么专家提出"老百姓破坏生态"的观点，背后有着什么样的原因呢？

整体上，中国的科学家对（治理）荒漠化作用发挥不够。不是科学家无所作为，而是行政的一些东西代替了科学的精神。青海有一个民勤的绿色组织，带头的是一个藏族人，在网上响亮地喊出了：科学家不应该光听领导的，应该实事求是，应该多听老百姓的。

民勤的荒漠化问题已经十分严重，官方所谓的"局部治理，整体恶化"是不全面的。实际上，民勤局部也没有得到治理，整体恶化在加剧。一个缺水（的问题），就可以使民勤人全部变成生态难民，（水位下降）不是每年8~10米，在湖区有一些地方甚至是几千米的问题。这个是事实。整社整村移民的村社几乎两三年就变成了荒漠。由此可见，在民勤搞政府（生态）移民是不科学的。所谓的"自然恢复"也是没有根据的。民勤有很多空村，恰恰变成了沙漠。（这些地方）变成绿地，变成"风吹草低见牛羊"不可能，是瞎折腾。绿洲存在的决定因素是水，而不是人。（我的）这些观点也给政府反映过，在媒体上也多次说过，但是这些认识往往和一些官员严重不合拍。

访谈结束了，我从X处得到的信息和资料较前几天丰富很多。基层调研，能碰到一位敢说且知道相关信息的当地人，是一件很幸运的事情。如果说，之前访谈摸到的都是民勤治沙问题"这头大象"的局部，那么从X处摸到的基本是"大象的轮廓"。自然条件决定了民勤治沙的艰巨性，决定了保护民勤这块绿洲的可能空间。水资源的利用体制加剧了这种艰巨性，或者说压缩了民勤绿洲保护的空间。对于县级政府来说，水资源的利用是水利部门的事情，明天我要去水利局调研，看看能获得哪些新的信息。

7月11日　调水比节水更重要，行政命令弊端多

早上在县水利局，我见到了负责水利资源和水利工程管理的 Q 主任。Q 主任 40 多岁，职称是工程师。Q 主任也强调了水的重要性。

民勤沙漠化的主要原因是没有水，过度开采地下水导致了植被死亡。水少是多方面的原因（造成的），人口增加，上游挤占生存生活水，下游挤占生态水。原来（20 世纪）50 年代 54200 万立方米地表水能到民勤，但每年减少 1000 万立方米，现在就不足 10000 万立方米了。民勤要想治沙就得给水，只有从水上做文章，搞什么节水工程都是无济于事的。靠内部的节水到了一定程度，减少的水量对民勤生态改善没有太大帮助。虽然石羊河流域规划在做，但对民勤没有多少帮助，因为武威也缺水。目前，民勤的关井压田影响民勤百姓生活，民勤是农业县，工业基本是零。缓解水资源短缺问题的最根本措施是外流域调水，再就是移民。民勤可以学内蒙古模式，不开采地下水。因为地下水不恢复，靠人工治理是不可能的。调水就要从黄河调，建设"引黄保民"工程。还可以"引大济西"，引青海大通河的水。

就我所关心的专家学者在民勤治沙中发挥的作用，Q 主任也谈了一些看法。

来民勤治沙的专家学者涉及农业、牧业等各方面的，县内各个部门都有自己的专家。有问题先征求专家意见，先论证。很多有益的治理措施都是专家学者多年的呼吁形成的。没有他们的参与，行政部门意识不到。很多都是行政命令式，虽然现在国外都提倡广泛参与式的管理，但是民勤实现不了。例子不好举，就说现在谈论最多的日光温室吧。民勤建 1 万多个温室，种什么，技术管理是不是跟得上，以后的销路怎么办？我认为得先对老百姓进行培训，现在是强制性的。

Q 主任和昨天走访的副书记 X 一样，都强调调水的重要性，也都很清楚水资源的数量变化。看来，对于民勤治沙而言，调水确实要比节水更重要。对于专家学者在民勤治沙中发挥的作用，两人的观念却有一些

分歧：X 认为专家学者几乎没什么作用，Q 则认为很多有益措施是专家学者多年呼吁形成的。而对于行政命令式主导管理的弊端，两人又有着共同的观点。

不能突破环境临界线

当天下午，我又来到了民勤县环保局①，局里一位监察大队副队长 A 接受了访谈。

民勤治沙主要问题就是发展经济与保护环境的矛盾。（大家都）明显知道地下水超载，但没有办法治。因为已经突破了环境的临界线，没有办法恢复。近几十年来，（这里）荒漠化治理没有明显成效，沙尘暴越来越多，风沙天气也越来越多，地下水位也越来越下降，水质恶化范围在不断扩大。现在国家强调将环保作为环保局的主要职能，但目前主要是其他局（在做工作）。水法主要是水利局，林业是林业局，名义上却是环保局统一管理，其他部门协作。

（治沙）就没有办法解决，除非人从这个地方消失。排除人为干扰，还要有其他的外面（帮助），比如水的输入，否则无法恢复，或者说短期无法恢复。这块土地承载了太多人口，但是人要生存。以环保局来看，目前没有发挥大的作用。目前环保局的主要工作是工矿企业、农业等污染防治，生态保护，放射性辐射污染管理这三大块。生态保护这方面主要做农业污染防治，有些污染和生态相联系，比如水、农田地膜乱飞。按照职能，环保局可以管，但是职能不明确，而且环保局没有办法管。城镇可以由城管来管，但是大量的农村没有办法管。现在就民勤来说，环保局没有下设机构。不像南方地区，在乡一级有些叫环境保护办公室，有些叫环境保护监理所，还有叫环保站的。现在（民勤环保局）对乡下的管理就没有办法，没有那么多精力和人力。（环保局工作）要想做好，首先要立法，现在国家要出台农业环境保护条例、土壤污染防治法，这些（法规）出台以后，环保局执法职能可以得到更好发挥，有些问题就

---

① 即环境保护局，访谈时，受访者常使用"环保局"来指原"环境保护局"。

可以管。

环保对于治沙方面的作用发挥就是通过执法活动，对破坏行为进行制止。这些破坏行为主要是工业行为，包括修公路、区域开发或者实施了不该实施的项目。还有就是开矿、修工厂，在脆弱地区搞这些活动会导致环境恶化。比如，在荒漠地带开煤矿、搞运输、废物的堆放……另外，像修公路也可能破坏地表。还有开荒、农业开发的影响就更严重了。

对于外来专家学者在民勤治沙中发挥的作用，A还是比较肯定的：

第一，我觉得就是带来一些新的观念上的变化；第二，就是可以帮助当地人深化对环境现状的认识；第三，就是通过项目对资金输入，可以在一定范围内保护生态。但是整体上他们的作用发挥得不够，因为他们的一些技术、方法或者对保护生态指导性的方向意见没有转化成真正（的）行动，或者没有转化成行政行为。这个原因就不好说了，是个很复杂的问题，涉及的层面比较多。他们没有发言权，关键是没有决定权。

大概源于环保局新成立，很多工作都没有明确的法律和政策依据，力量也比较薄弱。因此，无论是对于治沙还是对于本部门的工作，A的回答都相对较多地强调了面临的问题和困难。另外，A也认为，民勤之所以沙化严重，主要是因为承载了过多的人口。那么，依据该逻辑，生态脆弱的地方就应该移民搬迁。可是，之前也有访谈对象特别强调了简单移民搬迁往往导致"人退沙进"的问题，那么究竟谁的观点更合理呢？其实，在我看来，这二者并不矛盾。从民勤整体来看，要保护和恢复生态，就既要调水，也要减轻人口压力；但从局部来看，尤其从靠近沙漠前沿的地方来说，要强调有人留守当地，并积极开展防沙治沙工作，以阻止沙漠前移，保住有限的绿洲。

7月12日　治沙得降蒸发量，下渗水不算浪费

7月12日，我来到了民勤县农牧局，局长安排了助理N接受访谈。N 40多岁，既有副科级的职务，也有农艺师的职称。在N看来，民勤沙化的重点还是缺水。

沙漠化并不是人为的，而是大自然的作用，人在自然的（面前）作

用非常小。人类是按河流分布的，没有水的地方就没有人，最初我们水太多人少，后来水源枯竭，人就得搬移。有人说（沙化的原因是）超采，但（我认为）重点是蒸发量大，不采也蒸发。得从（降低）蒸发量上思考，得想法降低蒸发量，民勤最好（用的）就是（铺）地膜，（听说）外国还有用水泥柏油铺沙漠。以前的（县里的）提法说，节水是主要任务，但关键是如何降低蒸发量。（需要从）外流域调水，总体上节水不是根本出路，调水和降低水分蒸发是根本出路，民勤板块比较大，真正种植的才5%，覆盖不让蒸发才行。这就得有降低蒸发量的技术，地面覆盖搞地膜、棚膜，搞设施农业、滴灌技术。但存在（的）问题是水中沙子多，矿化度高，滴灌滴头容易堵塞。（而且）滴灌的水不能满足用水需要，土壤太干，群众也偷着大水漫灌。总体来说，民勤的地膜覆盖面积比较大，整个河西也最多。

降低蒸发量的措施还有引进抗旱品种，调整种植结构，重点是种植节水作物。但这不是长久做法，（如果）大家都种节水作物，（将来作物）价格就低。以前还有（一种叫）旱地龙的东西，是在地里喷上一种像地膜的东西。还有胶泥土障，因为沙子的温度比较高，沙子和土不同层次分布能打乱土壤毛细结构，降低蒸发量。

N是在竭力描绘县里能想到的各种治沙方法。虽然节水只能在某种程度上降低蒸发量，但不能避免蒸发。在没有跨区域调水的情况下，也只能如此了。对于外来专家学者在民勤治沙中发挥的作用，N也提供了很多信息。

民勤治沙，来的专家比较多。前些年来了个苏联的专家巴巴耶夫，70多岁。各种不同层次的人都来了，但是真正最有效的办法还是民勤人民自己摸索的，再就是胶泥土障。民勤有大面积开荒，开荒的同时农民自己栽树，治理小区域的同时大区域也治理了。这些专家来治沙，还是能发挥作用的，从小的方面来说，我们技术有问题，可以跟专家咨询。人家帮我们搞规划，出指导意见。概括地说，专家学者在民勤治沙中发挥的作用有两个方面：一是理论指导实践，二是从实践中归纳理论。比如，用胶泥障压沙，农民自己不知道物理、化学知识，从理论上说不出来，但是专家学者可以。农民在小区域内可以，而人家在大区域可以借鉴其他经验，如比较敦煌和民勤。整体上，民勤在全省、全国范围内是先进的，麦草沙障在全国首屈一指。

这些专家学者在不同年代发挥的作用不一样，就说石述柱，当时想在林场种东西，所以治沙。（他）先用焦泥，后来用麦草方格子。（这种做法）按现在就算开荒，现在政策下出不了石述柱，也就不能有那样的压沙。实际上那片沙漠就是因为种植才能治理，不种植就不能。宋和村耕地面积人均可能1.3亩，没有农场，他们不能有那样的生活，这就是开荒治沙的典型。那片沙漠可能比现在还大，现在压减耕地，将来耕地也变成沙丘，中渠（地名）的字云原来是耕地，人搬走之后就变成了沙漠，薛百治沙馆照片就是证明。

来这里治沙的专家学者都很尊重当地人摸索出来的治沙经验，也会把科学技术和生活经验结合起来治沙，包括苏联科学院院士，还希望把民勤的成功经验带到他们国家去。一般情况下，像小麦套玉米，最早是从大坝开始。现在发现民勤气候导致两季供水不够，一季不足，（这种做法）浪费水，所以现在不行了。要说小麦套黄豆、大豆比较好，原因是黄豆价格太低。农民自己摸索的经验，只要认定，别人很难（让农民）改变。像辣椒，专家认为4000穴8000株，但农民自己觉得4000穴差不多，每穴得3~4株，这样农民自己总结的经验比理论上实在。再就是在辣椒种植上，我们提倡起垄种植，可以提高抗疫病能力。但是农民发现（起垄种植）不抗风。平种容易导致疫病，像现在西渠就发生了整片死亡的例子。在节水上，农业技术干部也摸索过好多方法，像日光温室有膜下暗灌。2003—2004年，我搞过西瓜搭架栽培，拉开地膜，水从地下走，抗风能力强，产量还高。但是（还是）没有推广开，（原因）一是农民认为不省工；二是抗风问题；三是瓜熟了但是皮色还绿，买的人家不认识（以为瓜不熟）。不过现在耕地逐年压减，（这种办法）一亩地当两亩，是很好的方法，增产量在100%左右。后来我被调到局里，此事没有坚持下去。

可见，N对于专家学者的积极作用比较肯定，但对于专家学者建议与地方实践的隔阂也有着清醒的认识。从另一个角度来看，N 自身便是一位当地的专家，明白各类治沙方法的优缺点，也试图研究新的种植方式来节水。但即使这样，搭架西瓜还是未能推广开来，可见即使是本土专家，与农民之间的知识隔阂也是不容易消除的。此外，N 还提供了一个小知识：

民勤朝下（渗）的水不算浪费，蒸上的才是，作物蒸腾（朝下吸水）是必需的。现在搞砌渠，水不渗漏，生态就不行了。

人为因素非决定，治沙必须先治穷

从民勤县农牧局结束调研已经中午，简单的午餐后，下午一上班我便赶到民勤县林业局，局里的 H 工程师接受了访谈。他说道：

民勤沙化最主要是自然和地理位置原因，再一个就是现在整个大气候的影响，这是决定性因素。很多说法强调人为因素，但人的力量毕竟是非常有限的，只能在局部加剧或者减缓，不是决定性的。当然，治理首先要解决人的因素。前些天我参加一个培训，会上提出治沙必须先治穷，专家主要来自日本和中国，主要搞援助生态治理。（我认为）要治沙还是得解决人的问题，要从观念上有保护生态的意识。有些地区沙漠蔓延、就地起沙，无序开垦。从主观原因来说要解决人的问题。从客观原因来说，要解决水的问题。有水，可以促进经济发展，就像人住房一样，开始窝房、自行车，有钱之后，就希望有大房子和汽车。资金也是比较重要的，资金和水属于物质条件之类的。有钱之后，人们就想要治理。

民勤治沙，技术是很重要的，现在外面支持的也比较多，有省里的，有国家的，还有外国的。这些外来援助一个从给予培训方面支持，另一个方面是提供技术支持，包括对民勤治沙站的支持。除了外来援助，民勤自身也做了很多工作，以林业局来说，我们分乡镇安排技术人员，对村民小组会下派技术人员，进行田间指导；县上还有一些宣传，举办科技宣传周，借乡上开会，其他就是不定期，县上搞的电视讲座，春天植树造林、夏秋季林木管护的培训。现在林木植被管护主要是通过宣传，村民自发管护。制度约束上，有林木植被管护办法、风沙山禁牧实施细则、县上的三禁政策，还有县上的保护区，县上还有森林派出所、林政稽查大队展开专门管护。

看来，H对于林业局的日常工作很熟悉，列举起来也如数家珍。对于这些工作的成效，他也特别肯定。

现在总的来说，造林成活率比以前大大提高，像红沙梁以前栽树不活，今年（2007年）好多了。管护力度也加大了，牲畜也少了。林政稽查，下派还有区站，按片划分湖区、泉山、东坝、西坝四个区站，还有乡站，环河和昌宁有两个乡站。这些区站人数不一样，像西坝是"四个牌子、一套人马"，湖区、泉山是"两个牌子、一套人马"，西坝林业站设在县林业局就有40人左右。主要区站的工作是林技指导，再就是承担林政管理工作。这些专业技术人员具有"传帮带"的作用，像乡村的人主要是技术示范，然后大面积推广。

可能是因为H比较年轻、相对拘谨，也可能是因为他以为我的调研有"官方"背景，不敢随便说，所以访谈进行得颇为正式，得到的信息也相对枯燥。即便如此，从对H的访谈中，我得到的信息量还是很大的，也很感激他。

教育系统的治沙活动

7月12日下午晚些时候，我联系到了民勤县教育局办公室的R主任。R主任结合教育系统的工作，介绍了民勤治沙的现状。

一是开展生态县情教育。县上有生态县情教育读本，介绍有关生态现状和历史等情况，主要穿插到活动当中，如班会、团队活动、文艺汇演等，也包括演讲比赛和征文活动。常规性的活动由教育局组织安排，通过校园广播和板报方式宣传。整个宣传活动由教育局统一组织，贯穿整个教育系统，从小学到高中都有经常性的教育。

二是开展节水教育。主要也是通过宣传和活动等开展，也是常规性的。

三是开展每年的植树造林活动，是学校学生的大规模活动。这项活动要求6年级以上的学生都要参加，每年的3月、4月、5月开展。县上很多植树造林任务都是学校完成的，我们主要是配合。有些时候学校自己也搞，已经形成了一项传统。

四是承担一些培训农民的任务，这些年这方面的职业教育发展很快。一个是通过职业教育这一块，每年职业技术学校和职教中心培养再就业的技术人员，对农民进行技术培训。另一个就是国家在我们县有一个农村现代远程教育项目，由教育部主管，也有农民培训这一块。我们接受之后给农民看。

五是甘肃省农村信息公共服务网络工程。其实是省上搞的活动，把农民致富信息发给学校，学校提供打印机、纸张等，下载打印后让学生发给农民。

六是配合县上一些关键工作。比如，今年（2007年）的关井压田，教育局也抽调人员在人力、技术方面搞配合。

我的总体感觉是：在教育局得到的信息跟林业局类似，工作介绍居多。但是，即便如此，也确实反映出，即使是教育系统，也在防沙治沙和基层治理中扮演着重要角色。之后，我又继续对R主任进行了访谈，并将相关信息整理如下。

问：从您的个人观点而言，造成沙漠化和沙尘暴的主要原因是什么？请举例说明。

答：主要原因就是人为因素，人口增加、开荒、乱打井。也有上游来水减少、上游用水量过大、下游来水骤减等原因。

问：我们县治理沙漠和沙尘暴现象目前面临的主要问题是什么？请举例说明。

答：我想就是，总得有上级政府和各界社会的关注，再就是在资金方面要有大量的投入。

问：沙漠化和沙尘暴问题怎么样才能被更好地治理和解决？请举例说明。

答：节水、保护生态，增强学生的生态意识。

总的来说，R主任对于沙漠化主要原因的强调与前些天访谈对象的答案反差较大，但与流行的传统观点相一致。对于当前面临的主要问题，他的观点大致可以归结为上级重视不够、社会各界关注不够、资金投入不足等方面。

7月13日　总体超载不多，局部超载很多

7月13日，这是我在民勤正式访谈的最后一天，上午9点我赶到了民勤县畜牧局草原工作站。Z站长对于我的调研内容特别感兴趣，提供了很多有价值的信息。

民勤沙化的原因很多。第一个原因从大气候来讲，（全球）气候变暖，上游来水减少，影响最大。第二个原因是人口增加。哪里有人，哪里就有建设，建设和破坏就会相随。（例如）柴湾开垦，破坏现有植被，（才）引起沙尘暴，尤其是局部的人为破坏比较明显。第三个原因是上游武威、古浪、凉州增加生产，人口增长很快。第四个原因是节水农业和渠道砌渠节水设施的建设。从个人观点讲，有用的水到了你的地方，解了燃眉之急，但是整个生态被破坏了。我小的时候，东雷湿地很多，野鸡、野兔很多。所以，在这个问题上，我对节水农业有看法。（民勤）本身是非常缺水的，（但）有水才能节。第五个原因涉及生态方面。原先民勤有1978万亩草原，（到了20世纪）80年代变成了1274万亩。由于大气候的变迁，加上放牧增多，再加上植被分布不平衡，饮水点不平衡，（有的地区）有草无水，再加上草原使用权没有固定，全县都在草原放牧，草场植被破坏严重。**总体超载不多，局部超载很多，特别是有水的地方，造成了草原植被的退化，草质下降。**

要治理民勤必须治理草原！

Z站长的一句总结后，紧接着又详细介绍了县里这方面的工作。

县委、县政府提出建设"草业大县""畜牧强县"，（提倡）种紫花苜蓿，种苜蓿要比种小麦、玉米等节省一半（的）水。这是一个战略性的调整，（属于）农业内部调整。今年（2007年）民勤县出台了"天然草原治理方案"52号文件，管理上还有《民勤县草原管理暂行办法》53号文件，还起草了草原承包方案及承包办法。我们认为要保护草原，首先权、责、利得结合，得承包到户，根据治理情况看，今年年底可能实施。

内蒙古草原承包没有"草畜平衡"，工作没有做好。放牧户不遵守限制，不顾草场植被的载畜量，只顾经济利益，容易杀鸡取卵。民勤现在和牧户签（订）草畜平衡责任书，（但）监测是大问题。现在有GPS，（能）弄出草场面积，过去就不行。（现在可以）通过卫星来提高监控，这个内容在不远的将来可以实现，现在整个国家（的技术）还不行。从发展的角度来说，这些技术发展很快。现在发展最快的是信息产业，信息革命从社会发展的阶段上讲是一个新的阶段。

从1995年以来，（县里）在草原建设和管理方面搞了一部分草原围栏、草原防治、草原水井建设。（这些项目中）大项目国家支持，如牧区工程示范建设项目，搞草原改良，补白、围栏封育、在农区种草，牧区还搞了一些水窖。天然草原的保护建设项目，（简称）"天保项目"，（共投资）1360万元，支持（力度）很大。从2002年开始，棚圈建设增加了2万平方米，基本草场建设1万亩，未来改良草场1亿亩，还打了一些机井。此外还拉动了种草养畜产业，（县里）无偿供应草种，给百姓补助修棚圈。还有就是草原上搞围栏。在项目区建设上，生态恶化得到了遏制，还得到了发展，但是因为面积小，整体（效果）不行。2002年还有草原无鼠害项目，2004年验收，（共）90万亩面积，45万元由中央（财政）拨款，15万元由地方（财政）拨款。在40万亩草原引架招鹰灭鼠，栽杆800根。（此外）还用C型肉毒素灭鼠，这种药物无公害，分解后不影响其他的吃鼠动物。草原上的鼠害主要是大沙鼠，还有三趾、五趾跳鼠，我们当地叫"跳兔"。最近两年（民勤县）申请退牧还草项目，草原建设资金全部是政府支持。我们还搞了飞播，共11万亩，效果也非常好。草原建设，除个别农牧民自己建设外，其他基本上都是政府投资。

（在这些项目实施过程中）先进技术发挥了很大作用。基本上到（20世纪）90年代，（民勤县）进行草原建设是利用飞播种草，（优点有）速度快、面积大、成本低、效益高。再就是在草原虫害防治上，提倡循环经济，老鼠灭不尽。（20世纪）80年代灭鼠用磷化锌，毒害大，而且是连锁的，鼠—鹰—狗—人（都会受到影响）。再就是草原围栏，现在采用网围，效果比过去的刺丝要好，现在林业还大量用。有的地方为了形象，还是（使用）彩色的围栏，但作用有限。不过技术力量薄弱还是问题，（而且现在）专家参与也多，技术投入、资金投入、政府优惠政策投入、人民自己投入也很多，但是没有配套起来。比如，草原建设投入基本靠政府，没有把社会力量集中起来。我们草原工作站和监测站的任务是1000多万亩草场，必须靠当地政府和群众共同努力，但现在群众的自发性、积极性没有调动起来。

草原上植树会破坏生态，最大愿望是恢复水草丰美

对于工作的介绍，Z站长可谓如数家珍，尤其是一些具体的数字，他更是了然于胸。对于外来专家学者在民勤治沙中发挥的作用，他也明确表示了自己的看法。

就草原、畜牧来讲，外面来的专家也多。省上有畜牧站、检疫站等，高级工程师比较多。他们搞技术研究推广，来（本地）指导。市里有畜牧中心，也有草原站，当然层次越高，职称也（越）高。但是要做事情，还得靠当地人。外国专家来得也多，县里重新搞了飞播基地。甘肃省治沙研究所还办了治沙学习班，我们的基地是学习基地。他们来就是共同探讨，把人家的观点讲一下。（现在）民勤的问题成为热门，（治沙）按以色列的路子走。我们的设施农业不行，投入不够，主要靠先进技术装备。像民勤（现在）的情况，在调水调不来的情况下，只能调整结构，压缩人口。我们民勤从治沙讲，林草不分，治理办法差别不大。林业来的专家比较多，治理上抓得也多，项目投资也大。草原上的投入也很多，我也参加了很多研讨会。但每次搞治沙研讨座谈，沙产业建设，上上下下观点差不多。中央来的专家说法上总觉得很不切合民勤的实际，但是我们也不能反驳，听一下就行了。我们小小的民勤，国家非常重视，温家宝同志也批示了十几次。

具体工作中，（治沙）基本上是条块治理。林是林，牧业是牧业，甚至有些情况下，还有些扯皮。比如，前几年的退耕还林，有些选址安排有行政领导的个人意愿，搞了形式。我最不满的是破坏原生植被之后在草原上种树，实事求是（地）讲这是犯罪，栽梭梭让验收，有的土山有大片面积，全县到处有。还有栽白杨树的，用水量更大。实事求是（地）讲，许嘉璐和科技局、林业局的副局长等就退耕还林问题给民勤做了很多好事情。我的看法是，退耕还林效果非常好，（但）我想今后是不是考虑耕地的白杨树不要栽，在风沙口植灌木，（这样）防风效果好。以后在原来的草原种草和灌木，封起来。我最大的建议是不要破坏原生植被，否则是欺上瞒下的做法。

改善生态环境本来无可厚非，但并不是所有地区都适合植树造林。在 Z 站长看来，在草原上植树就是对生态的破坏，甚至是"犯罪"①。看来生态建设或修复，必须尊重地方实际，而且必须防止生态治理的"一刀切"。

草原站于1958年成立，"文革"时撤掉，归畜牧站管，（20 世纪）80 年代又分出来。当时上面给点钱，一五一十到单位去干就行了。现在不行，中央给600 万元，人家算好，正式到实施单位连300 万元也没有，但是做项目还得按600 万元做。这个情况很普遍。主要问题是，路子对，方向也对，但是以人为本的后续工作没有赶上，人们反感。（这些）老百姓认识也有区别，有些不相信，有些认为可以做。武威市副市长写了一个报道，有一个大胆的设想。在红崖山水库，把水面盖住，用蒸发量可以解决十几万的耕地面积。有些人笑，但我认为这是大胆的创新，世界上也是有先例的。

现在的发展模式制约着民勤的人才。我53 岁了，再过2 ~ 3 年就可以退休了。（20 世纪）80 年代以后，由于国家财政不足，本科以上的大学生、研究生，不要说民勤，连甘肃都不想来。比较高层的技术人员，十几年来不愿意回民勤，大专、中专的又分配不掉，有些在外边打工。每个人都是为了生存，挣钱过日子，到一定程度才能忧国忧民。人家连出路都没有，怎么能服务？说到艰苦，新疆也比民勤强。现在回来民勤的（人才）少，回来的都是大专以下的，还分配不掉。综合一句话说，是民

---

① 这种"犯罪"非止民勤，我们后期调研的某荒漠草原县(旗)，许多当年建设的林场现今树木已全部枯死。

勤技术力量存在断层现象，年轻技术人员技术还不行，教育还好些。现在农、林、水、牧都存在断层现象。搞些研究一个是技术问题，但现在是没有设备，就是推广。**我最大的愿望就是民勤重现历史上的水草丰美。**现在是（民勤）农业县，破坏生态，民勤应该搞成一个半农半牧县，中央也是这么定的，但是现在畜牧业只占20%～30%，所以要发展畜牧，特别是养羊。这些技术人员的另一个问题就是沾"农"字，待遇低，受苦多，在工作人员中算下层。好多人一辈子干这个工作，好的行业部门人家的干事都比我们强。我们受苦惯了，但是现在中青年人波动很大。我也热爱这个工作，1/3（时间）开车在草原上。与草原和牲畜打交道，比与人（打交道）好。

可以说，Z站长是我这些天来遇到的少见的既懂业务又敢说的基层领导。可能是因为即将退休，无所顾忌，他才敢将自己的真实想法和盘托出。这里呈现的内容仅仅是Z站长提供信息的一部分，我尽最大可能将其呈现，是非对错由读者判断。

谨慎的受访者

7月13日下午4点，我到了民勤县国土资源局，这也是我在民勤正式调研的最后一站。民勤县国土资源局的一位中年女科长A接受了访谈。

民勤沙化的最主要原因就是缺水，除此之外，也有一小部分人为破坏的因素。因为缺水，人一旦开发土地，（就会引起）超采地下水。有一部分开发土地，（导致）地下水位降低，植被枯萎。民勤治沙还得靠上面投资，退耕还林、还草，退出高耗水作物，通过节水将原来的一部分水用在生态治理上。（治沙）没有项目资金，让老百姓掏钱是不行的，而种甘草、梭梭等纯生态作物，又没有经济效益。

国土资源管理最主要的职能包括土地管理和矿产资源管理、土地开发、建设用地、执法检查。民勤的国有土地2200万亩，集体土地1800万亩。国有和集体管理基本一样，没有开发的都必须经国土局①批。未利用

---

① 即国土资源局。访谈时，受访者经常用"国土局"来指原"国土资源局"。

地开发为农用地，一次性只能开发750亩以下，不能明显化整为零。对建设用地开发，控制性指标不能突破，只能最大占多少亩，乡镇企业（占地）1公顷以下，公益事业等占地1.5公顷。再大，到武威市（审批），3公顷以上到省上（审批）。

近些年，民勤县沙漠化严重，管理上也有所改变，主要是禁止开发，尤其是开发为农用地。从2004年开始出台了"三禁"政策，现在冬天不让羊在外面放牧，草场也划定了固定放牧区。再就是对现有土地压减耕地面积，种植节水作物。

对于民勤沙漠化的成因，A科长也主要强调缺水。但是，不像前面有些受访者强调要从民勤外边调水，A科长强调了节水和项目资金。但A科长对于调研的回应总体上很谨慎，尤其是被问到来民勤治沙的专家学者或者技术人员的相关情况时，她表示并不了解，也没有接触过。就其工作涉及的一些业务，她也只是做了简单的介绍。总之，我的基本经验是：访谈针对民众要更容易，针对公务人员，尤其是官员，难度较大。即使对方愿意接待，也经常力图将自己的意见、看法与官方宣传的步调保持一致，以免出错。但是，越接近退休年龄的受访者，越愿意坦诚交流，也经常会和盘托出自己对治沙现状、成因和对策的真实想法和看法。

民勤县的反思：政府和社会协同仍有待加强

从时间上看，民勤调研将近一个半月，抛开路途上的时间，访谈的总天数也至少有半个月。与得到的收获相比，访谈即使再苦再累也值得。概括来看，这次调研的收获有以下几个方面。

第一项收获是对治沙中政府机构的分工有了初步认识。通常而言，政府各机构在日常运行中的职责分工应该是很明确的。但是，这种分工一般社会公众很难知晓，这就是访谈的独特作用所在。从县政府全盘来看，主要任务是利用国家投入的资金来调动社会力量参与治沙，但具体的工作需要各机构来完成。在县政府下设的机构中，涉及沙漠治理工作的有林业局、草原站、国土局、环保局、水利局和教育局。

初步来看，可以将治理措施分为政策与项目两类。政策主要包括正式的管理办法等，也包括规范性的规划等；项目主要是围绕中心工作的资金投入。从政策工具的属性来看，前者的强制性更多，后者的自愿性更多。如表1－1所示，林业局和草原站政策与项目二者兼备，国土局和环保局主要依靠强制性的政策，水利局和教育局则依靠自愿性的项目。事实上，从这种治理措施的对比上，我们也能看出沙化防治工作的重点还是在林业局和草原站，因为这两个机构均采取了两类治理措施。国土局和环保局以管控性的政策措施为主。国土局制定封育政策，制止乱砍滥伐。环保局依靠执法制止破坏，与国土局类似。相比之下，水利局搞节水工程和教育局搞生态教育，则明显从调动民众积极性的角度着手。综合来看，基层政府在沙化防治上的机构分工已经从管控和激励两个方面进行了全覆盖。可是，即使全方位覆盖也不能保证防沙治沙就一定能够取得成效。因为沙化问题特别复杂，对于沙化原因，受访者呈现出很大的分歧，这也是本次调研的第二项收获。

表1－1　县政府各机构治沙措施

机构	政策	项目
林业局	√	√
草原站	√	√
国土局	√	
环保局	√	
水利局		√
教育局		√

资料来源：笔者根据访谈整理。

对于该地区沙化的自然原因，缺水被大多数受访者反复强调。在访谈过程中，很多受访者谈及沙化，会分析很多因素（见表1－2）。与此同时，他们也会对这些因素的重要性进行不同程度的强调。为了简化分析，我们将其区分为自然因素和人为因素两类。对于自然因素，谈及最多的就是水。本次访谈共有21人，大多数受访者强调本地区的水缺乏。不难理解，对于沙化地区，缺水是普遍问题。大体而言，一个地区的水可分为两类：一是上游来水，二是本地储水。前者指的是河流等的地表径流，后者指的是降水和地下水。如表1－2所示，认为沙化因上游来水少和因本地水缺乏的人数大致相等。对于这两种缺水因素的认知，受访者基本予以同等重视。其中，有 6 名受访者对于缺水因素并未进行具体的区分，只是谈及缺水导致沙化，但没有细说究竟是缺哪一类水。

表 1-2　民勤县沙化原因及专家作用

受访者	缺水	上游来水少	本地水缺乏	破坏性因素	投入性因素	外来专家	本土专家	与民众的沟通
县领导	√	√	√					
水利局官员	√	√						√
县政协副书记	√					√		
水库职工	√		√			√	√	
水利局技术员	√		√			√	√	
环保局官员	√		√			√		
农牧局技术员	√		√			√		√
国土局官员	√			√		√		
林业局技术员	√					√	√	√
国土部门员工	√			√		√	√	
医生	√	√		√		√		
中学教师	√					√		√
教育局官员	√	√				√		
印刷厂工人	√	√	√			√		
林场员工	√			√			√	
宗教人士	√				√		√	
林场官员	√					√		
治沙站官员				√	√	√		
草原站官员						√	√	√
祖籍民勤人士				√	√	√	√	
宋和村村民					√	√		√

资料来源：笔者根据访谈整理。

民勤缺水是不争的事实，但节水也似乎走到了极限。除了有红崖山水库这一调蓄工程外，这里降雨少，上游来水也少，地下水越来越深，利用难度越来越大。可以说，民勤的用水越来越困难，那么未来治沙的出路在哪里？增加降雨显然不现实。增加地下水的利用？成本只会越来越高。有的受访者甚至着眼于植物节水角度，想方设法降低地表蒸发量。但这样的节水能有多大作用很值得怀疑，水利局那位受访者强调"节水没有太大帮助"并非骇人听闻。这样来看，民勤治沙似乎走向了极限。

民勤的荒漠化治理已经很艰难，继续下去会越来越艰难。那么该怎么办？似乎只能将视角跳出民勤，增加上游来水或许还有一定的可能性。但这已经超出了民勤社会和地方政府的实力范围。这样的事情，只能依靠省政府乃至中央政府发挥强政府的优势，统筹协调解决。当然，这不是说民勤要坐等外援，还要发挥基层政府及地方社会的优势和力量，虽然增加上游来水不是绝对的决定性因素，但水是必要条件。就本次调研来看，有4名受访者并没有将缺水因素视为沙化的关键影响。在他们看来，人为因素有着更为关键的影响。

因此，本次调研的第三项收获是对民勤沙化的人为因素有了较为全面的认识。这些人为因素大致可以分为投入性因素和破坏性因素两类。投入性因素包括用于防沙治沙的资金、人力和物力等；破坏性因素包括过度开垦、乱开荒、超采地下水等。整体来看，受访者眼中的自然因素和人为因素差别不是很大。或者说，对于该地区的沙化，自然因素和人为因素同等重要，有9名受访者对两类因素都进行了强调。前述对于自然因素没有强调的4名受访者，对于人为因素却特别强调，有2人甚至将破坏性因素和投入性因素予以同等重视。尤其是县政协分管宣传官员的观点——人为因素不等于人为破坏更值得我们深思。民勤的风沙线很长，但民勤的人口增加并不多，很多"生态难民"已经外迁。特别地，在很多时候，当人为因素与自然因素共同作用时，中间的因果链条会更加复杂。

多数受访者（13名）也给出了民勤沙化的因果链。较为简单的因果链只涉及两类因素，例如，开垦导致地下水位下降、缺水导致沙漠化，过度开采地下水导致植被死亡、水源枯竭导致民众搬迁等。较为复杂的因果链则包含三类甚至三类以上的因素。例如，县领导M对于沙化的分析，强调过度开发导致涵养水源恶化进而导致沙化严重。但是，他认为沙化的关键因素还是缺水，既包括上游缺水，也包括本地缺水。最复杂的因果链是治沙站站长给出的，他认为流沙迁移导致湖泊萎缩，进而导致地下水位下降，植被退化，最终土地沙化。在给出这个链条后，治沙站站长强调了沙化中的人为因素更为关键。开垦导致地下水位下降，过度开采地下水导致植被死亡，这都是人为因素影响了自然因素。水资源枯竭导致民众搬迁，这是自然因素影响了人为因素。可以说，沙化涉及很多因素，这些因素之间的相互作用机制哪些占主导地位，如果不是专家学者或技术人员潜心研究，很难彻底搞清楚。所幸民勤参与治沙的专家学者也不少。

本次调研的第四项收获是对专家学者的作用有了较为全面的认识。大多数受访者提到了治沙过程中专家学者尤其是外来专家的作用。当然，本土专家也有人提及。对比来看，外来专家多以到本地调研和了解情况为主，对本地情况事实上并不是很了解，提出的建议往往没有作用；而本土专家则相对了解本地情况，且多实际指导当地民众防沙治沙，因而其直接贡献也更大。在提及专家与当地民众交流的受访者中，大多提及了治沙中的本土专家发挥的作用，虽然这样的受访者仅有 4 位。从身份来看，除 1 名中学教师外，其余 3 位分别为农牧局技术员、林业局技术员和草原站官员。这些部门是县级政府部门参与治沙的主要机构，可见其在日常工作中与民众的交流较多。但是本次访谈中的民众较少，仅有的 1 位村民提及的也只是外来专家。

总体来看，在现有格局下，民勤治沙中的专家学者与民众的交流，乃至政府与社会之间的交流和协同，都还有很大的提升空间。或者说，民勤治沙的强政府主导模式基本形成，但是与社会之间的协同还有待加强。即使未来民勤的防沙治沙相对解决了水资源的巨大限制，能够实现跨流域调水，对于如何高效合理地防沙治沙，还是需要政府与社会的多方互动，以及专家与民众的深入交流。

二、宁夏回族自治区中卫市

中卫市[①]位于宁夏回族自治区中西部，东邻吴忠市，南与固原市及甘肃省靖远县相连，西与甘肃省景泰县接壤，北与内蒙古自治区阿拉善左旗毗邻；地理位置在东经104°17′~106°10′、北纬36°06′~37°50′，东西长约130千米，南北宽约180千米，截至2010年市域总面积17441.6平方千米[②]。据宁夏统计局数据，2007年中卫的户籍人口为104.59万人[③]；据第七次全国人口普查数据，截至2020年11月1日零时，中卫市常住人口为1067336人（约106.7万人）[④]，比上年略有增长。

中卫地形由西向东、由南向北倾斜，南部地貌多属黄土丘陵沟壑，北部为低山与沙漠，平均海拔1225米，属典型的温带大陆性季风气候[⑤]，日照充足，昼夜温差极大，年均降水量397毫米，年均蒸发量高达1973毫米[⑥]。中卫市的西、北两面被腾格里大沙漠包围，处在宁夏、甘肃、内蒙古三省区交会处，中卫市是黄河中上游第一个自流灌溉市。

中卫中部的卫宁平原得黄河灌溉之利，土地肥沃，物产丰饶，素有"鱼米之乡"的美誉。此外，中卫市官方网站的宣传语称其为"世界枸杞之都""中国硒砂瓜之乡"。[⑦] 中卫市的沙漠沙坡头旅游景区位于宁夏中卫市城西16千米处，集沙、山、河、园于一体，是宁夏乃至西北较为著

① 2003年12月31日，《国务院关于同意宁夏回族自治区设立地级中卫市等有关行政区划调整的批复》中，同意撤销中卫县，设立地级中卫市。2004年2月6日，《宁夏回族自治区人民政府关于撤销中卫县设立地级中卫市的通知》中，撤销中卫县，设立地级中卫市，并于4月26日举行中卫市成立大会。

② 中卫市人民政府．中卫概况[EB/OL]．(2018 - 04 - 10) [2021 - 10 - 06]．http://www.nxzw.gov.cn/zjzw/zwgk/zwjj/201804/t20180410_734359.html.

③ 汇聚数据．中卫人口[EB/OL]．[2021 - 10 - 06]．https://population.gotohui.com/pdata - 245.

④ 宁夏回族自治区人民政府研究室．宁夏第七次全国人口普查主要数据公报[EB/OL]．(2021 - 05 - 26)[2021 - 10 - 06]．http://www.nxyjs.com/qqsjk/202105/t20210526_2859490.html.

⑤ 国家国防教育办公室．中国县情概览：第3卷[Z]. 2008:5.

⑥ 中国天气网．中卫城市介绍[EB/OL]．[2021 - 10 - 26]．http://www.weather.com.cn/cityintro/101170501.shtml.

⑦ 中卫市人民政府．中卫概况[EB/OL]．(2018 - 04 - 10) [2021 - 10 - 06]．http://www.nxzw.gov.cn/zjzw/zwgk/zwjj/201804/t20180410_734359.html.

名的风景旅游区，属国家首批 AAAAA 级沙漠旅游景区，被誉为"世界垄断性旅游资源"，获得了"全球环境保护 500 佳"的称号①。

著名的包兰铁路在中卫和甘塘间穿过腾格里沙漠，于 20 世纪 50 年代在沙漠中筑成，全线有 140 千米在沙漠中穿行。铁路穿沙，靠的是优秀的治沙、固沙技术，而且这些优秀的技术获得了 1987 年国家科学技术进步特等奖。另据市政府官方网站的统计②，目前中卫市西北部 168 万亩沙区已治理利用面积达到 83.2 万亩，实施封山（沙）育林面积达到 60 万亩。

7 月 18—19 日　赶往中卫，被美震撼

在民勤调研，可谓"天时、地利、人和"俱全，这是我将其作为调研第一站的重要原因。另外，这样安排可以为其他地方的调研积累经验。但即使如此费尽心思，后续调研能否顺利展开，我心中也实在没底。完成了民勤的调研后，我又在老家待了几天，除了略作休养，也为了在家多陪陪老妈。即使回到老家，这种休养和陪伴时光也成为奢望：一来必须完成此行的调研任务，二来必须按时赶回北京办理签证等手续，三来必须按时赶回美国上学。4 天之后，我又开始了第二波——民勤以外县域的调研。

经过反复查看地图和考虑，我决定第二波调研从宁夏中卫开始。这样再一路往西，依次调研甘肃的景泰、临泽、金塔、瓜州和敦煌等几个县（市）。路线虽然规划妥当，但真正要实施又有意外迎来。第一个意外不是好消息。虽然从直线距离看，从民勤到中卫不算太远，但乘坐大巴车要转好多趟，非常不方便。如此，还不如先到兰州，再乘坐火车去中卫。第二个意外是好消息。就在这段时间，我从初中一直到高中的老同学唐从国也从兰州回到了老家。听闻我的调研，他决定提前离开老家，开车将我送到兰州。更让我感激的是，他舍弃陪伴家人的时间，决定陪我一同去调研几个县。

---

①②　中卫市人民政府. 中卫概况［EB/OL］. (2018 – 04 – 10)［2021 – 01 – 06］. http://www.nxzw.gov.cn/zjzw/zwgk/zwjj/201804/t20180410_734359.html.

　　7月18日清晨，我早早起床，吃过了老妈和嫂子做的拉面之后，就坐上了唐从国的车，赶往兰州。我们老家的习俗是：有人要出远门，就一定要吃拉面，意思是要把人"拉住"，希望亲人能早早地、平平安安地回家。

　　车上有他7岁大的女儿，一路上有孩子的叽叽喳喳，似乎路途也不再漫长。到了兰州，在他家住了一夜后，7月19日我们就赶紧坐火车往中卫出发了。

　　快到中卫的时候，透过车窗能够看到，铁路沿线两边也有着像民勤一样的荒滩。但是，与民勤不同的是，这些荒滩上种满了各种沙生植物，长得也比民勤的更有亮色，更为青翠，一片郁郁葱葱的样子，远望就像是一条宽宽的绿带（见图1－3）。也许是因为相对民勤来说，中卫的水资源本就较为丰富吧！在宽宽的绿带远处，时而看到略带苍翠、连绵起伏的远山，时而看到一堆堆连绵起伏的光秃秃的沙丘，时而同时看到沙丘和远山。随着列车前行，映入眼帘的是一幅由荒滩、绿带、沙丘、山脉等构成的壮美奇观和真实画卷。由于荒滩和沙丘的连绵不绝，在这壮美中，不时又让人产生一种说不出的苍凉感；同时，由于荒滩的遍处绿化、沙丘的圆融低缓、山脉的起伏连绵，以及绿带、沙丘带和山脉的亲密相依，又使人在已有的壮美和苍凉中，感到了令人怦然心动的柔美和亲切。这种情感太复杂了，壮美、苍凉、柔美和亲切相互交织、相互激荡，大概只有穿越这片沙漠绿洲的人才能真正体会到。

　　这还远没有结束，随着列车前行，铁路两边又有沙丘出现。可是，这些沙丘不再是光秃秃的，上面布满了随着沙丘形状和走势错落有致的草方格。这些草方格整齐划一，使人不得不对中卫人民勤劳而精致的治沙杰作油然生敬。最令人惊奇的是，这些草方格之后是另外一幅图画。这幅图画将连绵的荒滩绿带、弯曲回环的黄河水、水边明晃晃的金色沙丘汇集到一起，再将绿滩、河水和沙丘之外的山岳等绝美景观融合。看到这幅画卷，之前的那种壮美和亲切相互激荡的感情变得更加强烈，又叠加了千万种情绪混合成新的情感。这种情感让人如痴如醉、如梦如幻。看来，人们经常称中卫为"沙漠之都"，不仅是因为它的治沙成就，更是

图1-3　赶往中卫途中景色

资料来源：笔者摄于2007年。

因为它的景色之美、之丰富。

　　美好总是短暂的，不知不觉中列车已经到站，我们匆匆忙忙下了车。由于天色已晚，我们也顾不得再欣赏车站和站外景色，就赶快到华名大酒店安顿下来。酒店看起来还不错，最起码干净整洁。当然，在来之前，我也七拐八拐，尽可能地通过各种关系事先做了一点联系和安排。还有些不能提前联系的，就只能随机应变，临时应对了。当然，在多数情况下，我们的调研都不得不随时准备随机应变。

　　7月20日　中卫特有的"压砂西瓜"

　　7月20日上午，我们从酒店打车出发，在中卫市农牧林业局一位同志的陪同下，来到了中国科学院旱区寒区环境与工程研究所沙坡头沙漠实验研究站。在这里，我们采访了一位助理研究员A。

　　现在基本上是"人进沙退"的情况，以前中卫在大概20世纪70年代，或者八九十年代还得过"全国治沙先进县"称号。将来出现"人退沙进"的可能性比较小，因为靠近黄河，灌溉水源充足，而且包兰铁路有人工植被观测场，面积将近10万平方米，方便观察研究沙漠治理情况。从 1956 年开始，形成了草方格，加上人工补灌，上面有了结皮。站区 1 千米处还有水分平衡厂，面积将近 1 万平方米，专门在降雨以后，建设人工植被，主要是柠条等很小的植物。

该研究所属于科研机构，关于专家学者参与中卫沙漠化治理的情况，A 介绍道：

地方上对我们比较支持，大的、知名的教授我们都请过，县长经常出面请，我们这边和地方的关系还是挺不错的。以前我们站上搞荒漠化培训班，有很多农民参加。培训班连续搞了四期，1998 年、1999 年在中卫，2000 年在银川，2001 年还在中卫。再就是提供一些苗木。在沙漠化治理工作中，研究所自己的造林任务也比较重，所以当地的造林治沙研究所基本不参与其中，但有些时候当地农民叫（我们），我们也过去指导。经常下去治沙造林，如沙地葡萄栽种等。

据 A 介绍，研究所的总面积有 1600 亩，其中铁路北有 600 多亩。此外，还有荒漠植被观测场，面积有 50 万平方米。与研究所类似的研究机构还有实验站和固沙林场，隶属于兰州铁路局，科技成果两家共享。

我们搞研究，他们搞实施。我们成果出来，让他们去推广，推广主要通过会议邀请。治沙面积最大的还是治沙林场，从迎水桥到甘塘，主要是铁路，这个面积可就大了……治沙是个多学科交叉的问题，各种知识都需要，最主要的是植物、水、大气、气候、土壤这些方面的。这些方面的专家我们都有，他们经常合作课题，有学术交流。研究所在这里搞了一个观测场，20 世纪 50 年代、60 年代、70 年代一直到现在都有观测研究，实现了连续研究。其中，有农业综合观测场、水分平衡场、养分循环场、与以色列合作的节水灌溉项目、与日本合作的绿色苹果园项目。当地农民熟悉我们，经常来这里请教治沙栽树的问题。过去在治沙时学者与农民都是有沟通的，在 20 世纪五六十年代，有一本《岸在远方》的书，专门讲沙坡头，里面就提到和农民共同探讨治沙。陈舜尧写的《沙都散记》，也主要写治沙，好像是 1988 年写的。

A 称研究所的资料室都有这些书，可惜资料室工作人员不在，我们无缘得见。依据常理，过度的农业开发会加剧土地的沙化。中卫的设施农业比较发达，但没有出现毁林开农场的现象，A介绍道：

在治沙方面，整个中卫城区包括中宁和海原的造林、"压砂西瓜"累计有100万亩。中卫属于山区，靠天吃饭，没有水源，只能靠降雨。在不超过15度的坡上，铺15～20厘米厚的土壤，然后把西瓜子种到土壤里，由于这些特殊的生长环境，就长出了中卫特有的"压砂西瓜"。"压砂西瓜"这个技术是中卫自己总结出来的，过去技术比较粗糙，过去叫"苦死爷爷，老子享受"，能用15年左右，15年以后就不能用了。现在技术有所改进。

中卫的"压砂西瓜"现在全国知名，东方网称其为"石头缝里长出的大西瓜"①。此外，对于中卫设施农业，A也进行了较为详细的介绍：

设施农业主要就是大棚，过去叫"日光温室"，最早从（20世纪）90年代（开始），是从山东引进来的。第一代（是）生态温棚，后面养殖、前面种蔬菜。后来（发现）效益不好，（现在）主要种蔬菜，主要包括西红柿、黄瓜、辣椒和菌类。销路走西藏、新疆、青海和甘肃等大西北地区。另外，还种杂果、杏子、山桃等，在中卫发展最高有400多亩，现在永宁县比较多，所以叫"墙里开花墙外香"。现在没有人抓，没有人扶持，就不行了。

访谈结束后，我们也乘机对实验研究站进行了参观，拍摄了不少试验研究站内部墙壁上展出的文字和图片资料，并在试验站门口进行了合影留念。

治沙得花钱，钱从哪里来

7月20日下午2点刚过，仍是在中卫市农牧林业局同志的陪同下，我们驱车来到了中卫的沙坡头植物园，一位铁路治沙工程师S接受了我们的访谈。S 50多岁，很健谈。

中卫的沙化主要是（受到）地理条件的限制，我们正好是缺口。（这里）北边没有屏障，而银川有贺兰山（作为）屏障，我们是丰富的沙源地加上特殊的地理环境。我们的治沙原来是由铁路管理，我们归银川铁

---

① 袁松禄. 中卫硒砂瓜：石头缝里种出最甜的西瓜[EB/OL].（2018－04－10）[2019－08－15]. http://www.nxzw.gov.cn/zjzw/zwgk/zwjj/201804/t20180410_734359.html.

路分局管，是一个独立单位。2005 年撤销了铁路分局，成了工务段，银川工务段压缩，防沙资金很少，现在有 90 个人。现在给到基层站段的生产费用少了，再分到防沙上就更少了。经过 50 多年治理，（治沙）相当有成效，短期内不会影响铁路安全，所以投入就少了，现在有钱先往钢轨上投。

治沙就得花钱，铁路企业讲究经济效益，治沙周期长、收益少，企业性质决定了不能给太多的钱。当年新中国刚成立，（虽然）国家穷，（但是）国家重视。1950 年成立中卫卫宁防沙林场，目的是保护中卫平原。1956 年修建铁路，改名"中卫固沙林场"，直属于宁夏林业厅。当年，还把治沙站从兰州沙漠研究所搬到这个地方，首先建立气象站。当时国家非常重视这个问题，从迎水桥到孟家湾，主要任务就是清沙，1 千米 1 个人。要不清沙，火车就翻了，得 24 小时监测。当时国家重视，林业部组织防沙治沙的勘测大队，队长是林业部的专家，直接到了这里。野外勘测后，当时中科院、林业部、铁道部的联合专家组制定方案。好多专家都是林业部的在这里任职，在现场组织实施。当时的防沙任务非常重，各部委都非常重视，投入费用非常到位，治理了很多年，才能有现在这个程度。

1958 年，铁路正式开通，还是归宁夏林业局管，但是经过两家协商，主要服务铁路。当时大部分投资是（给）兰州铁路局（的），人员管理为宁夏林业局。最后认为人事管理也不如交给兰州铁路局，1972 年就移交给了兰州铁路局。

现在固沙林场一共 6.4 万多亩，南边 300 米、北侧 500 米的宽度。从中卫到甘塘是 63~70 千米，这条路线都是固沙林场搞的，都是我们搞的。治沙肯定得先有领导重视、国家重视。现在为什么铁路不重视了，因为已经治理好了，即使不投入，三五年内也不会影响铁路安全，构不成威胁。领导换得也勤，无法实现长远考虑。以前我们是独立的，专门的任务就是琢磨治沙，现在不行了！现在机构改了。领导怎么干还得和站段长商量。

以前来中卫治沙的人非常多。1985 年，从国家到地方的专家都有。

从20世纪50年代开始，竺可桢就来到这儿，写出了《向沙漠进军》。此外，刘慎谔、李鸣岗等治沙专家也来过这里。现在就很少了，这几年可以说没了。当年，这些专家直接就是来这个地方工作，好多年才回去。李鸣岗一直在治沙站工作到退休。这些人为包兰铁路的畅通无阻立下了汗马功劳，当时的方案设计都是他们亲自参与的。

我们和政府之间的沟通过去可能比较多，因为以前归地方政府管。现在沟通少，虽然有网络，但我们基本对外面一无所知。我们订杂志、报纸很少，杂志一本两本，给了200元，想多订不行，在铁路行业我们只能通过网络了解一下国内外的情况。我们和当地农民沟通也少。现在这里治沙最大的是美利纸业，光林场就有11个。栽树比较漂亮，成活率高，还成立了专门的林业研究所。

S的言谈中充满了对过去的怀念，也表达了对现状的无奈，不过这对于本地防沙来说也许是个好消息。看来美利纸业的造林在这里赫赫有名，明天我们得去专程拜访。

从沙坡头植物园出来，由于时间已经较晚，陪同的中卫市农牧林业局的同志也有别的事情，我们就坐车回酒店了。

此时，雨过天晴，天上飘着朵朵白云，气象万千。近处是排排绿树掩映下的公路、铁路、飞速而过的汽车、缓缓开动的火车和零星的建筑；其后是弯弯的黄河，黄河的中间有一座绿岛，好像一幅有前后尾巴的、略带点扁的太极图；再之后是略带点绿色点缀的、绸带一样的金黄色沙丘；最后是连绵的、带点灰绿色的山脉，在远处和天上的白云相接，蔚为壮观！

7月21日　为何企业造林成活率高

7月21日一早，仍是在中卫市农牧林业局同志的陪同下，我们驱车赶往中冶美利造纸工业园区，该园区的"林纸一体化工程"曾得到胡锦涛同志的肯定。上午9点多，我们来到了中冶美利林业建设公司第六林业试验部，访谈了一位工程师G。在G看来，中卫沙漠化的原因有多种：

第一个是历史位置的原因，中卫处于腾格里沙漠南缘，是沙漠边缘；

第二个是人为原因，第一带林网因天牛危害造成大面积的砍伐。20世纪80年代中卫获得"全国造林先进县"称号，但从1981年开始出现天牛危害，整个80年代（天牛）非常猖獗……政府方面的不足是，政府造林成活率比较低，虽然每年都造林，但存活的不多。主要在管护上，在整个管理方面还不到位。

对于目前中卫沙漠化治理面临的主要问题，G认为主要是水源不足。

当地用了好多方法，有植树造林，再就是种草，都搞了，但主要还是水量不够，降水量不足，造成治理沙漠过程中林木成活率比较低。就企业来说，成活率比较高的原因，首先是追求经济效益，如果成活率低，树成长不够，就没有经济效益；其次才追求生态效益和社会效益。（企业造林）初衷不是后者，只是无形中有了后者。政府造林有政府造林的弊端，不像企业造林目的比较明确，责任分明。此外，在技术投入上，政府也有专门的技术人才，我们企业也有专门的技术人才，这就是说在技术人员的管理上，企业比政府管理得好。企业有专门的林业公司、管理机构，直接从事治沙造林，没有中间管理环节。相比之下，政府中间环节太多，造成技术和管理方面的服务不到位。企业为了追求效益最大化，投入比较大，肥料、病虫害防治等方面投入都比较高。像政府造林最终还是农民造林，在这些方面的投入就有些不足，这也是最重要的方面。

G接待过不少前来治沙的专家学者，他们主要来自北京林业大学、中南林业大学、西北农林科技大学，还有的来自林业研究所，等等，对于这些林业专家在中卫沙漠治理中发挥的作用，G颇为肯定。

（就治沙来说）很多专家学者既是技术人员，也是管理人员。**在从事技术的过程中进行管理，在从事管理的过程中指导技术，是双重身份。**搞林业比搞治沙要简单，治沙是综合性，林业只是治沙的一种方式。林业的技术含量相对较低，像农业一样，重在管护。再一个就是投入，技术和生产资金投入，对林业是最重要的。我们和宁夏林业科技研究所有个基地；北京林业大学和我们有合作，他们搞一些树种；我们与西北农林科技大学也有合作。跟林业科技研究所的（合作成果）还得了自治区科技进步二等奖。我们公司的总经理就是全国治沙先进个人，我们这个地方是全国速生林标准化示范区。

G认为企业治沙、造林的负担太重，如果没有社会和政府支持，是负担不起的。

政府应该大力支持企业治沙、企业造林，现在的力度还非常不够。从经济的角度来说，如果政府让企业来做，会比自己搞效益好。但是政府的管理体制限制了企业的一些自主性，对企业来说，种草种树，要给政府打报告，打报告后也才能砍伐，否则政府不允许，尽管是我们自己种的树，但政府还在管，不能自己想采伐就采伐。林业的问题主要不是技术问题，而是一个体制问题。如何将造林资金很好地利用起来，这是个需要探讨的问题。

虽然存在一些问题，但整体而言，企业造林的社会效益和生态效益很明显，G称：

这是非常明显的，解决了很多下岗职工或者农民的就业问题。再就是我们栽了很多树，外面来参观学习，也有社会效益。2003年曾庆红同志来了、2007年胡锦涛同志来了，说是来看企业，实际上是来看治沙，他们对我们的植树造林评价非常高。

访谈结束后，已经11点多，我们又对中冶美利造纸工业园区进行了参观。看到在企业的努力下，生态确实有了很大的改善。同时，也看到了一个大大的、横着的红色宣传牌，右边的上方用白色大字写着："中共中央总书记、国家主席胡锦涛同志视察中冶美利造纸工业园区林纸一体化工程时指出……"；下方则用红色的大字写着："这是一件利国利民的大好事，你们一定要坚持下去！"在字的左边是一张当时胡锦涛同志视察的照片。可是，由于时间的关系和车辆的限制，我们不能深入园区造林典型地段进行参观，因为不仅路途遥远，而且非常难走，需要越野车才行，但陪同的同志还是热情地用手指着远方，告诉了我们大概的方位。同时，他也指出，这里面其实有个矛盾，就是：企业要造纸，就要讲求效率效益，所以他们种的树多是速生杨；这在事实上就长期而言，并不特别有利于生态保护。

喷灌要比滴灌多

为了尽可能多地调研，我们又继续驱车前往赛金塘林场，在路上我们与司机师傅 S 进行了简单的交谈。

这里早年虫害很严重，虫害主要是天牛，导致树木死亡，引起沙漠面积扩大。2007 年以后情况有所好转，主要因为植树造林。中卫现在主要栽种杨木，乡下的村上、田边都栽树。我还是学生的时候，就在万亩果园栽过树。村民也都会自发地栽树防止沙尘暴。过去沙尘暴多，现在有树，沙尘暴明显少了。生在这个地方的老百姓都知道如何栽树，现在的学生也栽树。

终于赶到林场，林场工作人员的介绍却很简要：

1988 年，中卫南部山区的人民搬迁过来，在万亩林场附近成立了乡政府。林场的灌水是黄河自引灌溉，将沙丘推平，然后种水稻，逐年种水稻，上面就会累积一层厚淤泥。这里的主要作物有小麦、玉米和水稻，相对而言，中卫以水稻种植为主。从 2007 年开始，小麦（种植）面积开始逐渐变大。由于黄河的水压下降，很多水稻田改种为旱田。现在，中卫一方面搞设施农业，另一方面搞节水灌溉。节水灌溉措施比较多，有滴灌，也有喷灌。**喷灌相对比较多，因为滴灌的条件要求较高。**例如，滴灌设备必须多年使用，而且本地的黄河水必须先澄清才可使用滴灌。简单来说，滴灌的投入虽然不多，但是使用起来比较麻烦。例如，林业局①栽果树用的喷灌，每一组喷管的幅度在 16 米（直径），喷灌的孔眼比较大，而且有沉淀池，所以堵塞问题比起滴灌就很轻了。喷灌的落差一般在 50 米左右，虽然有时压力不足，但可以用柴油机加压泵，用起来也比较方便。

访谈结束后，我们匆匆用完午饭，就继续开始了下面的行程。

在中卫调查走到阿拉善左旗

下午 1 点多，由于走错了路，我们发现已经到了阿拉善左旗腾格里

---

① 2004 年中卫市设立后,农牧林业局成立。此处林场工作人员提到"农牧林业局"时,仍然沿用了原中卫县"林业局"的名称。

苏木，在一处沙丘旁，我们遇到了一位蒙古族女牧民正在自己的房子周边劳作。房子的四周除了零星的树木和一些长着草的洼地、土坡外，到处是沙丘，可见生存环境之恶劣。所谓"机不可失"，调研中遇到的任何个体都可能为我们多提供一些信息和分析的视角，所以我决定停下来和她聊聊。

对方知晓我们的来意后，也愿意跟我们聊。她告诉我们，家中共4人，有1个上小学五年级的小孩。家里养了300只羊，年收入1万元左右。家庭收入除了放羊，还打算种点蔬菜，现在吃粮全靠买。她自称曾考上了西北民族学院外语系，但是因家庭经济条件困难没有去上学，可见其受教育程度相对较高。对于本地的沙化问题，她提供的信息较为全面。

（这里）风沙太大，太干旱。风沙大、干旱是问题，但管理也是问题。（这里每年）大风吹倒树，再过10年，可能倒完了。我一共种植了1万亩以上，（林地）可以种植草药。（现在）苏木政府确实不错，政府对治沙没有补贴，最多是提供苗木。（这里）缺水，苏木政府也组织治沙。年年靠自己治沙，年年扩展。年年种一两千亩的树苗，包括梭梭、花柴等。今年（2007年）（种得）少一些，也有一两万株。（这里）人人都有治沙，但最重要的是管护问题。

（治沙只能）搞绿化，再没有别的办法，水是最大的问题。在我小的时候，这个地方全部是芦苇，好得很，但是现在都成了沙漠。（指向不远处）这沙丘一年内（向前）移动了5米，你看还有棵树被刮倒了。前些天我对儿子说，如果不管护，再过10年可能就全部被刮倒了。我自己搞了绿化，在我的林子里，草和树都长得很好，沙丘也被治理住了，每年都向里面扩展。

不难看出，这位牧民对于沙化的危害有着清醒的认识，自己也在积极搞绿化。

（我们治沙）没有专家指导，我是第一位，都是自己搞的。（我）从杂志上学习植树种草，效果还可以，一两年栽活就好了。就我们当地来说，（专家）没有多大作用，实际行动太差。林业单位有，（但是）护理不完善，（也）没有技术人员下来；（我们）去问，也可能给回答，但是没有技术好的人员。林业技术人员也有，但是技术都不行。（我们）最需要技术。（现在）我们自己摸索。我小的时候，这个地方到处是绿绿的，但是现在到处是黄沙，今年（2007年）相对好一些。

我自己摸索种些（树木），对牲畜也有一定的好处。我自己的羊不进到林子里去，要放到草原上去。但是自己的（草原）用围栏，照样有其他人进去。（这些人）都是周边的，林业上抓住要劝说，再就是要修护护栏网。如果我们看到了，都是自己人，生活困难，赶出去就行了。现在禁牧，虽然有两免一补，但是（孩子上到）高中以上就有问题了，花费比较高。现在学生回家也得打工，比如端盘子、砸硝石等，过去是没有的。

对于治沙技术人员，她所了解的并不多。

林业上有治沙站，一共三四个人，协会什么的，还没有听过，也许内部有吧。治沙站上也下来人，看看羊圈，再就是罚款。我为人家植树很多，但是我占用了一点土地来修羊圈，他们就要罚款。现在还没有罚款，但是我们听他们的话音，好像是要准备罚款的，还说占用1平方米多少钱。苏木政府的阳光产业、星火计划等开展得不错。这边的围栏，都是我自己搞的。沙丘两年内前进了5米左右，不围护羊圈就被埋了。我以前从硝场拉电，但是后来被断了，现在用太阳能发电。（如果）重新（从硝场）拉电，他们得有利润，收费比较高。我现在正式的电从9月20日到现在都没了，也向苏木政府反映过，但是也没有最好的办法。

由于这位蒙古族女性的受教育程度相对较高，对于我的访谈，既有意愿也有能力畅聊。交谈中，她反复强调自己儿时环境好而现在环境差，强调造林后管护跟不上会被全部刮倒，强调沙丘一年内前进了5米。作为普通民众，能够体验到沙化的严重很正常，但是能细致观察沙丘的移动距离，说明她有着特别细心的观察。由此看来，她对于人工造林会被风沙刮倒的忧虑，肯定不是"杞人忧天"。

外来专家与本地专家各有优劣

7月21日下午大概5点50分，我们回到了中卫市里，到了入住的大酒店后，我又乘机对中卫市农牧林业局的一位林业工程师兼科长 L 进行了访谈。知晓我们的来意后，他和我们聊了很多。L 认为，中卫治沙在全国来说是有名气的。中卫的沙坡头模式多次受到国家林业局、联合国的表彰奖励，国家领导人也都给予了高度评价，但也存在一些问题。

（沙化原因）第一个是气候干旱。（连续）五年大旱，造成很多地方植被退化。第二个是人为的过度开发，植被跟不上。大户和企业等开发的方向是正确的，但是投入跟不上，导致有些土地沙化。一开始大面积开垦后地开了，种植跟不上，包括水电（也）解决不了，导致了很多问题。很多地方荒了，导致植被退化。在中卫这个（情况）不是很严重，外围沙区有，整体上不恶化。整体上"人进沙退"，局部植被退化。（现在中卫）最主要的是资金问题，因为这几年靠美利纸业（解决资金），以前每年都是小打小闹。有了钱，治沙是没有什么问题的。再下来（第三个）就是水的问题。水的问题不解决，搞绿化、搞种植都是不可能的事情。正常的靠天然降雨，天然的可以搞些封育，开发就得靠水。

沙漠化和沙尘暴问题要想被更好地治理和解决，一个核心问题是政策方面要无偿划拨（土地）。政府要重视，需要企业介入防沙治沙相关行业。一般情况下，林业部门搞治沙，力量有些薄弱，通过企业参与，可以加大投资，同时，也需要政府的资金投入。

对于参与中卫治沙的研究人员，L 认为非常多。

（我）经常接待他们，基本上都是治沙研究站的或者是固沙林场的，宁夏的专家也都来。正式的科研单位派往这个地方的专家也多，尤其是在 20 世纪50—70 年代比较多，（当时）从国家、宁夏到中卫都比较重视治沙。进入 80 年代以后，已经有了一些非常成功的经验。（虽然）来这里的专家搞调查的多，但是搞实在的、住下来的比较少。

（专家的）专业背景有专门搞沙漠研究的，如搞综合性方面的、气候环境方面的、防沙治沙方面的，还有搞生物多样性方面的；（专家）有北京来的、兰州来的、南京来的。国外的大概日本专家来得多，还有澳大利亚的、德国的、泰国的。相对来说，日本专家来的，我知道的有五六次。（专家的）部门以国内的中科院比较多，再就是北京林业大学的，基本上就这些。国外的部门就不清楚了，（他们）都是通过区、厅等来的，通过业务部门陪同来的，开展调研和调查等。（专家来的）时间最多不超过两天，来看一些地方，收集一些资料就走了，（现在）没有长期住下来的。在五六十年代，尤其是六七十年代常驻的比较多。（当时）在1957年（来的）苏（联）专家和中科院的专家等，在这个地方待了很多年。（还有的专家）带着国家的课题来这个地方，大面积推广之后就走了。

L认为外来专家和本地专家有各自的优劣势。

（外来专家的）优点是有丰富的理论知识。本地专家和长期住在这个地方的专家直接从事实施，从理论深层次上不如外来专家，但（外来专家在）实际操作方面不如本地专家。（外来专家的）缺点是偏重理论，对实际问题不太了解，有些观点适合地方，有些不行。前些天有个德国专家到南山台子，到封山育林区。（这些地区）通过国家的天然林保护工程，通过封育生态很好。他说外围是不是搞些乔木，乔灌结合。但是我说没有水，不实际，在这个特定的地方，不能实施。人家从宏观上有些想法，但实际操作起来不是这么回事。

社会的实际经验是最重要的，有些时候理论不怎么样，沙漠治理不能搞"一刀切"，各个时段不一样。我们在沙漠区栽枣树，常规在每年4月25日到5月10日之间栽种，但是这种方法在沙漠区成活率非常低，常规性技术的成活率连40%～50%都达不到。我们现在探讨，栽种时间推迟到6月到7月，苗木通过营养袋培育，利用一个半月的时间在苗圃生根发芽，长到5～10厘米再栽种，成活率达到90%～95%。这个方法是我们自己在治沙（过程）中探索的，包括很多区上的专家都不相信，认为不可能。（所以治沙）没有多年的探索是不行的。再就是沙区的农民，在治沙方面也有一定的经验。与他们的职业有关系，（他们）离不开沙漠，经常和沙漠打交道，开荒种地，农民有一定的经验。（不过）只有在沙区的农民（才有这个经验），不在沙区的不知道。

中卫治沙这些人基本还是包括进去了。像石述柱这样的人物，过去也有一两个。但是由于各方面的原因，例如资金投入，导致企业或者大户负债累累。（有的）在北部开发沙漠，办猪场、养羊等，厂子倒闭后背了一身债务。（有个）韦永贵搞综合性的，1995年以后总共治理面积3000多亩，有羊、猪、牛、林场等综合性（治理），投资了1000多万元，最后好多没有办成。再就是效益很低，自身投资有一些，最后导致都失败了。（这些典型）在过去，在国家、区、市各级的林业局都受到表彰奖励，但是现在都倒闭了。

对于这些专家在中卫治沙中发挥的作用，L有自己的看法。

不管是搞什么的专家，总体上意识是好的，目标都是一致的，这个不能否认。但是和实践能不能符合，是另外一回事。就治沙成就来说，学者的贡献能够占到30%，有些适合，有些不适合。只有劳动者，只有实际操作的人才知道如何干，才能取得实际效益。在干的过程中（他们）不断探索，如何省钱、省工他们最有体会。20世纪50—70年代，那个时代的外来专家贡献比较大，起码占到40%~50%。（虽然）好多是地方性推广的，但是离不了他们，而现在我们基本上自己做。80年代也和现在差不多，大家都是来看看。

现在民众的观点和土知识可以说基本上能得到专家的重视。有些专家来，农民谈一些观点，他们也很惊奇，认为很有见地。如果双方遇到矛盾问题，不一定专家的（方法）就好，要看哪种实际情况好。人家农民毕竟干着，人家有成功的方法和经验。

对于中卫治沙中的各类组织，L也介绍了相关情况。

进入（20世纪）80年代以后，企业方面的贡献比较大，后期最大的贡献还是企业；80年代以前还是技术人员比较重要，因为他们提供了技术支持。组织的优点，一是资金雄厚，二是技术力量雄厚，三是具有很多成功的经验。（企业）在资金投入方面、人才方面都比地方上好。例如，美利集团，资金多、人才多，技术力量也很雄厚。就像美利治沙从2000年开始，它们的贡献能占到60%~70%，沙漠治理规模比地方政府组织的规模要大。

L还就中卫治沙的经验进行了总结。

（我认为）中卫的治沙经验是要遵循地方的自然规律，有些地方适合人工造林就搞人工造林，有些地方适合封育就搞封育，有些可开发的可以引水治理……这是遵循大的规律，要因地制宜，不能"一刀切"，该干什么干什么。中卫治沙的其他成功经验包括：首先要扎草方格，固定表面流动沙丘；其次就是通过黄河水来引水治沙，这是最快的，灌溉形成泥土，效果非常好。

对于治沙，L最后谈了自己的感受，概括一下就是治沙很辛苦，必须有吃苦的精神和扎实的作风。在他看来，保护和开发要同时进行，该保护的要先保护起来，第一位是保护，第二位才是开发。但很多时候，这种理念大家都很清楚，却难以实施下去。现实中最可怕的是，没有治理只有破坏，相对好一些的才是一边治理一边破坏，更好一点的是一边治理一边不破坏。这样看来，能够一边治理一边保护，既需要政府的政策和公众的保护意识，还需要政府的组织和公众的参与，更需要二者的积极互动，协同参与，并约束违规者。

7月22日　压沙成为农民的收入来源

7月22日的路程很长，一方面要结束中卫的调研，另一方面要赶往下一站——甘肃省景泰县。但是，没想到路途中也有惊喜。我们途经中卫迎水镇与阿拉善左旗边境公路段的压沙地时，看到很多农民正在旁边的沙丘压沙。我立即决定停车，想一边就地参观，一边进行访谈。正在压沙的一共有五位农民，两男三女。他们有人抱着麦草铺条，有人拿着铁锹埋压，显然是在用麦草草方格的形式压沙。在他们身后则是明晃晃的、一望无际的连绵沙丘，我一边参观，一边站着和他们聊了起来（见图1-4）。

一位正在压沙的农民N一边干活，一边接受了我的访谈。

（沙化的原因是）条件不好，水少、风大，尤其是春天。我们（正在）给公路压沙，每个格子5分，一天挣50~60元。现在正是压沙的时候，麦子割了，麦秆有了，春天和冬天没有材料来压沙。（压沙用的）麦秆由公路段提供。治沙最好有了雨水，长上东西后就把沙压住了。我们主要是出来打工，自己家那里没有啥（收入），我们打这个工已经两三年了。（公路）收费站没有太多的资金，（再）往里治代价太大。我们村子里来（这里）治沙的有十几人，我们整个村子有几千人。治沙很苦，夏

图1-4　中卫的农民压沙

资料来源：笔者摄于2007年。

天天气热，（手）起泡。我们打工的，划得来划不来都得做。治沙也有技术人员，我们给他们干活。现在干得多了，不用指导了。这个地方治沙有几十年了，自从有了公路就开始了。

既然治沙能够成为压沙打工者的收入来源，是不是也多少说明公路收费站的收费还真的是"羊毛用在羊身上了"！中卫的治沙因为当年的穿沙铁路而知名，看来该地的交通部门一直奋战在治沙的前沿。

离开了压沙地，我们继续前行，到中卫与阿拉善左旗接壤处的吊坡梁子，遇到了一位农民M。

这里风大，沙子多，自然条件恶劣，我们家后面有沙漠，主要是美利公司在治理。我们的田里没有沙漠。沙坡头有专门治沙的（治沙技术员），我和他们之间没有接触。我知道胡锦涛同志来了，主要是看治沙。曾庆红同志也来了，是在四五年以前。我是第一次来治沙，以前没有，我们只是来干活的。专家来了都在沙坡头。（治沙时）一个方格子5分（钱），根据沙坝的大小、柴草的远近等，价格也不同。技术人员自己不干，让农民干。（对于我们）不给钱就不会干，少了也不干。人家工作人员让我们怎么干，我们就怎么干。干活就得要钱，没钱不行。

两地访谈的农民都将压沙工作作为一项收入来源，说明防沙治沙不仅仅是一项公益事业，不是只有在政府的组织下才可以取得成果。就中卫的治沙来看，在市场经济背景下，通过经济激励，也能够调动民众的积极性，使其参与其中。

中卫市的反思：水利条件好，社会参与强

中卫的调研在马不停蹄地赶路中结束。相比民勤，中卫的专家学者参与防沙治沙更多，很多技术也能与当地实践相结合。但这种行程节奏，对于各方参与防沙治沙的具体情况难以深入了解。不过从出租车司机的眼中，还是能够看到中卫治沙长期坚持的成果，值得反思、学习和推广。

中卫市受访总人数勉强为民勤县受访总人数的1/3，但从访谈收获来看，并不逊于民勤县。令我感受最深的是，在中卫市遇到的受访者大都强调本地区沙化治理的成就。这里还采用分析民勤的访谈资料时使用的分析框架，对于访谈结果进行分析。为了保证访谈结果的可比性，这里排除了提供信息较少的偶遇者，也暂时不考虑在阿拉善左旗遇到的那位女牧民，毕竟她是左旗人，在行政上并不隶属于中卫。虽然我们说压沙需要大家的通力合作，不能分中卫和左旗，但是为了分析的方便和一致起见，我还是决定将与她的访谈放在前面进行汇报，在此处的总结不把她计算在内。

对于中卫市沙化治理的成就，从自然因素来看，受访者强调了靠近黄河，水源较为充足这一优势。可以说，这是中卫治沙能够成功的决定性条件。但是，只有地理条件上的优越性，没有人为的努力也是不行的。所以受访者也强调了国家重视、投入很大等因素。出租车司机在谈及植树造林的作用时，也回忆了儿时的沙尘漫天和现在的治理效果。所以，中卫治沙的成功，是当地人在充分利用有利自然条件基础上共同努力的结果（见表1-3）。

表1-3　中卫市沙化成因及治理

访谈对象	沙化原因		专家作用	治理效果
	自然因素	人为因素		
中科院研究员			荒漠化培训班	人进沙退
			指导治沙造林	投入很大
			与农民交流多	
铁路工程师	特殊的地理环境		外来专家多	相当有成效
			与政府沟通多	
出租车司机	虫害严重			沙尘暴明显少了
企业技术员	沙漠边缘	大面积砍伐	外来的学者很多	
			与政府接触少	
农牧林业局工程师	气候干旱	过度开发	外来专家非常多	
			外来专家理论深	
			本土专家实操强	

资料来源：笔者根据访谈整理。

　　由表1-3可知，对于中卫沙化的原因，受访者强调自然因素要多于人为因素。例如，铁路工程师既强调了治理成就中国家的重视，也分析了沙化的地理环境原因。出租车司机既强调了植树造林带来的明显效果，也谈及了曾经虫害严重导致的沙化。与民勤县类似，受访者强调了气候干旱和地处沙漠边缘对沙化形成的影响，同时也强调了大面积砍伐和过度开发的后果。

　　对比民勤与中卫，如果简化分析，可以说，两地有着"一样的沙"和"不一样的水"。所谓"一样的沙"，指的是民勤和中卫都需要面对沙化问题。相对而言，民勤的沙化可能更严重，受访者对此的焦虑和无奈也更多；相反，中卫的沙化治理成效明显，受访者多专注于分析对比一些措施和技术的优劣。或者说，民勤受访者更多是对现状的指责和对未来的忧虑；中卫受访者更多是对现行政策和技术的反思。所谓"不一样的水"，是说民勤和中卫的水资源条件确实非常不一样，民勤极端缺水，中卫则得黄河之利，相对不怎么缺水。同时，两地受访者对于水因素的关注也有着明显的反差：民勤受访者对降水、流水和调水等方面都有着颇为深入的介绍和分析；但中卫的受访者很少强调水的因素。

为何会有这种反差？大概是因为中卫不太缺水，所以受访者不太关注水这项因素。仅有赛金塘林场的工作人员对于喷灌和滴灌的适用性进行了分析，这也是在讨论利用水的具体技术。如此来看，似乎以河西走廊沿线地区为主的地方，要么和民勤一样沙多水少，要么和中卫一样沙多水多，但只有具备中卫这样的水利条件，全社会广泛参与的治沙才能取得更好的效果。

三、甘肃省景泰县

景泰县在行政上隶属于甘肃省白银市，位于甘肃省中部黄土高原和腾格里沙漠的过渡地带，东与靖远县、平川区相望，南与白银区、皋兰县及永登县交界，西与天祝藏族自治县及古浪县毗邻，北与内蒙古自治区阿拉善左旗及宁夏回族自治区中卫市接壤；地理位置在东经103°33′~104°43′、北纬36°43′~37°38′；全县总面积5483平方千米[1]。据白银市统计局数据，2007年，景泰县的常住人口为23.08万人[2]；根据第七次全国人口普查数据，截至2020年11月1日零时，景泰县常住人口为198965人（约19.9万人）[3]，有小幅下降。

由于濒临腾格里沙漠，县域地面有流动沙域和新月形沙丘链，大部分为高1.5~2米的固定、半固定沙丘。[4] 县北边为腾格里沙漠，属于典型的温带干旱性大陆气候、昼夜温差大。县内干旱少雨、蒸发量大、风大沙多、日照时数长。[5] 地表水资源极度贫乏，年平均降雨量仅有185毫米，平均蒸发量高达3038毫米。[6] 地表径流仅有山洪水，地下水也因补给来源不充沛，水量极少。虽然有黄河过境，但由于地高水低，仅能灌

---

① 景泰概况.景泰县人民政府［EB/OL］.［2021 - 10 - 06］. http://www.jingtai.gov.cn/4299144.html.

② 汇聚数据.白银景泰县人口［EB/OL］.［2021 - 10 - 06］. https://population.gotohui.com/pdata - 745/2007.

③ 白银市统计局.白银第七次全国人口普查公报［EB/OL］.（2021 - 06 - 16）［2021 - 10 - 06］. http://www.baiyin.gov.cn/xxgk/zzxxgk/tjj/zfxxgkml_2127/tjxx/pcsj/202106/t20210616_183852.html.

④ 景泰县志编纂委员会.景泰县志［M］.兰州:兰州大学出版社,1996:62.

⑤ 景泰县志编纂委员会.景泰县志［M］.兰州:兰州大学出版社,1996:76.

⑥ 景泰县志编纂委员会.景泰县志［M］.兰州:兰州大学出版社,1996:3.

溉沿河滩地，不能得黄河之利，因此景泰成为甘肃中部最干旱的县份之一。

根据景泰县人民政府官方网站的介绍①，景泰县历史文化悠久，1933年始称"景泰县"，县名寓"景象繁荣、国泰民安"之意。景泰县境内有被誉为"中华之最"的景电一、二期高扬程提灌工程，是全省产粮大县、畜禽养殖大县。景泰旅游资源独特，境内有被誉为"中华自然奇观"的国家地质公园黄河石林 AAAA 级景区、寿鹿山国家森林公园 AAA 级景区、国家文物保护单位永泰古城等自然、人文景观和历史遗迹，《神话》《大敦煌》《天下粮仓》等百余部影视剧皆取景于此。

7 月 22 日　抵达景泰

7 月 22 日下午，完成了中卫的调研任务后，为了节约行程，我们又快马加鞭，坐车赶往景泰。一路奔波，等赶到景泰的时候，已经到了晚上。好不容易找到了一家景泰大酒店，结果办理入住手续后才知道，酒店没有晚餐供应。我们的肚子早已咕咕乱叫，必须吃点东西安抚。匆匆将行李放到房间，就立即来到街面上，想找点吃的。本来还想多转转，看看能不能了解并尝一尝本地比较有特色的美食。但是，一则实在是太累了，真是有些走不动了；二则早已饥饿难耐。所以就近找了一家看上去还算干净的小店，随便点了一点儿东西，将就了晚饭。然后，就立即回到了酒店，想早点休息，恢复好体力，明天继续战斗！

7 月 23 日　植树效果好的只有三五家

7 月 23 日上午，我们早早起来，吃过早饭后，先到景泰县水务局，G领导等 6 人跟我们进行了交流。6 名受访者基本信息如下：多种经营办公室主任 M，1957 年生，大学毕业；工作人员 H，男，1957 年生，高中毕业；防汛办主任 X，男，1960 年生，大专毕业；水政资源办公室工作人员 T，男，1962 年生；水土保持站站长 A，男，1963 年生，大专毕业；G

---

① 景泰县人民政府. 景泰概况［EB/OL］. (2021 - 01 - 01)［2021 - 01 - 06］. http://www.jingtai.gov.cn/4299144.html.

领导，男，1973 年生，大学毕业。可见，除 G 领导是"70 后"外，其余各位年龄偏大。由于是集体访谈，对于一些问题，大家会有共同认可的答案；此外，也有一些问题，每个人会从自己所了解的侧重点多谈，尤其以 X 主任和 A 站长提供的内容较为丰富。

对于景泰沙化，大家认为主要原因是干旱少雨，对于具体原因，却有不一样的观点。

X 主任：景电灌区属于三北防护林，天牛害虫比较严重。（虫灾）从（20 世纪）80 年代后期开始，现在 100% 毁坏了，新栽的树还没有长起来。灾害发生了最有效的办法就是砍伐，一般杨树最容易（受灾），新疆杨树刚开始没有，后来也有了，后来包括榆树、柳树（也受灾）。风景树包括国槐树等没有，（因为）树汁液太苦、太硬的（害虫）不吃。再加上我们属于腾格里沙漠南缘，自然环境本身比较恶劣，地下水产量不大，降雨量稀少。

A 站长：（这里）风蚀比较严重，西北风是从巴丹吉林和腾格里沙漠来的，这是从自然条件说的。再就是水土流失比较严重，（因为）人为的过度开荒非常严重，过度破坏植被，降雨量又少。过度开荒表现在：像二期灌区不宜种植的都开荒，主要（发生）在 20 世纪 90 年代，进入 21 世纪仍然非常严重，"三禁"政策我们这边没有实行。

在两位受访者看来，灾害、自然条件、过度开荒是三个最主要的影响因素。针对这种现状，对于沙漠化和沙尘暴如何才能被更好地治理和解决：

X 主任：还是植树造林，在边远地区搞防护林，种一些适应本地干旱特点的沙枣、红柳等树种。

A 站长：还是要加大投入，增加治沙的科技含量，现在治沙水平还比较低。我接触过有关治沙的人，水平还是比较低。再就是从社会学的角度来说，要提高全民对水土治沙重要性的认识，仅仅靠某一部分人的力量不行，只有全民统一认识才行。

看来，不管原因如何，植树造林都是没错的。但是，如何提升治沙的科技含量和技术水平，这就需要了解学者、专家和技术员等参与景泰治沙的现状。

集体：我们局副高的有3个，中级职称有二十几个，助理有四十几个。我们也没有下设或者派出机构。（另外，）水利专家，像景电管理局和各个乡镇都有。其他方面的专家个别的有，但是不多。钱正英来过，专门搞水利的来得也多，国家水利部的都来过。各个大学的来得比较少，水利厅、水保局来了一些人，报告了一些项目。

这些专家的专业有水文、地质、治沙、农田水利。（来的）时间都不长，三四天最长，一般可能一两天，或者半天，了解一些资料之后就走了。

看来，这几位觉得专家学者首先是本部门的，其次是政府其他部门的，而非政府的专家比较少。

X主任：我所在科室共8人，中级工程师1个，助理工程师1个，管理干部2个，其他的是4个工人。我们原来是事业单位，现在是事业单位参照公务员管理。实际上是纯行政性质的。

A站长：应该参与进去了，作用发挥怎么样，没有深入调查。我所在站副高有1个，中级的1个，助理有3个，一共二十几人。

看来A站长对于提供信息很谨慎，所谓"应该"，指的是按照常理；所谓"没有深入调查"，指的是他手里没有关于这方面的具体资料和数据。

对于专家的来源：

X主任：有些时候国家搞项目，从外面请一些专家，新西兰、韩国的都有。本省的专家可能就比较多了，对策经常出。

A站长：我们只是自己的人，没有外面来的专家，我没有接触过。

对于专家的主要工作及优势：

X主任：主要搞项目、引进项目、指导工作，再就是搞学术研讨。他们的优势是知识渊博。这个作用怎么说，如果资金到位，体制配套，他们的指导作用就大了，但是现在就不好说了。也有一定作用，虽然不是很大。这些年景泰治沙也想了不少办法。20世纪50年代，当时技术比较落后，（大家）都在探索摸索，最终90年代到现在（专家）比较重要。

A站长：从水土保持角度来说，他们能利用所学专业知识进行指导。但不论在项目安排还是实施上，尤其是在项目安排上，受行政的影响太大。这些技术人员对水土保持、防风治沙有一定积极作用，但整体作用发挥不好说。

除了专家学者，几位受访者还详细介绍了农民在治沙中的重要性。

集体：农民很重要，（治沙）他们自己在实践中摸索出来。靠沙漠边缘农民知道得比较多，翻土压沙、农田防护林网等，草方格、草垫子，不然农田受影响。

X主任：国家搞退耕还林，（这里）有些私人也植树，也起了一些作用。景泰私人的有十几家，效果比较好的有3~5家，但一大半不行。效果比较好的是降雨量相对多的地方，（效果不好的）人为因素有，但最重要的是浇水问题。水源远、降雨量少的地方不行。植树好的有芦阳、喜泉、红水、中泉、寺滩等地。水源好的有喜泉，降雨良好的有红水，寺滩相对好一些，多年平均降水量180（毫米）左右，寺滩、红水有200~250（毫米），2005—2006年只有平均降水量的一半。

A站长：（治沙）主要就是农民，这里城区的风和民勤一样，风非常大，尤其是春天到了三四月，土地一种，土特别大。

从知识的拥有程度来看，专家学者、农民、政府人员三者之间有很大的差别，其间如何沟通和互动也是本次访谈的重要内容。

集体：技术人员指导农民也多，每年种草、种树都有。

X主任：和农民之间的互动这个说不清楚，我们主要是听他们说的，我们根本不接触。和政府之间的互动一般都是通过政府联系的，主要是政府行为。

A站长：和农民的互动说不清，和政府联系很少，我原先是搞计划和项目等综合的，对专业不太了解。

认识到位，但觉悟不到位

时至下午1点，我们来到甘肃省治沙研究所景泰试验站，对两位护林员进行了访谈。两位护林员均为男性，H1出生于1981年；H2年龄稍大，出生于1970年。

对于景泰沙漠化的主要原因：

H1：我觉得景泰风沙是从古浪刮过来的，有钱就能治理，栽种花棒、木条这些沙漠植物比较好。

H2：景泰治沙历史悠久，已经几十年了，从（20世纪）50年代就开始，建站是从1992年开始。（沙漠化的原因）主要是气候干燥，还有治理跟不上。跟不上的原因有两个：一是治沙的技术含量不高，二是资金不足。（本地）治理沙漠采取比较原始的手段，一是种草、种树，但是成活率不高（由于气候干燥）；二是设置草障。

对于景泰沙漠化的主要问题：

H2：一个就是群众的意识不够，这边的人破坏性比较高，自觉意识差，放羊、放牲口，这些人都是农民不是牧民。这边种草有梭梭、毛条、沙拐枣，每年都雇用农民种植。（治沙的）钱是上面拨款的，从国家（拨款）来的，补助的只有重点防护区。其他的（拨款）有（县）林业局和省上的有些项目资金。雇佣工每天15元，按天数算钱，不是按照种了多少树算。我们是一个示范单位，需要科技性的沙产业。通过我们示范，大家都来学，就可以更好（地）治理，扩大治理的深度。（现在的）执法力度要（更）大些，防止偷放牧、偷开荒。

H1：我觉得也是农民自觉意识差。

集体：问题是长期的，不是一两个项目能解决的，要靠广大的群众，每一个人都去维护家园、治理环境。

看来，这里存在着一边治理一边破坏的情形。如果治沙就像给地球治皮肤病一样，那么景泰这种情形就是一边吃药打针，一边继续感染；或者像一些人那样一边吃着保健品，一边继续熬夜透支，进入亚健康状态。

专家、学者、技术员参与治理的方式：

集体：治沙站现在正式工有7个，没有工程师，也没有助理工程师。我们还有一些借调的人，其中1个是甘农大（甘肃农业大学毕业）的，专业是荒漠化治理，但是被借调到林业局办公室。林业局工程技术人员全部参与治沙，根据他们的设计，我们领上人干。

H1：外国的专家也来过、转过，大概是好几个国家。非洲（国家的）也有，日本（的）也有，主要是看看，考察，实际治沙没有参与过。也有甘农大来的学生，省和武威治沙研究所的人也来。（他们）来这个地方搞研究，前些年就是取土样，测水分。县上来的至多（待）5~6天，就是栽树的那些天，平常也就是检查的时候来，一年有个8~9次，这个、那个都算上。省治沙研究所前3年基本上1个月来1次，最近几年月月有人（来），但是（来的）人少了，有些时候就是1~2人。前些年（来的）人多，每次都有6~7个，不少于5个。

专家、学者、技术员的优势及作用：

H1：人家知道栽植过程中先栽什么，什么地方栽种，按照他们的方法，成活率比较高。

H2：技术人员对他们的本职工作比较热爱，工作还是比较踏实的，技术也过硬。但整体上作用不怎么大，治沙研究所治得好是因为他们有钱。有钱就能办好，有钱谁都能办好。治沙首先把沙漠围住，然后有钱，栽上毛条、花棒等，雨水好，植被就好了。控制住羊，就好了。但是现在还控制不好，总体上还可以，乡上也抓。以前每户20~30只放，现在7~8只，总体有所改善。现在民众虽然认识到位，但是觉悟不到位。话会说，但是羊照样放。

受访者提及的"虽然认识到位，但是觉悟不到位"可谓金句。这意味着道理都懂，就是行为跟不上！但至少这样的情形，要比认识、觉悟都不到位稍好一点。随后，两人也强调了民众在治沙中的积极作用：

在沙漠里面的群众，他们知识都是好的，专家的项目都是投入资金的，但老百姓都是低成本的。专家一走，天上不下雨，老百姓照样得生存。对于百姓用土方法，专家认为可以。以前这里沙上墙、驴上房，现在好些了。

随着访谈的不断深入，我们才了解到，两位护林员只是临时工，待遇很低。

我们的工作一个就是育苗，有葡萄园地，还有是对全县两个护区的管护。也有一点试验性试点风景树，例如，樟子松、圆柏、侧柏、国槐，但是现在没有资金，成活率不高。本站的土地没有办法流转，一个人（分配）给5亩地，其他是给林场的。

治沙要把真正有水平、会管理、有技术的能人放到治沙站上来。资金方面多投入，没有钱办不了事情。改善我们临时工的待遇，我们一个月600元。我们自己看护一次一天就得20元，还得自己掏。但是待遇好就没有我们了，（这项工作）没有其他补助，车也是我们自己的，也就是摩托车。5亩地是今年（2007年）给的，要我们在管理的同时种一点（作物）。但是沙漠化严重，种植庄稼不行，长草还可以，也就只能收益200元。听起来，工程好像给我们带来多大的好处，但是最后什么都没有。我们也就发发牢骚。

治沙不能仅靠工程技术人员

下午4点多，我们终于来到了景泰县林业局。还算幸运，一位领导 X 接待了我们。X 领导是一位女性，大学本科毕业，40 岁出头，言谈间很谨慎，提供的信息很"正式"。

问：造成沙漠化和沙尘暴的主要原因是什么？

答：（景泰县）位于腾格里沙漠南缘。境内有两个工程，（20世纪）70年代一期（工程）36万亩；80年代二期（工程）包括武威古浪，灌溉面积大概80万亩。二期（工程）上水以后，就开始植树造林，1990年开始成立治沙站，风沙基本上扼住了，由"沙进人退"变成了"沙退人进"。现在的主要问题是资金投资，有了项目就可以进一步治理。要通过国家政策倾斜和全社会的参与，以及社会性、经济性和生态性的推动。景泰从（20世纪）90年代开始治沙，但那个时候正是民勤大规模开发破坏环境的时候。

整体来看，X 强调了景泰川电力提灌工程（以下简称"景电工程"）的重要作用，将沙化的原因归结为地理位置和资金投入。

问：专家、学者和技术员如何参与到治理沙漠化和沙尘暴的活动中？

答：专家、学者和技术人员很多，还有日本的科技项目。（我们）和武威防沙研究所合作，他们是我们的科技支持。（我们）和甘农大合作课题比较多，是去年（2006 年）和前年（2005 年）搞的。相对而言，本省专家来得多一些，外省的比较少。国外的（专家），除了日本，还没有其他国家。中德合作有一个援助项目，但不是治沙。

日本来的（专家）协助搞试验，还有一些不是治沙的。例如，中国林业协会有个教授，我接待了，但是忘记名字了，他搞天牛。（甘）农大的教授搞防盐碱，用生物方法基本治理了一个非常严重的乡。

问：防沙治沙中什么样的知识和具有什么样知识的人最重要？

答：林业知识和防沙治沙的知识都很重要，也不能忽视全社会群众的力量。有了技术要靠人来实施，这样才能有好的效果。仅仅靠工程技术人员，不能把防沙治沙工作做好。社会治理的知识也是很重要的。政府的重视、技术力量的参与和社会力量的支持，才能有更好的效果，单靠哪一个部门也不行。一些农民，一些土专家，（他们）自己在防沙治沙，自己有经验。有些农民自己摸索出来的经验，比我们强多了。我们从理论上指导，他们有实践经验。

问：整体上你怎么评价这些非专家学者在不同年代的作用？

答：知识在治沙中的作用是不可磨灭的。草方格就是一个例子，没有知识就没有办法治理沙丘。我小的时候，就是栽种沙枣树，也起一定作用。现在采用模拟飞播、草方格，技术更加先进，技术的力量更加强了。我们欢迎大中专毕业的学生加入到我们队伍中来。现在治沙的关键就是资金的问题，否则没有办法做事。

问：请谈谈治沙站的历史及作用。

答：为了配合景电二期工程，有第一次和第二次绿色屏障。当时的防护管理和封育管理治理的效果不行。后期造了林带，尤其是二期林带从天祝、会宁到二期，农田林网也起来了，农民有了效益。这些都分布在二期，靠近（阿拉善）左旗部分。县城的属于一期，覆盖有山区、沙丘，也有提灌区，尤其是离县城 40 千米的寺滩乡还有天然林。

虽然在 X 领导处得到的信息不多，但是从景泰县林业局的办公楼布置还是能看出一些信息。例如，墙上有张巨幅彩喷的介绍退耕还林工程的"流程图"，署名为"景泰县退耕还林工程管理办公室"。这种图兼具说明和装饰两种作用：图中的主要内容是对工程内容、检查验收程序、粮款兑现程序、林权颁证程序等进行简明扼要的介绍；但这种图又相当于宣传性海报，表明该部门很重视该项工作。想来，这种宣传说明图的读者必然不是景泰县林业局的工作人员，因为相应的工作他们有更详细的材料。那么，合理的猜想有二：一是前来办事的群众，二是前来视察的领导。对于群众，这种宣传性质的"流程图"可以起到介绍引导的作用；对于领导，这种"流程图"可以表明该项工作是该部门的中心工作。

参观景电工程

辞别 X 领导，我们立即驱车前往景电工程，这里距离治沙站有 70 多千米。该工程是新中国成立以来甘肃省首次兴建的大型高扬程电力提灌工程，位于河西走廊东端，距甘肃省会兰州 180 千米。工程横跨黄河、石羊河流域，地域上覆盖甘、蒙两省区的景泰、古浪、民勤、阿拉善左旗四县（旗），对区域灌溉和防沙治沙具有重要影响。一期工程于 1969 年开始兴建，5 年后建成，便利了景泰及周边的水利灌溉；二期工程于 1984 年开始建设，10 年后基本建成。该工程除了惠及当地，也延伸向民勤调水，缓解了周边地区水资源日益减少的趋势。

到达二期工程所在地后，我们本以为能够碰到一两位愿意接受访谈的工作人员，但由于时间已经比较晚了，已过了下午 6 点，显然工作人员已经下班回家，所以我们并没有找到合适的人员进行访谈。不过，虽然未能找到人员访谈，所幸也没人阻拦，正好进行了参观。记得我们重点参观了第一泵站（见图 1 - 5），门口上有李子奇题写的"第一泵站"四个红字。门口矗立着造型为双手捧一高一低两颗水滴的雕像，底座整体是红色的，上面有 1993 年 9 月宋平题写的黑底灰线条的"建设景电 为民造福"八个字。里面自然是各种宏伟壮观的机械工程设施，也不消多记。记得墙上有一幅宣传图，下面写着"景电灌区绿洲新貌"，配图则是一片片紧密相连的、绿色盎然的耕地。还有一幅宣传展板，内容分为两部分。左侧部分的内容为"景电管理区'十一五'发展改革基本思路"。基本思路又分为八大块，分别是："一、指导思想；二、工作定位；三、两大目标；四、转变三大观念；五、十项工作重点；六、确保三大安全；七、处理好三个关系；八、加强六大建设。"这里，尤令我感兴趣的是要处理好的三个关系："一是正确处理好工程发展和灌区发展的双赢关系；二是正确处理好单位、职工和灌区群众的和谐关系；三是正确处理好公共财政支持和自筹资金的发展关系。"这三大关系可以说点出了景电工程发展的关键，也恰恰是我此次参观重点想要了解的问题。只可惜，由于没有提前找到合适的人联系沟通安排，到达工程地点后时间也比较晚了，所以不能找到合适的相关人员进行深入的了解。右侧部分内容的上部分为"景电精神"，写着"依靠科技 敢为人先 艰苦创业 造福于民"十六个字；下部分为"景电二期工程总干一泵站简介"。

图1-5　景电第一泵站

资料来源：笔者摄于2007年。

另外，泵站旁边还有一座两层的寺庙样的彩色古建筑，上面挂的牌子上赫然写着"大雄宝殿"四个大字。整座建筑虽然看上去孤零零的，但雕梁画栋，飞檐斗拱，色彩斑斓，甚是精致。再过来又看到了一个北魏到清时建的名为"沿寺石窟"的石窟，前面的石碑写着"县级文物保护单位"，落款单位是景泰县人民政府和景泰县文化馆，立碑的时间为1980年8月2日。总之，看到"沿寺石窟"这块石碑之后，我才明白，大概前面看到的"大雄宝殿"也是这里所说的"沿寺"的一部分了，只不过寺庙其他部分不知道什么原因已经被毁，现在就只剩下我们刚才看到的那些东西了。

我们查看工程的周边，发现工程周围的绿化还是很不错的，有树有草，尤其还有个人工湖，湖面虽然看上去不是很大，但在西北这样的干旱地区，也是很难得了，甚至可以说是碧波荡漾。向湖的另一头远眺，是一道道略带点绿色但近乎光秃的山脉，形成了颇为鲜明的对照。总体的景色虽然说不上有多么美，但是从这里我们确实可以看到人民战天斗地那种刚毅不屈的精神，也看到了景电人那种"艰苦创业 造福于民"的奉献精神，这至今令我难以忘怀！

我们参观完景电工程，天色还没有完全暗下来，唐从国由于有其他安排，随即坐车赶往兰州，而我则独自坐车继续赶往景泰县城入住酒店。一路上晚霞布满天边，落日的余晖照得一切都别有一番景致。如不是必须加紧赶路，我一定会下车找个地方坐下来，或者就一直站着，把这些景色看个够；当然，也可能不断地追逐着一个个令人着迷的美景，一路走去，直到夜幕降临、四周一片漆黑为止。

栽树治沙与砍树卖钱

回到酒店，已经晚上9点了。虽然想早点休息，但是为了明天的调研尽可能地收集一些背景信息，看到酒店的两名服务员不忙，我就趁机对她们进行了访谈。其中一名服务员祖籍民勤薛百乡，在新疆博乐出生，对于防沙治沙特别感兴趣，也特别健谈。

对于本地防沙治沙面临的主要问题，她说：

（当年）人不多的时候，栽种的树多。但是（现在）人多了，树被砍了卖钱。以前为了治沙栽树，后来经济改革为了卖钱，对栽树不再重视。现在栽树成活率低，管的人（也）不严。以前我父母栽树，我妈在林业队待过，按照正常班专门看护、浇水、松土等，（同时还）管理羊群。现在听说年年栽树，但是成活率低。现在好像林业队也少了。以前条山农场树很多，现在以经济为主，都被伐光了。现在腐败的太多，

（树）栽上了，还没有长大，就被砍伐卖钱了。我以前在条山住过，原来三角地带栽树，后来为了金钱利益，都盖房子，树就少了。为了让人盖房子，为了收地皮费，我觉得这也是腐败。

对于本地沙化的主要原因，她说：

我从1987年到这个地方，（当时）成天都是黄沙暴，特别是一过完春节的3月、4月和5月。1988年到1998年之间最凶，建筑少、农业少、灌溉少。那个时候，景泰县城最早是芦阳镇，住地窝，挖地下坑，盖住上面。我们（以前）在新疆（20世纪）60年代时也住地窝，但是那个地方没有风沙。（地窝如果）盖不好，风就会吹掉。（后来）盖了一排房子，开始开垦荒地，然后有了黄河提灌，搞引水渠，这就是景泰原来的四大工程处（一、二、三、四处），然后有农业。当时来这里的都是外面的人，江苏、山东、安徽的，各省的都有。我的妯娌就在五佛一泵。

对于本地防沙治沙的主要成就，她说：

以我的想象和感觉，这些年治沙的作用不是很大，但多少还是有些作用的。我在景泰新闻上看到过，在上沙窝（走武威的路）用麦秆压成方格子。景泰新闻我爱看，多少在治，治理的作用不大，但是多少有些。但究竟什么原因，是经济有困难，还是技术、专家有问题，我就不清楚了。我在景泰20年，但是对景泰还不怎么了解。我的一些朋友认为这个地方是个鸟不生蛋的地方。

我觉得还是老一辈的人，以前（20世纪）六七十年代经历过开荒耕地的人经验比较丰富。林业局的很多老同志比现在的管理人员经验多，有些老经验，虽然不是很科学。要科学＋老经验来治理。我以前刚调来，人少，树很多，虽然到了2—4月风沙大，但到了6月，地一浇水，风沙就小了。这几年提倡的退耕还林还是好的，主要在山里面搞。山里以前有很多靠天吃饭的耕地，现在退耕还林，国家给钱，把那些亩数退耕还林。（当年）人不多的时候，栽种的树多。但是（后来）人多了，树被砍了卖钱。以前为了治沙栽树，后来经济改革为了卖钱（砍树）。

总之，在这名服务员眼里，整体上景泰的治沙效果一般。但无论如何，在入住的当天晚上，就乘机访问了两名酒店服务员，了解了一些有

83

关景泰沙化或荒漠化等治理的信息，也算是意外的收获了。

7月24日　红跃村的巧合和遗憾

调研中的意外也会有凑巧。7月24日早晨，为了在景泰进一步搜集一些信息，简单吃了早餐，在酒店退了房、拉了行李出来之后，我就想随便到县城周边看看，碰碰运气，看能否有一些额外的调研收获。谁知，走着走着，我就来到了一个村子，看到一个村民委员会，门口左边的白板上写着"草窝滩镇红跃村民委员会"11个黑字，右边的白板上写着"中国共产党红跃村支部委员会"13个红字，就想进去看看。一进大门，我就发现院子里摆得整整齐齐的长方形的筛子里晒满了枸杞。等到进了开着的房门后，我才发现，甘肃省治沙研究所的一些研究工作者正在这里开调研座谈会，他们和农民混坐在一起，一共有14人，研究者有五六位，其他都是当地的农民。他们的驻地在武威，我们千辛万苦跑到这里调研，却与他们的调研不期而遇，真是凑巧！更加凑巧的是，其中一位研究人员还是我舅舅家的一位堂哥，这可真是应了那句古话，"无巧不成书"啊！当然，也正是因为这个原因，我坐下来，参与了一段他们的调研（见图1-6）。

图1-6　红跃村的集体访谈

资料来源：笔者摄于2007年。

会议室两头的墙上一边用红红的大字写着"求真务实 开拓创新"，大字下面是以"深入开展'五联两促'活动，努力构建和谐新农村"为题的大宣传板；另一边同样用红红的大字写着"勤政高效 清正廉洁"，大字下面则是以"草窝滩红跃村党务村务公开栏"为题的展板。门口正对着的一堵长墙的正中间最上面按照半圆形形状写着"全心全意为人民服务"9个红字，再下面是党旗；左边的最上面是"实践'三个代表'"6个大红字，下面则是一个以"高举旗帜 奋发进取 依法治村 构建和谐"为题的大展板；右边的最上面是"推进小康进程"6个大红字，下面是以"学习贯彻'三个代表'全心全意为人民服务"为题的大展板。

参加当时的座谈会，我本来在一个本子上做了很多文字记录，但后来在美国搬家的过程中，不知怎的把那本记录本弄丢了，实在是遗憾！所以，现在只能把经过简单记录一下了，也算"聊胜于无"吧。

参观完红跃村之后，由于我还要继续赶往临泽县进行调研，所以，不得不辞别甘肃省治沙研究所的老师们，匆匆忙忙地赶往公共汽车站。

总结起来，我们在景泰的行程虽短，但走访了景泰县林业局、景泰县水务局两个政府机构和一个治沙站，访谈得到的有效信息更是丰富，尤其是酒店服务员提供了很多信息。红跃村和景电二期工程的参观考察也让我们感受到了景泰防沙治沙的不懈努力，也算是对访谈人数不足的一个小小补充吧！

四、甘肃省临泽县

临泽县在行政上隶属于甘肃省张掖市，位于河西走廊中部，东连张掖市，西接高台县，南邻肃南裕固族自治县，北毗内蒙古自治区阿拉善右旗[1]；地理位置在东经 99°51′~100°30′、北纬 38°57′~39°42′；总面积 2729 平方千米[2]。根据张掖市统计局数据，2007 年临泽县的常住人口为

---

① 叶得湖,吴瑛. 临泽县志[M]. 兰州:甘肃人民出版社,2001:10.
② 临泽县人民政府. 临泽概况[EB/OL]. (2021 - 03 - 11)[2021 - 04 - 06]. http://www.gslz.gov.cn/lzgk/xqjj/.

14.76 万人①；根据第七次全国人口普查数据，截至 2020 年 11 月 1 日零时，临泽县常住人口为 115946 人（约 11.6 万人）②，有小幅下降。

临泽县是张掖盆地的重要组成部分，地势南北高、中间低，由东南向西北逐渐倾斜，形成了"两山夹一川"的地形特征；属大陆性荒漠草原气候，夏季炎热、冬季寒冷，年降水量稀少（年均降水量 118.4 毫米）、蒸发量大（年均蒸发量 1830.4 毫米）③，气候干燥，常形成急骤降温和风沙天气；全县有流沙、戈壁、盐碱地 140 平方千米，其中流沙和沙砾质戈壁面积 100 平方千米④⑤。

临泽县为古丝绸之路要冲、欧亚大陆桥必经之地。汉武帝时该地区名为"昭武"，又因水丰多泽而易名"临泽"。临泽县曾获"全国粮食单产冠军县"称号，享有"中国枣乡"的美誉，境内的"七彩丹霞"被誉为"全球最刻骨铭心的风景"⑥。

新中国成立后，县政府从自然环境实际出发，在防风固沙、荒漠改造、平原绿化等方面都取得了显著效益，产生了"人进沙退"的效应。⑦在政府官方网站的宣传中，强调全县大力实施"山水林田湖"生态建设、三北防护林、防沙治沙、退耕还林、沙化土地封禁保护等生态工程，深入开展城乡环境综合整治和大规模植树造林，绿洲生态环境不断优化，城区绿化覆盖率达到 45.5%，全县森林覆盖率达到 16.67%，被确定为国家沙化土地封禁保护补助试点县。⑧

---

① 汇聚数据. 张掖临泽县人口［EB/OL］.［2021 - 10 - 06］. https://population. gotohui. com/pdata - 829/2007.

② 张掖市统计局. 张掖市第七次全国人口普查公报［EB/OL］.（2021 - 06 - 01）［2021 - 10 - 06］. http://www. zhangye. cn/tjj/ztzl/tjsj/202106/t20210601_650270. html.

③ 中国天气网. 临泽天气介绍［EB/OL］.［2021 - 10 - 25］. http://www. weather. com. cn/cityintro/101160704. shtml.

④ 叶得湖, 吴瑛. 临泽县志［M］. 兰州:甘肃人民出版社,2001:121.

⑤ 《中卫县志》中原文为"流沙、戈壁、盐碱地 21 万亩,其中流沙和沙砾质戈壁面积 15 万亩",换算结果约为 21 万亩 = 140 平方千米,15 万亩 = 100 平方千米.

⑥ 临泽县人民政府. 临泽概况［EB/OL］.（2021 - 03 - 11）［2021 - 04 - 06］. http://www. gslz. gov. cn/lzgk/xqjj/.

⑦ 叶得湖, 吴瑛. 临泽县志［M］. 兰州:甘肃人民出版社,2001:10.

⑧ 临泽县人民政府. 临泽概况［EB/OL］.（2021 - 03 - 11）［2021 - 04 - 06］. http://www. gslz. gov. cn/lzgk/xqjj/.

7月25日　专家、地方政府和老百姓必须结合

直到7月24日深夜，我才马不停蹄地赶到了临泽县城。也顾不了那么多了，随便找了一家相对干净一点的旅店安顿下之后，就赶快吃了东西休息，以准备第二天早上在临泽的调研。

7月25日早上，在临泽县调研的第一站是临泽县林业局，恰巧领导H也乐意接受访谈，随即把访谈安排到了会议室。谈及沙化的原因，H称：

临泽县（城区）面积400多万平方米，绿洲面积小，沙漠戈壁占到了2/3，水源主要靠黑水河，荒漠化和沙尘暴比较严重的地方是巴丹吉林沙漠南缘。沙化原因是黑河来水量小，（存在）调水问题。现在临泽正常农作物用水还可以保证，生态相对可以，但周边县份沙化比较严重。现在这里条件好的地方，水源能引来的，就林水配合，现在已经治理完了；其他地方治理难度大，投资也越来越高，单靠国家投资还不行，依靠全社会的力量才是出路。企业化的植树造林不够，个体私营有钱的也需要拿出钱来植树。

H举了周边的例子：

在临泽县板桥镇西柳村，有三户老百姓自筹资金，连续2年治沙5000多亩。因为他们的家就在沙漠的边缘，多年来受沙漠侵害，所以有治沙愿望。他们治沙有贷款项目支持，另外再自筹一部分资金。总体来看，近5年内个体造林有3万亩，造林上千亩的农户有六七户。现有的这种政策模式从2002年开始大范围推广，在国家的三北防护林、退耕还林、防沙治沙政策的烘托下，政府开始减免税费，调动群众积极性。这些林地是有产权的，有些是50年，有些是30年，现在国家政策容许办到70年。临泽条件差的地方种梭梭、红柳、花棒、毛条；条件好些的地方种沙枣、杨树；条件再好的地方种红枣，现在红枣种植已经是支柱产业了，全县种植面积达到13万亩。现在，老百姓希望在梭梭林上产生附加效益，比如种苁蓉，虽然实验结果还没有出来，但已经到内蒙古、新疆等地考察。

在 H 看来，临泽县要想治理沙漠化和沙尘暴，前提条件就是必须有投资。

这几年比以前好多了，但总体上条件还是不充足。治沙的资金主要来源还是国家补贴，另外也有老百姓的自筹。由于临泽本地企业发展得都不是太好，企业融资现在还没有。政府应该出台优惠政策，吸引全社会参与到治理沙漠化和沙尘暴（活动）中。

H 还介绍了专家学者在临泽县参与治沙的情况：

临泽县有中科院建立的治沙基地，主要对治沙新技术模式进行研究，之后向周边推广。现在临泽有很多专家，另外，甘肃省治沙研究所也在这个地方有基地。临泽县当地也有两个治沙站，四个研究型的机构，省的常年蹲点基地有两个，这些组织互相之间也搞交流和合作。来临泽县的专家学者在这里除了调查研究就是现场观摩，外面专家的作用相对小一些。

很多外地专家都是上头牵头部门组织的，看一下就走了。本地专家主要是搞实验课题研究，进行科研研究。在某一领域进行测定，成果出来经过鉴定之后再和地方治沙站合作，向周边推广。一些常年植树造林的农户，作为"土专家"，在长期植树造林中积累了很多经验，知识非常多。

科研单位的专家主要负责科学研究，当地的政府负责组合协调，而老百姓就是最好的项目实施者和管理者，三者必须是一个结合体。治沙的专家学者和临泽县的政府沟通很多，和农民的沟通在过去也不少。20世纪 70 年代的时候，很多生产都是集体性的。当时只要一组织，农、工、商都要上。而现在都是私人植树，所以沟通也少了。对于老百姓的成功经验，这些治沙的技术人员都会积极吸纳；对于治理操作，每项工程实施都有作业规范，农民必须按照专家的规范操作。同时，技术人员也充分尊重老百姓的意见，尽量遵从老百姓的意见，适宜操作，所以效益也比较好。

访谈过程中，H 多次强调了临泽县民众参与治沙的积极性很高，治理成效也不错。作为政府公务人员，H 也深刻认识到调动社会力量的重要性。从访谈得到的信息来看，临泽县的政府、专业技术人员与社会力量之间具备良好的协作关系。但临泽也有自己的问题，在H看来：

这里的治沙人员补空不足，技术力量单薄。一个是人员的编制问题，老的不走，新的进不来；另一个是技术设备跟不上，科研推广的经费更跟不上。

林业局访谈得到的信息很多，时间也过得很快，不知不觉已经到了中午。H领导热情地邀请我体验工作餐，随后又安排车辆将我送往下一站，我表达了万分的谢意！

治沙的效果已经显现

临泽的道路很顺畅，柏油路两旁都是郁郁葱葱的杨树。时而会有农田映入眼帘，时而会看到沙丘，但沙丘上已经布满绿色植被，彰显着临泽治沙的成就。下午3点，我赶到了中科院旱区与寒区环境与工程研究所临泽内陆河研究站，见到了两位研究人员——一位土壤学的博士研究员T和一位水土保持专业的研究员S。

问：沙化的主要原因是什么？

答：还是水资源的紧缺。另外，不合理的土地利用、自然因素、气候变化（对土地沙化）都有影响。面临的主要问题从自然方面来讲就是缺水，再就是缺经费。对于临泽县来说，不是说沙漠化在发展，而是面积在减小。有更多的经费就可以搞得更好。我们坐的这个地方（以前）都是沙丘，1975年建立治沙站后，沙漠化治理面积向北迁移了几千米。

问：专家、学者和技术员如何参与治沙？

答：治沙的总体设计全部由专家参与，当地的政府和农民都参加。对于当地政府的一些决策（专家）也参与，参与的方式有些时候是做报告，有些时候是提建议。研究所研究人员到临泽县可以当副县长，到其他地方的也有。项目合作也有，有些项目需要和当地配合。我们有些项目找他们，他们有些项目找我们。

这些合作主要是业务性的。县上不会给我们经费。也有县上的一些项目会有资金，找我们合作，但是（这种）比较少。也有我们拿钱和农业局、水务局配合，（有些项目）必须和当地政府配合。

（我们）这个站是这几年才发展起来的，（专家）也有外来的沙漠所像美国、以色列、非洲国家等。这些人主要是来了解情况，还没有发展到具体做什么，现在正在谈一些项目。还有欧盟、联合国、日本的援助项目，主要是沙漠化治理。这几年还没有外国专家蹲点研究的，交换的留学生倒是有，学生来一般待几个月，现在有日本的，去年（2006年）印度来过一个、埃及有一个，还有几个忘了。

问：这些人主要干些什么工作？

答：一是调查情况，二是跟我们干活。和外地专家相比，本地专家主要做实际工作。我们一年要在这个地方待几个月，从3月到11月中旬都有人在这个地方。我们这个站固定人员一共10人，还有些客座研究人员。学生有自己招收的，是科学院研究员。对当地的农民也有一些培训，这个就是具体到农田现场讲解一下，还有就是办些培训。培训班没有固定时间，有时候一年几次，有时候一年一次也没有。有时候是主动的，有时候是邀请的，主要培训一些县上的技术人员。

问：整体上你怎么评价这些专家的功能和作用？

答：专家技术人员的贡献不好评价。作用肯定很大。我们有技术，需要政府部门配合，但是政府部门有钱，不太懂，需要合作，具体没有办法评价。

治沙牵扯各个学科的东西，沙漠科学、分支科学、社会科学等。例如，树种的选择等，需要一些专业知识，有些地方，如三北防护林，该种树、种草的，种类选择不合适，治理效果不理想的情况在全国非常普遍。如何提高效果，需要考虑各方面的因素，还需要多学科的合作。像我们站上，我是学土壤的，其他有学水的，还有专门搞植物科学的。

中国的治沙，从沙坡头开始，从草方格开始，已经通过多少年的积累和推广，沙区农民的基本技术已经掌握得非常好了，这个东西不是一个高新技术。例如，种小麦，山区搬来的刚开始不懂，种一两年就会了。临泽建立防护带，首先技术人员提出，其次农民逐渐掌握。当地政府部门和农民对生态认识在提高，国家支持力度也在加大。

问：专家学者参与治沙中所面临的最重要的问题有哪些？

答：这个问题还真不好回答。学者与政府的沟通机制暂时没有，但参与还是有的。像石羊河、黑河的治理都需要学者参与，通过科技副县长也是一种方式，（问题是）没有一种固定的交流机制。请什么专家都是政府部门的事情。人家不请，你不可能（自己）跑去。人家请的也肯定是一些权威。沙漠化治理，不像国家的其他大工程，会牵扯利益问题。（沙漠化治理）这个问题上专家提出的意见肯定是要采纳的。对于参与的深度，我觉得从整体的团队来说，参与已经够了，不可能每个人都考虑到。一般都是项目论证、评估等方式。我觉得现在的作用就可以了，尤其对临泽县来说，沙漠化治理我们都参与了。

问：专家、学者参与治沙中是如何与其他参与者互动的？

答：我们有一些项目是和农民一起做的，在农地里做项目，几乎每天都和农民接触。和当地农民之间关系都还愉快，都知道农民的辛苦，一般农民也都知道我们是做什么的。（农民）都知道我们的名字，我们可能不知道他们的（名字），他们毕竟人多。人家遇到一些问题，关键看什么问题，有些相关的就来找（我们）。只要是我们能够帮助他们解决的，我们就帮助。如果他们的问题太大，没有办法解决，我们也就没有办法了。

专家和企业也有交流。我们这个站和企业交流得很少，就研究所来说，与金昌的有色金属公司在矿区治理方面有合作。但是我们站和企业打的交道还是很少。中国的企业对环境方面的投资比较少，有些像阿拉善，另外北方的企业，生存压力都很大，不可能有很多闲散的资金来做。金昌的企业是国家大型企业，人家的资金实力强。

专家与专家的交流主要是经验交流会和座谈会等。

实际上，我们在做有些规划的时候，除了依据我们的专家知识外，还结合一些当地的经验。我的经验知识积累了十几年，但是临泽的治沙经验已经积累30~40年了，是一笔很大的财富。

问：本地有哪些治沙的组织机构，是怎么运行的？

答：临泽除了试验站，林业局下面还有治沙站，水务局下面还有水管站，农业局主要靠内部，中国部门的分工还是比较明确的。为什么水务局能参与进来？因为治沙要考虑水的问题。很多项目，对口单位是水务局，统筹、组织、提供材料。很多时候治沙是多部门的，我们试验站和当地政府的联系非常紧密。我们站长是临泽北平人，是科技顾问。原来的站长，以前当过科技副县长，现在到所里当办公室主任。

组织机构的优点是将治沙经验比较丰富的人组织到一起，马上可以组织到位。组织比较方便，而且能承担另外一些工作，这些沙漠化的工作已经被治理好了，还得管理。得专门有人管理，比如维护，很多地方防止牛羊进去。整个张掖市，现在叫"甘州区"，像临泽、高台都有治沙站，有些时候我们也负责组织实施。

我们组织现在面临的都是经费问题。随着治沙面积的扩大，需要的资金就越来越多，如果有更多资金，就会做得更好。现在的资金是否充足，要看怎么算。当时治沙是群众性的，有科技部门规划，县政府组织农民实施。但是现在后面这些人的投入要计算成本，现在雇用农民还得给钱。

问：如何评价这些组织在治沙中的作用？

答：现在我感觉我们这个站开始比较活跃了。县政府的很多项目都要我们合作，本身地方政府就很重视这一块。相比其他站来说，大家都更有特色，都在辛苦工作。本身环境就有区别。比如，奈曼降水量有400多毫米，我们的降水量只有100毫米，平均110多毫米。这几年降水量有所增加，民勤为什么六七十年的治沙成就在萎缩？关键原因在于上游来水量太少。民勤搞治沙项目的关键在于水从什么地方来，怎么维持人工植被的生长。临泽这些站都是非常活跃的，本身科学院现在有很多基础项目研究，由项目在支撑，所以能够做很多工作。

临泽治沙比较好的原因是多方面的。最初的原因是环境的需要，当初治沙的时候，这些地方都是沙丘，对当地老百姓的生活影响很大。当地的老百姓需要治沙，政府发展当地经济也需要治沙，这样科学家就参与了进来。现在环境（好）到了这个程度，当地老百姓认识也不像以前。以前不用掏钱就干活了，现在的绿洲逐渐扩大，农业产量和收益很稳定，有些方面还在增加，大家都在改善环境的要求下走到了一起。

像河西也存在开荒毁林问题，像三西移民工程，但好的一点就是当地政府在移民之后，环境保护措施马上跟上了。高台也是一样。民勤的问题，只要有水，根据他们的治沙经验和积极性，应该治理得很好。关键是水的问题。黑河也有这个问题，2001年国务院开始强行调水，效果不错。石羊河现在开始启动向民勤调水，一个是水，一个是钱，这两个是关键的因素。张掖、临泽、高台，这些地方毕竟有黑河，如果像民勤一样是在石羊河下游，究竟怎么样，就谁也不好说了。

不知不觉中，跟两位研究员的访谈已经过去了2个小时。临泽的治沙效果很明显，但后续问题也特别需要注意。相对而言，资金投入是大问题，而调水问题也是很关键的一方面。但调水是需要全局统筹的大问题，需要多个地方统一协调，这不是单凭临泽能做到的，需要强有力的跨区域治理体系。

副县长兼任治沙站站长

离开了临泽内陆河研究站，我又马不停蹄地赶往临泽县治沙试验站。下午5点，我在临泽县治沙试验站见到了一位工程师Z和一位刚调来的工作人员X（50多岁）。在访谈过程中，以Z的介绍居多：

我们这个治沙站有8个人，都是正式职工。最主要的职责是风沙治理和植被管护。站长、副站长各1人，中级工程师1人，其他5人都是工人。这里除了站长，包括副站长在内都是护林员。我们这个治沙站成立于1976年，那个时候还不下属林业局。最初叫"临泽县治沙试验站"和"临泽县植被管护站"，原来是两个站。这两个站一套人马，站长由副县长兼任。后来1986年下属于林业局成为治沙试验站，植被管护站就不叫了。站里管护范围38.3万亩，最重要的任务是管起来，使我们的公益林围起来。

问：治沙面临的主要问题是什么？

答：问题主要是以前的。前几年国家对林业没有好的政策，资金比较困难。没有政策，管护没有交通工具，办公没有经费。我们这个地方，管基本工资，其他都是自己挣的。临泽有两个林场和两个治沙站，我们工资全额，林场的工资部分自己解决。再加上前些年老百姓认识不行，乱挖乱砍，对植被破坏比较严重。还有就是以前没有搞封育，放牧比较多，对天然植被的危害比较大。当时，政府部门对这个方面的重视也不够，也不搞什么宣传，老百姓也没有什么认识。

1982年以前资金可以，1982年以后国家主要拨款一部分。对于义务植树会投入劳力。1987年以后，国家政策仅限于种草、种树等，在林业成为普遍现象。(20世纪)90年代以后，国家投资基本没有增加。80年代以前全面治沙，义务植树，后来经济体制改革，搞科研没有资金。一直到2004年，我们单位开始贷款治沙，直到现在还有很多债务。

问：治沙有哪些成功经验？

答：现在有几个方法可行。一是封滩育林和封山禁牧。通过两三年实施，证明是非常有效的方法。我们附近每年用日元贷款栽种1万亩梭梭，效果很好。二是我们县政府去年(2006年)出台了临泽县封山禁牧管理办法，政府发出了公告。

问：各种学者、专家和技术员如何参与治沙？

X答：我来这里之后参加得多。我们的日元贷款有北京来的，也有省上来的。北京来的专家亲自到沙漠去看，一年来两三次。

Z答：我参与得也多。尤其是中科院兰州沙漠研究所就在我们附近，不过人家是搞科研的。甘农大也有草原生态站。专家来的时候就是两三天，在临泽县很多点看看。他们主要来研究风沙治理项目实施对周围环境的影响，以及实施的效果。外来专家主要是研究日元贷款的实施，再就是看是不是达到预期目的，以及搞研究。来的时候，每次都是我们带他们去看，问我们哪种植物好，哪种植物适合在这个地方生长，能够固定风沙，交流还是比较多的。没有任何架子，人家来之后，吃苦精神都比较强。本地的专家，主要就是林业的技术人员，春季搞植树造林下来，搞规划设计，平时也就是一年来个三四次。

问：学者、专家和技术员有哪些优缺点？

答：优点是吃苦精神比较强；在研究方面人家的学识比较渊博；非常平易近人，人家对我们评价很高。我们看不出有什么缺点，人家都是非常谦虚，非常认真，人家提着摄像机在沙漠里跑几千米路，来的时候都是坐车，一到沙漠里面就自己跑着进去。

本地有些人也在治沙过程中得到了锻炼、积累了经验。像我们板桥的几户农户，他们积累的经验非常丰富。每年下雪后，立即栽种梭梭，把雪扫到一起，一融化，梭梭就生长了。每年三四月还下雪，我们叫"扫雪积水治沙"。

问：整体上你怎么评价这些专家的功能和作用？

答：作用非常大，从技术到其他方面，都具有一定的实践经验，对治沙有非常好的指导作用。最早，1987年以前中科院和我们在一起，在一个院子。人家搞科研指导，我们负责实施。我们和中科院研究所的交流还是很多的，我们有什么问题，经常向人家请教。

从我们基层来说，目前最大的问题是能不能有些课题？我们可以提供条件，我们地方搞课题，搞这些新的技术或者植物。比如，在机井梭梭很多，地下水位下降，梭梭死亡，能不能有新的物种。国家应该多对这些专家从项目资金等各方面给予支持。

问：专家、学者参与治沙中是如何与其他参与者互动的？

答：与政府沟通很多。从我们这边来说，沟通非常多，像北京来的专家，县委、县政府都陪着。与农民之间的沟通也很多。很多外面来的专家有时候比我们还多。来了就问家庭情况、风沙危害、通过治理有什么效果，搞调查研究。我们治沙站和农民之间的交流非常多，因为我们治沙的沙漠都是与他们的地块相邻。我们和农民的关系有些时候为了围护也有冲突，这就需要沟通交流。北部我们要保护，人家要放牧，只有通过互相交流、宣传，才能把工作做下去。有时候也有严重的冲突，人家在栽种好的领地边上栽种，国家要求审批，人家不走程序。和企业也有沟通，例如，去年（2006年）有过来和铁矿企业交流的，主要看看有什么自然危害。专家和农户交流，农户还是欢迎的，实际交流要实际去看。也会召开一些座谈会，但主要是随时到现场交流。

我们这边尤其周边群众感觉到受益很大，有些老百姓觉得他们（专家）很好。有时候也会有意见不一致。例如，专家认为一亩地298穴，百姓栽种比较多，专家认为这会相互抢资源。后来，专家发现有些总不能成活,所以稠密的地方移到稀疏的地方,专家也认可,比较变通。

访谈到此时,临泽县林业局的 L 领导和另一位工作人员也来了。两人坐了 1 分钟之后就出去了,称还有点事情需要处理。X 也随着出去了,我只能对 Z 一个人继续访谈。

问:专家、学者参与的组织有哪些优缺点?

答:组织的优点一是对荒漠化造林起到一定的主导性作用,二是对生态植被保护作用比较大。问题是有的,1985—1995 年有一些治沙贴息贷款成了单位的巨大包袱。当时的问题是政策性的,为了治沙,当时政府引导的县银行搞贴息贷款,但是现在还不了。前两年政府说让我们写报告,一级一级向上反映,希望去掉,但是一直没有落实。

这些组织的作用肯定很大,但因为一个时期有一个时期的政策,作用也是不同的。(20 世纪) 70 年代作用比较大,因为刚建站和中科院兰州沙漠研究所合作。之后,到了 2001 年,我们和中科院兰州沙漠研究所分开。主要原因还是人家是搞科研的,我们是搞生产的。我们土地面积较少,要搞些育苗,但是人家希望把这些土地搞试验。最后双方没有达成协议,人家重新要了一些土地,重新建立他们的基地。20 世纪 80—90 年代的合作都很好。现在我们单位这个交流相对那个时期就少了。主要原因也是人家是搞科研的,人家的领导,比如有甘大(甘肃大学)的、兰大(兰州大学)的,人家是学者。但是,一般有事情也会找(对方),虽然没有特别的交流。

县上的治沙站有两个,除了我们就是小泉子治沙站,在新华镇,在我们这个站的西南边,人家(小泉子治沙站)离县城 25 千米。我们站有 8 人,他们有 6 人。在分工上,我们主要管理临泽县北部沙漠,他们主要是(负责)南边沙区的管理。还有两个林场:五泉林场和沙河林场。林场土地面积大,人员也多,治理沙漠的面积比较小。人家的林场主要是耕地面积大,治沙面积小。比如说,我们站的治沙面积有 30 多万亩,只能是公益林,还包括其他的,整个面积是 5700 公顷。临泽总共的沙化面积 14.68 万公顷。

从治沙站得到的信息来看,临泽的防沙治沙效果越来越明显。成功的原因大致有两个：一是治沙站的技术人员、外来专家和本地居民都能有效地沟通、交流，大家劲往一处使，形成了治理合力；二是副县长兼任治沙站站长，这个重要的制度安排能够最大限度地发挥政府的主导作用。从治沙站来看，治理效果好并不意味着治理过程就一帆风顺，治沙站与农民之间也会有冲突，但有冲突不怕，只要双方能够努力沟通，尽快解决，就不会造成问题。

7月25日访谈结束后，我决定整理一下手头的资料，顺便调整下一步的调研安排。

7月26日　治沙要以沙养人

7月26日上午9点，我驱车赶到了临泽县小泉子治沙站，见到了负责治沙站技术管理工作的站长M。

问：沙漠化和沙尘暴的主要原因是什么？

答：从历史原因看，本地处于风沙边缘。从自然原因看，南边有祁连山，北边有合黎山，两山夹住，山石风化，再加上下雨冲刷，地质变化。从人为原因看，移民有一定的影响，尤其是放牧和砍柴。现在有些地方还有（这样的破坏行为），我们和人家打游击。处罚农民也不行，因为农民都很穷。也有开垦沙土的，不过这对沙漠治理有好处，影响不大。我们管护林木，也没有配备交通工具。

现在的主要问题是县上按照事业单位对待治沙站。虽然我们临泽走在前列，但是进一步的发展受到财政投入的影响。临泽也在发展沙产业，沙区边缘的北边（平川）种植棉花，还有玉米、番茄。临泽的地下水丰富，打了一些机井，也种植了一些乔木林和灌木林。这些林木比新疆杨好，比较耐盐碱和干旱，20年左右就可以成材，经济价值400多元。相对而言，红柳、梭梭等灌木林只能起到固沙防风的作用，没有经济效益。

问：学者、专家和技术员如何参与？

答：专家学者参与很多，因为临泽有两个治沙站。平川治沙站在20世纪70年代左右成立，我们站是1988年成立的。省治沙研究所发展了治沙植物、新品种、手段和技术等的研究，长期在我们这个地方做试验。县上的林业局也有工作，我们也有自己的助理工程师。

这些专家有从北京来的，也有从其他国家和地区来的。省治沙研究所组我国北京、内蒙古，以及日本、非洲等地区（国家）的专家来这个地方取样，每年来一次，在8月左右。我是2005年来的，这几年专家常来。过去治沙研究所的同志一待（就是）几年，租住我们的房子，这几年搬到民勤去了，但是房子还给他们留着。

问：专家、学者参与治沙的作用和优缺点有哪些？

答：人家是专家，具有新的治沙理论，这是我们需要学习的优点；对于缺点我没有想到。外面来的也就是说个好，举一下大拇指就走了。而且由于语言不同，我和他们没有交流过。我们的经验非常成功，他们基本上是来学习我们的。

问：还有哪些人在治沙中发挥着重要作用？

答：当地老百姓。因为国家的退耕还林政策，个人造林的积极性提高了。治沙就是要靠造林，有水的、条件差不多的地方老百姓就可以栽树。

问：哪些主体参与治沙较多？这些主体如何互动？

答：政府参与多，农民也多，因为我们这边沙产业的开发比较快，技术人员亲自指导；企业参与治沙的不多，农户参与的有两户。个人开发沙区有上万亩的，也有五六万亩的。主要在周边栽林区，中间搞玉米制种、种植番茄等沙产业，经济效益可观。

上面那些专家基本不多，人家就是来看一下，然后就走了。专家很尊重农民的实践，特别是树种的选择、农作物的品种搭配，农民搞的专家都说可以。

问：参与治沙的组织存在哪些问题？如何才能克服这些问题？

答：以我们这些单位为例，过去国家投入不足，搞了贷款，我们现在的负债就有300多万元。这些贷款是本地银行的贷款，搞了渠道、道路、打井、架电等基础设施建设，现在没有办法偿还①。我们的沙生植物只能起到保护作用，没有经济效益，我们单位的生存发展都受到了影响。

作为治沙工作来说，治沙站在治沙工作上承担了50%～60%的作用。其他作用由社会包括农民还有沙区所在地的政府等来承担。过去是以栽种灌木、封育沙区为主。现在转向种植经济作物，增加收入，做到以沙养人，通过发展沙产业来解决问题。

可见，从这个治沙站来看，其也强调治理效果越来越好。尤其是能把治沙与经济效益结合，这种做法非常值得推广。当然，问题也是存在的，如贷款后负债的问题。但很多时候必然是解决大多数问题，带来一些问题，未来再去解决这些带来的问题。正如国家领导人强调的"要靠发展解决前进道路上的问题"。

辞别治沙站站长M，我们在治沙站同志的带领下，参观了重点公益林保护区。艰难地爬上了一个颇陡的沙坡之后，我发现一望无际的荒滩上种植着各种沙生植物，它们既诉说着环境的恶劣和艰苦，也诉说着环境保护的不易和人民的勤劳勇敢！

之后，我继续驱车前行。在行路的过程中，我看到很远处有一些人在地里劳作。而且，附近有大片种植的葡萄等经济作物，长势都还不错，果子都还是小小的、青青的，一串串、一堆堆，晶莹剔透地挂在绿叶之中，甚是诱人。

治沙技术员对农民帮助很大

辞别M站长，我又继续赶路。在行路的过程中，我看到一群村民正在打谷场上干活，就决定再次停下来，对这些村民进行访谈。经过一番攀谈后，我就地蹲下来，先对其中的一个村民J进行了访谈，交谈后才知道，这里是新华镇民泉村。J出生于1960年，初中毕业，1996年搬来此地。

据其介绍，本村是移民村，村里一家顶多两个小孩，因为负担比较

① 之前县治沙站访谈，Z工程师也称，1985—1995年，政府引导县银行搞贴息贷款，但是后来还不了。

重。尤其高中生一个学期学费1000多元，生活费4000多元。

问：沙漠化和沙尘暴的主要原因是什么？

答：主要是风大，对庄稼危害大，风沙能将其整个埋了，打死小苗。

问：有哪些专家、学者参与治沙？

答：种什么有技术员专门进行技术指导。种植什么都签订合同，按照他们的方法种植和管理，最后按合同收购。一般白菜籽1公斤10元，1亩地能收入1400~1500元。虽然价格高，但是产量低。签订合同的方式还好，否则没有人敢种植。

这些技术员各年龄段的都有，也很好打交道。直接到每家的地上，你干活，人家就教你。这些人一般都是本县的，指导种玉米的也有武威的。种白菜是河南或者湖南的公司，不太清楚了，但技术员是本地的。怎么打药等，技术员的指导起作用。基本上我们还是听人家的比较多，现在玉米制种7~8年了，白菜才2~3年，西瓜籽等种植的年代就远了。

玉米制种他们要求比较严格，因为灾害比较多；白菜相对好些，不能有其他野花，不能传粉。

问：治沙面临的主要问题有哪些？

答：主要是地下水位下降。本地小井50米，大井80~100米。这些年水位下降严重。20世纪90年代以来，水位线每年下降1米，以前随便挖一下，水就上来了，现在不行了。这个现象现在也没有治理的办法，河里有水，但是引不过来。以前有渠，但被风沙埋了，也被洪水冲了。我们害怕以后抽不上来水，村上也想不出办法。水位下降，想抽水都抽不上来。20世纪90年代只有几眼井，现在（有）几十眼，我们要是有渠就好了。这些机井都是这五六年打的。以前有大渠的时候是不打井的，靠祁连山的雪水。

我们这里1个村共有4个社100多户人家。打井要水管所批，但是井打上之后就不管了。一队的两个机井毁了，现在正是用水的时候，就得买其他队的水。买水1个小时24元，1亩地差不多就得30元。

通过与J的深入交流，既能看到临泽移民村企业与农民协同治沙取得的成就，也能发现一些问题。尤其是地下水位下降，在治沙成就很大的临泽也是一个问题，关键是这个问题会越来越严重。

与J交谈完之后，趁着其他村民忙里偷闲的时刻，我又顺便访谈了另一位村民Y。Y出生于1964年，搬来本地已经10年，也强调了地下水的下降问题。

搬到这里收入高了，每年能有七八千元。这里打井上面投资水泵，其他的得自己掏钱。一眼井100米左右，总共投入得10万多元。本地打井从20世纪70年代开始，现在水位逐年下降，每年水位下降1米多。刚开始的时候，挖上3~4米就有水，现在越来越深了。这个问题还没有办法解决，也没有上面的专家来讨论解决问题。以前这里有个渠，是林业局的，但是已经五六年没有水了，我们就得靠这个渠。没水以后，集体修了几年，但是水不下来，就不再修了。

这里种白菜有技术人员指导，从育苗到结束全过程参与。可能因为是私人企业，都比较仔细，人也比较容易接触。这些技术人员对我们帮助很大，除了技术之外，还监督合同的执行。如果有人家里忙，不去干一些活，人家（技术人员）就会要求你去做。

如果不是这次偶然的调研，很难体会到这里的企业与农户合作的良好效益。综合来看，临泽县治沙成果很多，民众、企业、科研机构、外来专家以及当地政府都参与到治沙过程中，既能发挥自身的独特作用，也能与其他治理主体展开协作。

结束对民泉村村民的访谈已经时至中午。至此，我此次临泽县的调研基本可以结束了。而完成了临泽县的调研任务，就意味着本次整个实地调研的任务已经完成一多半了。总的来看，临泽县属于较为典型的强政府与强社会治理模式，副县长能够兼任治沙站站长，政府管理与技术事项也能够兼容，取得了不错的效果。

匆匆忙忙地找了个地方吃了点东西之后，顾不得片刻休息，我又继续坐长途汽车赶往下一站——酒泉市的金塔县。

景泰县与临泽县的反思：强社会参与下的多方协同

景泰县与临泽县两地访谈信息相对较少。虽然景泰县遇到的人有10

多名，但能够提供较为完整访谈信息的仅有 6 名，临泽县的情况也与此类似。不过从有限的访谈人员中，我们还是能看出一些相同点（见表1-4）。对于本地区沙化原因，景泰县受访者强调地理位置特殊性造成的水资源匮乏和过度开荒。此外，资金不足和群众生态意识也被提及，尤其是"认识到位但觉悟不到位"的概括让人印象深刻。类似地，临泽县的受访者也强调水资源匮乏和不合理的土地利用。概言之，两个地区的沙化成因大致类似。

表1-4 景泰县与临泽县沙化成因及治理

访谈对象	自然因素	人为因素	治理效果
景泰县			
服务员	风沙大	管得不严	多少还是有些作用
		砍树卖钱太频	栽树成活率低
水务局小组	沙漠边缘	过度开荒	沙退人进
	地下水和降水少		
	虫害严重		
林业局官员	沙漠边缘	资金投入不足	治沙效果明显
治沙站护林员小组	气候干燥	资金不足	种树、种草成活率低
	技术含量低	群众意识不够	大量植被遭到破坏
临泽县			
林业局官员	来水量小		生态相对还可以
中科院研究站小组	水资源紧缺	不合理土地利用	治沙效果已经显现
县治沙站小组			前几年没现在好
小泉子治沙站官员	地理位置	移民放牧	有过度放牧
			围栏封育效果好
民泉村村民	风大		村民与企业签订种植合同

资料来源：笔者根据访谈整理。

但是，两地沙化治理中的专家与民众交流有着一定的反差（见表1-5）。一方面，通过对比可以发现，两个地区的访谈者对专家学者作用的认识差别不大：对于外来专家的作用，都强调这些专家只是"了解情况"，或者通俗点说是"看看"；对于本地专家，两个地区的受访者都强调其实际参与治沙，有实践经验。另一方面，一个明显的反差是：在临泽县，所有受访者都强调本地专家（或技术人员）与地方民众沟通多、交流多，尤其是村民直接告诉访谈人员，技术员"很好打交道"；在景泰县，只有治沙试验站的两位护林员对于技术人员的作用予以肯定，同时强调虽然技术人员与护林员经常接触，但和农民接触少。

表1–5　景泰县与临泽县不同类型专家在治沙中的作用

访谈对象	外来专家	本地专家	与民众交流
景泰县			
水务局小组	了解情况		与农民的互动说不清，与政府的联系很少
治沙试验站护林员	看看	参与治沙	与农民接触少
林业局官员		有实践经验	
服务员		经验比较丰富	
临泽县			
林业局工作人员	看一下	课题研究	沟通多
中科院研究站小组	了解情况	培训讲解	沟通最多
县治沙站小组			交流多
小泉子治沙站官员			交流多
民泉村村民		帮助很大	很好打交道，直接到田里指导

资料来源：笔者根据访谈整理。

另外，一路走来，我们也发现，景泰县、临泽县和民勤县的沙化原因十分类似，受访者大都强调自然地理因素和人为破坏因素的双重作用。但是，相对而言，临泽县的受访者对专家学者在沙化治理中的作用谈得更多；更重要的是，正如上面提到的，临泽县当地技术人员与民众的接触、交流和沟通很多。事实上，需要治理沙化的地区，都会有自然和人为双重因素的综合作用。但是，只有本地专家和民众等多交流沟通，专家学者的作用才能得到更好的发挥，问题也才会更顺利地得到解决。在某种程度上，政府与社会协同治理中的多方沟通和交流也是关键。总之，可以说，沙化治理能力的体现，在很大程度上取决于参与各方面沟通和交流的程度。

五、甘肃省金塔县

金塔县在行政上隶属于甘肃省酒泉市，东与高台县毗邻，西与玉门市接壤，南邻肃州区和嘉峪关市，北靠内蒙古额济纳旗；地理位置在东经97°58′~100°20′、北纬39°47′~40°59′，东西长约250千米，南北宽约400千米，总面积1.88万平方千米。① 根据酒泉市统计局数据，2007年金塔县常住人口为14.40万人②；根据第七次全国人口普查数据，截至2020年11月1日零时，金塔县常住人口为121766人（约12.2万人）③，有小幅下降。

金塔县位于蒙新荒漠和巴丹吉林沙漠边缘，四面环沙，县域境内气候干燥、植被稀少、干旱缺水，年平均降水量59.9毫米，年均蒸发量2336.6毫米④，风大沙多，自然条件严峻，属典型的温带干旱荒漠区。除北部山地和绿洲内耕地外，其余均属于荒漠化土地。县辖区内荒漠化土地约1.2万平方千米，占土地总面积的64%，其中沙漠面积占23%。在沙漠面积中，流动沙丘（地）占沙漠面积的62.3%，半固定沙丘（地）占沙漠面积的12.7%，固定沙丘（地）占沙漠面积的25%⑤。

酒泉卫星发射中心位于金塔县境内东北部，政府官方网站称其为"现代飞天的故乡"。⑥ 对于金塔县治沙成就，县政府官方网站强调"采取人工压沙和生物措施混合的方式，对鼎新镇、大庄子乡沙化严重区域进行治理，建成机械沙障30公顷、生物沙障132公顷、围栏25千米，人

① 金塔县人民政府. 地理位置[EB/OL]. (2021 - 04 - 12)[2021 - 10 - 06]. https://www.jtxzf.gov.cn/apps/site/site/issue/jtgk/zrdl/2021/04/12/1618188915000.html.

② 汇聚数据. 酒泉金塔县人口[EB/OL]. [2021 - 10 - 06]. https://population.gotohui.com/pdata - 767/.

③ 酒泉市人大信息网. 酒泉市第七次全国人口普查公报[EB/OL]. (2021 - 06 - 01)[2021 - 10 - 06]. http://www.jqrd.gov.cn/Item/Show.asp? m = 1&d = 5686.

④ 全国农产品地理标志查询系统. 金塔番茄[EB/OL]. (2021 - 04 - 12)[2021 - 10 - 06]. http://www.anluyun.com/Home/Product/27298.

⑤ 金塔县地方志编纂委员会. 金塔县志[M]. 兰州:甘肃人民出版社,1992:274.

⑥ 史志办. 自然地理[EB/OL]. (2021 - 04 - 12)[2021 - 04 - 26]. https://www.jtxzf.gov.cn/apps/site/site/issue/jtgk/zrdl/2021/04/12/1618188915000.html.

工促进自然修复150公顷，完成治沙造林70公顷"①。

7 月 27 日　气候像敦煌，地势像民勤

与在临泽县一样，我也是在 7 月 26 日深夜时，才乘坐长途汽车风尘仆仆地赶到了金塔县城。其他一切流程也都一样，在紧锣密鼓的安排下，人都快变成机器人了，但实在没有别的办法。

按照原定计划，7 月 27 日一大早，我赶到了金塔县治沙站。治沙站副站长 E 接待了我。E 是汉族人，很热情，毕业于甘肃农业大学草业学专业，现在治沙站负责管理、管护、研究推广的工作。据 E 介绍，金塔县历史上就有防沙、治沙的传统，群众和官员的认识水平都很高。

问：沙漠化和沙尘暴的主要原因是什么？

答：一个是地区特点，另一个是气候特点。金塔位于蒙新荒漠和巴丹吉林沙漠边缘，三面环山。（我们对）整个城区的治理下了很大的功夫，这几年甚至自己掏钱搞绿化。历史上（这里）风大沙多，降雨量只有 59 毫米，蒸发量大概 3000 多毫米。20 世纪 60 年代，这地方有中科院的治沙站；70 年代，把治沙站给了地方，现在是县上管。从 2005 年开始，县上跟省的沙漠研究所建立了省沙漠研究所金塔治沙站，人事、业务上是由县管的，技术上和省治沙所是合作关系。治沙站的工作人员有 9人，都是事业编制，站长、副站长、书记和其他工作人员，5 名管护人员是合同临时的。治沙站也是在林业局指导下工作，全县的护林员在 200人以上，但是那些人的工作隶属关系不在治沙站，而是在林业局。林业局也是科级单位，虽然都是科级，但是它在行政上管理治沙站。

金塔作为农业县，这里的农业科学技术应用和发展在全国相当靠前。这个地方光照充足，灌溉条件良好；经济作物主要有棉花、玉米等；水果主要有梨子、桃子、葡萄等。葡萄是具有地方特色的优势产品，我们的葡萄和敦煌的差不多。

20 世纪 80 年代，这里主要种植粮食，国家调控，交公粮，再就是种

① 曹福俊，田健. 风沙治理成效显著［EB/OL］.（2014－09－29）［2021－04－26］. http://jq. gansudaily. com. cn/system/2014/09/29/015200436. shtml.

植甜菜和棉花。90 年代，逐渐调整种植结构，随着农村改革，公粮放开，经济作物的种植面积也上去了。现在种类上很杂，棉花、番茄，番茄酱的质量和新疆产的差不多，此外，还有孜然和茴香。籽瓜也种，但比棉花少。这里偏离国道，是个天然隔离区，形成非常优良的瓜果、蔬菜种植基地。90 年代本地曾有开荒的趋势，但现在已经禁止。现在实行"三禁"政策，在整个区域内，禁止开荒，禁止打井，但地方上有些时候很不好弄。

问：治理沙漠面临的主要问题是什么？

答：还是资金的问题，这个地方的水情比较严重，有两大水库，鸳鸯池和解放村（水库）。金塔县南边的城区，还有很多公益林，栽活一棵（树木）成本大，而且要管理好。金塔与民勤不同，民勤的问题主要是地下水位下降，过度开垦，再加上上游到下游的水补充逐渐减少，人为因素很大。人家的取水在 200 米，鼎新地区在 70 ~ 80 米，我们这边才 50 ~ 60 米，金塔县和以前的酒泉，在历史上就有严格的分水制度，这个制度一直都没有改变过。温家宝同志还来过金塔，是党的十六大以前来的，因为他们曾在甘肃地质勘探单位工作过。**民勤和金塔县的地势很像，只要有水，土地就能长庄稼。**

喷灌的弊端

问：沙漠化和沙尘暴问题怎样才能得到更好的解决？

答：首先要严格执法。金塔在逐步做，我们不能把子孙后代的饭吃掉。虽然我们和民勤有很大的区别，但是保不住则忧。其次要发展节水农业。金塔节水农业有非常完备和整套的灌溉体系，引进先进的灌溉技术，包括滴灌和管灌，但是喷灌少，因为不适合这里，蒸发量大，同时造成地面结皮，影响水分向下渗透。我们跟以色列的专家探讨比较多，以色列和我们河西走廊的气候非常相似，我们的差距就在节水上。像武威地区的降水量和它们（以色列）一个地区的降水量相等。它们的农业专家实用性很高，我们学和用脱节，转化慢，适用性低。它们的科技人员就在农庄地头。还有它们的体制，它们的科技转化渠道非常畅通，我们体制有问题，跟农民离得非常远，不根据农民的实际搞研究，没有用，新技术推广很难，（推广）慢得很。每年的投入虽然很大，但是产出小。

问：学者、专家和技术员如何参与治沙？

答：主要是造林。从1993年开始引进以色列的滴灌技术。具体是治沙站做的，先做了40亩地，在解放村那个地方。胡杨、红柳、梭梭等采用滴灌技术。滴灌造林好处在于省工、节水，成活率高达95%。金塔县这里栽树要开渠引水，滴灌不要求好的土壤。现在总共滴灌造林5000多亩，主要挡北水泉沙系对两大水系的侵蚀。温家宝同志2002年到这个地方视察，给予了很高的评价。此外，蒙古（国）、朝鲜、日本、斯里兰卡及中亚等地区的人也来这个地方交流参观。

我们没有从省里及北京等地来蹲点的专家。我们和省上有点课题多少做点，治沙多，技术指导不多。很多都是劳动人民自己的智慧，例如，以前民勤的草方格，群众自己的黏土埋压，还有后来的砾石压沙。专家在这个方面贡献很小，有很多研究不一定那么实用。还是毛泽东同志说得对，老百姓的智慧是无穷的，几百年沉淀的实践经验很重要。

栽树可能造成新的不平衡

E 30多岁，按照之前的访谈经验，这样的官员或学者型官员不会过多地提供信息，对一些问题也讳莫如深，但他例外。而且，从前面的访谈看，他也特别想反映一些实际中存在的问题。

关于治沙方面的内部专家，在治沙站有副高1人，到防护林中有专家2人、助理3人，也有其他的技术人员，林业局也有。这些专家大多是硕士、博士，多的是副高，很多甚至是学术带头人。近几年，通过和省沙所共建，技术人员来得相对较多。时间有长有短，一般都是两三天。这些专家、学者来的时候主要搞土壤采样，主要目的是搞自己的学术研究，不是帮助治沙。这些专家、学者和实际的结合不是很强，他们的研究要真正到实地，到农民的地头来。这些纯搞研究的人作用不是很大，但是搞技术方面的作用还是比较大的。这些专家一些实践中的好东西平时不一定会见到，只有在推广时才能见到。

问：什么样的专家、学者对治沙最重要？

答：在沙漠化和沙尘暴治理活动中，首先治理人员得有一定的专业素养，要对整个最基础的这些东西，起码对重要沙生植物的生长特性、适宜的生长环境有了解。其次要注重和谐的综合发展，科学发展观要体现到方方面面，治沙也要讲科学，整个科学素养要提高，不能为治沙而治沙，不能搞区域治好，整体恶化，这不是我们的初衷。**我们需要全国有一个整体的思路。整体上要怎么治理，（如果）整体上恶化，怎么办。**

不同年代专家学者的作用有所不同。我们的专家在20世纪60—70年代作用非常大，近几年在高新领域发挥的作用也比较大，但是在实际推广方面不行。专家一方面要有高新技术，另一方面要从农民层面对技术进行检验。现在后一个方面比较欠缺。以前翻的书上说，毛主席说人民群众是智慧的源泉，现在专家学者很难到基层，很难到农民的田间地头，蹲到实验室的东西毕竟是纯理论，还得看效果。（20世纪）60—70年代是集中体制，现在宽松了，待遇也好了，但是为什么现在的工作做不好。这个问题很大，也不好说，没有政府引导，他们的成果没有通过市场检验，所以就带不来什么效益。课题研究、工资待遇都好了，但最根本的要素是没有推向市场。其他的还不好说，因为体制上受到很大的影响。就专家学者来讲，整个评价体系，包括论文的通过，根本点不在农村，不在应用上。成果转化鉴定都由自己说了算，那么他们能走到哪里去？现在的敬业精神不像60—70年代那么强了。

问：参与治沙的各方面主体如何互动？

答：政府方面，专家技术人员和政府互动太少。现在的决策，包括有些地方的决策，都是由当地政府会同主管部门做出的。我们在决策过程中有很多时候没有听见专家、学者的声音，这个情况，现在有所好转。再就是作为地方来讲，真正的专家还是产生在本地，有些很有名的专家，他们不可能对本地很了解，你征求他的意见，他们也不可能有的。

农民方面不得而知。每次来专家都是我们陪同，农民见得就很少。

企业在我们当地治沙是义务，企业方面我们也正在探讨，也做了很多探索。我们环境比较差，种植得换土，代价就比较大。种植以后，只生长一棵树，也考虑种植其他药材，是不是可以种植苁蓉。我们也有大面积的沙枣林，也在寻求合作伙伴。现在我们的梭梭种植苁蓉，开始做了几百亩，今年（2007年）春天做的。据和田的经验，1年种植8年收，今年9月才能看到效果，省里对这个东西相当重视。

县治沙站的滴灌林带，还有很多老同志多少年来一直在护沙植树，以前都是义务护林，现在好了，国家有个好政策，90多万亩公益林，都有管护，把这些人纳入体系，把现有的管好。现在不能栽树，否则可能会造成新的不平衡，让自然恢复，不要搞局部治理、局部恶化的事情。

访谈中，E反复强调要有可持续的发展，要全国一盘棋，不能各搞一套，要有统筹安排。其实，我们从这种强调可以看出，金塔县在这方面，或者说金塔县与邻近各县的统筹协调力度还是不够。治沙站往西的路程还很长，所以中午后，我到酒店安顿下来，整理这几天的调研资料，总结访谈收获。

7月28日　种地收入比以前高多了

7月28日一早，我开始观察金塔县各治沙典型地。这一趟路程较远，沿路的绿色虽然不及临泽稠密，但很少见到完全光秃的沙丘。跟临泽不同的是，这里一路上既有水库也有湖泊，即解放村水库和鸳鸯池。解放村水库的水面相对较大，而且由于天气的原因，看上去蔚蓝色的湖水和蔚蓝色的天空，隔山融为一体了，让远处几乎光秃秃的山丘也突然显得渺小起来。周边一些地方的植被也不错，树木葱茏，遍地绿色，让人觉得生态确实有了很大改善。鸳鸯池的水面相对小一些，虽然四周是零星树木点缀的荒滩，水边是几乎光秃秃的、连绵的山脉，但是鸳鸯池的水绿如碧玉。与解放村水库一样，鸳鸯池的水和晴空也几乎隔山融为一体，让人觉得鸳鸯池应该不是因为有两个比邻的水池得名，而是因为天上和地上各有一高一低两个相互映照的水池而得名。而且，在这里居然见到了被评为国家AAA级水利风景旅游区的青泽溪金鼎湖。这里小溪弯弯，湖水秀丽，碧波荡漾，树木葱茏，远山逶迤，别有一番景致。特别地，我有一位初中同学老柴，在小中专毕业后到了金塔县工作，今天早上他陪我来到了这里。老同学多年不见,自然格外亲切,景色就显得更美了。

大约中午12点,我们来到了中东镇团结村,在村里遇到了一位与共和国同龄的老人。老人一辈子生活在村子里,对我关心的沙漠化成因及问题很感兴趣,老人可能因为年纪原因,按照自己的想法侃侃而谈。既然他有如此谈兴,我也正好顺势访谈下去(见图1-7)。

图1-7 金塔县治沙现场访谈
资料来源:笔者摄于2007年。

在简单的寒暄之后,老人介绍说:

这里荒滩多,主要种植小麦、棉花和瓜菜。瓜菜包括西瓜、甜菜、生菜,生菜1亩地的收入可达1万元。这边的大棚种植不多,村里有七八户,而且从2007年刚开始,以前没有大棚。以前1亩地收入4000多元,现在高多了。20世纪90年代这里80%是种植小麦,经济作物占总耕地面积的20%,主要是甜菜、孜然,还有棉花。80年代和90年代差不多。70年代主要种植小麦、玉米。当时是大集体,再种多了经济作物,国家任务完不成。

这里通过开荒扩大的耕地面积少,只有50亩。队里浇水困难,只有2眼机井。全村有40户180多人,每人平均4亩地。有些是三四人种植四五亩地，有些是一两人种植9亩多地。2002年开始，乡政府进行耕地大调整，我们家9亩地，但是现在村里土地面积又不均衡了。

问：专家学者等技术人员如何参与治沙？

答：技术员主要是制种企业派来的，这里比较大的企业有东方种业，在我们这个地方已经5年了。开始以种棉花为主，后来有了西瓜、茄子、辣子、葫芦等。光我们队就有4名技术人员。另外还有敦煌种业公司，已经七八年了，在我们这个地方有基地。技术人员到田间地头指导。每年播种刚开始，发给农民种子，确定面积。等出苗之后，定苗、施肥、扯条也来指导，只容许1株苗1个瓜。测产在7月底8月初，8月15日倒种子。时间不会晚于8月15日，因为过熟会降低发芽率。

治沙的技术员是县上管，县上有治沙研究所。林业由林业局管，开垦由国土资源局管。这些机构的技术人员一般不到这个地方来，也没有来指导治沙、浇水。浇水由乡水管站管理，井由生产队管理。

这些技术员的背景我不太了解。他们没有常驻的，人家主要在制种基地住。早上骑摩托车到这个地方，中午回去吃饭，下午再来。一般来说，领导开车来，一周来一次，技术人员几乎天天来。全乡很多村都有基地，种植从4月开始到8月底结束，天天来，大约5个月。不过冬天来得少。

据说，人家种子销售远，销往美国、日本和韩国。上次来的2个小车，2个日本人、1个韩国人来看种子。这种出口从东方种业就开始，人家的种子出口，已经四五年了。

问：如何评价专家学者等技术人员的作用？

答：人家的作用非常大。这些人很好接触，一般来也不吃喝。一般工作人员定点在这个地方两三年，时间长了就跟我们熟了，也就好接触。这些技术人员都不是本地人，地方多了，有东边的，也有酒泉的、金塔的。

这些技术人员不受地方政府的管理，人家和县政府打交道比较多，和乡里打交道比较少，和农民之间交流比较多。

原来一年压沙，都让农户压沙。我就拿麦草去解放村压过两三次沙，当年是县上组织，每年3月压沙。现在沙化基本控制住了。

从老人口中不难推断，村里农民的收入得到了很大提高，沙化也基本得到了有效控制。

代代治沙，才能生存

辞别老人，我们又继续前行。大约在下午1点，我们来到了东北的古城乡新沟村五队，看到几位农民正在一片连绵的沙丘地压沙，三男一女，其中有一位还是个10岁刚出头的小孩，我走过去和他们攀谈了起来。一位年龄稍大一点的农民N正式接受了我的访谈，于是我们就在旁边一棵大树的阴凉下站着聊了起来。他一边说，我一边记录。

问：沙漠化和沙尘暴的主要原因是什么？

答：历史上这个地方沙丘就比较多，历史性的。只有代代治沙，才能生存。这个地方沙丘是个条形，一直到新疆，之后到俄罗斯，两边一直就有沙漠。一直都在保护，不破坏的，否则种庄稼就不行。不过也多少有些开荒，但都是在边上。这里抽取地下水，一般井深70米。在我们小的时候也就是20米，最深25米。这个沙丘比我们小的时候小了。

问：沙漠化的主要问题是什么？

答：说不上什么，从上到下都组织人员治沙，县上、乡上和基层都有。以前用土压，也用麦草方格。我每年都压沙，既参加统一组织的，也自己压，本地政府对这个事情抓得比较紧，不过基本上没有技术人员。栽种红柳是最有效的办法，沙丘边上也可以种树，有一定的效果。

这个地方我们小的时候就说不行了，得搬迁，但是种上树之后就好了。（种的）主要是红柳，其他的不行，白杨只有在有水路的地方种，否则不行。再就是麦草方格子，50～60厘米。还有用土压，在（20世纪）60—70年代的时候曾经用过。

据N介绍，新沟五队不属于治沙站的管辖范围，这里主要由县委和林业局负责，林业局经常下来查看成活率，对于治沙的指导和领导一直没有中断过。

这种指导对于新沟五队的治沙有一定作用，领导都亲自参加，一边指挥，一边劳动，都比较实干，亲自栽树，一般是每年春天的时候植树。在这里治理荒漠化和沙尘暴要数老百姓最有经验，最懂。我小时候防沙治沙抓得比较紧，那个时候，上下的领导都亲自参加，（对）厚度等也有要求。那个时候扛着大旗，还争先进，非常有积极性，一干就是10天到20天；20世纪八九十年代的领导也参加，每年治沙一次，主要是麦草方格子，在每年的4月中旬专门压沙。

对N的访谈结束后，我们继续前行，一边走，一边参观。行程中我又顺便访谈了出租车司机S。在S看来，近几年这里的治沙政府抓得紧，现在基本上治理住了。S师傅指着路边的植物说：

以前周围都是大面积的沙漠，现在红柳等都长起来了，以前这些地方到处是沙丘。治沙站这些组织有作用，作用很大。政府组织，学生、农民和各个单位都参加，以前下了功夫，这些年才有这个效果。解放村水库那个地方，上面很重视，全县的人都来水库压沙，最多的是栽红柳，上面还有滴灌，有很大的投资。

看来古城乡的治沙效果还是比较明显的。在我看来，古城乡的治沙是以地方民众为主。此外，虽然治沙效果明显，但地下水位下降是很明显的，看来整个河西走廊的地下水位下降可能是普遍现象。

技术人员经常来

大概在下午2点30分，我们又来到了古城乡的东沟四队。在这里，我们进入了一户开着门的农家，看到一位60多岁的老人，正坐在院子里的小凳子上和她的儿媳妇及两个七八岁的孙子剥茄子，儿媳妇对坐在院子里墙边支起的一张供夏天乘凉时用的床边，两个孩子则在旁边打闹，我打招呼进去和她们聊了起来。那位看上去30岁左右的妈妈N接受了我的访谈，我也就坐在床边的另一头，一边和她交谈，一边记录。经确认，N虽然年龄不大，但确实是这两个孩子的母亲。N称自己没有读过书，对于这里荒漠化和沙尘暴的原因也不是太懂。我将其简要的答复整理如下：

这里治沙栽过树，也压过沙，每年都有。具体来说，就是树上割条子捆成把子做成沙障。沙障也有麦草方格子。政府没有雇用人们压沙，风沙大的时候，很多庄稼都被打死了，就得补种。技术人员就治沙站的人来过，本月（7月）就来过。林业局的也来过，次数不太多。今年（2007年）沙尘暴比较严重，所以来的次数比较多，最起码一个季度来一次，前些年也来。他们来主要看看风沙是怎么护的，一般到书记家里去，没有来过我们家。上面一段时期植树造林的时候，这些人也来参加，不过没有碰到过从省上和北京来的专家。

这些人对于村里治沙发挥的作用很大，他们帮助农户治沙，对种庄稼有帮助，也教村民如何治沙。技术人员经常来指导种植西红柿、西瓜、甜瓜、生菜等。上面来的人都比较好打交道，吃喝的现象现在少了，20世纪90年代的时候比较多。

在金塔县的整体行程颇紧，我的访谈对象也以村民为主。村民对于治沙的效果有着最直接的体会，但对于专家学者的作用发挥难以评判，对于政府治沙的举措也所知不多。金塔的访谈匆匆结束后，由于我必须得赶到瓜州去，不得不和老柴告别，再次踏上了通往瓜州的旅程。老同学久别重逢，居然连一次坐下来好好聊聊天、吃顿饭的机会都没找到，不能不说是个极大的遗憾！

金塔县的反思：民众与技术人员需多交流

在金塔县，除了治沙站站长提供的信息较多外，其余的4名受访者提供的信息都比较少。但是，从这些有限的信息中，我们还是可以看出金塔县从改革开放至今的一些变化（见表1-6）。从改革开放初期的到处是沙丘，到现在的红柳遍地，治沙效果还是很明显的。除了治沙取得的成就，农民的收入也有所增加，种植的作物由单一的粮食作物到经济作物，再到现在的作物种类多种多样。在这些变化中，技术人员的参与变得越来越多，而专家对于治沙发挥的作用却由大变小。

表1-6　金塔县的治理变迁

时期	作物种植	农民收入	专家作用	技术人员	治理效果
改革开放初期	粮食作物	少	大		到处是沙丘
20世纪90年代	经济作物	少		开始来	
21世纪初期	种类多样	多	小	比较多	红柳遍地

资料来源：笔者根据访谈整理。

　　不难看出，金塔县这种治理是一种可持续性较强的模式。农民与技术人员交流互动较多，收入增加，治沙效果也相对越来越好。但这之间存在什么样的相互作用机制还有待挖掘。一种可能是，交流多导致治沙效果好，治沙效果好又促进收入增加；另一种可能是，交流多促进收入增加，收入增加使得治沙投入越来越多，进而使得治沙效果越来越好。此外，对于专家在治沙过程中发挥的作用，从以前的特别大到现在的作用不明显，也意味着有些专家的研究虽然具有重要的科研价值，但对于该地区的治沙而言直接效益可能并不明显。

　　需要注意的是，该地区也存在地下水位下降问题。一路走来，似乎不管是治沙效果颇为明显的中卫和临泽，还是效果不甚明显的民勤和景泰，地下水位下降都是严重的问题。必须承认，打井技术的进步让很多干旱地区治沙有了基本的水利条件。但是，一旦拥有了先进技术，对于技术的滥用或者说盲目使用就不可避免，同时带来对生态潜在的新的破坏。

　　地下水的储量有多少？很多时候，即使是水利部门和专家也难以精确估计。对于地方民众和基层政府而言，短期内只要能抽取地下水，取得治理效果，似乎也无可指摘；至于未来地下水枯竭的风险，他们也不是不知道，但也没有其他更好的办法。

六、甘肃省瓜州县

　　瓜州县与金塔县一样在行政上隶属于甘肃省酒泉市，但两地相距300多千米，位于甘肃省西北部。瓜州县东邻玉门市，西通敦煌市，南与肃北蒙古族自治县相连，西北与新疆维吾尔自治区哈密市接壤，成为甘肃、新疆、青海、西藏四省区的交通枢纽；地理位置在东经94°45′~97°00′、

115

北纬 39°52′~41°53′，县境东西长 185 千米，南北宽 220 千米，面积 2.4 万平方千米①。根据酒泉市统计局数据，2007 年瓜州县的常住人口为 9.81 万人②；根据第七次全国人口普查数据，截至 2020 年 11 月 1 日零时，瓜州县常住人口为 129299 人（约 12.9 万人）③，有小幅度上升。

瓜州县地处安敦盆地内，地形南北高，逐渐向盆地中央疏勒河谷地倾斜。气候属典型的大陆性气候，主要特点是降雨少、蒸发大、光照时间长。年平均降水量 45.7 毫米，年均蒸发量 3140.6 毫米，年均气温 8.8 摄氏度④。

瓜州县历史悠久⑤，早在公元前 4000 年的新石器晚期就有先民繁衍生息，唐朝时期置瓜州。民国时期，该地更名为"安西县"。1949 年 10 月，安西县人民政府成立。2006 年 8 月更（复）县名为"瓜州县"⑥。

根据瓜州县人民政府网站的介绍，该地有"世界风库"之称，生态环境严酷⑦。瓜州县在完成三北防护林建设二、三、四期工程后，形成了较为完备的农田防护林体系，封滩育林成林面积 438.15 平方千米，退耕还林 44 平方千米，实施了天然草原恢复与建设和退牧还草工程，围栏天然草场 1000 平方千米。

7 月 29 日　没水种树是白干

正像金塔县和临泽县之间隔着高台县一样，从金塔县到瓜州县中间也隔着玉门市，因此路途也相当遥远，而且不太好走。我下午 3 点从金

---

① 瓜州县人民政府．瓜州简介［EB/OL］．（2021－02－07）［2021－10－06］．http://www.guazhou.gov.cn/Index/Info? InfoId=0.

② 汇聚数据．酒泉瓜州县人口［EB/OL］．［2021－10－06］．https://population.gotohui.com/pdata－768/.

③ 酒泉市人大信息网．酒泉市第七次全国人口普查公报［EB/OL］．（2021－06－01）［2021－10－06］．http://www.jqrd.gov.cn/Item/Show.asp? m=1&d=5686.

④ 全国农产品地理标志查询系统．瓜州西瓜［EB/OL］．［2021－10－25］．http://www.anluyun.com/Home/Product/27785.

⑤ 瓜州县志编纂工作委员会．瓜州县志(1986—2005)［M］．兰州:甘肃文化出版社,2010:3.

⑥ 瓜州县人民政府．瓜州简介［EB/OL］．（2021－02－07）［2021－04－26］．http://www.guazhou.gov.cn/Index/Info? InfoId=0.

⑦ 瓜州县志编纂工作委员会．瓜州县志(1986—2005)［M］．兰州:甘肃文化出版社,2010:3.

塔县城长途汽车站坐车，直到晚上 11 点多，才一路辗转颠簸来到了瓜州县。匆匆忙忙地找家酒店安顿下来之后，一夜无话。

也许是连续几天的密集调研和奔波实在太累了，我早上起来一看时间居然已经上午 9 点了，简单找地方吃了早饭后，就到县城各地想找一些相关政府职能部门去看看，由于事先没有找到合适的人牵线搭桥，试着去了几个地方都吃了闭门羹，看来要在早上突击采访一些政府职能部门人员的想法不大可能实现了。当然，这个我也很理解，因为越是经济发展相对落后的地方，人们的观念就越是没有那么开放，越不愿意接待外来的研究访问者。之后，我决定自己先在县城周边看看。可是转来转去，也没有看到特别令人印象深刻和值得仔细记述的事情，就确定再到事先了解到的双塔水库和小宛农场去看看。

在打车奔赴双塔水库和小宛农场的路上，我也乘机和司机师傅 C 进行了简单的交谈。在他看来，瓜州治沙是成就与问题并存。

问：沙漠化的主要原因是什么？

答：一是树少，水少，降雨量少。现在这里没有人为破坏，主要是不降雨，戈壁上不长草。不要说多长时间，就是 10 天能下一次雨，戈壁上都能长满草。二是以前治理得不太好。20 世纪 90 年代的时候也治理，但是没有现在治理得好。还有就是推地，搞开发，造成风沙大。如果不开发，沙子治理住，刮风再大，沙子也不会大。

问：沙漠化面临的主要问题是什么？

答：这地方本身就风大，是风库，一年四季风最大。这里风比敦煌大，以前是大沙漠，现在可以了。主要问题也是没有钱，就像咱们开始过来的地方，那是国家拨钱治理，通过退耕还林治理的效果就好。还有就是开地。栽上树，降雨量多些就好了。现在不在沙地上开地了，也就好多了。听老年人说，以前这个地方水源多。从玉门一直到罗布泊，到处是胡杨也就是梧桐林。人们说，20 世纪 60 年代的时候，这里芦苇和树木还很多，现在就不湔水了，都干死了。不过水库通过沙坝放一些水，让天然林木能生存。

只要有水就能治好，没有水种树也是白干。现在的问题主要还是没

117

有水。现在打井也不让打了，县上不批，你打不成。以前沙坝正常淌水，挖地一两米就有水，但是现在要10米才有水。敦煌以前打50米，现在都打100多米了。

问：专家、学者和技术员如何参与治沙？

答：没有听说过。我们自己也治沙，以前打树条，用麦草等做柴墙。队长领着大家，教给大家怎么做，我没有见到过技术人员。一般都是县上怎么安排就怎么做吧，专门的技术人员没有见过。以前林业局的下属单位有城郊林场，专门治沙、栽树。后来觉得农民不像农民，职工不像职工，大家都闹腾，最后变成了苗圃基地治理沙漠。向上面报告上去，弄些钱来，报告说今年这些，明年那些，但是实际上都是一个地方。这里也有治沙站，以前河里没有水，从去年（2006年）开始从水库放水。省里、北京和外国等的专家也没有来过这里，我没有听说过，也不知道，在电视上也没有看到过。

专家发挥的作用小。现在都自己拿钱植树，然后再在圈子里面种植经济作物等。

一路行程，和司机师傅聊了很多，但为了不影响行车安全，我们结束了谈话，毕竟正式的访谈较少，能够记录下来的就更加有限。不过，至少知道了瓜州近些年治沙还是取得了一定的成就，也知道地下水在下降的情况。

大概下午1点40分，我们开车来到了双塔镇。我从车里老远就看到路边有块大广告牌，上面写着几个红红的大字，"开放的双塔欢迎您"；几乎同时，我看到路边还有个修建得颇像长城的灰黄色建筑，上面插着一溜五颜六色的旗子，在颇像城墙瞭望塔的门上面赫然写着"双塔博物馆"五个红色大字。开车大约10分钟后，我们终于到了水库（见图1-8），下车来到水库边，看到了人工铸就的高厚坚实的大坝和连绵环绕的光秃秃的山丘中间围着一个一望无际的大水库，甚是壮观！那天天气正好有点阴，灰蒙蒙的，还刮着很大的风，吹得我们的头发像杂草一样随风起伏，更是让人感受到了修建水库的不易、艰辛和伟大，同时也感受到了水对于人类生活以及治沙防沙的重要性。当然，与这次调研的其他县市相比，瓜州的风是最多的，好像随时随地都在刮风一样，怪不得瓜州被人称为"世界风库"呢！

图1-8　漫天风沙中的双塔水库

资料来源：笔者摄于2007年。

参观完双塔水库后，我们又继续往小宛农场赶。

植树只有少数活了

下午3点多，我们终于到了小宛农场。作为国有农场，小宛农场治沙的成就还是蛮不错的。但是，可能是因为待的时间有限，或者是因为本身西北的农场都差不多，我发现这里和我这次调研见过的其他农场差别不大，种的也都是这里常见的白杨、梭梭、红柳、沙棘、沙枣树等植物，因而觉得没有特别需要叙述的。

途中正好遇到一农户家中有人，就顺便对母女三人展开了访谈。她们家看上去很清贫，除了一张放在用红花布盖住的破旧沙发前的仿石面长条桌，几乎没有其他值得描写的东西。沙发后面破旧的白灰墙上则贴着一幅"热烈祝贺宗申集团·意大利比亚乔合资合作成功"的宣传画，画上显然是签约仪式的照片。据母亲介绍，1998年她们从青海移民到本地。在访谈中，这一家三口中的母亲很少说话，大概因为没有受过正规教育。大女儿即将初中毕业，二女儿也已经小学五年级。作为初中生的大女儿颇有想法，也愿意将自己所知告诉我。

问：沙漠化的主要原因是什么？

大女儿答：主要是树太少，山区水会多一些。本地的开荒比较厉害，人们不团结，只顾自己。每年植树，有些人认为是应该的，有些人认为这是强迫大家干的。我们每年都在学校的组织下参加植树，从四年级开始一直到今年（2007年）。一般都安排在一年一次植树节的时候，但是多数都死了，少数活了。（树）死的原因很多，主要是缺水，再就是栽得不好。同学们很多都只把树苗埋在沙子里，一拉就出来了。

种树领导不重视，要让这边的人积极一些才行，关键是调动人们的积极性。我也不愿意待在这个地方，我原先在农场的中学上学，户口还在老家。这里教学质量有些老师好，有些老师就不太负责任。我的妹妹现在上五年级，也参与植树，一般是女生栽树，男生提水。现在这里治理得可以了，风比以前少了，好多了。

问：学者、专家和技术员如何参与治理沙漠化？

大女儿答：不太清楚，只是农场领导和校领导领着去干，人家说怎么做就怎么做。其他地方的专家没有来过这个地方，也没有碰到过外国来的专家。专家学者没有多大的作用，只有把树栽上了才行。但现在是活不活变成了另外一回事，栽完就不管了。

母亲答：管是管，但是破坏还是很严重，也不知道有没有护林员管，道理上应该是有。

大女儿答：我们学生栽沙枣树，也栽白杨树、红柳树，不过这个地方的梭梭栽种得少。另外，有一部分农民对种树比较重视，这里的治沙情况总体上治理得比以前好了。存在的问题就说不上了。主要是学校领导、农场领导等对这个问题也不太重视，刮了大风就去植树，但是活不活就没有人管了。有些同学说，只要尽到义务就行了，活不活就靠天了。

显然，访谈初中生的好处是，孩子见到什么说什么，不会有很多在政府工作的受访者的顾虑，不足的地方就是初中生的经历和所知有限。但是，通过对这一家的访谈，我们至少能够看出农场的植树造林还是年年在做。当然，植树效果好不好那就另当别论了。

农民眼中的被动治沙

离开小宛农场，我们又开车返回县城。下午大概 4 点 30 分快到县城的时候，我看到了一大片城东的沙枣和红柳林，显然长得都不是那么茂盛，而且在大风的吹动下正使劲地摇晃。

下午大约快到 5 点的时候，途中路过瓜州县西湖乡城北村，在这里，我又顺便采访了一位年近八旬的老婆婆。那时，老人正坐在自己院子前的一根长木头上，一边休息，一边拿着一串长长的木质佛珠在数着，左手腕上也戴着一串不知什么材质的珠子，可能是一位信佛的老人。老人身体很硬朗，也愿意聊治沙的情况。

现在这里的风沙小了，但是刮过来的黄土比较呛人。我们小的时候，植了不少树，但是总体上少。新中国成立后，植树多了，在毛泽东同志的领导下植了很多树，在邓小平同志的领导下植树也多。植树多了，风沙也小了，但是刮得人急得不行。风怪得很，也大得很。在以前，公社的干部，还有小队的队长都领着治沙。以前县城东门外的风沙特别大，经常把房子都埋了，现在那些沙窝都挖掉了。林业局和治沙站的人也领着治沙，这些治沙的技术人员和我们交流不多，但是和村里的年轻人交流得还可以。

谈及参与治沙人员的待遇，这位老人表现出很大的愤慨：

我就想不通了！新中国成立后我们正是劳力最旺盛的时候，我们干了不少活，但是现在怎么就不待见我们。我们不劳动也不给低保，人家几个儿子，一个月照样领着180元。我去了，一个月才10多元。我们农民老了，什么都没有了。我去了公社，连话都搭不上。

显然老人对自己没有获得低保很不满，也为此争取过，受过挫折。虽然老人很愿意跟我聊，但这已经偏离了调研主题。我只好继续将话题往治沙上引导，但老人表示没有听说过治沙站。在她看来，过去治沙比较负责任，再后来就主要还是栽树，大规模的挖沙没有了，逐渐不行了。

走在村中，我又遇到一位 50 多岁的农民 N。N 曾上过高中，但当时家里穷，队长让回家干活，就中途辍学了。N 对我们的话题显然不太热心，简单交谈得到的信息整理如下：

我只知道当地的领导干部带头治沙，没有技术人员指导。我就知道个乡长叫陈吉长，领导农民治沙有好几年了。现在这里主要种植棉花，不种麦子了。以前种的时候，麦子一亩地也就是600斤。我知道有治沙站，平时没有打过交道，一般都是压沙的时候就把人喊去了。治沙方法也很简单，大都是种树，还有用麦草压方格子。

整体来看，从村民了解到的情况可知，这里的治沙还是有效果的，但农民参与比较被动。此外，农民与技术人员之间缺乏互动，尤其是不知道治沙站的工作，看来还得专门对治沙站进行访谈。

7月30日　植树造林的后期管理是大问题

7月30日上午9点，我终于通过七拐八拐的方式约到了瓜州县防沙治沙总站的一名工作人员 G 和工程师 A，而且他们主动表示，愿意到我所住的良友宾馆接受访谈。G 首先到了，开始介绍这里的基本情况：

治沙站一共6人，1名站长、1名副站长、3名助理工程师，再加我自己。站长是中级工程师，副站长没有职称。治沙站只有一个下属单位：石岗墩治沙站。在各个乡镇有风沙口就具体治理，由林业局牵头，但是没有具体下属组织。治沙站是林业局下属单位，成立时间很长了，大概是1995年或者1996年，总站是2001年成立的。县里的疏勒河自东往西流，上游是玉门，有"chāngmǎ"（昌马）水库，我只知道这么叫，具体怎么写就不知道了。另一个是双塔水库，还有一个水库是榆林水库。榆林水库是个地方水库，是由南山下雨、雪化等汇集成的，没有上游、下游，是人为加固成的。

问：沙漠化的主要原因是什么？

答：一是这里风沙大，风蚀作用严重，和当地的地形气候有关，气候干燥，降水量少，植被少，一刮风就形成了沙尘。二是人为的因素，早些时候没有管理之前的人为开荒。听人家说20世纪五六十年代开荒也多，也有移民。这个地方很多人是从其他地方移民的，最近几年又有了三个移民乡：双塔、七墩，还有一个没有成立的北旗堡，现在有一个移民指挥部。20世纪80年代开荒多一些，90年代开始管理了，相对少一些。现在管理严了，移民就少了。

问：沙漠化面临的主要问题是什么？

答：最主要的问题是财政能力有限。这几年相对来说，治理得还可以，每年林业上投入也大。按照老一辈的人来说，现在风沙就少得多了。20世纪80年代也栽了不少树，但是管理有问题，很多都死了。林业局有主抓领导，如果死掉1棵，罚种10棵，效果应该会更好。林业局牵头植树，各乡镇也参与。树苗是县上资金拨付的，县上还是比较重视的，一年投入大量资金，现在建成了喷灌、滴灌、大型林带。县里鼓励农户自己栽种防护林带。现在大的问题是后期管理的费用特别大，例如灌溉，既需要双塔水库的水，也需要机井灌溉。

看来本地区的植树成活率确实是个问题，这与昨天调研得到的信息基本一致。

不能边治理边破坏

与G的交谈虽然不甚深入，但至少提供了一些基本信息，大约40分钟后，A也到了。A特别健谈，对访谈内容表现出了极大的热情。

问：沙漠化的主要原因是什么？

答：这里本身气候干旱，属于戈壁大陆性气候，干旱少雨；总的倾向是沙漠化和沙尘暴，20世纪80年代和90年代初期，沙尘暴的次数不多。以前有疏勒河项目，从90年代初期世界银行贷款在玉门昌马建大坝，搞蓄水灌溉。同时开始移民，大约20万人，后来调整到8万人。玉门这个地方的毕家滩，还有瓜州的七墩滩、布隆吉分别建了3个移民点，现在成为3个乡镇。这些地方大量开荒，大量移民，破坏了地表，扬沙天气与这些有关。再就是最近省上搞的九甸峡移民工程，引黄入洮，在甘肃的临夏或者定西修大坝，把周围农民的田地淹没了，然后移民到百旗堡城（县城西南）。百旗堡城以前是风蚀地，雅丹地貌，在这个地方移民大量开荒，一刮大风，就地起沙。虽然这个移民以前县委、县政府不同意，但省上还是零星搞了。

问：沙漠化的主要问题是什么？

答：主要问题还是经费不足。本身甘肃财政收入有限，不能拿出大量资金来搞这个事情。再一个就是自然限制，好多地方要想搞防沙治沙，投入非常大。治沙没有水不行，打井架电、打井取水也是恶性循环。虽然各级政府都重视，但就是没有办法，财政有限，尽量就是依靠现有力量最大限度做这些事情。

从目前来说，首先要禁止开荒，不要破坏，维持原来的植被，不能边治理边破坏。其次是学习新疆，搞节水灌溉，不破坏地表，节水治沙造林，但是这样做前期投资比较大。瓜州县在2002年也搞了一些节水灌溉，面积比较小。当地林业局直接搞了五六百亩地，加上其他有将近1000亩，石岗墩有1000多亩，用日元贷款。治沙站的节水灌溉是从2003年开始的，钱是从多方筹资的，有些是林业项目，有些是义务植树，分给各个单位。关于分水，自从那个项目搞完之后，省水利局成立了水资源管理局，统一规划，但是现在从上游来的水少了，上面修坝之后，修了干渠输水。双塔水库是20世纪五六十年代修的，以前修的时候，整个植被还可以，自从90年代上游水库修成，城东的河道都干了。疏勒河上游没有大的水库，昌马是个自然的小水库，自从加固之后，下游水就少了。现在昌马水库下面又修了一个电站，堵了地下水的来源，我们的地下水主要来源于祁连山雪水。

问：学者、专家和技术员如何参与治理沙漠化？

答：省科学院在我们城郊林场搞过基地，主要来搞引种。省治沙研究所在北桥子风沙口搞过治沙造林试验，从1985年到1987年，共三年，最后还得了省科技进步四等奖。我们和省治沙研究所没有联系，人家来了也就是指导一下，和我们业务上没有关系。有些是同学朋友，住一晚上，也就聊聊。

在我们这个地方，省林业局的三北防护林建设局挂了一个甘肃省沙尘暴天气趋势观测站，2003年成立，设在城东风沙口。这样的观测站全省有7个，瓜州县的最正规。各级政府也很重视瓜州的防沙治沙。国家林业局有专门防沙治沙办公室，也来过这里。省林业厅也来人好几次。有些领导来，县上领导接待，下面的人不清楚。例如，上次来了甘肃日报社的记者，4月中央广播电视台来了十几人。这些人来就是看一下，了解情况。有些专家来，时间紧，也就是视察一下，交流不多。

问：如何评价这些人发挥的作用？

答：专家的作用也有，对我们的工作是个鼓励，但是作用不大。主要还是内部，我们在这地方实地干，工作主要是我们来做。治沙中政府占很大比例，占一半以上。特别是在生态治理方面，政府占主导地位，政府动员广大群众。其次就是专业技术人员，业务部门还得组织好，具体占到多少不好说。另外，企业也有贡献，石岗墩有一家花牛山集团公司，下面成立了绿洲生态公司，下面还有石岗墩治沙站。花牛山集团公司成立于20世纪90年代初期，后来成立了石岗墩治沙站，直属于林业局。2002年4月成立治沙总站，年底把石岗墩划给了公司。从我们县上来说，企业是有贡献的。再就是个人，有造林个体大户十几个，造林面积将近2万亩，治理面积就大了，不过农民自发治沙的规模小。这里农田防护林比较完善，在边远石岗墩有些农民自己在治理。例如，有个副乡长李清，成立了海隆农场，在那个地方植树造林。

问：哪些人在治沙中扮演着相对重要的角色？

答：瓜州县城的人，包括机关的，年年都植树造林，但植树造林主要是城里居民组织有难度。农村的农民，乡村每年都有植树任务，但灌水和整治都不行，很多地方栽树之后管护不足。移民点造林成活率不高，主要是缺水和不重视管护。

除了政府和资金的因素，专家学者和技术人员也能发挥很大作用，有了政府号召，有了资金，用最适合的技术。不过不同年代也有所不同，从以前来说，不重视技术，稀里糊涂，也就是栽树、压沙障。现在从技术方面有节水灌溉，引进些好的、抗风沙的树种，还有保水剂。我们考察之后发现新疆用得比较普遍。我们试验过，但是好像不太成功。以前主要是防止埋压农田，现在还要考虑经济效益。在石岗墩中心苗圃搞了2000多亩的葡萄；在戈壁滩上种植了枸杞1000亩。从沙产业上重视经济效益，这个和以前不同。

专家学者首先要多深入基层，调查了解情况，指导当地的防沙治沙工作。很多专家在大范围内了解情况，不一定适合局部的情况。我们的意思是请专家学者多来基层，多帮基层想些办法，多传授一些经验。我们以前请过中科院的农业专家，理论很高，但是不适应当地情况。

问：这些人在治沙中如何互动？

答：当地的技术人员和农民之间的交流挺多。林业系统技术人员每年要经常下乡，指导农民植树造林，包括农田防护林、治沙造林、经济林，农业病虫害防治，有些交流和治沙也有一定关系，但更多是农田防护和经济林交流。治沙站首先在林业局领导下工作，参与整个林业工程。在20世纪90年代之前，全部由林业局负责，现在也一样，大的工作还是整个林业局主导，光靠治沙站也完不成这些项目。治沙站办公室就在林业局里，是在一起的。

A给我们提供了很多信息：治沙的基本情况、治沙站的工作开展、主要的影响因素、技术人员与地方群众的交流……这与我们之前从农民那里得到的信息有很大反差。可能是我们之前的访谈对象不太关注治沙，也可能是治沙站只与有限的地方群众在一起治理。对于瓜州治沙的总结，A的概括是"人员少，经费少，技术力量不足"。

在对A的访谈结束之后，他又带我到城郊的林场和老县城进行参观。可能由于自然条件本身就有限，虽说是林场，但是我看到这里的树木长得确实非常艰难。由于土地干涸贫瘠、风沙又大，树木不仅长得很稀疏，而且非常矮小。长得最绿的恐怕就是小白杨树苗了，周边还种着一些半大柳树，排得整整齐齐，好像绝不向恶劣的环境服输一样，真正显示了西北人与恶劣的自然环境不断斗争的不屈精神。

老县城虽然在当地人眼里非常著名，但是我到了这里却发现，除了几段遗留的土墙在不断地诉说着历史的沧桑变迁之外，附近就是种的玉米等各种庄稼地，确实也没有什么值得特别记述的。

告别了A之后，我独自往所住的宾馆走。走着，走着，发现无意中走到了瓜州县林业局的门口，左边竖挂着的白色牌子用黑色的字写着

"瓜州县林业局"，右边竖挂着的同宽却稍微长一点的白色牌子则用红色的字写着"中国共产党瓜州县林业局总支委员会"。同时，我看到，在两层小楼的第二层的三间窗户之间挂着一条长长的红底白字的大横幅，上面写着"提倡绿色生活 保护生态环境"。由于不能进去进行正式的访谈，我觉得很遗憾，只能在门口拍几张照片以作留念。在拍摄完这几张照片之后，我也算结束了本次对瓜州的正式调研。

瓜州县的反思：政府动员强而社会协同弱

瓜州县调研遇到的情况与金塔县很类似，但在金塔县是第一位受访者提供的信息最多，而在瓜州县则是最后一位受访者聊得最为深入。整体来看，该地区的受访者提供了很多关于治理不足的细节（见表1-7）。出租车司机强调靠近水源地的地下水位下降；村民母女认为植树成活率低缘于栽得不好，群众栽种的积极性不高。如果说地下水下降还不能反映治理效果，那么从植树成活率低就不难看出本地动员强而管护弱。植树需要政府动员，成活率低是后续管护跟不上。而村民老婆婆提供的信息则较为矛盾：一方面强调风沙小了，另一方面又说刮来的黄土比较呛人，看来环境有所改善，但是还比较严重。与之相反，政府受访者强调了政府治理的努力。例如，县治沙站工作人员强调治理得还不错，尤其是认为林业局制定了很严格的管理制度。但即使制定了如此严格的管理制度，同在治沙站的工程师也认为植树的管护力度不足，移民点造林成活率不高。

表1-7 瓜州县存在的问题及治理效果

受访者	存在的问题	治理效果
出租车司机	地下水位下降	治理得可以了
	从1~2米下降为10米	
村民母女	栽得不好	治理得比以前好，栽树成活率低
村民老婆婆	黄土呛人	风沙小了
县治沙站工作人员	种树死1棵罚种10棵	风沙少得多了

受访者	存在的问题	治理效果
县治沙站工程师	不注重造林管护	造林成活率不高

资料来源：笔者根据访谈整理。

综合这些观点，至少该地区存在着政府动员强而社会参与不足的问题。虽然政府的组织动员很强，但如果社会群体的主动性和积极性难以调动，主动参与不足，治理也很难达到预期的效果，甚至可能陷入不断进行运动式治理乃至形式主义治理的循环，必须注意避免。

七、甘肃省敦煌市

敦煌市位于本次调研的最西端，是由甘肃省酒泉市代管的县级市，处在甘肃、青海、新疆三省（区）交会处，东邻瓜州县，南与肃北蒙古族自治县和阿克塞哈萨克族自治县毗邻，西与新疆若羌县接壤，北与新疆哈密市相连；地理位置介于东经92°13′～95°30′、北纬39°40′～41°40′，县域总面积3.12万平方千米，其中绿洲面积1400平方千米，仅占总面积的4.5%。[①] 根据甘肃省统计局的数据，2007年敦煌市的常住人口为18.2万人[②]；根据第七次全国人口普查数据，截至2020年11月1日零时，敦煌市常住人口为185231人（约18.5万人）[③]，略有增长。

敦煌市东、南、北三面环山，西接浩瀚无垠的塔克拉玛干大沙漠，平均海拔1139米。市域整体气候属于典型的暖温带干旱大陆性气候，春季温暖多风，夏季酷暑炎热，秋季凉爽宜人，冬季寒冷刺骨；年平均降水量42.2毫米，蒸发量2505毫米，年平均气温9.9摄氏度，最高气温41.7摄氏度，最低气温−30.5摄氏度[④]。

---

① 敦煌市地方志编纂委员会. 敦煌志：上册[M]. 北京：中华书局，2007：2.

② 汇聚数据. 酒泉市：敦煌市常住人口[EB/OL]. [2021-10-06]. https://m. gotohui. com/p/show-26622.

③ 酒泉人大信息网. 酒泉市第七次全国人口普查公报[EB/OL]. (2021-06-01)[2021-10-06]. http://www. jqrd. gov. cn/Item/Show. asp? m=1&d=5686.

④ 敦煌市人民政府. 自然环境[EB/OL]. [2021-10-06]. http://www. dunhuang. gov. cn/li-dunhuang/dunhuanggaikuang/20170104/23273552620930. htm.

敦煌虽处内陆干旱地区，但以祁连山雪水为源的党河、宕泉河、疏勒河等流经此地，为这里的绿洲农业发展奠定了较好的基础。同时，这里土壤肥沃，发展农业的条件得天独厚。另外，敦煌还有举世闻名的东方艺术宝库莫高窟、令人神往的月牙泉、星罗棋布的文物古迹，使其成为享誉世界的历史名城。总之，作为河西走廊的西端，敦煌既有着"西出阳关无故人"的苍凉和"春风不度玉门关"的凛冽，也有着在其他城市很难看到的深厚文化底蕴和独特旅游资源。

7 月 30 日　地方政府主导的风险累积

经过风尘仆仆地赶路，我终于在 7 月 30 日下午大约 6 点，来到了梦寐已久的敦煌。为了挤时间进行调研访谈，我顾不上休息，更顾不上看市容市景，就立即按照事先的规划，直接找到了敦煌市林业系统某单位，与技术人员 Y 聊了起来。在谈及敦煌沙漠化的情况时，Y 强调了几个方面的原因。

问：沙漠化的主要原因是什么？

答：原因有几个方面。一是大规模的小型水利工程的影响。原先对这个问题没有认识清楚，现在回过头来看，确实有关系。各种干渠、支渠到处铺渠，结果渗水就少。二是大量移民的影响。人口增加，造成大面积开荒，现有水资源不能合理调度。特别是近 10 年，敦煌移民开始增加，植被遭到破坏。不过移民的年代久远，据说在雍正年间就开始了。三是乱开采地下水，这个是最突出的问题。我一直在林业部门工作，已经有将近 30 年了。我记得原来 20 世纪 70—80 年代棉花每年浇 3～5 次水就够了，当时没有井，有也很少，每个生产队一两个（井）；现在每年得浇 8～10 次水，越来越多，因为干旱。现在地下水位出现断层，主要是因为无序开采。四是从 20 世纪五六十年代开始，大量破坏植被。当时挖烧柴，尤其是红柳，我那时刚上初中。记得当时生产队组织人挖，然后分给各户，那时也没有别的烧柴。1996—1997 年，市政府号召开荒，水务局开荒最多，因为他们控制着水。现在的一个治沙项目选地实际上就是他们水利局的开荒地。

敦煌的南部卧着祁连山,党河就发源于此,敦煌党河水库为全国防洪重点中型水库。按道理昨天说的机井是3800多眼,政府说的是2000多眼,但是实际上比3000多眼还多。数据都不可靠,不同的问题对应着不同的数字。

(还有一个问题是)抽水水位上升。因为沙子下漏,存在着塌方危险。当时北京的两个专家发现了,建议迁移附近两个村庄,但建议没获得采纳。种棉花的地里,有下塌的现象,然后用土沙填了。也有房子离有水的地方700多米,(房子)无端裂缝,但是都不能说。

这是一个很值得深思的现象,风险大家都知道,但大家谁也不说。如果长久过量用水,这个地方废弃是迟早的事。但农民想多用水,说了就不能用水了,所以农民都不说。抽水水位上升会塌方,但基层政府总倾向于"捂盖子"。种种现象看似很荒谬,但确实长期存在。在时间面前,我们才能思考上述现象反映的长期理性与短期理性的冲突。所以,治沙不仅仅是技术改进问题,更是制度改进问题。

葡萄节水工程前景看好

问:沙漠化的主要问题是什么?

答:一是资金投入的问题,要给钱。二是选择合适地方种树,什么地方适合什么树,种植什么,都有学问。三是科学规划,分年实施。问题在于这一任领导治沙,但是新领导来,由于灌水跟不上,就死了。要接着干,实行可持续发展。四是水资源问题。每年植树量很大,但是保存下来的不多。从近10年来说,植树很多,没有配水,所以成活不多。这一届领导自己栽种的树会浇水,但要是换了新领导,就不行了。

要解决这些问题,一是要实施节水工程。我和水利观点不一样,(我认为)要走产业化的道路,以葡萄产业为主,实行节水。葡萄是高效产业,1亩地葡萄(的产量)相当于10亩地棉花;(对比来看)棉花是漫灌,葡萄是沟灌,葡萄节水很多,经济效益也增加,这是最光明的途径。二是从可持续发展的观点来看,要加大生态保护。我赞成武威市委提出的关井压田、减人等政策,不管难度有多大,这一步非走不可。三是在绿洲营造农田防护林，还要保护周围植被。周围 211 万亩天然植被要想办法保护住。只有落实这些措施，才能逐步实现可持续发展。四是引哈（哈尔腾河，在青海境内）济党（党河，敦煌的母亲河）。如果这个工程能够实施，敦煌的生态压力会（得到）缓解。但是这项工程遥遥无期，至少还要 10 年。这个问题不是青海的事，国家发展改革委没有立项，也怨省政府。当时提出四个调水工程，敦煌最小，只有 10 亿元，报了应该可以批，但是会影响其他工程的立项。

水利部门难以顾及林业部门

问：专家、学者和技术员如何参与治理沙漠化？

答：参与是参与，但是科技推动力量还没有形成。现在好多事情，参与是参与，但是没有最终决策权。在具体参与方式上，人家定种植什么树，我们就种植什么，我们属于被动参与，没有主动权。实质性的治理也参与，例如，植树时节我们实地指导农民怎么栽树，栽成什么情况，但是适地适树没有决策。本来苗木我们选择，但是现在我们没有决策权。苗木选择这一块，是成活率不高的主要原因。本来治沙造林，苗木先行，但是苗木这一块我们管理不了，这是一个长期的现象。

（敦煌市）有市乡两级林业技术人员共 38 人，市里有 12 人，12 人里高级的 2 人，中级的 7 人，初级的 3 人。下面的机构没有高级人员，中级 2 人，初级 11 人。乡镇站的人经常流动，流动性很强。像市站的相对稳定，最少有 15 年了。这个治沙还存在重视问题，我看不怎么重视。

敦煌这个地方很特殊。前两天北京林业大学来了 16 个学生，他们搞社会调查。北京高校来的学生在敦煌棉花滴灌和栽种的葡萄处看了一下。20 世纪 90 年代以后，这些专家每年都有（来），2002 年、2003 年、2004 年最多。这些年为什么来得多？是西湖申请国家自然保护区的时候，聘请过来的。2003 年，有 7 人，其中 4 人是院士。我们和省治沙研究所有关系，他们有项目需要（与）我们合作。他们来了之后主要是收集资料，让我们帮助他们搞项目。

我们和北京林业大学也有联系，还有日元贷款的项目。例如，小渊基金会项目是从 2002 年开始的，我们有一个试验基地，叫"黑山嘴风沙治理示范基地"。这个项目搞栽种沙棘、沙枣、新疆杨，主要是建设混交林，推广混交林造林技术。这个也是目前最成功的项目，面积 3000 多亩。启动资金我说不清楚，项目一直到现在具体年限也不清楚。今年（2007 年）7 月 15 日，日本还来了 6 个人，就是小渊基金会来人看项目实施情况。

我们和联合国也有项目，但是与林业关系不大，主要是水利工程这一块，做农田小水利改造工程。但我觉得这个不是什么好事情，把渠用"U"形砖铺，渠旁边的杨树都干透了。我们从 20 世纪 80 年代就开始植树，如果当时就科学规划，现在不是这个样子。当时没有系统性的考虑，以部门利益为重。水利部门只考虑自己的，不考虑我们林业的树的问题，我们的杨树怎么能在"U"形渠浇水？

这些专家中，专家型的多，学术型的多，行政型的不多。行政型的专家来了（与）市委和市政府联系，其他的我们接待不上。他们来都满怀热情。2003 年来的院士，说到植被萎缩这个问题的时候一度非常激动。省外的专家比省内的多，省内只有治沙研究所的个别人，省外的包括山西、陕西、东北、山东、福建、新疆等地的专家。另外，北京林业大学、中科院的（专家）也有，不太多，先后不超过 6 个。

问：如何评价这些人的作用？

答：他们主要是做一些与他们项目有关的调查，再就是提些建设性的意见。他们在治沙工程中的优点是务实，但是现在制约的因素太多。专家和技术人员只能起到呼吁的作用，真正的实施还得靠政府。敦煌地方小，虽然来的人多，各种科技也多，但是真正应用到生产的不多。以色列的技术在 20 世纪 90 年代也引进过，引进后变成了政府部门的形象工程，看了非常好，但是不能实际操作。像高新造林技术，都牵涉部门利益。1998 年，烟草公司投资 300 多万元引进以色列的先进技术，现在只种植常规普通蔬菜，效益还没有农民的土温室效益高，但是花了几百万元。要说治沙这一块，我们技术部门要很好地参与这一块，苗木选择，都必须到位。

另外，农民经过长期和风沙的斗争很多自发参与到治沙活动中。本地原来的建筑公司经理赵怀把种植变成了副业，治沙成了主业，是私人投资中最大的。现在专门投资治沙的有鸣山实业公司和梁爱投资。农民自发治沙有个大概的数字，每年的治沙面积在6000亩左右。沿边、沿滩、沿湖这些地方，风沙比较大，影响农业种植，农民会自发治沙。

林业周期长，很难出政绩

问：这些人在治沙中如何互动？

答：治沙的专家、学者、技术人员主要和非公有林业主接触多。企业主了解最新政策和技术，很多时候这些人主动接触教授。当地民众的观点、看法和经验，专家学者大部分都承认和认可。只有少量的专家教授，讲学好但有时候结合不好。组织专家、学者、技术人员共同治理沙漠化，这里有三种做法。一是在各大宾馆饭店和旅游景点设立募捐箱；二是由效益好的企业募捐一部分资金，也就是由它们认购一部分资金；三是社会募捐资金，这个就是结合每年的植树季节，在全社会发出倡议，全市的民众都参与进来，有钱出钱，有力出力。目前，先成立敦煌市的绿化基金委员会，计划将来面向全世界，主要针对日本和韩国，因为日本人对敦煌治沙造林特别关注。

（敦煌市）林业技术推广中心成立于1956年。没有治沙站，正准备成立，但是需要市政府批准。现在酒泉其他四个县市都成立了治沙站，就是敦煌没有。我知道的其他相关组织有，林业局下属的天然林野生动植物管护站、省林业厅下属的西湖国家级自然保护区，这两个单位主要管护敦煌周边的天然林。

问：这些人在治沙中存在的主要问题有哪些？

答：最大的问题是各级领导不重视，从上到下，各级领导都不重视。每年国家性的体制改革，首先动的就是农业的和林业的，削减人（员），压缩编制，少给经费……背后的原因主要是林业周期太长，较难出政绩。相对正职领导而言，副职领导因是本地人，对农林业关注会更多一些。敦煌今后五年可能在治沙方面有比较大的起色。LH书记来到敦煌就生态问题进行了调研，对林业生态工作，对现有林业规划、林业生态发展规划都基本否定了。他说敦煌步子太慢，起步太低，规划的档次和水平都太低。比较而言，敦煌比瓜州、玉门要好，因为敦煌从上到下都比较受重视，我们争取项目条件要优越得多。从运行来说，造林的资金实际不缺，但是真正用到的不多，很多钱被其他部门挪用了，这是最令人头痛的。

Y年龄不大，但对我的访谈很感兴趣，聊了很多，也确实想把实际中的一些问题反映出来。

7月31日　不断缩小的月牙泉

早上我醒得比较早，觉得这时候到各个部门去找人访谈，也找不到人。我发现自己住的地方离鸣沙山非常近，走路过去就可以，所以就匆匆吃了早饭，想到鸣沙山一探究竟。

所谓"百闻不如一见"，即使对我这样自小就生长在沙漠绿洲、早就习惯了看各种光秃秃、明晃晃沙丘的人，在看到这些沙丘之下，居然还有一个类似于月牙的，一湾清亮的湖水的时候，也感觉甚是惊奇和震撼；自然，也就不难想象那些以前从没有见过沙漠的人，在看到沙丘和湖水共存奇观的双重刺激下，会有怎样的震撼和惊奇了！

但是，实事求是地讲，惊奇是惊奇，在惊奇之中也有些许遗憾，那就是月牙泉看上去确实小得可怜，可能是我见过的最小的湖了，最长不过百米左右，最宽也不过四五十米。据说，现在地下水位下降得特别厉害，每年都得靠人工大量补水才能维持住本来就已经很小的湖面，所以月牙泉看上去就显得更加可怜了。记得湖的周边还有一条小道，旁边也种了一些树木，好像还有一个小亭子。虽然少不了人工建造的痕迹，但它们和鸣沙山、月牙泉组合在一起，就构成了鸣沙山最重要的景致，不仅为鸣沙山增添了不少生气，也使孤零零的月牙泉显得不再那么孤单无助了！

我没有时间再到鸣沙山周边游玩。想到鸣沙山的名字，还以为一直会有声响呢。可是，仔细听了半天，也没有听到鸣沙山会发出人们经常说的轰隆隆的雷声。后来经过询问才知道，原来这鸣沙山的鸣响也是需要条件的，且要各种条件都具备才行，看来想听到鸣沙山的鸣响也是要运气的！

由于时间实在有限，我的鸣沙山和月牙泉之旅在大概不到1小时的时间里匆匆地结束了。是的，我必须赶快出去了，还要到其他地方进行调研呢！

技术人员随叫随到

大约在上午8点50分结束参观鸣沙山之后，我就赶快出发，想去著名的黑山嘴防风固沙林看看，同时想去看看这边著名的母亲河——党河。途中与司机师傅Y进行了简单的交谈。

问：沙漠化的主要原因是什么？

答：还是缺水、缺树，要是把哈尔腾的水引过来就好了。现在还是资金缺乏，投资多点就好了。我们是农业县，没有工业，政府也是有心无力。像我们大西北必须植树，青海的石油单位有钱，它们的"三北"防护林、冲厕所等的污水渠一道宽10米。人家有钱，投资大，绿化就得浇水。我感觉好像每年投入有几百万到上千万元。

问：专家、学者和技术员如何参与治理沙漠化？

答：（专家、学者、技术员）参与很多，就像戈壁上种植红柳。这些人本地的多，外地的我也见过。就像种植葡萄，我记得刚开始就是一个公司的技术人员提出来的，但是后来我们自己做了。这些人一般都是乡镇林业站的，市里的也有，其他的技术人员没有能力。我和林技中心的刘工很熟，我们是朋友，人家随叫随到。

种植培训、修剪整形、秋后交售、冬季如何埋等都得人家指导。他们很负责，随叫随到，打个电话就行。比如，土质问题，我们农民不清楚，他们把土拿去让省上农科院的人化验。我们七里镇的土壤缺少钾和氮，钾肥足够了，葡萄熟得就快。林业局专门研究葡萄，提高产量。但是（他们指导）治沙技术的不多，那是政府的事情，我们搭不上边。关于种植方面的科学知识当地非常缺乏，很多农民不知道，有些药物用了就不行，也不让用剧毒的，有些地方也不能栽种杨树。前两年主要是种桃树、梨树，这两年梨、桃的销售不行，容易坏，拉不出去。但是葡萄就可以天南海北地拉。

中日绿化合作

大约在上午9点，我们到了黑山嘴防风固沙林。看到砖砌的路边有一块大牌子，上面分两行写着"中日绿化合作 敦煌市黑山嘴防风固沙林"的红色大字，大字的左上方写着"日本小渊基金援助项目"，右下方分四行写着"中国绿化基金会 日本国大阪府日中友好协会 甘肃省敦煌市人民政府二〇〇六年四月立"（见图1-9）。但可能由于我没有深入腹地，故而对整个防风固沙林没有留下太深的影响。意外的收获是，知道了这个著名的防风固沙林不仅是中日合作的结果，也是社会力量参与防沙治沙的证明。

图1-9　黑山嘴防风固沙林
资料来源：笔者摄于2007年。

在固沙林的旁边，我们也看到了党河总渠。用方砖砌成的河渠里，算不上清澈的渠水滚滚流淌，渠两旁栽种了白杨树等，像是它的忠诚卫士，守卫着它的安全。无意中，我发现在总渠旁边有水务局总干渠管理队的办公地，但遗憾的是管理人员拒绝了我的访谈。好不容易找到了一个人，但对当地沙漠化的问题，他也只是简单地说："大水漫灌，本身缺水，仅仅有党河流域的水，不能和农田争水。"还说，"很多都没有办法说。现在各个地方有专门研究的人。"之后就闭口不谈了，甚是遗憾。

农业专家多，指导治沙少

参观完黑山嘴防风固沙林和党河总渠后，我们继续驱车前行，来到了鸣山实业有限责任公司。采访鸣山实业有限责任公司厂长时已是上午10点。厂长50岁，观点与之前的司机师傅相似。

问：沙漠化的主要原因是什么？

答：没有树，挡不住风沙。这里地下是土，上面是沙丘，主要是没有树，刮过来的全是风沙。即使沙治理住了，面临的还是资金问题，只要有资金，有些事情就好办了。水现在不存在什么问题，渠道上有水，我们整个公司四个机井。敦煌整个缺水，每浇一次井水，配一次渠水。井深一般50米，水位最近下降（很快）。

我们公司成立于1996年，占地面积1000多亩，使用面积800多亩。主要搞葡萄种植，小葡萄趟里种棉花。我们的治沙就是植树，树长大之后就有经济效益了，现在主要是防风。我们建了一个宽80米、长1030米的长方形林带。林带主要栽种新疆杨、松树、榆树、柳树和沙枣树。

问：专家、学者和技术员如何参与治理沙漠化？

答：这些人请得也多，有敦煌的，也有外面的。专家学者来得多，说不上数。大概有搞林业的、防风治沙的、农业的，等等。有政府部门过来的，也有聘请过来的。外面省上、地区和市上也有，北京也有，外国的好像没有。他们主要是做些指导，指点技术，作用很大。治沙中，科学知识非常重要，不管是（对）防风治沙，还是葡萄种植，这些都很重要。

很多技术当地人边实践边学习，有些已经掌握了。如果技术已经掌握，技术人员就来得少了。现在种植一年比一年好了，产量在逐年增加。具体细微的操作，当地人要根据当地的气候、地形、环境自己摸索。现在最大的问题是病虫害比较严重,技术等问题还没有很好解决,不过每年也在逐步改善。我们常联系的研究机构有林技站和农技站。林技站非常负责,10天培训1次,1天培训1个村,全县很多人,那些人非常苦。培训当天要找社员到地里,怎么浇,怎么管都要指导。葡萄的病虫害治理还得靠人家技术人员,我们农民不太懂。人家今年(2007年)从河北(或者是湖北),从山上引进嫁接苗。根是野生的,上面是红提葡萄,又叫"红地球"。以前的品种容易生病,人家的根是黑的,抗旱抗寒,也不容易生病。根据我们的沙质,慢慢就摸索出经验了,技术人员对种植葡萄还是负责的。

虽然接受了我的访谈,但感觉很多问题厂长还是不愿意详谈。概括来看,厂长强调治沙就是种树,种树需要投资,所以最大的问题还是资金不足。虽然提到了地下水位下降,但厂长认为这里不缺水。专家、技术员对于治沙的作用似乎不太好说,虽然指导很多,但都是农业技术,涉及治沙的很少。

访谈结束,我又顺便到他们的农庄进行参观,一人多高的葡萄架上,很多葡萄都快成熟了,青中带红,娇嫩欲滴,让人看着就觉得香甜可口,食欲大开。而且,时间已近上午11点,确实是有点热了,这时站在葡萄架下,就感觉到一股少有的清凉迎面扑来。可惜我还要继续赶路,不能再待下去了,否则我真想在葡萄架下找个凳子坐下来,好好地享受一番。

我们继续驱车前行,看到一路的植被都还不错,甚是葳蕤。大概在中午12点30分,我们来到了莫高农业有限责任公司(见图1-10)。

在这里,我们对两位负责畜牧防疫、生产的职员进行了简单的访谈,一位是中专毕业的"70后",另一位是初中毕业的"80后"。

问:沙漠化的主要原因是什么?

答:缺钱和缺水,钱投上就好了。我们治沙是自己投资的钱,政府没有给钱。从1997年开始,前后总投资560万元。当年这个地方全部是沙丘,后来全部推开的。这里主要种植棉花和防护林带,主要是新疆杨,还有少先队杨、红柳、沙枣树等10多个品种。新疆杨和红柳最多,年年种,还有葡萄。葡萄去年(2006年)开始栽种,今年(2007年)才开始

图 1-10　莫高农业有限责任公司治沙风景
资料来源：笔者摄于 2007 年。

有经济效益，涉及的资金回收没有办法估算。现在以树木为主，种的时候没有人管，但是砍树就有人管。种树有社会效益，没有经济效益。前期已经投资，当时国家支持退耕还林，补点钱。今年的补贴才 7000 多元，本来 1 亩地（补贴）160 元，我们地有 100 多亩，还有林带，结果是不栽树不补，种棉花不补。治沙就是钱和水，主要就是水，我们这个地方旱得很。钱投上就好了！

问：学者、专家和技术员如何参与治理沙漠化？

答：这些人也多，主要是从镇上来的，有的是从市上来的。有多少人就说不上了，很多的，主要是搞栽树的指导。外面的专家也有，有一年记得还有日本的（专家）。这里主要种树，还有棉花，一个眼种一粒，骨朵也大，我们也试验过樱桃，但是没有成活。这些人作用也挺大的，尤其是畜牧林带的知识最重要。我们这里也放牧，有牛羊。牧场有 3050 亩，也都是公司的，现有 30 多头牛、100 多只羊，今年（2007 年）准备扩大，经济效益也好。我们要雇用农民就得掏钱，工钱高，一天得 35 元。

现在技术发挥的作用越来越小了。上面倡导人家就来了，不倡导就不来了。光来人起不了什么作用，资金跟不上，还是干不了。主要还是资金问题，再就是水的问题。(不管) 来多少人，多大的专家，没有钱和水不行。

概言之，在他们看来，虽然专家学者在治沙环节起到很大作用，但资金缺乏是大问题。

干净、整洁和相对现代的旅游小城

7月31日结束访谈和参观后，我晚上8点多才回到住地，匆匆忙忙地吃了晚饭后，就想出去看看敦煌的夜景。1小时下来，我发现敦煌作为世界著名的旅游小城市果然名不虚传。敦煌到处都很干净，也很整洁，甚至相对更现代，这是敦煌与我这次到访的其他县市最大的区别，也是敦煌在治沙防沙、鸣沙山之外给我留下的第三个极为深刻的印象。当然，来敦煌还有一个地方必须去，那就是莫高窟，这是我明天要重点完成的任务。

8月1日　防沙治沙和文化保护必须齐头并进

过去我们可以说，没有敦煌就没有莫高窟；但是现在，由于莫高窟声名大噪，我们甚至可以说，没有莫高窟就没有敦煌。是啊，是敦煌成就了莫高窟，也是莫高窟成就了今日的敦煌。来敦煌，不来莫高窟，就等于没有来敦煌！为了避免这样的遗憾，在基本完成敦煌的调研任务后，我专门留出多半天的时间，想到莫高窟看看。

由于这些天一直马不停蹄地奔波调研，我确实太累了，所以早上直到8点才起床。起床后，我匆匆忙忙吃了早餐，就立即打车往莫高窟走。出了市区，一路前行，等到走完了一长段两边都由连绵不绝的沙丘"保驾护航"的公路后，我终于来到了名震中外的莫高窟。

有关莫高窟的游记实在是太多了，在此我不想多此一举，再来一篇，这也与本书的宗旨不太相符。但我想说的是，无论从石窟建筑、各代彩塑、各种绘画等哪个方面来说，莫高窟都是令人叹为观止的。那雄伟奇妙的石窟，那壮观形象的彩塑，那精美绝伦的绘画，无不令人心驰神往，总觉得即使天天看它、研究它，也不会厌倦，也总会有新感悟、新收获！有很多著名的旅游点，人们经常会说，"不来觉得遗憾，来了觉得后悔"。但是，对于莫高窟，我相信任何人都不会有这样的感觉，非但不会有这样的感觉，反而会觉得再来一次、两次、三次，甚至无数次都不够，这是我最真实的想法。

由于时间的关系，我的参观也基本上是走马观花式的，很少有时间能长久仔细地观摩和领悟，这是我此行最大的遗憾！同时，由于晚上我还必须坐飞机赶回北京，所以后来有关莫高窟的一些图片展览，我基本上一张都没来得及仔细看，就匆匆忙忙地拍摄了一些照片，希望到北京后能有时间再仔细地通过照片来好好学习。当然，需要说明的是，在莫高窟的洞窟内是禁止拍照的，而这些展览的图片则不受此限制。

别了敦煌，别了莫高窟！到此为止，我这一轮的实地调研也算全程结束了。但是，参观完莫高窟之后，我深深地觉得：保护敦煌，就是保护莫高窟；保护莫高窟，也就是在保护敦煌。但是，我们怎么才能更好地保护敦煌和莫高窟呢？恐怕仅仅是防沙治沙，抑或是进行文化保护都不够。要真正保护敦煌和莫高窟，必须同时进行防沙治沙和文化保护，只有二者齐头并进，才能既保护敦煌，也保护莫高窟。当然，我也觉得，现在的敦煌和莫高窟确实是这么做的。例如，除了我们本次重点调研的防沙治沙外，国家在1944年就建立了国立敦煌艺术研究所，在1950年改国立敦煌艺术研究所为敦煌文物研究所，并在1984年将扩建后的敦煌文物研究所改名为"敦煌研究院"。在这里，一代代前仆后继的杰出研究者，为莫高窟的保护工作付出了巨大努力。但是，我们也必须明白，如果对莫高窟洞窟的精巧、彩塑的雄伟和绘画的精美等避而不谈，单单看莫高窟周围的话，就会看到四周事实上都是光秃秃、明晃晃的沙丘，如果没有有效的防沙治沙，莫高窟还能撑多久呢？如果没有足够和持续的支持，又有多少人能在这茫茫大漠中孤独而艰难地坚持下去呢？这是一个值得所有关心莫高窟和关心敦煌的人必须深思和回答的问题！

敦煌市的反思：缺乏社会制约的风险累积

敦煌市的受访者比较少，但市林业系统某单位的技术人员提供了大量的信息。有一个很值得警惕的问题，当地地下水位上升，地面塌方风险在累积。受访技术人员甚至指出，随着时间的推移，该风险在逐渐积累，迟早会有风险爆发的那个时刻；但是，在爆发之前，各方都在维持表面上的宁静。个别政府工作人员为了维护申报项目的利益，选择了将该风险隐瞒（当然，这一信息也可能并不准确）。这种处理方式对他们而言似乎是最佳选择，塌方风险发生的日期不确定，但能够争取项目获得的利益是明摆着的。对于当地老百姓而言，沉默也是最佳选择。首先，他们没有反映该问题的渠道；其次，他们如反映该问题就意味着与县政府公开对抗，要承担更大的风险。两个风险相比较，反映问题带来的风险很直接，不反映问题不一定会带来风险，还有一定的实惠——方便浇水。不难理解，即使是林业系统这位技术人员，想反映该问题也没有具体途径，可想而知，当地民众反映该问题就更难了。该问题中有两位身处局外却了解情况的专家，对此事也只能是进行提醒。所以，最终导致涉事的百姓和基层政府在面对该问题时，虽然不是束手无策，但是谁不愿意改变，或者说难以改变其继续发展的方向（见图1-11）。

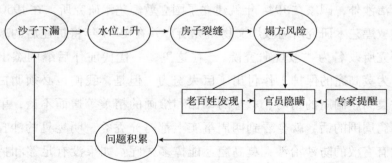

图1-11 敦煌市的风险累积示意图
资料来源：笔者自制。

对于这类现象，可以从两个角度解读。首先是环境风险的应对。在这种情形下，风险在积累，难以解决。其次是基层政府的决策。一旦基层政府选择了隐瞒的策略，该策略就会被延续下去，直到问题爆发才会终止。这种积累效应虽短期内符合基层政府的利益，但长期来看损害了所有人——包括基层政府，尤其是问题爆发时在任政府领导人的利益。这个非理性但很均衡的风险积累局面该如何破解？值得所有人深思！

此外，虽然敦煌有不少专家、学者，但关于治沙的并不多。就访谈来看，受访者强调的专家、技术人员大多与农业种植相关。对于治沙，受访者强调的更多是资金缺乏，认为治沙就是种树，种树就需要多投资。对于种树最重要的水利问题，在敦煌似乎不是人们关注的。至少，莫高农业有限责任公司的受访者都不认为水是问题，但他们都强调资金投入不够才是问题。当然，治沙既要有水，更要有钱，前者是治沙的必要条件，后者是治沙的充分条件。有水才能让植树种草成为可能，有钱才能植树种草并将植树种草的成果长期巩固。但是，水和钱的源头在哪里？对于水源，敦煌和其他地区一样，主要用地下水，但也期待跨流域的调水；对于财源，似乎更多的是期待国家拨款和相关的项目申请。将敦煌与临泽对比，两地都不怎么缺水，但敦煌少了一些基层政府与民众齐心协力治沙的合作精神；将敦煌与金塔对比，两地的农业发展都不错，但敦煌也少了一份对农业繁荣的追求，这也许与敦煌本身作为全球著名旅游小城有关。

但无论如何，敦煌能够在大漠中坚守下来，就已不易，也很具象征意义。真心希望她能在未来的岁月中，做得更好，变得更美！

甘肃和宁夏七县（市）的反思：强治理不只是强政府

跨越了甘肃和宁夏七县（市），最大的感受是路途遥远、环境恶劣。整个河西走廊（包括邻近的宁夏中山）能够在人类发展和交往的漫长历史中延续下来，正是基于各地区民众的顽强拼搏和努力坚持。正如金塔县老人概括的"代代治沙，才能生存"。这句话也可以理解为：要能够生存下来，就必须防沙治沙。这一路的调研跨度非常大，有限的文字只能勉强拼凑出河西走廊和邻近的宁夏中卫沙化治理与荒漠化防治的基本图景。

有了民勤县的调研基础，我们对县级政府机构在治沙中的作用就有了较为全面的了解。概言之，基层政府通过制度约束和项目激励的不同组合，正在全方位地调动和组织社会力量参与治沙。所谓"巧妇难为无米之炊"，虽然不是所有的防沙治沙都需要植树种草，但是治沙在很多时候确实需要植树种草，而植树种草又需要浇水，因此缺水就成了民勤治沙难以跨越的门槛。虽然沙化治理地区都需要面对缺水的现实，但民勤县受访者对该问题提供了全方位的剖析。缺水既有地理气候等自然因素，也有调水和跨流域治理的人为因素。对比而言，中卫市的受访者不怎么强调缺水的现实，更多的是在分析各种治理技术的利弊得失。因此，通过中卫市的调研正好能够观察到民众在治沙实践中的各类技术创新。尤其是在对农民参与压沙有了更直接的观察后，我们更能理解中卫市治沙成就的来之不易。大体来看，中卫市的治沙既有政府动员的广泛深入，也有市场激励的现实直接，所以治沙能够取得不错的成绩也在意料之中。因此，单纯依靠强政府主导的治理，虽然短期内可能取得一定效果，但长期来看很难形成强治理格局。

在随后的行程中，景泰县和临泽县的调研日程颇紧，能够从政府治理角度得到的信息也变得有限。但这并不妨碍调研的顺利进行，通过对护林员、酒店服务员、民众等的访谈，我们可以从多方位了解当地治沙的基本情况。尤其对于专家、学者、技术人员等在治沙中发挥的作用，这些治沙一线人员有着更为直接的观察，也有自己独特的理解。综合来看，7个县的访谈者都或多或少提及了这方面的信息。对于民勤县而言，外来专家虽多，与本地民众交流却少。所以，在具体的治理实践中，本地专家的作用更大。不过，不管是外来专家还是本地专家，在民勤县所起的作用相比临泽县则偏小。临泽县多位受访者肯定了专家及技术人员在治沙中发挥的作用，对于专家学者与民众的交流也颇多赞赏。当然，临泽县这种颇多的交流沟通是不是因为副县长兼任治沙站站长，其中的影响还有待进一步研究。但我们可以肯定的是，临泽县的治沙效果明显与专家、民众间的多方交流有着很大的关系，这从相邻的景泰县也能得到印证。因此，包括专家学者在内的沙化治理的强社会参与也是强治理形成的必要条件。

景泰县的受访者与民勤类似。他们多强调治沙面临的困难、水资源的缺乏、资金投入的不足和民众的"认识到位但觉悟不到位"。在景泰县，虽然景电提灌工程在很大程度上缓解了水资源匮乏的问题，但受访者却很少提及其对治沙的贡献。与之相反的是，金塔县的村民提到了改革开放至今，收入增加和治理成果凸显。相对而言，紧邻的瓜州县的治理效果就比较复杂。受访者有的认为治理不好，有的认为治理不错，呈现出一定的反差。如果说景泰县调研反映了展开治沙需要面对的问题，那么瓜州县则反映了治沙展开过程中遇到的问题。这些问题包括植树很多但成活较少，民众治沙参与很多但积极主动的偏少等。此外，植树造林的后期管护问题日益凸显，也让治沙站的工作人员头痛不已。不难看出，将景泰和瓜州两地的问题进行整合与比较，能够帮助我们对治沙开展前和开展后的问题形成更完整的认识。

最后一站敦煌市的受访者反映了一个很值得警惕的现象——短期看"各方满意"，长期看"风险累积"。尤其有人认为，基层政府"掩耳盗铃式"的策略无助于问题的解决，只会让风险不断累积。这不仅是沙化治理需要警惕的，更是整个政府治理需要警惕的。因此，这也揭示出，只有强政府参与的防沙治沙有可能会跑偏，必须有强社会参与的合理制约才行。综合来看，通过七县（市）的访谈调研，我们能大致勾勒出县域沙化治理的轮廓，也能看到成功的沙化治理不单单体现在景观风貌上，也体现为更多社会组织和成员的参与上，以及每一位受访者的赞同和认可。概言之，防沙治沙必须强政府主导，但也离不开强社会的参与，只有"双强"结合，才能不断巩固防沙治沙的治理成果。当然，需要特别说明的是，在这个阶段的调研中，我强调的社会部分，虽然提到了各种不同的参与者，但研究的原初设计还是较多地关注了专家、学者的参与，这是我们必须加以注意的。

第二编

2011 年内蒙古与宁夏八县（旗、市）
荒漠化治理调研

调研目的及路线安排说明

本次调研的主要目的聚焦在考察科学技术在中国北方沙漠化或荒漠化治理中的作用。为了研究这一问题，我们选择了不仅在沙漠化和荒漠化防治等方面闻名全国，而且在科学技术参与沙漠化和荒漠化治理等方面比较著名的内蒙古自治区和宁夏回族自治区的 8 个典型县（旗、市）进行调研。同时，为了节省调研时间、锻炼年轻研究者、方便行程安排等，本次研究分东、西两线进行：东线依次包括内蒙古自治区的翁牛特旗、敖汉旗、奈曼旗、锡林浩特市（县级市）和多伦县共 5 个县（旗、市）；西线则依次包括内蒙古自治区的磴口县、伊金霍洛旗和宁夏回族自治区的盐池县共 3 个县（旗）。调研的时间为 2011 年 7 月 24 日至 8 月 9 日，前后历时半个多月。

一、内蒙古自治区翁牛特旗

翁牛特旗在行政上隶属于内蒙古自治区赤峰市，位于赤峰市中部，北隔西拉木伦河与林西县、巴林右旗、阿鲁科尔沁旗及开鲁县相望，东南与敖汉旗、奈曼旗毗邻，南与松山区接壤，西与克什克腾旗相连；地理位置在东经 117°49′~120°43′、北纬 42°26′~43°25′，东西最宽 256 千米，南北最长 86 千米，总面积 11882 平方千米。① 根据赤峰市统计局数据，2007 年翁牛特旗的户籍人口为 47.51 万人②；根据第七次全国人口普查数据，截至 2020 年 11 月 1 日零时，翁牛特旗的常住人口为 333970 人（约 33.4 万人）③，有较大幅度下降。

翁牛特旗气候属大陆性季风气候，年平均气温在 6.2 摄氏度左右，年平均降雨量 300～450 毫米，年平均蒸发量 1600～2200 毫米。④ 主要植被为山地森林、温带草原以及旱生和沙生植被，风沙土分布广泛，翁牛特旗是干旱半干旱的多灾区。

据政府官方网站介绍⑤，翁牛特旗历史悠久，文化源远流长，是我国著名的红山文化、契丹辽文化和蒙元文化的发祥地之一。因境内出土了"碧玉龙"，被誉为"玉龙之乡"。境内集草原、沙漠、湖泊、奇山、怪石、松林、响沙于一体，素有"瀚海明珠""塞外水乡"之称。

翁牛特旗作为全国荒漠化和沙化土地最集中和危害最严重、生态环境最脆弱、生态建设最重要的地区之一⑥，依托国家实施的京津风沙源治理、三北防护林体系建设、天然林保护、退耕还林等生态建设重点工程，防沙治沙建设达到了前所未有的规模。整体上实现了从"沙进人退"到"沙退人进"的转变⑦。

7 月 24 日　草原上的"紫禁城"

2011 年夏天，一列由北京至赤峰的火车把我们带到了内蒙古大草原。

---

① 《内蒙古通志》编纂委员会. 内蒙古通志：第一编[M]. 呼和浩特：内蒙古人民出版社,2007：326.

② 汇聚数据. 赤峰翁牛特旗人口[EB/OL]. [2021 – 10 – 06]. https://population.gotohui. com/pdata –2327.

③ 赤峰市统计局. 赤峰市第七次全国人口普查公报（第二号）[EB/OL]. (2021 – 06 – 07) [2021 – 10 – 06]. http://tjj. chifeng. gov. cn/tjjyw/tjgb/202106/t20210607_1247314. html.

④ 翁牛特旗志编纂委员会. 翁牛特旗志[M]. 呼和浩特：内蒙古人民出版社,1993：97.

⑤ 翁牛特旗人民政府. 翁牛特旗概况[EB/OL]. (2020 – 08 – 31) [2021 – 04 – 26]. http:// www. wnt. gov. cn/zjwq/wqgk/wqjj/c35c16b7_b216_47b9_ab42_e9b27b652912. html.

⑥ 内蒙古新闻网. 内蒙古：5 年完成沙化土地治理面积 4300 多万亩[EB/OL]. (2017 – 02 – 23) [2019 – 08 – 15]. http://inews. nmgnews. com. cn/system/2017/02/23/012274246. shtml.

⑦ 朱孟娜,韩广,郭宇航. 近 10 年来翁牛特旗土地沙漠化动态特征及其成因分析[J]. 湖南师范大学自然科学学报,2016,39（5）：16 –21.

我们此行的目的是到内蒙古翁牛特旗、敖汉旗、奈曼旗、锡林浩特市和多伦县进行一次有关草原治理和沙漠化治理的实地调研，切身感受近年来我国草原和沙漠化治理的成效、经验与问题，并为草原治理和沙漠化治理贡献一份绵薄之力。

此次调研，我们计划的线路依次是内蒙古的翁牛特旗、敖汉旗、奈曼旗、锡林浩特市和多伦县（调研东线）。出发之前，我们通过各种方式的牵线搭桥，尽力联系了当地一些部门的人员，希望他们给予一定的帮助。

7月24日早上，自北京北站出发，一路哐哐当当至傍晚时分，我们终于到达了赤峰市。前来帮助我们协调调研的是赤峰市环保局的科长I。由于到达时天色已晚，科长I建议我们不在赤峰停留，直接到第二天要开始调研的旗县，这样第二天的调研时间就可以相对充裕一些。我们欣然接受了科长I的建议，驱车直奔第二天的访谈地点——翁牛特旗。汽车行驶在宽阔平坦的马路上，四周都是碧绿的青草，确实令人心旷神怡。晚上9点，我们终于到达了翁牛特旗的乌丹宾馆——我们的下榻地。乌丹是翁牛特旗人民政府所在地，蒙文名音译为"宝日浩特"，意译成汉语则为"紫城"。因为要避"紫禁城"之讳，所以更名为"乌丹"；"乌"为黑，"丹"为红，二色相和即为紫色。

到达乌丹宾馆时，外面已经有翁牛特旗的一些人员在等待，其中主要是科长I为我们协调联系的一些对访谈可能有帮助的人。一番寒暄之后，我们被引到了一间餐厅，看到一些当地特色菜，当然也包括到内蒙古必不可少的牛肉、羊肉和奶茶等。席间，翁牛特旗环保局领导M夹起一块羊肉，称赞说，他们这儿的羊"吃的是中草药，喝的是矿泉水，拉的是乌鸡白凤丸"，绝对好吃。本来，我们同来的调研者中有一名学生是在中原长大的，他一直觉得羊肉的那股膻味自己接受不了，故而踌躇着不太想吃。但为了表达对东道主的感谢，他最后还是勉为其难地尝了一口。就是这一口，让他喜欢上了内蒙古的羊肉。他还说，这里的羊肉醇香肥美，爽滑酥嫩，全然不似中原地区的。席间，我们又沟通了第二天想访谈的人员及地点，安排了行程，用完餐之后便互道晚安回屋休息了。

折腾了一天，我们也确实需要尽快恢复体力，好为第二天的正式调研做好准备。

7月25日　访谈、参观，再访谈、再参观

缺人、缺钱是基层环保工作的共性问题。

今天一早，翁牛特旗环保局自然与生态保护股股长O就来到了宾馆。股长O和我们一起吃完简单的早餐后，还不到8点，因为股长O原本给我们介绍的第一位访谈人员——翁牛特旗林业局的总工程师D，一位在防沙治沙战线上奋斗了多年的"老战士"，住得不仅远而且临时有事，一时来不了，所以我们就顺便对股长O做了近1小时的访谈。访谈的主要内容整理如下。

关于翁牛特旗目前的沙漠化或荒漠化程度，股长O告诉我们：

比以前好转，不是很严重。具体来说，就是西部不严重，东部比较严重。主要的就是沙化，没有石漠化。

关于翁牛特旗沙漠化或荒漠化治理的总体成效，股长O告诉我们：

成效还是很显著的。整个翁牛特旗开展得很早，沈阳很早就在这里设立了治沙所，应该是在（20世纪）80年代的时候就有了。

如果要比较各个阶段的治沙成效，股长O认为：

肯定是越来越好。随着技术越来越先进，治理得也越来越好。（而且）（20世纪）60年代没什么治理，70年代较好，八九十年代的治理效果也较好。

在谈到科学技术对沙漠化治理方式的影响时，股长O告诉我们：

在基层这个（科学技术对荒漠化、沙漠化治理制度的影响）不太明显，制度毕竟受到地方行政的管辖。

至于各个年代使用的主要治沙方式，股长O告诉我们：

（20世纪）七八十年代主要是通过种树种草。自然保护区我们是从90年代开始的，1998年刚成立的保护区是保护湿地的，主要是保护东部的狍子的，那里也是一个天鹅的栖息地。最开始的治沙就是种树种草，其他的我也不太了解。

在谈到自然保护区时，股长 O 说：

（翁牛特旗）有个（自然保护区）。我们的是市级的，敖汉也有个自然保护区。我们自然保护区应该是 2000 年建的。1998 年开始建的是旗县的。西部西辽河源头在那儿建的一个生物多样的、水源涵养的自然保护区，进入旗级是 2000 年，进入市级应该是 2001 年。

（但是）现在好像没拨款，（也）没有办公室。它是副科级的，低半个级别。还有一个自然保护区主要就是"一套人马、两块牌子"，原先是个牧场，这样建的一个自然保护区。

至于自然保护区的主要工作，股长 O 则说：

主要是执法检查，也没有搞什么建设。主要是采取一些措施，像禁牧。

在谈到是否有外面的专家、学者等到翁牛特旗来参与防沙治沙时，股长 O 说道：

中科院体系的没有碰到过。从环保这块儿来说，大学参与很少。技术上的交流没有。是不是他们也来过？来也是参观。

在谈到翁牛特旗环保局的相关工作时，股长 O 说道：

翁牛特旗环保局在 1997 年时才组建，成立时间较晚，加上前些年国家对环保的重视程度有限，所以基层环保部门很难进行工作。随着近年来国家对环保工作的重视，环保部门开始有了第一审批权，工作开展相对好了很多。但是，基层环保部门缺人、缺钱的状态始终没有解决。一是专门的技术人才极其缺乏，部门人员学历普遍较低。二是活动资金主要来源于财政收入，国家性的投资拨款很少，活动开展较为艰难。

其实，这种问题不是翁牛特旗独有的，在很多地方都被受访者不断地强调。看来，基层环保工作普遍面临缺人和缺钱的问题。

在企业的访谈和参观

在对股长 O 的访谈结束后，确定林业局的总工程师 D 早上是赶不过来了，我们又在股长 O 的带领下，开车来到了安琪酵母（赤峰）有限公司进行参观和访谈。

大约早上 9 点，我们到达安琪酵母（赤峰）有限公司，经过简单交流和寒暄后，在办公室对公司的 M 总进行了访谈，了解了企业的基本情况，并且通过访谈了解了企业的排污量、排污设备安装、排污监测、污水处理方式和比例、污水处理费用、与企业和民众关系的处理等问题。之后，我们又对公司的污水处理设备等进行了大约 1 小时的实地参观和了解。

参观响水治沙典型地

从安琪酵母（赤峰）有限公司出来之后，我们继续驱车赶往一个名叫"响水"的地方，想去那里看看防沙治沙的情况。一路上，我们看到路两边的草虽然不是很高，但是十分翠绿，也看到一大片湿地，并看到远处有羊群正在吃草。

大概在中午 12 点时，我们到了响水。停车下来之后，我们发现这里种植的大片的梭梭、柠条、红柳等沙生植物长得虽然不是特别稠密和茂盛，但也算可以。远看就像给沙丘打上了一个个绿色的补丁一样，把那些移动的沙丘都牢牢地固定住了，证明这个地方的沙化治理还不错。在这里，我们还看到了沙米、刺儿菜等，尤其是刺儿菜正开着蓝色绣球状的花朵，甚是好看。

参观完响水之后，我们又回到翁牛特旗环保局进行参观。在简单的午饭之后，我们又回到了所住的宾馆，并在这里等待翁牛特旗林业局的总工程师 D。

听起来很美好的化学地膜

下午大概 2 点 30 分，总工程师 D 终于来到了我们住的宾馆。总工程师 D 常年奔走于防沙治沙的战线上，是一位技术与管理皆通的人才。他黝黑的脸庞上爬满了沟壑，这是岁月和风沙留下的印记，那些千千万万为防沙治沙而奋斗的人几乎都有这样一张脸庞！总工程师 D 为人直爽，简短的介绍后，我们便马上开始了访谈。从访谈中我们深深地感受到，总工程师 D 是一位有着丰富经验的治沙人员，他为我们详细介绍了翁牛特旗的防沙治沙措施：多种方法交叉混合运用，有机组合而不会杂乱无序。

翁牛特旗原先的防沙治沙都是用生物方法的，而这个生物方法主要就是种草种树。20世纪90年代以后技术含量逐步提高，到目前为止主要有四种模式。

第一种是工程措施和生物措施相结合的模式。自2000年至今，这一模式的主要作用对象是流动沙丘。首先是做沙障，虽然这种技术之前就曾经施行过，但总体规模较小，还是从苏联学的。但有一段时间，这一技术却被搁置了，认为它不行。更严重的是，（20世纪）90年代到2000年之间，之前修建的沙障已经被破坏殆尽了。但是我们现在意识到，流动沙丘有一个移位的过程，不解决流动问题，植物根本生长不起来。因此，工程措施是治理流动沙丘的基础。有了这个基础，绿色植物才能生长。特别是在一些破坏比较严重的地区，治理难度相当大，就必须采取这样的措施。

第二种是沙地植被恢复与重建模式。这一措施主要是针对草原沙地上的问题，其关键便是物种的选择，选择什么样的物种对沙地植被的恢复至关重要。在植被的种植与保护方面，主要有四种措施：人工造林、飞播造林、封山育林以及草原禁牧。

第三种是植物再生沙障营建模式。这一措施主要是选择具有较强再生能力的植物予以种植，这样就能在一株植物成活后通过再生逐步形成一块，最终形成片状的植物群。2010年，翁牛特旗在这一模式的指导下种植了2000多亩各类再生植物，以期最大限度地尽快恢复植被覆盖，但是这一模式的成本相对较高。

第四种是翁牛特旗根据自身实际提出的"引导农牧民向沙坑要效益"模式。这一模式主要就是在总工程师D的带领下近年来实施的，虽然还未最终定型，但是颇有成效。其关键是"三本"栽种试验区。所谓"三本"，是指草本、木本和禾本。草本以优质牧草为主，木本以灌木为主，禾本主要是瓜果蔬菜，像花生、马铃薯、西瓜，等等。这一模式主要是将沙地绿化与农牧民经济收益联系起来，既提高了植被覆盖率，又提高了农牧民的参与积极性，可谓一举两得。

除此之外，翁牛特旗还运用过一些化学方式进行防沙治沙。2010年，翁牛特旗引进一项治沙技术：化学地膜。具体方法是通过喷洒一定的化学喷雾，在地上形成一层薄膜，通过这层薄膜达到抑制水分蒸发的目的，从而为植被提供水分以促进其生长。这一技术听起来很美好，却不适合大规模使用。据总工程师 D 介绍：

这几年大的工程，都是 20 万亩以上，靠这个地膜根本不可能实现。更重要的是，化学喷雾破坏土壤，破坏水源，影响植物生长。虽然抑制了水分的蒸发，却阻碍了地表水的下渗，隔绝了水分在土壤间的交换，从长远来说反而加剧了土地的沙化程度。

故而稍微试验后，翁牛特旗便将这一方法束之高阁了。看来新技术应用的风险还是很大的。

我们现在系统的防沙治沙体系也是经历了一个由单一模式向复合模式的转变过程。而在这一转变过程中，三个技术依托为我们提供了不少的支持与帮助。第一个是中科院层面的支持，主要是中科院沈阳应用生态研究所，该所在翁牛特旗有相关课题，进而为我们旗提供了相应的帮助。第二个是东北林业大学，近年来与其合作植物再生沙障项目，也有不少进展。第三个是赤峰市林业所，该所进行的低地不同密度树种的研究同样为翁牛特旗提供了巨大的技术支持。诚然，不论外界的支持如何，最终都需自己一步步亲身实践，因而，这一转变必然伴随着长时间的实验和探索，而这也正是治沙工程的艰巨所在。

对于如此全面系统的防沙治沙措施带来的治理效果，总工程师 D 很冷静，没有一味地歌功颂德，反而处处体现着一位技术工作者的清醒与严谨。据总工程师 D 说：

治理的成效究竟如何很难定性。为什么很难定性整个治理效果呢？一个是气候的原因，好转也可能是气候变好了，或者说气候在变坏。另一个是虽然在治理区牲畜减少了，别的地方却加重了，如此便形成了一种一边治理一边破坏的格局。总的来讲，虽然治理的推进速度很快，但像翁牛特旗现在即使以每年 70 万亩治沙面积推进，破坏的速度也很快。虽然无法准确测算，但总体上应该是治理与破坏持平，双方是个拉锯战。区域的、局部的有所改善，整体却不大。因而，总的评价应当是处在中游状态，不是太好。

应该说总工程师 D 的观点是很有科学精神的，既考虑了各种影响因素又能加以对比，这对一个基层的科技工作者来说是难能可贵的。

不知不觉中，我们与总工程师 D 已交谈了一个半小时。在访谈结束时，已经过了下午 4 点，在不断的感谢声中，我们依依不舍地送走了他。

顺路参观企业和飞播造林区后奔赴敖汉

和翁牛特旗林业局总工程师 D 的访谈结束后，环保局领导 M 和领导 Y 又带我们顺路参观了当地的一家企业和飞播造林区。据两位领导介绍，翁牛特旗的企业参与造林和飞播造林成果不错，但可惜我们要继续赶路，未能在当地好好考察，也未能找人进行深入访谈，只能坐在车上走马观花式地看了一下。总体来看，效果还是不错的，到处显得郁郁葱葱。

之后，在两位翁牛特旗环保局同志的陪同下，趁着火红的晚霞，我们往本次调研的下一站——敖汉旗进发。

二、内蒙古自治区敖汉旗

敖汉旗和翁牛特旗一样，在行政上都隶属于内蒙古自治区赤峰市，位于赤峰市东南部、科尔沁草原南端，东和通辽市奈曼旗毗邻，西与辽宁省建平县及内蒙古自治区赤峰市郊区接壤，南与辽宁省朝阳县、北票市毗邻（以努鲁儿虎山脉为界），北隔老哈河与翁牛特旗相望；地理位置在东经 119°32′ ~ 120°54′、北纬 41°42′ ~ 43°01′，南北长 176 千米，东西宽 122 千米，旗域总面积 8300 平方千米[①]。根据赤峰市统计局数据，2007 年敖汉旗的户籍人口为 59.46 万人[②]；根据第七次全国人口普查数据，截至 2020 年 11 月 1 日零时，敖汉旗常住人口为 448712 人（约 44.9 万人）[③]，有较大幅度下降。

---

① 敖汉旗志编纂委员会. 敖汉旗志(下册)[M]. 呼和浩特:内蒙古人民出版社,1991:686.

② 汇聚数据. 赤峰敖汉旗人口[EB/OL]. [2021 – 10 – 06]. https://population. gotohui. com/pdata – 2335/.

③ 赤峰市统计局. 赤峰市第七次全国人口普查公报(第二号)[EB/OL]. (2021 – 06 – 07) [2021 – 10 – 06]. http://tjj. chifeng. gov. cn/tjyw/tjgb/202106/t20210607_1247314. html.

敖汉旗地形比较复杂，南部为低山丘陵区，中部为黄土丘陵区，北部为科尔沁沙地，老哈河沿岸为平川区，地势自西南向东北倾斜，海拔在350～800米。该旗地处中温带，属于大陆性季风气候，四季分明，太阳辐射强烈，日照丰富，气温日差较大。全旗年均气温5～7摄氏度，年降水量在310～460毫米，且从南向北逐渐减少①，年蒸发量2533.9毫米②。

据政府官方网站介绍③，敖汉旗历史悠久，境内发现了小河西、兴隆洼、赵宝沟、红山等史前考古学文化，有四种以敖汉地名命名。其中兴隆洼文化距今8000年，兴隆洼遗址被考古界誉为"华夏第一村"。敖汉旗的名优特产也很丰富，例如"敖汉小米"被原国家质量监督检验检疫总局批准为"国家地理标志保护产品"，敖汉旗的旱作农业系统被联合国粮农组织列为全球重要农业文化遗产。

全旗有林面积562万亩，人工牧草保存面积150万亩，是"全国人工造林第一县""全国人工种草第一县""全国生态建设示范区""全国再造秀美山川先进旗""国家级林业科技示范县"。2002年6月，敖汉旗被联合国环境规划署授予"全球500佳"荣誉称号，是全国唯一获此殊荣的县级单位。

7月26日 "大型开耕"和"敖汉苜蓿"

昨天的奔波为昨晚带来了一夜安稳的睡眠，早起拉开窗帘，看到蓝天白云，和风又扑面而来，奔波的辛苦顿时消于无形。

今天的第一站是敖汉旗大黑山国家自然保护区，陪同我们的是敖汉旗环保局的领导O和总工程师M。大黑山自然保护区位于敖汉旗东南，燕山山脉努鲁儿虎山中东部，总面积57096公顷，于2001年6月被批准为国家级自然保护区，是一个以草原、森林多种生态系统及野生动植物

---

① 敖汉旗志编纂委员会．敖汉旗志（上册）［M］．呼和浩特：内蒙古人民出版社，1991：68.
② 欧阳江城．赤峰市敖汉旗水资源可持续利用的探讨［J］．赤峰学院学报（自然科学版），2011，17（10）：108.
③ 敖汉旗人民政府．敖汉简介［EB/OL］．（2021－01－01）［2021－04－26］．http://www.ahq.gov.cn/about/ahjj/.

栖息地和西辽河水源涵养地为主要保护对象的丘陵山地综合性自然保护区。

去往大黑山的路途遥远，趁着路上的这段时间，我们对领导 O 和总工程师 M 进行了简短的访谈。

谈到敖汉旗当前的沙化和沙漠化程度及其治理效果，领导 O 告诉我们：

敖汉旗的自然资源条件并不比周围其他旗县好多少，而且最近10年旱得厉害，但正如媒体报道的那样，敖汉旗的防沙治沙比其他旗县相对要好一些。

敖汉旗确实是遏制了（土地沙化），现在没严重。这几年春天，风不大；前20多年，春季要刮20多天风。这个原因有很多，有可能是气候的改善，也有可能是治理有成效了。敖汉旗确实较好。（这说明）国家建立的一些项目还是有成效的，但这不可能达到理想的状态。

确实，我们一路上所见的郁郁葱葱的山坡证实了领导 O 的介绍。

之后，谈到重要的治理有效时期，领导 O 说道：

从敖汉来讲是1990年到1998年，以后就更有成效了。这些年山地能种的都种了，后来是治理河道，河道裁弯取直后也都种树了。

接着，在谈到治沙的具体方式时，领导 O 介绍说：

因为咱们以前重视的是丘陵，到2000年左右才转到治沙上。

此时，总工程师 M 补充说：

应该是（20世纪）90年代，那时是飞播。

之后，领导 O 接着说：

化学方式用得多一点，生物方式也有关系，但关系不大，因为这块是林业局的。

此外，领导 O 还特别介绍说：

其中一个重要的原因便是敖汉旗十分重视科学技术在防沙治沙中的运用。除了引进外界先进的治沙技术，敖汉旗自身还发明创造了许多技术，像"大犁开耕"技术、"敖汉苜蓿"等。

在进一步深入了解后，我们知道，"大犁开耕"是一种深耕技术，以此使树木的存活率大大提高。"敖汉苜蓿"则是敖汉旗结合自身环境特点培育出的产量高、籽实饱满、抗旱能力强、越冬率高、抗逆性及适应能力强、营养成分含量达标、抗病虫害等多方面品质优越的苜蓿品种，于1984年通过国家验收，并被国家牧草育种委员会命名为"敖汉苜蓿"。

躲藏起来的大黑山

约1小时的路程后，我们终于到达了大黑山的最佳观测点，可惜天公不作美，几乎就在我们下车的时刻，细雨突然袭来，使得山间顿时浓雾弥漫，能见度一下降到了10米左右。于是，大黑山就像遮上了一块硕大无边的面纱一样，在我们的面前羞涩地隐藏了起来，让我们不得看见她的真容，凸显了她的优雅和神秘。同时，我们也看到，随着阵阵清风吹过，此间的浓雾就像被人用力搅拌着一样，翻滚着，倾泻着，汹涌着，无声地呐喊着，真让人有一种腾云驾雾的感觉。我们本想等等，看看是不是会雨停雾歇，但等了好长时间，发现虽是小雨，却丝毫没有停的意思，雾反而越来越浓了。好在此时，我们还能看到眼前一处标题为"大黑山生态文明路简介"10个红色大字的蓝底白字的广告牌，上面写着：

大黑山地处燕山山脉努鲁儿虎山中东部，是内蒙古沙漠草原向高山丘陵过渡地带，2001年被命名为国家级自然保护区。

国道G305线纵穿大黑山全境，该路段全长5.5千米，是敖汉旗连接辽宁省北票市的重要通道。路面为三级油路，36处弯路环绕层山叠嶂，路侧安全防护措施完备，人文景观与自然景观相互融合，使过往车辆和行人在安全通行的同时，观赏到国家自然保护区的旖旎风光。

敖汉旗交通局全体员工以畅、洁、绿、美为目标，养护公路，保护环境；以文明优质服务为宗旨，打造人与自然和谐共处的生态文明路。

中共敖汉旗宣传部

敖汉旗文明办

敖汉旗交通局

二〇〇八年七月

同时，我们也看到了另一块广告牌，上面写着"重点公益林管护责任区示意图",却没有写单位,我想这应该和"大黑山生态文明路简介"的单位是一致的,是那个广告牌的配套设施。

之后,我们就在那里照了几张照片,不无遗憾地离开了大黑山,打道回府。一路上墨云翻滚,天空时明时暗,间歇性地下着小雨。

抗旱造林系列技术

从大黑山回来的路上,领导 O 又为我们联系了敖汉旗林业局主管的治沙林场主任 M,我们打算驱车到治沙林场再看看。先回到市区后,应我们的请求,领导 O 到敖汉旗林业局为我们拿了点相关资料,在领导 O 出来时还跟着另外一个人。领导 O 介绍说,这是敖汉旗林业局治沙站站长 A,正好要到林场去,跟我们顺路。我们自然万分欢迎,不期又多了一位访谈对象,也算是奔波中的一种惊喜吧!

对站长 A 的访谈同样是在车上进行的。在车上访谈是一件较为痛苦的事,又要问,又要听,又要记录,还要时刻注意路况,保证安全,往往一路下来已是筋疲力尽。但这也是无可奈何的事情,内蒙古面积广阔,我们要去的各个观测点之间距离太长,路上便占据了大部分的时间,因而不可能与每位访谈对象都坐下来面对面地交流,只能利用赶路的这段时间,尽可能多地搜集信息。若这段时间无所事事,那么对于我们这些千里迢迢来调研的人来说,实在是一种极大的浪费了。科研本身就是这样,**背后的千辛万苦才会汇成纸上的一行文字,而这一行文字也因其后的种种努力才可靠和可信。**

通过与站长 A 交流我们知道,他是主管国内项目的,主抓退耕还林和沙源治理,而沙源是全旗全部乡镇都有。他也告诉我们,他自己治沙11 年了。谈到治理沙漠化最大的问题,他说道:

主要就是水条件,风倒无所谓。从 1998 年开始到现在就一直旱。

谈到治沙的主要方式,他说:

人工造林、封山育林、飞播都有;飞播的种子有小叶锦鸡、沙蒿等。此外,草有苜蓿,退耕地种的都是这个。

谈到国际组织和企业参与治沙的情况,他说:

（有国际组织）都是造林，意大利的是碳汇，最终也是造林。（至于外援的经费）去年（2010 年）是 70 万日元；德国的（支援）力度挺大的，10 年了。国外的专家有两个，今年（2011 年）来了五次，这不该中期验收了吗？

也有公司参与治沙。要企业的话就是个人投资了，比较有名的有 × × ×。他就是造林，像杨树、灌木。

谈到和一些科研机构的合作和联系，他告诉我们：

和中科院没有联系，和自治区林科院、市林业所有联系，也就是基地。这些主要是互惠行为。他们有课题，然后在这里租地。

谈到科学技术在治沙中的应用，他说：

还是基本上以前的，原先敖汉有个抗旱系列技术，获过奖的。

后来我们通过查阅资料知道，这种防沙治沙技术的全称是"抗旱造林系列技术"。而说到这一技术，就不能不提到马海超。马海超是敖汉旗林业局原局长、原党委书记，他创造总结出的开沟整地、良种壮苗、苗木保湿等 8 个环节组成了抗旱治沙造林系列技术，成活率比传统造林高出 40%～50%，林木平均生长量提高 2～8 倍，成功地解决了干旱半干旱地区造林成活率、保存率低的老大难问题，这一成果的出现引起了林业部门的高度重视，被迅速推广至"三北"其他地区[1]。由此可见，敖汉旗在防沙治沙上创造了诸多切实可行的技术，这些技术对推进敖汉旗的绿化工作起到了极大的作用。

但是，在访谈中我们注意到，虽然敖汉旗有了这么多技术，却没有得到最充分的应用，这种感觉在之后对治沙林场主任 M 的访谈中被证实了。

技术已成熟，关键在应用

大约在上午 10 点 40 分，我们到达了治沙林场，下车后看到门口的右边墙墩上挂着两块白底黑字的大木牌：左边一块上写着"国有敖汉旗治

---

① 敖汉旗政府．绿色交响曲［EB/OL］．（2009－12－08）［2019－08－15］．http://www.aohan.gov.cn/literaryarticle/detail/10. 2009－12－08.

沙林场",右边一块上则写的是蒙文。进入治沙林场后,我们就径直来到了主任 M 的办公室,并在那里对他进行了访谈。

谈到敖汉旗治沙和技术的应用,他告诉我们:

从敖汉来讲,特别是沙漠治理这块,应该是走在最前列的,敖汉治理沙漠是从治沙站起步的,最早从 1974 年开始。那时是植物治理,这样少走了很多弯路。樟子松从 1974 年开始种植,这个是从辽宁彰武引进的。一开始的时候我们是直接栽,但那效果不太明显,容易被吹走。后来就铺沙障,像立式的等,搞了很多。这个必须是机械沙障和植物沙障同时进行。当时都是一些大树,搞了 5000 多亩樟子松,治沙的效果还是很好的。后来就是灌木,这个和樟子松是同时进行的,很成功;还有就是柠条、杨柴这两种也种,效果也还可以。

这里有两个技术问题。一是杨柴四五年就要退化,必须重新种;二是柠条,它还可以,时间长点,需要七八年。小叶是(20 世纪)七八十年代开始种的;到 1998 年,就开始全旗大规模、大面积地种植。这个生物沙障和活沙障(黄柳沙障)必须结合使用,而且必须是用在流动沙丘上,效果才好,它才能活。我们这个沙障有带状沙障,间隔是 4 米,还有网格沙障,有 4 米×5 米的,也有 4 米×6 米的。效果好,技术先进,也很成熟,但四五年旧的需重栽,不然就会退化。沙丘忌讳过度放牧,必须有管护。

就治沙技术来讲,没有太好的办法,必须是机械沙障和生物沙障一起上。搞机械沙障的时候一定要把植物加进去。

谈到沙地飞播,主任 M 说:

实际上,流动沙丘的水分还较好。沙地飞播很不成功,飞播必须搞封育,没有机械沙障和生物沙障根本不行。

此外,在谈到现在治理中的技术问题是科研的问题还是应用的问题时,主任 M 强调:

现在是应用了,技术很成熟。实际到 2000 年技术已经达到顶级了,下一步就是完善应用。现在就是应用不行,而且现在所运用的技术**基本上还是以前的那些**。

那么究竟是什么原因造成了技术的"闲置"呢？我们思考了一下，造成这一问题的原因主要有三个。第一，自然环境、土壤植被等基础条件的改变使得技术创造时的使用条件发生变化，旧技术不再适用此时的环境，而新的更加优化的技术又没有产生，故而使得旧技术只能是"静坐楼台"了。而且，必须承认的是，此时的环境条件较十几年前已经有了较大的改变，不管大环境上的降水量、蒸发量有没有变化，地表植被覆盖率有所增加也是不争的事实，相对而言，小环境确实变得更好了。因此，我们不能将环境看作一成不变，而要将其作为一个动态变化的过程来对待，以变化的眼光不断审视我们的技术，使其更加适应实际要求。第二，技术实施成本较高，而投资不足。任何技术都有其固定的实施成本，而对于基层单位来说，这一成本的高低往往是他们决定是否采用这一技术的最重要原因。按照主任 M 的说法，对某些流动沙丘的治理，"投入得在 2000 元左右"，而现在却只有"100 元、200 元，根本解决不了问题"。这一原因在我们下一站奈曼旗的访谈中也被进一步证实了①。第三，技术本身可能有问题。当然，能够不断适应自然条件、土壤植被等的变化而变化，能够更加物美价廉、节约成本，本身也是一项好技术的要素。如此说来，其实归根结底还是技术的问题。总之，这三个问题实际上同时制约着一项技术的应用。我们在创造一项新技术的同时，也必须考虑这三个问题，只有这样，才能真正使技术发挥出应有的效用。

在访谈结束之后，我们在站长 A 和主任 M 的带领下，又对治沙林场进行了实地参观（见图 2-1）。成片的樟子松长得整整齐齐、郁郁葱葱，给我们留下了深刻的印象。同时，我们在樟子松林间，发现了林场工人养的一大群鸡，正在悠闲地寻食吃，也不怕人，甚是可爱。

---

① 奈曼旗大柳树国有林场场长介绍说，奈曼旗现在已经有了滴灌技术，但"现在大部分还是漫灌"。最重要的原因是滴灌的建设成本太高，对当地政府来说，根本没有足够的能力建设大范围的滴灌区，投入严重不足。

图2-1　敖汉旗治沙林场

资料来源：笔者摄于2011年。

同时，值得一提的是，在治沙站房屋内的墙壁展板上，我们发现了几张人员名单，分别是："快速扑火队执机人员"，包括组长1名、执机手8名，落款是治沙林场防火办公室；"治沙林场防汛防洪领导小组"，包括组长1名、副组长2名、成员3名；"治沙林场护林防火领导小组"，包括组长1名、副组长2名、组员4名，治沙林场防火办公室主任1名，下面是3个电话号码。看来，在林场，防火始终是大事；此外，也需要防汛防洪。

从治沙林场返回后，已经是下午4点，我们收拾了行囊，整理了资料，又开始向着调研的下一站——奈曼旗进发了。

翁牛特旗与敖汉旗的反思：技术应用需要政府与社会协同

荒漠化涉及的区域一般地域辽阔，调研的路途也颇为遥远。这样的调研，直接观察与深度访谈都必不可少。本次调研的两个旗毗邻，两地的受访者都对治沙中的具体技术介绍颇多，也颇为强调技术在治沙中的作用。对于治理的效果，在环保部门工作的受访者虽然强调的是"好转、成效显著"（见表2-1），但是又分地区强调"西部不严重，东部比较严重"。所以，对于沙化、沙漠化或荒漠化这种大尺度的治理，效果很难用简单的好坏来概括。最好的成效当然是全部县域都有成效，但那样投入会很大。更重要的是，沙化治理不是光投入就可以见成效。就像翁牛特旗环保局的技术员强调的，是气候、超载过牧等多种原因综合作用最终形成了治理与破坏并存的复杂局面。类似地，敖汉旗环保局的受访者对于治理效果的强调用的是"遏制了、没严重、有成效"等词汇，从这些词汇中我们能感受到治理绩效并不是很好。相反，治沙林场官员的回复却是"效果很好"。所以，沙化治理成效的评价要做到全面客观很难。但无论治理效果如何，两地受访者都强调沙化治理中的技术手段是重要影响因素。

表2-1　翁牛特旗与敖汉旗访谈结果

访谈对象	技术	治理效果	存在的问题
翁牛特旗			
环保局官员	技术在进步	有所好转 西部不严重 东部比较严重 总体成效显著	投入不够
环保局技术员	种树种草 做沙障 飞播 化学地膜	成效不是很大 很难定性	气候原因 超载放牧 治理与破坏并存
敖汉旗			
环保局小组	飞播 大犁开耕 敖汉首蓿	遏制了 没严重 有成效	
治沙林场官员	机械沙障 植物沙障	效果很好	水的问题 保护问题 投入少
治沙站官员	抗旱系列技术		水利条件不行

资料来源：笔者根据访谈整理。

当然，对于治理过程中的技术因素，几乎所有受访者都认为很重要。

翁牛特旗的受访者甚至认为治理效果趋好与技术进步有着必然的联系。两地的治沙技术中,有相同的,如飞播造林和沙障;也有各自独特的,如翁牛特旗的化学地膜、敖汉旗的"大犁开耕"。但对于沙化治理这项系统工程,技术只是治理过程中的一环。有了相应的技术,还得有技术应用的土壤。例如,化学地膜在翁牛特旗的适用性就很低。对此,敖汉旗的受访者就指出,在治沙的技术已经很先进的情况下,如何应用起来、发挥作用才是关键。技术发明是专家学者及技术人员的专长,但技术应用需要政府和社会真正联合起来才能实现。有的技术需要政府推进,有的技术需要企业推广,但大多数的技术必须得到民众的认可。总之,技术的应用也离不开政府和社会的协同。

三、内蒙古自治区奈曼旗

奈曼旗在行政上隶属于内蒙古自治区通辽市,位于通辽市西南部,北与开鲁县隔河相望,东与科尔沁左翼后旗和库伦旗连接,南与辽宁省阜新蒙古族自治县和北票市接壤,西与内蒙古自治区赤峰市敖汉旗和翁牛特旗毗邻;地理位置在东经 120°19′40″~121°35′40″、北纬 42°14′40″~43°32′20″,东西宽约 68 千米,南北长约 140 千米,总面积为 8137.6 平方千米。① 根据通辽市统计局数据,2007 年奈曼旗的户籍人口为 44.14 万人②;根据第七次全国人口普查数据,截至 2020 年 11 月 1 日零时,奈曼旗常住人口为 375312 人(约 37.5 万人)③,有较大幅度下降。

奈曼旗地形地貌可以概括为"南山中沙北河川,两山六沙二平原"。南部属于辽西山地北缘的浅山丘陵,海拔 400~600 米,沟谷纵横。中部以风蚀堆积为主,沙、沼带呈东西走向各 2 条,中北部平原属于西辽河和教来河冲积平原的一部分,地势平坦开阔;属于北温带大陆性季风半

① 奈曼旗志编纂委员会.奈曼旗志(1999—2008)[M].呼和浩特:内蒙古文化出版社,2010:3.
② 汇聚数据.通辽奈曼旗人口[EB/OL].[2021-10-06].https://population.gotohui.com/pdata-2373.
③ 奈曼旗人民政府.奈曼旗第七次全国人口普查公报[EB/OL].(2021-06-18)[2021-10-06]. http://www.naimanqi.gov.cn/nmq/tjxinxi/2021-06/18/content_ca92df785f8c43608b4430f91331246b.shtml.

干旱气候，年平均气温6摄氏度，年平均降水量366毫米，年平均蒸发量1935毫米，冬季多西北风，春季多西南风①。

据政府官方网站介绍，奈曼旗物产丰富，盛产玉米、水稻、葵花子、荞麦等20多种粮油产品，中华麦饭石蜚声海内外，大理石、石灰石开发利用价值可观，石油开发前景广阔。经过多年努力，奈曼旗先后跻身"全国科技先进县""全国文化先进县""全国体育先进县""全国产粮大县"的行列，成功打造了"科尔沁细毛羊之乡""蒙古野果之乡""怪柳之乡"等重要品牌②。近年来，奈曼旗大力实施生态立旗战略，全力推进三北四期防护林和退耕还林等国家重点生态建设工程，加强"两线"治理，加速"三区"修复，建设"三大基地"。

7月26日 双彩虹和火烧云

大概下午5点20分，敖汉旗的领导O和主任M顺道将我们送到了驶往奈曼旗的道路入口，奈曼旗环保局的领导E正好就在附近公干，所以决定在那里等候我们，顺便将我们带到奈曼旗政府所在地大沁他拉镇去。大家相互介绍认识之后，我们告别敖汉旗的领导O和主任M，伴着徐徐清风，正式踏上了奈曼旗的土地，并开车继续向大沁他拉镇进发。

此时，天空仍布满了厚厚的黑云，但太阳已在寻找每一个间隙以求摆脱乌云的重重包围，使那一朵朵的黑云瞬间被镀上了灿烂的金边。缝隙里倾泻而下的金线照耀着、托举着写着"奈曼"二字的收费站门和它身后笔直的公路，仿佛一条通往天国的康庄大道。过了一会儿，我们突然发现，太阳已从云层中挣脱出来，在远处天空中洒下了壮阔的双彩虹：下面一道小一点，但是更加清晰；上面一道大一点，虽没有小的那么清晰，但明确可见；总之，两道彩虹都可以非常明显地看出赤、橙、黄、绿、蓝、靛、紫的分层，衬托着天空中如水墨画一样的翻腾的云朵，下面是一望无际的、湿漉漉的、绿色的田野，真是壮观极了，似乎在欢迎我们的到来。一会儿，天空中的云朵又渐渐地散开了，在如白雪般的各

①② 奈曼旗人民政府. 奈曼旗概况［EB/OL］.（2017－06－14）［2021－04－26］. http://tongliao. gov. cn:8116/.

样云朵中间，露出了蔚蓝色的天空，这使地面上的一切顿时变得更加光彩鲜亮起来，而且在雨后显得格外洁净、清爽，让我们顿时感到心旷神怡。

到达大沁他拉镇之后，在领导 E 的推荐下，我们住到了奈曼宾馆。奈曼宾馆始建于 1965 年，隶属于奈曼旗人民政府，几经改造，已成为奈曼旗的重要窗口接待单位。宾馆朴素而又不失大气，各类设施较好。出门在外，我们的最基本原则就是干净和卫生，其他的都可以将就，如按这个标准来，这里自然远远超出了我们的要求。更为奇特的是，奈曼宾馆就建在一片沙丘的边缘，宾馆前面是一条街，背面则是一望无际的沙丘，如此周边环境，实在是让初临此地的人颇为震撼。

安顿下来之后，发现天还没有完全黑下来，我们就想出去看看，也正好了解一下小镇的市容市貌和当地的风土人情。出门一看，居然又是半天的火烧云，一大片红色附着在墨色的云朵上面，就像原野中的野草着火了一般，正在微风的吹拂下熊熊燃烧。颜色较浅的地方，就像火势变小了一样；更小的，则像仍然闪着亮光的灰烬一样。在太阳落山的地方，则是一带金黄，掩映在绿色的原野和稀疏的树木之后，就像隐藏在后面的、金碧辉煌的宫殿一样。而此时的小镇，也像披上了一层神秘的面纱。

顺着小镇的主路走，我们看到小镇的中央有一个广场，前面横放着的红色石制的牌子上写着几个金色的行书繁体字"人民广场"，左边则是相应的蒙文。石牌的旁边还有一尊大西瓜雕塑：一个是圆圆的、整个的绿皮西瓜，惟妙惟肖；旁边则是切出的一牙，露出无籽红瓤，晶莹剔透，让人想上去咬一口。看来，奈曼人民对于自己的特产无籽西瓜还是特别推崇的，以至于做成了雕塑，放到了广场上。广场上人头攒动，虽说不上是人山人海，也到处是人。大家或走来走去，或聚堆聊天，或坐在台阶上、绿草地的石沿上，俨然一幅百姓游乐图。各处也都颇为整洁干净。等到一切都笼罩在夜幕之中、华灯初上的时候，也快晚上 9 点了，我们溜达了一会儿就回到了酒店，既要整理一下今天的调研资料，也准备早点休息，为明天在奈曼的正式调研做好准备。

7月27日 参观奈曼王府

今天的行程同样紧凑，我们一大早便开始了一天的奔波，全程都是领导E帮助我们协调安排。领导E身材较为瘦弱，看起来较为内敛，不善言谈，但为我们安排了极为精彩的行程。当然，这也是我们在结束了一天的访谈后真真实实感受到的。在随意的闲谈中，领导E告诉我们他姓"云"，不过这一"云"姓并不是汉族的"云"姓，而是蒙古族的姓氏，而且在蒙古族中是较为显赫的姓氏，据说是成吉思汗黄金家族。令人惊喜的是，由于时间尚早，领导E并没有直接带我们去见第一个访谈对象，而是先带我们参观了奈曼王府。

奈曼王府，又叫贝子府，是清代奈曼部首领札萨克多罗达尔汗郡王的府邸，建于清同治二年（1863年），是内蒙古自治区仅存的一座保存完好的清代王府，也是全国重点文物保护单位。王府古朴庄重，全部建筑有房屋190余间，为一座方形大院，四周为夯土板筑梯形围墙，四角建有角楼。院内是双重建筑格局，形成了院内有院的建筑结构，从而使大院显得威严异常。在早上能先游览一番文物古迹，也算是这几天来少有的奢侈吧，奔波积攒的疲惫不禁一扫而光，也为今天的调研访谈铺垫了好心情。

来到王府门口，看到青砖砌成的院墙中间有一个古典的大门，大门上面的红色匾额上从左往右写着"奈曼王府"四个金字，我们猜测这大概是后来才挂上去的，因为以前的匾额一般都是从右往左写。进入大门之后，看到庭院深深，青砖铺地，雕梁画栋，互通互连，确实是一座颇有特色的府邸。透过门口和窗户等，也可以看见一些房间内陈设讲究，院内房屋和道路掩映在古木中，自然让人有一种想好好看看的感觉。但是，由于我们后面还有其他更重要的调研安排，因而不得不快马加鞭地匆匆浏览了一下就出来了，颇为遗憾。真希望以后可以有机会再次到访，仔细参观。

在来去王府的路上，我们在车上抽空对领导E进行了访谈。

谈到科学技术在治沙防沙中的应用时，领导E告诉我们：

现在这个治沙，有很强的措施，纯属用白沙做产品。把白沙挖掉之后，沙下都是黑土，可以种地，还创造了一部分价值。

至于哪个年代比较好，他说：

还是现在吧！以前科技（水平）不高，都是人工的，种树啊、种草啊；现在科技发达了，都是一些细加工。

说到各个年代不同的治沙方式，他认为：

这基本差不多。现在科技（水平）高了，过去是人工，现在都是机器开垦。现在的滴灌用很小的管滴。科技含量高了，容易成活。我们现在都在种西瓜。

至于有没有个人参与治沙的情况，他说：

过去是草牧长，这个是否都给个人了？你自己治理，收益是你的，国家是配合的。你把这块土地圈上，在里面种树种草，收益全是你的，有的都成了暴发户了。

问到有没有企业参与治沙的情况，他说：

现在就是哈达公司。它就是圈沙后，修公路。它专门有个自己的公园，叫哈达公园。算是个生态公园。这个企业就是用沙修路。

问到是否有国外机构或专家的参与，他则说：

国外的机构，就一个韩国的、一个日本的。韩国就是个人的友好林，但是面积不太大，就是公益林。

国外专家来得不少，有的是政府的，有的是研究院的。哪个国家比较多，还是日韩的比较多。

问到有没有援助项目，他告诉我们：

没有大规模的援助项目，还是当地的老百姓参与。

问到和中科院及省、自治区林所等的联系时，他回答说：

和中科院没有（其实奈曼治沙站就是中科院管理的——笔者注），自治区林所也没有。

问到科学技术应用最大的问题是什么，他说：

（资金）投入这一块吧！没有投入不行。另外，这个科技含量也比较低。飞播的效果不太好；别的倒不太明显。

由于我们了解到他是学文科出身的，就问他文科的知识在防沙治沙中是不是有用，他回答说：

多是行政手段控制。像禁牧呀，以前山羊破坏得厉害，它把草根都吃了；禁牧后，现在就好多了。

咱这块树能成活了，沙地的地下水还是挺多的。一般打个一两米就可以出水。

生态公园和苍狼白鹿

参观完奈曼王府之后，早上9点10分左右，我们又在领导E的带领下，参观了奈曼生态园。来到这里，我们先爬上了一尊高台。在高台上，我们首先看到了一尊方形石柱样的雕塑，雕塑正面的中下方从左往右写着"苍狼白鹿"四个苍劲有力的金色大字，上面是几乎同样大小的蒙文，下面则是英语。雕塑上面自然少不了狼和鹿的图案。高台上的一些方池内则种着各种花草，有些正开着或白色或黄色或粉色的花，在雨后的清晨，在沙丘的周边，显得格外娇艳。同时，在一些地方，放着不少神态各异的狼的雕塑，或点头嗅闻，或仰天长啸，或驻足远视，或半蹲远视，个个惟妙惟肖，甚是逼真。

站在高台上，往两边看去：高台的一侧靠近公路，在花草掩映的斜坡中间写着"生态公园"四个凸出地面的沙色大字，上面是蒙文；高台的另一侧则是被绿色植被覆盖的、一望无际的、连绵起伏的沙丘，有草有灌木，或高或矮，或稠或稀，颜色也是或深或浅，在阳光的照耀下，就像一匹绸缎，平铺在奈曼大地上，颇让人心驰神往。由于被眼前的美景所吸引，我们在这里停留良久，一方面感受到了奈曼治沙的不易，另一方面感受到了奈曼人民为治沙付出的艰辛努力以及取得的显著成绩。

沙产业和灰砂砖厂

离开生态公园后，上午9点35分左右，我们来到当地一家与沙产业有关的公司——华鑫公司灰砂砖厂进行参观。

沙产业是著名科学家钱学森于1984年首次提出的，是指在沙区利用植物光合作用，通过采用现代高新技术和科学管理，提高太阳能的转化率，使其资源不断发展和再生，进而通过对资源的合理利用，形成产品生产、加工和不断衍生加工生产各种产品，最终具有一定规模效益和持续发展的，相对独立的产业体系。① 华鑫公司就是当地一个较为典型的沙产业公司，通过将沙烧制成砖，既带动了当地经济，也间接起到了治沙的作用，可谓一举两得。

在一位副总经理的带领下，我们参观了其不同的厂房，看了其展览的形状和颜色各异的砂砖。同时也看到，在院子里还堆放着一垛垛制成的砂砖。在展览室，我们看到了该企业被内蒙古自治区科学技术厅认定为"高新技术产业"的金色大牌子；并且，通过立在那里的金色牌子了解到，2008年12月，该企业还被"中国企业创新成果案例审定委员会"以及"中国中小企业协会"联合授予了"最具自主创新能力企业"的称号。可见，该公司还获得了一些社会认可。

通过和副总经理的交谈，我们也了解到：

这个厂子才建一年多，不过整个砂厂的历史有20多年了。原先就是做这个砖的，是乡政府的，后来转变成私企。后来I总接过后，就开始研制新技术，（使得）产品实现了多样化。

说到砂厂对治沙有什么作用，他说：

间接起到了防护作用，把沙挖掉后扩大了土地面积。

我们又问土地是归谁的，他回答：

土地有建筑用的，有耕地用的。赶上谁是谁（的）。

我们问："砂厂自己有地吗？"他回答说：

我们自己也买地，我们只是要沙，土地是谁的就归谁。沙我们用，地是你的。互相支援吧！这个砖就是做马路沿的，还有其他用途。我们正在往建筑楼房方面发展。已经投入使用了。这个工艺多方面都要实施改进，不改进不行。

问到还有什么技术问题没有解决，他说：

我们从工艺上开始运作，现在产品已经基本都使上了。

---

① 赵倩. 沙产业，从学说到花开烂漫路有多远？[J]. 中国绿色时报，2013(5)：B02.

我们又问到安全性，他回答：

安全性都是国家鉴定了的，不通过，不让你用。

关于大柳树国有林场的调研

大概上午 10 点，我们又来到了奈曼旗大柳树国有林场进行参观和访谈。来到林场门口，看到一个青色瓷砖贴面的横牌上，从左往右写着"奈曼旗大柳树国有林场" 10 个金色行书样大字，上面是蒙文；右边则画着一个绿色图案，上面用红字写着"中国植树节3·12"。进入林场办公区后，看到这里花朵盛开，树木繁盛，果然名不虚传。

进入林场办公室，我们又乘机对场长 Y 进行了大约半小时的访谈。一些主要的信息，我们整理如下。

问：林场的面积有多大？

答：15.9 万亩，还是挺大的。

问：林场里都种什么？

答：灌木，因为它正处在沙带上。

问：灌木都是什么？

答：主要是黄柳，还有小叶锦鸡和杨树，有 6 万多亩。乔木中杨树都占到了99%。从 1999 年到现在就一直旱，年正常降雨应该是 300 毫米，现在也就 200 毫米，杨树都旱死了。

问：今年（2011 年）下雨应该挺充足的。

答：今年（2011 年）下雨也是局部的，干旱得太厉害了！

问：这里没有经济作物，怎么养活职工？

答：就搞点苗木，还有点采伐。要说没有土地吧，多少还有点。然后就是三北防护林项目，有点补助。杨树可用来做家具，木材加工。

问：你们现在职工有多少人？

答：职工 114 人，有两个分场。

问：林场归哪里管？

答：林业局，是副科级。

问：你是什么时候来的？

答：我2004年就来了，一直搞林业。

问：你们这儿种樟子松吗？

答：樟子松以前种过，但以前没有大规模推广。现在旱啊，发现它还抗旱，就种它了。这几年才开始大面积推广。

我个人观点，植树造林还是水源问题。不降雨，种啥都够呛。你看那樟子松，就是你们来的那路边，也有旱死的。以前这个地下水还行，1999年以前地下水就4~5米，现在都降到8~9米了。地表水和地下水已经形成一个断层了。它这之间就没有湿土，树种下去之后，一时还小，根还接触不到地下水，一不浇就死了。这样的树很难活。**杨树它能吃、能喝、能干活儿，**① 但水这个条件首先就满足不了。老天不降雨，种啥都不行。以前那个大沙带，栽什么都活，现在就不是作用不作用的问题，现在就不敢采伐。采伐完了就得重种，种了又能活。现在机车整地，打井，这样就能浇了，这一块才能活；但一不浇就死了。

问：水源现在怎么样？

答：水源还好，但地下水不行了。现在20多个大小水库基本上都干了，一滴水都没有了。

我想问你一个问题，就这个全球变暖，老是说人的过度行为，我就不明白它怎么突然间暖了呢？总得有个过程（我们的回答略——笔者注）。这是一个慢慢变化的过程。

问：你们这儿现在也是大面积种西瓜？跟我们民勤20世纪八九十年代差不多，我们那时也是种西瓜，号称"有亚洲最大的沙漠水库"。但是，过了10年、20多年，就变成现在这个样子了。我就在担心奈曼是不是也在走民勤的老路，再过10年、20年，奈曼是不是也就变成民勤了。

答：对的，对的，这就是一个恶性循环的过程。

问：你们现在有滴灌吗？

答：滴灌有，挺节水的。滴灌现在能节水260万立方米。不过现在

---

① 杨树林对小气候的调节作用比较明显，但杨树相对于其他树种，其栽种成活需要较好的土质和水利条件。

大部分还是漫灌。我搞林业的，对这方面还是比较担心的。

问：你们现在的玉米地是铺地膜吗？

答：也有，但是少。现在水呀，很成问题。现在这儿采的地下水也就50米；南部丘陵地区就深了，80米、100米都有。咱们北部沙丘这一块还看好一点，丘陵地浇一次管一个月；咱这个一周就干了。

问：有沙葱吗？

答：没有。

现在国有林场这一块封育得比较好，因为它始终都在禁牧；在集体这一块就不太好，就禁牧几个月。封育了，草长好了，防火还是个问题；草长得比较高，稍微有点火就着了。

问：现在的林权变更过吗？

答：林权没有变过，咱这儿一直没有变。1982年搞过一次变权发证。这几年又在改革。

问：这次改革的重点是什么？

答：就是一些承包合同啊，停止边界啊！

问：林场跟农民的纠纷多吗？

答：国有林场纠纷有时候挺严重的，因为是先有农民的，后来才有的国有林场。那个时候，国家给建设，因为你村民建不起，就搞合作。现在农村的人多了，他就说，土地是我们的，为什么林场就不给我们？现在争议的林场有9万亩。现在是搁置争议，谁都别动。

问：有过冲突吗？

答：小的冲突也有。

问：现在采伐需要证吗？

答：有证的还都比较多，管理的机制挺好的。森林公安对乱砍伐的惩罚相当严重，力度挺大，如果是无证采伐，你一棵树卖100元，罚的就是3~5倍。再一个，现在农民的意识也上去了，你乱采伐，他们互相举报。

问：举报有奖励吗？

答：没有！没奖励他也举报，可能是对沙害体会得比较深。现在意识都还好，只要水源、土壤好了，他自己就造林，他有荒山呀，还能获得一部分经济效益。

问：他们都种什么树？

答：他们都种杨树，自己家里有荒山，种点儿黄柳啊、柠条啊，三五年就得铲平，下面的这些疙瘩也是有收入的。另外，这个放牧，他们也会考虑到超载的问题。

影响地方治沙行为的五个重要因素

在场长 Y 的启发下，我们进一步思考了地方防沙治沙的各种方式和行为。我们认为，基层的治沙方式和行为，会受到各种因素的影响。其中最重要的有五种。第一，各种自然条件的限制和影响，其中最重要的就是水的条件；第二，各种现有的产权安排、法律法规以及机构支持等制度条件的限制和影响；第三，各种知识和技术的限制和影响，而这既有基于科研的自然科学知识和社会科学知识，还有地方知识，但是基于科研的知识还有应用转换的问题；第四，资金的限制和影响，我们的调研一再发现，没有资金很多事情寸步难行；第五，地方组织或个人的意识和认识的限制与影响。

访谈完场长 Y，从林场出来后，在林场旁边，我们看到了奈曼旗森林公安局大柳树派出所，门口放在地面上的一个红色瓷砖贴面的横牌上，从左往右写着"奈曼旗森林公安局"8 个金色大字，下面是"大柳树派出所"6 个稍小点的字，上面同样是蒙文。只可惜，由于时间的关系，我们未能进去参观调研。

关于奈曼沙漠化研究站的调研

在大柳树林场的调研结束后，我们又赶快驱车来到了中国科学院寒区旱区环境与工程研究所奈曼沙漠化研究站。中午 11 点 15 分左右，我们在这里见到了已经联系过的 A 老师。A 老师本来在外地开会，刚好今天回来，对我们来说极为幸运。A 老师身材高大，十分健谈，和当地人同样黝黑的脸庞上充满了学者的严谨与朴实。不待收拾一番，A 老师便风尘仆仆地开始给我们介绍奈曼的治沙工作和奈曼沙漠化研究站所做的研究。

穿过曲曲折折的小路，A老师还带我们登上了一个地处高地的瞭望台，在上面可以看见大面积的植被，满眼苍翠，令人心驰神往。也是在这里，A老师向我们介绍道：

我们（现在）站的地方处在科尔沁沙地的腹地，最早的时候是为了修铁路，1966年的时候开始考察，这个时候的工作一直是断断续续的。后来，就在这儿搞研究，发现行。于是1971年的时候就设计铁路，1976年的时候建成通车。咱这儿的研究也就持续下来了，到1985年的时候正式建站。

谈到科研成果的应用，他说：

研究成功了，推广还需要地方政府的支持。我们实行实验—推广的模式，先通过示范户搞实验，好了再推广到村里、旗里。

谈到治沙和经济发展的关系，他说：

既要治沙，又要促进经济的发展，这是个非常大的挑战。（我们）不仅为农牧民提供科普东西。我们这一块儿已经发现了173种植物，我们准备做一个植物园，还做了标牌，就是让学生认识各种植物，跟奈曼政府合作成立了教育基地。

不解决农牧民的需要，你解决不了问题。我们现在就是领导农牧民，让他们成为治理的主体，包括种小麦，改良玉米品种、灌溉技术等。这样呢，技术（水平）提高了，产量也就增加了。1985年的时候，我们种西瓜，培养了自己的技术员，这儿经济价值好，推广自然就好了。后来种花生，还有蔬菜类。在村里有效果后，再在旗里推广。到1992年的时候西瓜就过剩了。1988年的时候，中科院的条件改善了，世界银行支援，全中科院有8000万元，那时选了34个点，建立了生态系统研究网络，咱站就是其中一个。到1994年，考虑到水的问题，开始考虑不同植物的耗水量。我是2001年接站的。

当我们问种西瓜会不会像民勤一样导致地下水位下降，走民勤的老路时，他回答说：

一开始的时候是漫灌，后来技术改进了，灌溉面积就增加了，这样导致地下水开采过度，加上工业、生活用水，导致地下水位下降，这个也是我们始料未及的，西湖在 2001 年彻底干涸了。

治沙，要改善生活质量，但过度开采地下水，导致地上断流，地下水位下降，这样就直接威胁生存。要适当控制灌溉面积，国家的灌溉面积不仅是靠牧区，还要靠其他的好地方。还是咱这儿不发达，发达地区转移土地到这里。科尔沁沙地现在已经发生逆转。

谈到治沙站的研究工作，他说道：

我们这儿主要有三种实验：一是不同植物组合的耗水量，我们已经做了 13 种；二是二氧化碳备进实验，主要是观察温度升高对植物的影响；三是 12 套遮雨设备，主要研究水分再分配对草场的影响。

我们的数据都是在长期观测的基础上得出的，从 1998 年到现在的数据都公开，但因为一些国际上的原因，我们有些数据不会公布得太细，你要想获得更精确具体的数据必须通过一定的审查才可以。

我们所有标志性的进程：1988 年加入中国生态系统研究网络，1999 年加入全球陆地生态系统研究网络，2002 年加入国家林业局荒漠化监测网络，2005 年加入中国国家野外科学观测研究网络。我觉得应该是个科研—应用—决策的模式，这个模式好，优点就是能保证工作顺利进行，缺点就是慢。

我们又问，研究所研究有国外资金的支持吗？他回答说：

最早是瑞典给了点，日本的是合作研究，提供一些仪器设备，人员培训。

自然科学数据需要与社会科学知识相结合

访谈结束时，A 老师又向我们谈了自然科学知识必须与社会科学知识相结合的看法，他说：

我们自然科学搞出来的这些都是客观的数据，是硬指标，但这个政府官员往往难以接受，这就需要我们（具备）社会科学知识了，怎么样把这些硬指标用社会科学知识的观点解释给政府，让他们认真地接受，正确地决策。

访谈结束后，A 老师又带领我们参观了治沙站的办公室、研究室、实验室等，让我们对治沙站的工作有了更深入的了解。之后，A 老师又非常热情地请我们到当地一家极具蒙古族特色的餐厅吃蒙餐。餐厅的小包间全是一个个的蒙古包，而餐厅的正中央则供奉着成吉思汗像。就餐时，不仅有满桌的美味佳肴，也有盛装打扮的蒙古族男女表演高昂欢快的歌舞，让我们再一次领略了草原人民的热情好客、淳朴善良和能歌善舞。

午餐过后，我们在数声感谢中辞别了 A 老师，前往下一个调研地点——奈曼旗兴隆沼国有林场。

关于兴隆沼国有林场的调研

大概下午 2 点 30 分，我们终于到达了兴隆沼。兴隆沼位于科尔沁沙地腹部，几十年前还被人称作"穷棒子梁"。在浩浩 80 万亩兴隆沼沙地之中，流动半流动沙丘就达 11.7 万亩，仅存留着 4 棵树。当时流传着这样的民谣："兴隆沼，真凄凉，黑风起，白沙扬，吞农田，卷走羊，多灾多难穷棒子梁。"[1] 历经几十年无数人的努力，如今的兴隆沼已率先跨入了致富行列。新建立的兴隆沼森林公园更是成为远近闻名的集森林、沙漠、草原于一体的旅游观光和休闲度假之地。

在兴隆沼国有林场，我们见到了该林场的副站长 M。他给我们介绍林场说：

我们林场是 1978 年建的，有 20 万亩。有 1 个总场、2 个分场，总场有 1 万亩。一分场有 1.35 万亩；二分场有 4 个小区，接近 8000 亩。我们主要就是在原有林带的基础上，加上 4～6 个小区，场子主要在林带上，东西 6 条，南北 8 条。1 个大网，分成了 16 个小区。

在办公室的一段简短交谈后，副站长 M 提议说，还是到现场去看看，光说不顶用。这一提议，正合我们的心意，于是我们驱车驶入了兴隆沼的腹部（见图 2－2）。来到这里，我们看到碧草如茵，灌木成片，树木

---

① 奈曼旗政府. 兴隆沼建设历程［EB/OL］.（2012－04－24）［2019－08－15］. http://www. naimanqi. gov. cn/？action－viewnews－itemid－11841.

成林，确实治理得非常不错。于是，我们就一边参观，一边开始了访谈。

图2-2 兴隆沼国有林场

资料来源：笔者摄于2011年。

问：种的都是什么树？

答：我们这儿99%是杨树，没有次生的。兴隆沼原先是丰茂的草甸，(20世纪)60年代的时候过度放牧，引起了沙化；70年代的时候就开始治理，(设立)林场就是为了治理这个。最初建设了牧草防护林，是4000米×4000米的，里面有16个小区。三北防护林工程1、2、3、4期全是建的它。树是在1980—1986年栽的，现在已经基本成熟。杨树20年就成熟了。这几年就是采一片，更新一块。林场的经济效益还可以。

问：林场有多少职工？

答：330多名职工，还有30多名离退休的。我们这是事业编制，没有公务员，属于旗管，人员都是由旗政府任免的。

问：从事这个工作这么多年，有什么成功的经验？

答：首先就是水条件，这里的气候适宜，以乔灌草结合为主，不能单单是灌木。杨树最吸水，现在就走向种植针叶林了。樟子松的效益来得最慢，这里的灌木有山杏、扁杏、文冠果。

问：文冠果是什么，能吃吗？

答：这个是奈曼（20世纪）60年代栽的，长得还不错。一般30年进入试果期，50年也行。它不能吃，它的种子是用来做航空润滑油的。种子1000元/斤，这个我们也种过，但效果不是太好，成活不了。

问：山杏怎么样？

答：山杏还可以，就是在收购上有点问题，它容易受水分的影响，产量不稳定，在固沙上还好。现在国家（建设）三北防护林工程，一亩地补100元、200元，解决不了问题，栽植是够了，管护就不够了。俗话说：三分栽、七分管！

问：这里有京津风沙源工程吗？

答：有，存在过京津风沙源工程。这个东西在"三北"4期后还给点补贴，后来我们也不争取了，现在太旱了，争取来也没什么大用（作用）。

问：这里有飞播吗？

答：飞播是1983年、1984年时候搞的，那时播了5万亩，到现在还保存了3万亩。

问：这里科学技术应用得怎么样？

答：那阵子不讲什么科技。现在也就是机器开沟，人工植苗。这里杨树没办法全自动栽植，因为这儿有流沙，苗圃容易被破坏。

问：林场的花费是谁给的？

答：公益林是国家给的，有5万亩公益林。1990年到2002年的时候有一个项目，有500万美元。分了两期：一期就是机器造林，有个"过渡期+危险期"；二期就是保护育林，应用杂交育种。配钱是国家、省、旗都得给的：国家、省里配钱都没问题；市里、旗里有问题。

问：这儿会形成小气候吗？

答：兴隆沼这儿有小气候。因为它太大了。要是旱的时候吧，因为它蒸发大啊，来一片云就给你托走了，这样就更旱。要下雨的时候吧，这儿就下得更厉害。这儿树太多，太大了。所以说这儿有小气候不一定就是好事。

179

问：这个产权是怎么划分的？

答：当时的产权啊，就是要求邻近的两家各留出一部分地，这中间两家谁也不能种，就是为了避免产权纠纷。那时所有权的比例是，国家：集体：个人 = 1：1：1，现在变成国家：个人 = 1：2 了，集体的就没有了。现在个人砍树也是要领证的。

林场个人化的成功是有条件的

兴隆沼产权划分现象引发我们的思考，在个人化的浪潮中，同样的做法却产生了差别很大的结果。例如，民勤同样将当地的树木分给了个人，却导致了和兴隆沼截然不同的结果。民勤人多树少，个人化后，一家只分到四五棵树。这对于农民来说根本没有投资的价值，而且当时正好赶上很多年轻人成家后要盖新房，所以很多人就把树砍了去盖房，林场就没能保存下来。原先多少有一些的树木在分给农户之后反而没有了。兴隆沼则不然，个人化后，每家还能分到几千亩的林场，少的也有几百亩。这对农户来说具有一定的投资价值。于是，从长远利益考虑，农户多将树木留了下来，这样也就使林场保存了下来。同样的制度，截然相反的结果，无怪乎有人感叹"橘生淮南则为橘，生于淮北则为枳"了！当然，这里也有兴隆沼本身树木较多，即使多少砍伐一些，也不会造成多大影响这样的客观因素。

由此，我们可以得知一个极为重要的事实：产权是否私有化只是一些情况下良好治理效果的必要条件，而不是充分条件，私有化带来的治理结果与当地条件和环境有很大的关系。当然，我国在实践中也并不缺乏此等成功案例，最具有代表性的莫过于家庭联产承包责任制。家庭联产承包责任制建立了统分结合的双层经营体制，理顺了农村最基本的经济关系，形成了激励机制与约束机制，打破了"大锅饭"的分配方式，并最大限度地避免了外部性损失。故此类制度一经出台便极大地调动了农民的积极性，获得了较高的制度绩效。而这一产权制度改革的巨大成功，也使部分学者和政府人员更加确信了产权明晰带来的巨大好处，将产权私有化当成了产权制度改革的金科玉律。

然而，这一制度应用在草原治理上就出现了问题。改革开放后，类似家庭联产承包责任制，我国草原也开始了确权到户的产权制度改革。草场承包实施之后，在一定程度上大大激发了牧民的积极性，推动了牧业生产的快速发展。但随着时间的推移，以及牧区社会内外环境的变化，这种承包制度逐渐产生了一些新的问题。草原承包到户后，家家修建了围栏，这使延续数千年的游牧生产变得不再可能。为了追逐直接的经济利益，一些牧户开始过度使用草场，其结果是严重的畜牧超载量和固定的放牧区域使得草场破坏加剧，产生了与农区家庭联产承包责任制几乎完全相反的效果。近些年出现的新型"走敖特尔"① 更加证明了游牧制度的合理性和产权私有化在草原治理上的不足。访谈中的这一点为我们更好地理解产权制度提供了宝贵的一手资料。

不得不说，奈曼旗的访谈是我们此次访谈行程中收获颇为丰富的一站，领导 E 的安排使我们接触到了不同的访谈对象，极大地丰富了我们的访谈成果。

赶往通辽

下午 4 点多，我们结束了在奈曼旗的所有访谈，驱车前往通辽市，计划明天从通辽市中转前往下一站——锡林浩特市。原因是，奈曼旗没有直达锡林浩特市的车，所以只能从通辽市中转；而从通辽市过去，也只有普通的大巴可以乘坐。约 2 小时的车程后，我们终于到达了通辽市。赶到汽车站买了第二天前往锡林浩特市的汽车票后，我们就近找了一家酒店住下，在整理了一天的调研资料之后，忙碌的一天也终于随着我们进入甜美的梦乡结束了。

奈曼旗的反思：技术是把"双刃剑"

翁牛特旗和敖汉旗的调研提供了很多关于治沙技术的信息，也揭示了技术应用未能跟上实际要求的问题。那么，是不是一旦技术得到应用，

---

① 有些牧民将其他牧民的草场租赁下来，使牲畜在不同的草场间轮流放牧。

就会有好的前景呢？从奈曼旗我们可以看出一些端倪。奈曼旗的受访者较为多样，既有环保局官员，也有砂厂、林场领导，还有中科院研究所技术人员等（见表2-2）。大家都强调本地的沙产业做得不错，尤其是砂厂通过挖沙也在间接治沙；滴灌与喷灌也都投入应用；种植技术和灌溉技术也在不断改良；林场的开采与种植也进入有序更新。这些都为科尔沁沙地的经济发展带来了繁荣，如1992年还带来了经济作物——特别是西瓜的大丰收，都说明该地区的沙化治理效果不错。

表2-2　奈曼旗访谈结果

访谈对象	技术因素	治理效果	存在的问题
环保局官员	沙产业	禁牧后好多了	投入少
砂厂领导	挖沙治沙		
林场领导	滴灌与漫灌		不下雨种啥都够呛
中科院研究所人员	种植技术改良、灌溉技术改良	曾经西瓜过剩，如今西瓜仍是主业	过度依赖地下水
林场领导	飞播	开采与种植有序	小气候也有弊端

资料来源：笔者根据访谈整理。

但技术带来的忧虑也得到了受访者的一再强调。特别是，人们认识到，依靠过度开采地下水的防沙治沙，虽然可以带来短期繁荣，但在长期可能带来更多的问题。就像大柳树国有林场领导说的那样，无论怎样，"不降雨，种啥都够呛"。大家尤其担忧的是：地下水位严重下降后，这些年辛辛苦苦的植树造林工作，可能到头来都会是白费功夫。但是，地下水位的极限在哪里，下降速度又如何控制？这些问题在治沙初期其实是难以预料的。对于地方工作者而言，在防沙治沙迫在眉睫的情况下，无论短期还是长期，只要能见点效果都值得尝试。但是，在应用了相应的种植技术，尤其是灌溉技术后，短期来看效果会很好，可在无形中也会为未来发展留下更多隐患。就像兴隆沼林场一样，虽然开采与种植有序，也形成了自己地域的小气候，但这种小气候其实既有利也有弊。因此，就像一句流行语概括的那样，"技术是把'双刃剑'"。但是，对每天都必须直面严峻防沙治沙挑战的当地人而言，有剑总比没剑好，更比赤手空拳好，哪怕明知这是一把"双刃剑"。

如何才能最大限度地消除这把"双刃剑"带来的负面影响呢？看来，只有在技术应用过程中，把全社会都动员起来，真正实现全社会参与，真正实现强政府和强社会的"双强"互动，这把"双刃剑"带来的负面影响和严重问题才会被及时发现、及时纠正，其正面影响和好处才能得到更好的发挥。

四、内蒙古自治区锡林浩特市

锡林浩特市位于内蒙古自治区锡林郭勒盟的中部，东与西乌珠穆沁旗、东南与克什克腾旗交界，南与正蓝旗接连，西与阿巴嘎旗毗邻，北与东乌珠穆沁旗接连；地理位置在东经115°18′~117°06′、北纬43°02′~44°52′，南北长208千米，东西宽143千米，总面积14785平方千米。①根据锡林郭勒盟统计局数据，2007年锡林浩特市的户籍人口为16.38万人②；根据第七次全国人口普查数据，截至2020年11月1日零时，锡林浩特市常住人口为349953人（约35.0万人）③，有较大幅度增长。

锡林浩特市地势南高北低，南部多为浅山丘陵，北部为平缓的波状平原，锡林郭勒河纵贯中部，形成河间盆地，间有沼泽。全市分为四个地貌单元，即高平原丘陵地区、熔岩台地区、低缓丘陵地区、沙丘沙漠地区。这里属温带半干旱大陆性气候，年平均降水量为309毫米④，蒸发量高。春季多风干燥，夏季温凉短促，冬季严寒漫长。

据政府官方网站介绍⑤，锡林浩特市是蒙古族历史文化及民俗风情保留最完整的地区之一，也是蒙古族人文特色最鲜明的草原旅游胜地。这里既有内蒙古中西部四大藏传佛教寺庙之一、国家AAAA级旅游景区、

---

① 锡林浩特市人民政府．锡市概况［EB/OL］．［2021－10－06］．http://www.xilinhaote.gov.cn/zjcymz/xsgk/.

② 汇聚数据．锡林浩特市人口［EB/OL］．［2021－10－06］．https://population.gotohui.com/pdata－2399.

③ 锡林郭勒盟统计局．锡林郭勒盟第七次全国人口普查公报（第二号）——地区常住人口情况［EB/OL］．（2021－06－01）［2021－10－06］．http://tjj.xlgl.gov.cn/ywlm/tjgb/202106/t20210602_2642424.html.

④⑤ 锡林浩特市人民政府．锡市概况［EB/OL］．（2021－01－01）［2021－04－26］．http://www.xilinhaote.gov.cn/zjcymz/xsgk/.

第六批全国重点文物保护单位的贝子庙，也有联合国教科文组织确定为人与生物圈保护网络成员单位、被国际植物界誉为"欧亚大陆样板草原"的国家级自然保护区白音锡勒自然保护区以及锡林河国家级湿地公园、白银库伦淖尔国家级遗鸥自然保护区、灰腾锡勒天然植物园等。

根据《内蒙古通志》，从20世纪90年代末开始，锡林浩特市土地荒漠化和沙化以较快的速度扩展和加剧①。

7月28日　终于抵达锡林浩特市

7月28日晚上，我们终于抵达锡林浩特市。从早上7点10分坐上大巴，到晚上7点20分到达，走了整整12个多小时。一路上陪着太阳升起，陪着太阳行走，又陪着太阳落山，累是累了点儿，却也真正大饱眼福，饱览了一路美景。路上又偏逢修路，不得已司机又绕了一大圈路，并因此陡然增加了几个小时的车程。一路的奔波劳顿使得我们在吃过晚饭之后，就深感精疲力竭，因此准备立即休息，希望能养精蓄锐，迎接明天的调研，并想乘机见识一下驰名中外的锡林郭勒大草原。而这，又是哪一位来到锡林浩特市的外地人，不想去实现的梦想呢？

7月29日　找车去大草原

7月29日早上前来帮助我们的是锡林浩特市环保局的科长E，同来的还有司机R。E科长40岁左右，蒙古族人，能说一口流利的蒙古语，汉语也非常好。他说话平和稳健，是一位十分不错的"聊友"。事实上，我们是不能直接称呼其为E科长的，因为蒙古族的名字并不像汉族一样第一个字是姓，只不过为了称呼上的方便，就试着这么称呼了。可E科长丝毫不介意我们这么称呼他，而这也成了我们和他相处时的正式称呼。

本来，我们今天的行程是先对几位政府官员进行访谈，再到某自然保护区去实地观察。可是，由于种种原因，实在机缘不凑巧，大家都临时有了安排，一时确实联系不到合适的访谈人，我们就决定先去自然保

① 《内蒙古通志》编纂委员会. 内蒙古通志·第一编［M］. 呼和浩特:内蒙古人民出版社,2007:339.

护区实地观察，并在那里寻找机会和人员再进行访谈。可就在我们整装待发时，天空突然飘起了沥沥小雨。更要命的是，当 E 科长为我们联系车子时，才发现局里领导今天要临时下乡，把车子开走了。局里就这一辆越野车，而自然保护区路途遥远，又是在草原中穿行，没有越野车实在是寸步难行，真是"屋漏偏逢连阴雨"！没办法，我们只能在 E 科长的办公室静静等待，既等待天气好转，也等待车子的消息。

好在没过多久天放晴了，而车子也传来了好消息。司机 R 通过私人关系，借了他好朋友的越野车。在我们去他朋友家提车时，他朋友告诫说，车子的备胎正好坏了，你们一定要小心一点，刚下过雨的石子路极容易扎破轮胎，万一爆胎了，你们可就困在草原上了。上午 10 点左右，带着他的提醒，我们终于开始向锡林郭勒大草原的腹地进发了。

农牧民知道该怎么做

一路上，E 科长和我们谈了很多，但更多的还是政府的政策。E 科长对政府现行的一些政策并没有一味地褒奖，反而提出了许多政策的不足之处，作为一名政府官员能有如此认识，确实十分难得！我们将对 E 科长访谈的一些主要内容整理如下。

问：咱这儿的这个草原退化、生态恶化的情况怎么样？

答：退化得相当厉害，也就下雨时会好点，不下很糟糕的。

问：退化的原因是什么？

答：一个是气候因素，再一个就是人为因素了。人口多了嘛，牲口多是随着人多增加的，以前 5 口人 200 只羊，现在人翻番了，牲畜就跟着多了，超载呀，还是人的增加。

问：现在的政策存在什么问题？

答：现在这政策问题，大方面就是国家政策和地方政策不切合。国家的政策是全国一盘棋，它是从全国考虑的，很多到地方不一定适合，你南方的政策肯定不适合咱这儿的草原。过去咱这儿放牧，现在你看（他指着路边的一座砖房说）都定居了，那肯定就不合适了。

E科长接着说：

现在人多了以后，他自然就把游牧给忘了。过去（20世纪）七八十年代，不搞计划生育，家家五六个孩子，现在五六个孩子长大又成家了，以前1000多亩，现在一分也就五六亩，这么少的草场养这么多的人，和北京一样，人口都在增长。

问：现在有什么补贴吗？

答：现在搞农民的补贴，农区有，牧区今年（2011年）才开始的。以前牧民都是流牧的，现在就不可能了，草场都分给了个人，流也只能是在自家流。重新流牧已经不现实了，人多了嘛！

问：有没有牧民自发地联合起来，就是几家把草场联合起来一起放牧的？

答：有。也挺多的，我也是从电视、报纸上看的，那东西也有。农民种菜不挣钱，牧民也是这样，走不了市场经济，永远都在边缘，养猪农民也没挣到钱啊！

问：现在的补贴都是多少？

答：我也不清楚，每亩10元、15元？北部土地多还可以，南部能补多少钱？

问：治沙有成效吗？

答：多少有点。

问：现在有两种观点，一个就是有成效了，另一个就是越治越差，你觉得呢？

答：**你要是搞专业的，那可能就是越来越差；你要是搞政治的，那肯定就是越来越好了。**他管你草种是不是单一了，绿了就行，但品种单一啊。以前很次的草场都有十七八种，好的二三十种，现在不行了，很单一了。我对把草场变成农区很反感，生态全给破坏了，种树的成活率太低，而且成长期限也不知道。

老天给你的，草就是草，地就是地，你非得在草场上种树，这怎么行？现在这个小叶锦鸡本就是很好的抗旱物种，现在的项目搞什么黄柳、柠条，在其他地区还好，生态区就不行了。有些生物一旦适应本地的条件，就开始大肆繁殖，本地的物种就绝了。

我们：这个物种在这儿几千年说明它是适应这里的，你不能随便就把它改了。现在奈曼引进西瓜，短时间是提高了收益，但长期来说还是破坏了生态。

E科长：通辽就是典型的这么一块地，清朝的时候开辟边疆，拉来大量的农民到这儿种地，现在不变成沙了？

我们：沙化啊，多是气候的原因，但政策也是一个重要的原因。内蒙古是不能被破坏的，破坏了屏障就没了，现在就不仅是个挖煤的问题，怎么保护都是个问题，现在的鄂尔多斯挖煤，终究是不可持续的。

E科长：本身地球的大气候就很糟糕，现在更加剧了。

问：科技的作用在这儿有多大？

答：我觉得科技的衔接是个问题，科研的知识是挺多的，但怎么落地就是个问题了。我觉得咱中国科技就是科技，一堆人坐那儿搞，没有了解实际的情况，你这个东西怎么应用？其实**农民、牧民本身就是科学家，那就是上千年的知识积累，牧民知道什么时候该放牧，什么时候在什么地方放牧，他这个东西纸面上虽没有，但他脑子里有。**

可见，在E科长看来，除自然条件外，政府实施的某些政策也是导致草场退化和沙化的一个重要原因。确实，我们必须承认：有很多时候，政府制定某项政策的初衷肯定是为百姓考虑的，但政策实施和执行是否能真的为百姓带来福利就不尽然了。因而，政府应该做的是，尽量在自己擅长的领域发挥作用；而对于百姓擅长的事，则应放手让百姓自己去干，不必做过多的干扰。这也许就是《道德经》中强调的"无为而治""无为而不为""大道至简"的核心思想吧；而且，这也是《论语》中所说的"民可，使由之；不可，使知之"（《论语·泰伯》）的真实含义。以前，这段话老被拿来当成孔子主张愚民政策的证据。但是，如这句是如上的断句法，其真正的意思则大概是：老百姓如果自己可以，就让他们自己去干；如果自己不可以，就让他们知道该怎么去干。以前之所以会出现其是在"愚民"的理解，主要是因为断句的问题。如果断成："民可使由之，不可使知之"，不就变成"愚民政策"的铁证了吗？但我觉得，这绝不是孔子的本意。而且，在《论语》中其他地方也没有显示孔子特别鄙视老百姓的语句；相反，还出现了很多孔子主张向老农等学习的语句，甚至连他也说自己"吾少也贱，故多能鄙事"（《论语·子罕》）。通过这些来佐证，也可以说明"愚民"不是孔子的本意。当然，以上这句话也可以这么断："民可使，由之；不可使，知之。"如这么断，则意思大致是：如果老百姓可以使用某个东西或者规则，就让他们自己去用或者自己去遵照执行；如果不能够，就告诉或教育他们怎么做。总之，关于如何理解这句话，自古以来有很多争论，这里就不再讨论这个问题了。但是，整体上我觉得，如上面所说的相对"无为而有为"的政策在某些方面，似乎确实要比单纯或一味强调"有为"的"不切实际"的所谓"积极政策"的效果要好得多。

在以上的短暂思考后，我们又开始继续访谈。

问：咱这里有什么本地知识，就传统的那些东西？

答：举例来说草场的保护吧，成吉思汗那时有个法令，游牧的时候你这个月在这儿扎包，搬家的时候不能留下任何垃圾，河流里不能洗衣服、不能洗澡，违反的就砍掉手。这可能就是最原始的草原保护法了。

那时在保护区接待过一个中科院的专家，领着他转。他看见一个植物，就问，能采吗？我们说行，他采完之后呢，就磕头，他信佛的。还有以前，我抓起来狼，把它关笼子里给游客看，有个法国的专家看见了，扑通就跪下了，他觉得这就是虐待动物。

我们：举个例子说一下蒙古族传统的一些禁忌吧。

E科长：就打猎这块儿，不管是什么动物，在繁殖期不能打，母的不能打，这就是禁忌。当时就讲究可持续发展了，这些东西书上都有的，就是《蒙古秘史》。

干部轮岗制度的优劣

此外，E科长还为我们介绍了另一个政策的弊端：干部挂职轮岗制度。在E科长看来，某些外挂干部出于自身政绩的需求，往往看重眼前利益而忽视长远利益。

他说道：

外挂的干部挂个一年半载就走了，他就是哪个快抓哪个。像这个 GDP 啊，政绩啊，他得有啊。GDP 哪个快？挖煤快，他肯定挖煤啊。（同样的问题反映在草原的治理上）以前，很次的草场都有十七八种草，好的二三十种；现在不行了，很单一了。但当官的他管你草种是不是单一了，绿了就行。

诚然，干部轮岗有很大合理性，但也在一定程度上造成了干部短视、对当地感情不深、不了解实际情况、偏重政绩考量，这些很早就被一些进行实地调查的学者①注意到了。

针对 E 科长提到的问题，我们又问："你觉得怎样提高当地的发言权？"

他说道：

这个我也很难说。咱中国的土地都是国有的，不是你的土地你不爱，承包给你30年，他肯定使劲儿地用啊，30年后还不知道是不是你的呢！怎么发言？人大代表啊，牧民有代表，但也无法完全代表牧民真实发声。总体来说，进步了不少，但问题还是很多。

定位研究站的参观和访谈

谈话中，我们已来到了草原深处，这里就是我们计划要调研的中国科学院内蒙古草原生态系统定位研究站。不巧的是，研究站里的大部分人都到野外调研去了，只有个别人值班。接待我们的是一位小伙子 X，他把我们领到了一间会议室，并向我们介绍道：

我们站于 1979 年建站。我们站的工作主要有两个。一是承担国家监测，包括地上的生物量的监测、水分的监测、气候的监测。我们的数据很连贯，从建站到现在的数据都有。二是接待各种科研团队，为学术交流创造平台。我们站建有 2 个野外台站、4 个试验样地，包括大镇毛样地、退花样地、羊草样地、中德放牧试验样地。

之后，我们就在这里对他进行了简短的访谈。相关内容整理如下。

---

① 曹锦清. 黄河边的中国：一个学者对乡村社会的观察与思考［M］. 上海：上海文艺出版社，2000：228.

问：你们和政府的联系多吗?

答：基本上没太多合作。和锡林郭勒职业学院共建草原研究中心，但和林业局、环保局都没有关系。我们4个试验样地的成果是共享的。除样地外，开工作业都是自然保护区的事。

问：不是和政府有联系吗?

答：那是1997年以前吧，1997年以后就少了，除建设外，剩下的就是以保护为主了。

问：你的专业是什么，什么时候来的?

答：我2009年到的，正好两年，我（学的）是农业资源与环境专业，生态方向。站上有1栋专家公寓，2排实验室，还有小职工宿舍。现在还有1个标准库，正在建，等建成后咱这定位研究站的规模就很可以了。

问：和国外都有什么交流?

答：像光合作用、土壤实验啊，和日本专家合作搞的。

问：有什么培训吗?

答：没有培训项目。

进一步的交谈后，我们发现可能由于X来这里不久，对很多情况还不是非常了解。鉴于此，在他带我们参观定位研究站的办公室、实验室之后，我们没有过多地停留，在告别他后，继续向草原深处驶去。

可谁知从定位研究站一出来，我们就上演了一出"人在窘途"——我们抛锚了。

大草原上的抛锚

在驶上一个山坡时，我们停车下来欣赏壮阔的锡林郭勒大草原（见图2-3）。短暂的停留后，我们准备继续出发时，突然"惊喜"地发现，车子右后方的轮胎不知什么时候已经爆胎了。司机R当机立断，说："快上车，能走多远是多远。"于是，在我们重新上车后，轮胎果然"不负众望"地只坚持了几百米就彻底偃旗息鼓了，这下我们一行人真的被困在了茫茫的大草原中。此时，司机R朋友的提醒又似乎在我们的耳边响起，可"真是说什么就来什么啊"!

当时我们距目的地还很远，且驶入草原也已经有很长一段距离了，真可谓"恰如其分"地落入了出门人最担心的所谓"前不着村后不着店"的难堪境地。更郁闷的是，目的地没有补胎的工具，只能到附近的镇上去找；而这个"附近"，居然是在五六十里之外！这去个来回，不就得一百多里路吗？不过还好，我们的时代有手机。一通电话过去，大约半小时后，自然保护区的一位同志就急急忙忙地开车赶过来了。不过，由于没有工具，我们只能把轮胎先卸下来，然后带到五六十里之外的镇上修好了，再带回来安上。这一来一去，两个半小时就悄悄地溜走了。等待轮胎回来的时间里，上天又不失时机地下起了雨，而且比早上的雨还要紧，又把我们"调戏"了一把！虽是盛夏7月，但我们依然被冻得浑身发抖。

图2-3　锡林郭勒大草原

资料来源：笔者摄于2011年。

下午3点多，我们终于等回了翘首以盼的"亲人般的"轮胎，并在一番"装新轮胎"的更觉得漫长的折腾之后，才如愿以偿地结束了这盛夏里令人瑟瑟发抖的"寒冬之旅"。虽然在那段漫长的等待中，我们会有焦虑，甚至无奈和郁闷，但现在回想起来却觉得，这种经历也真是"可遇而不可求"啊，并别有一番"滋味"。在等待的过程中，虽然下着雨，但正好给了我们更多的时间去和雨中的"大草原"进行更好的"亲密接触"。

参观自然保护区展览

言归正传，我们到达自然保护区已是下午6点。来到这里，我们看到，几个主色为白色、上面有蓝色云朵图案和金色小屋顶的大型蒙古包一字排开，中间和旁边还有一些较小的蒙古包，颜色、式样等也略有不同，大概都是用来接待客人的。蒙古包周围的草地草木繁盛，鲜花盛开，旁边则有一条大河，水流淙淙，看上去也很宽阔，河的后面则是一带淡绿色的、和缓的青山。进入其中的一个蒙古包之后，我们发现正中摆放的一张主体为红色的三座座椅甚是威武，金色的靠背上有金色虎首，虎首旁边是很多金色云朵花纹，虎首上面又是一只展翅飞翔的金色老鹰，真正彰显了草原人的粗犷、彪悍和勇武，给我们留下了很深的印象。

趁着还有点时间，我们又参观了自然保护区内的一个展览室。展览室有自然保护区简介，有保护区景观生态类型图、功能分区图、植被类型图等的展示，有保护区各核心区（例如，平顶山山地草原核心区、希尔塔拉和实地核心区、伊河乌拉典型草原核心区、海流特典型草原核心区、巴彦宝利格典型草原核心区以及阿布都尔图云杉、山杨白桦林核心区等）的图片，有保护区栖息动物展示图以及部分植物展示图，有科研宣教图、生态旅游图、对外交流展示图等，还有很多秃鹫、老鹰、灰鹤、草原狼、猫头鹰、鹿、小绵羊羔、黄羊等草原动物的实物标本，让我们对锡林郭勒国家级自然保护区有了更深入的了解。之后，我们想找机会坐下来对保护区的同志进行访谈，但是主人告诉我们晚餐已经准备好了，而且大家都奔波了一天，不能再让大家饿着肚子等我们了，于是便先去吃饭。而这一吃饭，原先规划的访谈也全部泡汤了。

总之，在盛情难却之下，我们在目的地吃了一顿颇为丰盛的晚餐。天色已经黑下来了，此时不得不立即和大家辞别，然后从保护区再向锡林浩特市返回。等回到市里，已经是晚上8点多了，再进行正式访谈也是不行了。而且，按照计划，我们明天必须继续赶往本次调研的最后一站——多伦县。调研完多伦县后，我们必须立即赶回北京，在那里还有一大堆事正在等着处理呢！可见，要继续待下去，也是条件不容许的了，真是遗憾！

五、内蒙古自治区多伦县

多伦县位于内蒙古自治区锡林郭勒盟南部，东与河北省围场县接壤，南与河北省丰宁、沽源两县交界，西与正蓝旗为邻，北与赤峰市克什克腾旗毗邻；地理位置在东经115°30′~116°55′、北纬41°45′~42°39′，总面积3863平方千米①。根据锡林郭勒盟统计局数据，2007年多伦县的户籍人口为10.22万人②；根据第七次全国人口普查数据，截至2020年11月1日零时，多伦县常住人口为103736人（约10.4万人）③，基本保持不变，略有上升。

多伦县地处大兴安岭西端和燕山山脉北坡东端低山丘陵起伏处，为蒙古高原南缘波状起伏地带，浑善达克沙漠横贯县境北部。地势南高、北部次高、中部低，由西南向东北逐渐低缓，为半圆形倾斜盆地。④气候属中温带半干旱向半湿润过渡的典型大陆性气候，年平均气温为2.8摄氏度，年平均降雨量378毫米，同时属锡盟境内丰水带。⑤

据县官方网站介绍，多伦县是内蒙古自治区距离首都北京最近的旗县，县名源于蒙古语"多伦诺尔"，意为"七个湖"，因这里曾有七个水泊而得名。多伦县历史悠久，文化底蕴深厚。元世祖忽必烈青睐此地，曾在滦河岸边修建避暑行宫"东凉亭"，成为元朝历代皇帝狩猎游玩之所。1691年，康熙皇帝在平定噶尔丹叛乱后，为加强清王朝对漠北地区的管辖，与喀尔喀蒙古和科尔沁等四十九旗蒙古贵族在多伦诺尔会盟，史称"多伦会盟"。⑥

---

① 《内蒙古通志》编纂委员会．内蒙古通志·第一编［M］．呼和浩特：内蒙古人民出版社，2007：371.

② 汇聚数据．锡林郭勒多伦县人口［EB/OL］．［2021－10－06］. https://population. gotohui. com/pdata－2409.

③ 锡林郭勒盟统计局．锡林郭勒盟第七次全国人口普查公报（第2号）——地区常住人口情况［EB/OL］.（2021－06－01）［2021－10－06］. http://tjj. xlgl. gov. cn/ywlm/tjgb/202106/t20210602_2642424. html.

④ 锡林郭勒盟地名委员会．锡林郭勒盟地名志［M］.（内部资料），1987：369.

⑤⑥ 多伦县政府办．多伦概况［EB/OL］.（2020－04－03）［2021－04－26］. http://www. dlx. gov. cn/zjdl/dlgk/zrgk/.

2000 年 5 月 12 日，朱镕基同志来多伦视察，做出了"治沙止漠刻不容缓，绿色屏障势在必建"的重要指示，多伦从此成为北疆草原开始大规模生态建设的前沿阵地。

此外，多伦县先后获得"全国绿化模范县""全国城镇管理先进县""北京奥运会特别奖"等荣誉称号，并被列入全国生态文明示范工程试点县。①

7 月 30 日　从道路两旁看多伦

一大早，E 科长就帮忙找人开车把我们从锡林浩特市送到了多伦边境，从而开始了新的一天在多伦的调研历程。

进入多伦县境内后，我们看到道路两旁绿树成林，远处绿草成海，很难想象十几年前的多伦是满眼黄沙。记得 2000 年春天，北京沙尘暴再起波澜，连续发生 13 次，频率之高、范围之广、强度之大，实为罕见。那时，有人追寻北京沙源地发现，地处内蒙古浑善达克沙地南端的多伦县，是距北京最近的一块沙地，直线距离仅 180 千米。于是，人们就说："刮进北京的 10 粒沙子，有 7 粒来自多伦。"② 也正是在那时，朱镕基同志视察多伦，做出了"治沙止漠刻不容缓，绿色屏障势在必建"的重要指示。多伦也因此开始了大踏步的治沙之路。如今，多伦县的森林覆盖率已大大提高，沙化土地也得到了有效治理。

我们一边开车赶路，一边不停地从车窗往外察看，想尽可能多地了解些多伦县这些年来的治沙成就。同时，也偶尔停下来仔细地观察一下，并顺便方便方便、休息休息，伸伸僵硬的腿脚、活动活动筋骨。一路上，晴空万里的蓝天，一望无际的草原，连绵起伏的、被绿色覆盖的沙丘，高高低低且或多或少的树木，成群的悠然自得的边走边吃草的牛羊，高大的风力发电使用的大风车，偶尔映入眼帘的小村庄或其他各种建筑，

---

① 多伦县政府办. 多伦概况［EB/OL］.（2020 - 04 - 03）［2021 - 04 - 26］. http://www.dlx.gov.cn/zjdl/dlgk/zrgk/.

② 多伦县委宣传部. 构筑京津绿色屏障 打造北疆生态文明城:内蒙古锡林郭勒盟多伦县的绿色崛起之路［N］. 中国青年报,2011 - 03 -04(10).

共同构成了一幅流动的画卷，让人有一种说不出的满足感和喜悦感。

直到下午快 2 点时，我们才到达多伦县城。本来，我们想趁热打铁，赶快抓紧机会进行访谈；可是，由于接待我们的主人为了等我们，还一直没有吃午饭，并态度坚决地要请我们吃饭，还说早已经安排好了，实在是盛情难却，觉得过意不去，也不好意思让大家为了等我们而继续饿肚子，更不好意思在吃饭时还用访谈的事来打扰大家，所以我们不得不放弃了进行访谈的想法，然后听从主人的安排，立即停车吃午饭。

参观"总理视察点"

吃过午饭后，多伦县环保局 X 领导接待了我们。由于今晚我们必须赶回北京，所以来不及在办公室进行仔细访谈，我们就跟随着 X 领导，在下午 4 点 15 分左右，登上了当年朱镕基同志视察多伦时驻足的地方（见图 2-4）。这里已经建起了一座四层的红瓷砖砌面的高台，高台上面立着一块上细下粗的大拇指样的大石头，石头的正面竖写着"总理视察点" 5 个红色大字，下面用红色小字分 3 行横写着的落款是"中共多伦县委员会 多伦县人民政府 二〇〇〇年五月十二日"；背面则从右往左竖

图 2-4 当年朱镕基总理视察点风景
资料来源：笔者摄于 2011 年。

写着朱镕基同志的题字"治沙止漠 刻不容缓（右列） 绿色屏障 势在必建（左列）"，再右边的落款是"朱镕基"。"总理视察点"旁边也有一块立得高高的大广告牌，上面是一张朱镕基同志视察时的照片，照片的最下面用红字写着"2000 年 5 月 12 日朱镕基总理视察多伦"。放眼望去，这里已是一片一望无际的绿海，各种种植的沙生或非沙生植物长得郁郁葱葱、生机勃勃，有草地，有灌木丛，有小树林，在蓝天白云的衬托下，一层层、一片片地往远处推去，时明时暗，忽高忽低，满眼苍翠，蔚为壮观，看来确实治理得相当不错。在有些远处的草地上，我们也看到一些不同颜色的奶牛正在悠闲地吃草或者卧地休息，有黄色的、黑色的、黑白相间的、黄白相间的，等等，或卧或立，或动或静，或低头或转颈，或甩尾或晃耳，显得特别和谐自然，让人油然升起一种"好一幅天然牧牛图"的感觉。而且，就在距离"总理视察点"不远的地方，我们还看到了一种不知名的、开得特别鲜艳的四瓣蓝色小花，煞是好看，引得大家驻足细看并拍照。

景色迷人的多伦湖

从"总理视察点"下去后，为了节省时间，我们决定立即往距离县城大约 16 千米的多伦县著名水利工程——多伦湖赶。多伦湖的前身是锡林郭勒大草原上规模最大的水利枢纽工程——西山湾水库，始建于 1998 年 1 月，2008 年被评为"国家水利风景区"，据说后来还与九寨沟一起被《旅游休闲杂志》评为"中国最美的两个看秋景的地方"。

下午大约 5 点 30 分，我们来到了多伦湖周围山上的退耕还林区。停车下来，我们看到这里：近处，相对浅绿色的高草茂盛，不时还有大片粉红色的牵牛花或其他不知名的或黄色或蓝色或紫色或白色的花在盛开着；低洼处，顺着坡势和地形成片地栽种着一排排深绿色的树木，记得好像是樟子松之类的，一行一行的排列得整整齐齐，在树的中间又是浅绿色的草地，而且每两行靠得紧一点，在两个两行之间又隔了更大的浅绿色草带；再不远处，则是一洼与天空一样蔚蓝的水，水的四周又是零零星星的深绿色树木，这水大概就是多伦湖了；再远处，是连绵起伏的、为浅绿色草地覆盖的丘陵地；在丘陵地之后的最远处，则是微微凸起的一溜深青色的山峰，连接着是翻腾的白云和湛蓝的天空。看上去，从浅绿到深绿，再到浅绿，再到深绿，最后连接着白云和蓝天，中间又有和蓝天一样蔚蓝的水，层次分明而又相互交错，连绵不绝而又起伏不断，真是美极了！随着汽车的继续行进，所见的景物和景色又在不停地转换着：时而近处的高草多，时而成排的树多，时而浅绿色的山丘多，时而最远处的深青色山峰又几乎全都出现了，时而湖面变得更大了，时而湖面又变得更小了，时而视野变得极为开阔，时而视野又变得相对狭窄，时而山坡和缓，时而山坡又显得相对陡峭，夹杂着零星的建筑、弯弯的道路，真是"五步一小景，十步一大景"，变幻无穷，令人感慨不已！

大约下午6点，我们开车到了多伦湖一边的大坝，我们看到这里：深蓝色的湖水碧波荡漾，在微风的吹拂下，就像一块蓝色的宝石一样，闪闪发光；三面的山峰青翠而和缓，在温柔中显示着自己的健壮和俊美；蔚蓝的天空上白云飘飘，就像一个带花的镜子一样，映照着湖面，让人分不清究竟是天空降落到地面上成了湖，还是湖水飞到高处成了天空。这一切，在阳光的照耀下忽明忽暗地变幻着，就像在江南一样，让人很难相信这里居然就是一个曾经面临严重沙化的地区。在湖附近的一条小河旁，我们还看到了不少配着鞍子的马，大概是一些骑马游玩的场地，也老远看到有人正骑在马上慢慢行走。另外，有几只红色、蓝色、黄色气垫船漂在水面上，这大概是用来提供漂流服务的，每只气垫船上面都有两三个人；但在我们看来，这样的气垫船是非常不安全的。不过，在苍绿色的山脚下，在清凉的河水边，在绿树掩映的小道旁，尤其在多伦这样沙化本就比较严重的地方，有个地方骑骑马，在水上进行一段漂流，确实是令人惬意的，特别是在本已比较凉爽的下午。而这，可能就是这些项目被开发出来，并且有不少顾客的原因吧。

多伦湖的景色确实很美，尤其在去多伦湖的路上所见的景色，我们觉得比多伦湖本身还美。可惜由于时间的原因，我们晚上必须赶回北京，所以在匆匆忙忙地走马观花了一番之后，不得不依依不舍地继续开车往北京方向奔驰了。临离开时，我们真希望还有机会能再来多伦，再来多伦湖,也希望下次可以有更长的时间,让我们更深入地了解多伦,了解多伦的防沙治沙,领略多伦和多伦湖别样的美景。

多伦县治沙的成功秘诀

一路上,我们在想,多伦县的治沙能在短时间内由沙海到绿海,发生如此翻天覆地的变化,除了中央领导人的重视外,还有两个关键因素。

一是多伦县得天独厚的良好自然条件。在总面积不到锡林郭勒盟1.9%的土地上,多伦县地表水的径流量却占全盟的近一半。简单来说就是,全锡林郭勒盟将近50%的地表水都集中在多伦县了。多伦县属锡林郭勒盟的丰水带,年平均降水量385毫米,境内水资源丰富,有常年性河流47条、大小湖泊62个,水域总面积16.2万亩,地表水多年平均径流量1.35亿立方米,地下水储量3.73亿立方米,水能蕴藏量1.4万千瓦。而且,有库容1亿立方米的西山湾水库、库容2645万立方米的大河口水库和小型水库14座。[①] 这样丰厚的水利资源,在整个内蒙古自治区境内可谓数一数二。良好的自然条件,丰富的水资源,极大地保证了植被的成活率,有效地促进了植被覆盖率的提升。

二是多伦人艰苦卓绝的拼搏精神。良好的自然条件只是基础,这种基础只有通过当地人民的努力才能转化为有效的助力。据环保局领导 X 介绍:

为了有效治理风沙,多伦县实施了"封山育林、飞播造林、移民、产业调整"四大工程,尤其是移民一项,多伦县付出了巨大的牺牲和努力。我们在县里建了9个移民小区,房子都是县里盖的。

据报道,为了治沙,多伦县共转移沙区人口2282户10692人。[②] 除此之外,多伦县积极开展各类绿化行动,各类企业、社会团体等也纷纷投入治沙行动中。如此,才使多伦在十年之内又重现了"鹿鸣呦呦、树

---

① 多伦县政府办. 多伦概况 [EB/OL]. (2020 – 04 – 03) [2021 – 04 – 26]. http://www.dlx.gov.cn/zjdl/dlgk/zrgk/.

② 中国林业新闻网. 不负重托,多伦治沙感天动地:内蒙古自治区多伦县治沙止漠建设纪实 [EB/OL]. (2011 – 10 – 19) [2019 – 08 – 15]. http://www.greentimes.com/green/news/zhuanti/qyxx/content/2011 – 10/19/content_152001.htm.

繁花盛、鸟啼莺语、碧水淙淙"的美景。

锡林浩特市与多伦县的反思：同耕不同果

在浩瀚的锡林郭勒大草原进行调研，我们的受访者虽然有限，却能让观察资料更为丰富。锡林浩特市和多伦县的主要受访者都是2位，都有环保局官员，给我们呈现的反差却很明显。锡林浩特市属于典型的草原地区，受访者对于治理效果给出的答案是"有成效和越治越差并存"。所谓"有成效"是草原"绿了"，但所谓"越治越差"是"草种单一"，有的地区甚至是"退化厉害"。该地区为了治理沙化，投入不可谓不多，但是效果并不明显。有些投入，例如，植树造林，结果可能适得其反，甚至有的物种会侵略本地物种，导致本地物种的灭绝。概言之，草原区的治沙效果至少是有争议的。但同样属于锡林郭勒盟的多伦县，治沙可谓相对成功。

多伦县的国家投入、地方调动与全社会的参与效果也很明显。多伦县的主要受访者也只有2位，但我们观察到的和听到的，都是治理效果的不断改善。出租车司机强调"明沙变绿"，并将其归结为"牛羊控制住了"。环保局官员给出了该地治理的几大措施，沙源治理、生态移民、禁牧和退耕还林等。之前调研的地区，这些治理措施也都或多或少会被提及，但能够产生像多伦县这种明显效果的地方很少见。这里的治沙效果明显，除了体现在明沙的隐退外，还体现在农林种植的发达上。概言之，这里既有黄柳等治沙作物，也有山杏等经济作物，还有蓬勃发展的蔬菜种植。

两地同属一个盟，锡林浩特市又属于全盟的行政中心，在地方动员和民众参与方面，自然不会比多伦县差很多。但两地的治理效果差别非常明显（见表2-3）。必须承认，多伦的成功有其独特的自然和社会历史条件。尤其是在水资源利用方面，多伦县面积虽小，但拥有全盟一半左右的地表水，这就为多伦县的治沙提供了最优越的条件，也保证了国家的投入、地方的动员和民众的参与都能达到"一分耕耘，一分收获"。可是，全盟其他地区只有不到一半的地表水，那些地区的"一分耕耘"

又能有"几分收获"呢？这也是我们不得不深思的问题。

表2-3 锡林浩特市与多伦县访谈结果

访谈对象	措施	治理效果
锡林浩特市		
环保局官员	种树	有效治理和越治越差并存，草场绿了、草种单一了
中科院研究所人员	项目合作	
多伦县		
环保局官员	飞播造林、沙源治理，生态移民、禁牧、退耕还林	沙化不严重
出租车司机	栽树	明沙变绿、牛羊控制住了

资料来源：笔者根据访谈整理。

六、内蒙古自治区磴口县

磴口县在行政上隶属于内蒙古自治区巴彦淖尔市，地处内蒙古巴彦淖尔市西南部，东北与杭锦后旗搭界，西北与乌拉特后旗毗邻，西南与阿拉善左旗交界，东及东南与杭锦旗隔黄河相望；地理位置在东经106°9′~107°10′、北纬40°9′~40°57′，南北长约92千米、东西宽约65千米，全县总面积4166.6平方千米①。根据巴彦淖尔市统计局数据，2007年磴口县的户籍人口为12.40万人②；根据第七次全国人口普查数据，截至2020年11月1日零时，磴口县常住人口为90196人（约9.02万人）③，有较大幅度下降。

磴口县位于乌兰布和沙漠边缘，地貌以沙地、山地、平原为主，有"七沙二山一平原"之称。西部沙漠和丘陵山地面积达400万亩以上；属

---

① 《内蒙古通志》编纂委员会.内蒙古通志·第1编[M].呼和浩特:内蒙古人民出版社,2007:455.

② 汇聚数据.巴彦淖尔磴口县人口[EB/OL].[2021-10-06].https://population.gotohui.com/pdata-2323/.

③ 巴彦淖尔市人民政府.巴彦淖尔市第七次全国人口普查公报(第2号)[EB/OL].(2021-06-12)[2021-10-06].http://www.bynr.gov.cn/xxgk/tzgg/202106/t20210612_347288.html.

温带大陆性季风气候，风多雨少，年平均气温 7.6 摄氏度，年平均降雨量 144.5 毫米，年平均蒸发量 2397.6 毫米①。

据县政府官方网站介绍，磴口县资源丰富，区位优势独特。名优特产华莱士瓜、王爷地甘草、南瓜、二狼山白山羊绒、黄河鲶鱼、黄河鲤鱼等在国内外久负盛名，有"中国华莱士蜜瓜之乡"和"中国油葵之乡"的美誉，还荣获"中国最佳文化生态旅游名县""全区防沙治沙先进集体""全国科普示范县"称号。②县治理植树造林、封沙育草取得了很大的成绩，营造起系统的防沙林带，有效地控制了沙尘暴给农牧业造成的灾害③。

7月23日　行前准备

7月23日，东、西两线的调研小组成员集合起来，大家一起开了一个简短的准备会。在这次会上，我们先各自汇报了行程安排以及已经收集到的有关调研地的各种自然、政治、社会、经济等方面的资料，之后共同做了调研培训。

培训的内容重点有两项。一是有关访谈问卷的，由于我们采用半结构化访谈，所以要注意在受访人提到一些问卷问题之外的情况时，及时进行记录，如果与研究密切相关的话，还要及时追问。二是有关调研纪律的，主要强调了以下几点：①要把与研究问题相关的重点部门和人员等都尽量访问到；②访谈与观察信息记录要尽量全面、完整、准确，同时要适当记录受访人的语气、神态等；③尽量在不影响访谈和观察进行的情况下多留访谈与观察照片，尤其是观察地照片，且照片上要有日期和时间，以备后期追溯查用；④每天晚上要及时整理当天的访谈、观察和其他调研记录等，并做好第二天的调研安排；⑤结束一地的调研后，要及时对访谈地点、人数以及观察地点等做好归纳统计；⑥要广泛收集各种与研究相关的文字材料；⑦要尽量节约开支；⑧抓紧时间，提高效

①② 磴口县人民政府.本县概况［EB/OL］.（2021-01-01）［2021-04-26］.http://www.nmgdk.gov.cn/dkbxgk/.

③ 巴彦淖尔市民政志编纂委员会.巴彦淖尔市民政志:内部资料［Z］.2006:58.

率;⑨保存好各种花费票据;⑩时刻注意安全和健康;⑪不要喝酒;
⑫谦虚低调;⑬尽量少麻烦地方官员、各界人士和群众。

由于西线票源紧张,我们稍晚几天才能出发,因此就多了一些准备时间。在近一周的时间里,我们又查阅了一些相关的论文资料,准备了三地的地图,细化了交通安排,预订了中转地的住宿,购买了垫板、纸笔、可随手速记的笔记本、收集票据的信封等,调试好了相机……现在,真是万事俱备,只待出发!

8月1日　"中转站"包头

由于是第一次去内蒙古、第一次参加调研,我们都非常期待,按捺不住内心的激动,因此也就起得很早。好不容易等到10点30分集合,之后我们在大运村地铁站外的"湘识府"早早地吃了午饭,提前来到了北京西站候车。

12点40分,我们乘坐的绿皮火车准时开动,而我们也要一直坐到终点站——包头。包头是我们这次调研的"中转站"。因为到磴口县所在的巴彦淖尔市已无票可买,所以我们只好先到包头,再转乘大巴去临河(巴彦淖尔市政府驻地),之后再乘坐大巴到磴口;结束磴口的调研之后,我们还要返回包头,乘坐大巴前往伊金霍洛旗。

行至高原,已近傍晚。"夕阳无限好",高原上的夏日傍晚格外好看!车窗外的原野一望无际,天际线压得很低。太阳半悬在幅宽有限的天空中,金色醇厚的阳光洒在暗沉的车体上,同时透过车窗上斑驳的划痕和零星的灰渍洒在车厢的地面上,形成了怪异却灵动的画影。我们在车厢吃过晚饭后,天色也逐渐暗下来。茫茫的高原上,由于远离了城市灯光,黑夜也变得更有沉浸感,外面不时闪过的点点灯光也更加显眼。快到呼和浩特时,车里的温度却下降到23摄氏度左右,顿时让人感觉到非常凉爽,甚至都有想找件薄外套穿上的想法。终于,在晚上11点30分,我们到达了终点站——包头。包头是我国的工业重镇、草原明珠,市容市貌也别有魅力,但大半天的舟车劳顿让我们再也无暇欣赏美丽的夜景,只想早点找个酒店入住休息。是啊,即便如此,等到打车入住酒店、洗漱完毕，也已过半夜。

8月2日　到达磴口，车上进行首次访谈

　　早上6点30分，我们准时醒来，匆匆洗漱、退房后，于7点30分赶到包头汽车站。我们先买好8点10分前往临河的车票，然后在车站附近吃了早餐。汽车开动后，我们本想好好看一下沿途的风景，但无奈路太顺、车太稳，加上昨天睡得少，不一会儿就困了。睡醒后，我们看了一会儿车上的电视节目，下午2点多就到了临河。

　　巴彦淖尔市环保局的A主任是我们的对接人，他带我们一起乘车前往磴口县。A主任非常热情，身材高大、声音洪亮，是典型的西北大汉，颇有几分古代将军的形象。果然，在交谈中我们得知，A主任是退役军官转业到家乡环保局工作，对当地沙化情况、治沙历史非常了解。这是一个很好的访谈机会。于是，我们一人问、一人记，就在车上开启了第一次访谈。对于治沙问题，A主任可谓是如数家珍：

　　磴口附近主要是挨着乌兰布和沙漠，那是我国八大沙漠之一。国家（对这里的沙漠治理），（20世纪）60年代就有中科院设点，后来建了林科院沙漠中心。磴口的沙产业发展得很好，主要是种些植被，以经济作物为主，比如在梭梭上嫁接肉苁蓉，肉苁蓉像人参一样，是很珍贵的药材，有补血、补肾的功效。这边的治沙企业很多，最著名的就是盘古集团了。

　　得知我们一个重要的研究主题是"地方知识在荒漠化治理中的作用与机制"，A主任也发表了自己的看法：

　　地方知识是最朴实、最实用、最现实的治沙方法，有时候科学技术（科学家）、专家不了解实地情况，他们的方法并不是最好的，就像以前专家们说种杨树治沙，但是最后杨树的成活率都不高，还导致了干旱，最后还是用了一些草方格、种草、种梭梭、（种）柠条这样的治沙植物的方法才使治沙有了明显的好转。

　　不到半小时的时间，A主任用极富感染力的谈吐，将我们的距离拉近了许多。我们聊的内容也不再局限于治沙，对家乡非常自豪的A主任甚至讲起了北京人、上海人、西北人一起吃饭的"笑话"，来表现大城市

人的"好面子""精明",以及西北人的实在和豪爽。他继续说道:

来了西北就要多体会这里的风土人情,既要做业务工作,也要去实地看看,"搂草打兔子"嘛!

谈笑间,我们到了三盛公水利枢纽,跟磴口县环保局的同志对接,确认了行程和访谈安排。夏季白昼长,简单的工作餐后还没有日落,这也让我们有时间一览三盛公水利枢纽的壮美景色。站在坝边,河水在脚下奔涌而过,水体较为清澈,呈青灰色。若非 A 主任提醒,我们真不敢相信这就是黄河,毕竟跟"黄"一点也不沾边啊!

A 主任说:

我们现在就在黄河"几"字形第一个拐弯的地方,其实上游(河水)非常清澈。三盛公水利枢纽是我们这里的旅游景点,也是一个类似自然保护区的地方,它把黄河水分成三道,实现了分流灌溉。你们地理学过吧,这边就是"塞上小江南"!靠着河水,磴口这边能种经济作物,主要是番茄、葵花,另外还有一定数量的小麦。我们这里瓜果很多,最著名的是华莱士甜瓜。

天色渐暗,我们回到宾馆。磴口的夏天昼夜温差很大,日落之后气温就到了 20 摄氏度以下,甚是凉爽。对访谈资料稍作整理,我们便早早休息了。

8 月 3 日　有些治沙措施长期看存在隐患

小城磴口的夜很安静,凉爽的天气也很适合入眠,这让我们睡得很踏实。早上起来,精神抖擞,我们 9 点 30 分准时到达磴口县环保局拜访 K 主任,向他了解磴口沙漠化治理成效。K 主任介绍说:

在(20 世纪)五六十年代,磴口县沙漠面积很大,逐年推进,七八十年代,沙漠推进较快,进入黄河的泥沙量很大,其间国家加大了治沙的力度。进入 90 年代,沙漠化趋势已经得到了控制,特别是最近几年,沙尘暴明显减少。县里曾经大规模开展三北防护林工程,同时还发明了黏土压沙的方法,就是把黏土淋在沙丘表面,让沙丘不再流动。

在 K 主任看来,这些措施都不是很好。

防护林以杨树等高大乔木为主，吸水多，蒸发强，使地下水位下降，成活率还低。黏土压沙虽然当时效果很好，但是长时间会因为风化再次变成沙。现在以植物治沙为主，同时还有一些打沙障、草方格的方法。

谈到磴口治沙的具体方法，K主任说主要是种植梭梭、沙枣、花棒等旱生植物。

最近的退耕、退牧还草等方法效果非常好，现在农区、牧区都是圈养，很少有随便放牧的现象。同时，发展了沙产业，比方说，在梭梭上嫁接肉苁蓉，见效快，两年到三年就能成材，生产药材，有很好的经济效益。除了这些方法之外，一些土办法应用也很广泛，比如说，在农区，利用农作物的秸秆，半插入土壤，在地面的部分打成草方格，在上面种树，能固住一块沙地。政府在治沙中也一直发挥着重要的作用。政府对治沙越来越重视，要把磴口打造成国家的"治沙屏障"，投入越来越大。最近20多年，企业也在治沙中发挥了非常大的作用，（政府）通过招商引资引进了一些企业，像盘古集团、哈尔滨冰辉等企业。它们主要是种植沙漠植物，像梭梭，在上面嫁接肉苁蓉，做成药材。还有企业开发沙漠旅游景观，像是三盛公水利枢纽、沙金套海纳林湖等。（本地的防沙治沙模式为）政府投资、全民动员、企业参与。

此外，K主任认为"麦秆打成草方格防风固沙是我们这里的土法和科技结合起来的产物"。通过调研，我们发现，这种方法不只是磴口在用，民勤等地也在用。但究竟是哪里最先创造出来，然后在各地推广，恐怕很难说清楚，只能将这项"专利"的发明权冠之以"劳动人民"了。

科学家的冷思考：不可能大规模向沙漠进军

从磴口县环保局出来，我们赶往中国林科院沙漠林业实验中心。在该中心，我们访谈了既是林业专家也是沙漠化治理专家的X领导。

沙漠是以沙粒为表现形式的荒漠，分为沙漠、砾漠、岩漠、石漠、戈壁。荒漠是由太阳光、风化、冻融等外力作用和一些化学作用共同作用形成的。沙漠不是个大规模能治的东西，因为水文、气候等自然条件已经限制了。沙漠也是一种自然地貌形态。

作为沙漠治理的专家，X领导也向我们介绍了磴口县沙漠的特点：

乌兰布和沙漠降水量小，蒸发量大。河套平原是断陷盆地形成的，地理学上称为"包头—吉兰泰断陷"。（在这些地方）大面积种植一种防沙植物是不可行的，每种治沙植物都有其严格的适应性。当地的农牧场大多为国有，但在2000年左右退牧还草时，在牧民证发放问题上的失误导致地权问题成为阻碍沙漠化防治工作的重要问题。

在X领导看来，沙漠化、绿洲化是对立的两个过程，不能让过度逐利带偏"治沙热"，也不要搞"一刀切""教条主义"。

从总体来看，磴口和乌兰布和沙漠是向着绿洲化的方向进行的。在治理沙漠的过程中，也出现了不少失误，比如土地、地下水的评估出现了问题。中科院在20世纪80年代末到90年代末还曾经提出了100万亩宜农荒地计划。由于磴口是一个农业县，土地扩张意味着财政收入的增加，政府对这个计划很推崇，提出了"开垦荒地""一区两县"等口号。对企业也出台了"谁开发，谁治理，谁拥有"的优惠政策。最近几年沙漠治理，农场的确是获利了，但是不少治沙企业逐渐偏转了方向。例如，企业用地多次流转，就靠这个来赚钱。比如，P公司，我认为就是一个最大的套取生态集资的例子。

在这里，治沙植物主要有梭梭、花棒、沙枣、柠条等，它们有各自的适应性和林地条件。比如，梭梭，属沙生灌木，梭梭也不是绝对适合各个地方，只有在沙层不超过2米的地方才能生长，在乌兰布和沙漠只有大概不超过10万亩的地方。

磴口治沙的办法主要是"农场绿洲"，这也是长期以来结合本地条件的最佳方法。

新中国成立60年来，一直在兴建防护林、渠道，即"水林先行"，但有一段时期由于管理问题，效果不太好。现在经过一些改革，效益也越来越明显。在秸秆网格防护林的建设上，1966年后，大网格改成了小网格，这也是科技进步的结果。

本地沙产业的主要指导思想是"少给水，长植物"，虽然具有不错的效益，但市场前景不是非常明朗。在 X 领导看来：

主要的一些障碍和问题就是固沙植物的适应性、管理和沙产业的问题。非常重要的一点是，治沙要在适应的地方搞，免得后悔，但是在交通线、矿区能源基地、城市，即使不适应的地方也要尽可能地治，大规模地向沙漠进军是不可能的，也是没必要的。沙漠是重要的自然景观之一，为土壤、大海补充矿物质，就像欧洲人所说的，阿尔卑斯山是由撒哈拉沙漠哺育的。**治沙首先要遵循自然规律、中庸无为之道。**地方知识在磴口的治沙中用得很少，以农产品利用为主，**主要是种一些治沙植物，形成防护林之后把风挡住，然后在它们后面种一些瓜果。**

对于治沙方面的政策，最典型的就是禁牧和退耕还林政策。X 领导说：

近几年，磴口出台的禁止在沙区打井、开地的政策，我认为是非常科学、非常对的。这些政策中也有错误的，比如，"向沙漠进军""一县两区"的大规模移民政策是非常不妥的，也都失败了。这样只会把地下水位抽得越来越深，没有建立起灌排平衡体系，破坏了河套地区的盐平衡。我认为乌兰布和的沙区绿洲开到头了，现在我们最主要的任务就是巩固现有成果，而不是冒进。

治沙不能单纯靠政府投入

下一站是沙金套海苏木（苏木，内蒙古自治区特有的乡级行政区），在前往这里的路上，我们恰好经过一片沙漠。研究治沙有一段时间了，这可是第一次亲眼见到沙漠！A 主任看我们在好奇地拍照，哈哈大笑，索性让司机把车开到沙面上，和我们下车亲身感受一下沙漠。

脚踩在沙漠上，我们心里竟有一种激动的感觉，毕竟走在了一种前所未至的地貌景观上。在沙漠里走路，要费劲儿得多，鞋里很快灌进了沙子。我们捧起一把沙子仔细观察，发现沙漠的沙子全都是细粉末状的，和想象中的河沙的形态完全不同。不远处是几间被风沙半掩埋的房屋，颇有几分荒凉感。A 主任带我们走到房前，说道：

这几间房应该（被风沙掩埋）没多久，我们这边的特点就是流沙多，没有阻挡的话就跑得很快。

午饭是在苏木达（乡级行政区行政首长，相当于乡长）I 家里吃的，他边张罗饭菜边和我们说：

我们这里非常缺水，苏木政府的条件你们也都看到了，水都是从牧民家里买来的，这些水也是牧民们从很远的机井里或者是地窖里弄来的，很不容易。

苏木达 I 很热情，介绍起这边的特产：

手把肉是当地的特色菜，羊肉非常嫩，没有膻味，是这里的特产。砖茶也是这里的特产，牧民们主要是吃牛羊肉，所以需要砖茶来解油、解腻。

"谁知盘中餐，粒粒皆辛苦"，对这顿朴素但真诚的牧区餐，我们吃得很认真。饭后，我们跟着 A 主任和磴口县环保局的同志继续前往纳林湖风景区。纳林湖是乌兰布和沙漠中的"湿地明珠"，乘船行走在湖上苇丛间，远处不时会有野鸭、白鹅飞过，甚是迷人（见图 2-5）。

图 2-5 纳林湖景色

资料来源：笔者摄于 2011 年。

此时，同行的磴口县环保局领导 Z 也道出了他心中的感慨：

沙金套海的纳林湖能有今天这样美丽的景色，和我们对沙漠的长期治理是分不开的。虽然这是一个天然湿地，但是能在沙漠中一直存在充分说明了治沙是功不可没的。你们可以看得出来，这里的风景非常好，一点也不亚于宁夏的沙湖，有非常多的野生动物，都是国家一级、二级保护动物。如果单靠我们政府一直这么投入，也不可能将这里建成大的旅游区，也就无法获得财政收入，这个地方的治沙就不会有很好的可持续性。所以我们这里的治沙（还存在的）问题，说到底还是一句话，就是资金不足。

磴口县的反思：政府主导与社会参与相结合

2011年，西线的调研，磴口县作为起点，也是以环保局为主。政府官员给出的答案也类似于东部的旗县。整体而言，这些受访者还是强调该地区治理效果比较明显。例如，环保局官员强调以前沙化严重，现在沙尘暴明显减少。在旅游区，他们也反复强调风景美、野生动物多。从治理措施来看，该地区既有植树造林等传统治理方式，也有梭梭、沙枣、肉苁蓉等经济作物种植。传统的治理方式是单纯为了绿化，而将经济作物种植结合，既能固沙绿化，也可以带来经济效益，这样显然更能调动当地农牧民参与的积极性。如果说传统治沙是为了生存被动治理，那么种植经济作物就是为了发展，主动治理。此外，该地区政府还禁止开垦打井和放牧。

从磴口县环保局的访谈结果来看，该地区治理效果比较明显。但如果访谈仅从这个角度分析，我们会对该地区治理的结果非常乐观。幸好有中科院实验中心专家给提供的信息（见表2-4）。该专家也强调治沙效益越来越明显，对存在的问题也列举了很多，如地权问题、治沙企业的经营战略转型、固沙植物的适应性，尤其是地下水抽取后水位下降的问题。因其不在基层政府的系统之内，所以对当地治沙存在的问题毫不避讳。相对而言，磴口县环保局的受访者只是呈现治理成就，不太愿意涉及存在的问题。在必须面对治理存在的问题时，也常常喜欢用"资金不足"来回复。这其实是普遍存在的问题，而不是当地特有的问题；或者说凡是涉及治沙的地区，都会面临"资金不足"的问题。所以，如果只是呈现普遍性问题，而不呈现本地区的特殊问题，那么受访者就有可能在有意回避问题。

表2-4 磴口县访谈结果

访谈对象	措施	治理效果	存在的问题
环保局官员	黏土压沙	当时效果好,长期会沙化	
	种植梭梭、沙枣、花棒	沙尘暴明显减少	
	梭梭上嫁接肉苁蓉		
中国林科院领导	梭梭、花棒、沙枣等	效益越来越明显	地权问题的阻碍
实验中心专家	打造"农场绿洲"		治沙企业经营转向、固沙植物的适应性、沙产业的问题、地下水水位下降
环保局官员	种杨树		杨树成活率低
	种植番茄、葵花、甜瓜、肉苁蓉		
环保局小组	禁止开垦打井	旅游区景色美	资金不足
	禁止放牧	野生动物多	

资料来源:笔者根据访谈整理。

所以,我们也可以说:愿意谈地域性问题的受访者,是在"反思";愿意谈地域性成就的受访者,是在"歌颂"(当然,这么说只是客观的描述,绝没有一丝反讽的意味。因为,我们作为研究者,必须真实地接受所有受访者的各种情况)。如果既谈成就也谈问题,就是最为客观的受访者,其提供的信息对我们了解当地取得的成就和存在的问题都有很大帮助;但如果只是歌颂不反思,就有可能得到"伪装""过滤"的信息甚至是"谎言"。①

通常而言,如果是政府部门的受访者,一般是"歌颂"多而"反思"少,为了突出地域成就,他们会列举本地的独特做法。例如,磴口县所列举的种植梭梭、沙枣、花棒、柠条等。对于地域性问题则会淡化处理,或者干脆避而不谈。例如,环保局官员对于这类访谈问题的回避就大多如此。当然,受访者有时也为了避开单纯"歌颂"的嫌疑,还会强调一下普遍性

---

① 纽曼. 社会研究方法——定性和定量的取向(第5版)[M]. 郝大海,译. 北京:中国人民大学出版社,2007:494.

的问题，例如，"资金不足"，或者"民众的意识不够"，等等。

与"歌颂"截然相反的是"反思"，或者呈现或者批评当地存在的问题。这类受访者或者对治理现状有着自己的思考，或者对一些问题有着强烈的不满。如果我们想了解当地治理中存在的问题，那么这类受访者能够呈现的信息自然非常丰富。但是，我们也应该警惕，这类受访者给予的信息可能有着夸大问题甚至抹杀成就的嫌疑。总之，只有将"歌颂"和"反思"的信息综合起来，才能得到当地沙化治理更全面和更客观的现状描绘。

从人员构成来看，"歌颂"者大都是政府人员或与地方形象利益攸关的人员。他们对于地域整体的治理形势了解较为全面，也能够找到可以呈现治理现状的典型地区。而反思者一般以专家学者居多，或者多是学者型官员，或者是专门的技术人员。偶尔也会有纯粹发泄情绪的受访者。其实，这类受访者很多只是抱怨，对于现实问题往往很难进行全面的分析。但不管怎样，"歌颂"和"反思"都要比回避更有价值。

所以，对于沙化治理的深度调研，必须从政府、专家学者、社会民众等多角度展开访谈。但是，在有限的时间和资金约束下，如何能尽最大可能接触这些不同立场的受访者，确实需要动一番脑筋。而且，短期调研在很大程度上必须依靠当地引荐人的安排，这虽然会给访谈带来便利，但是会给信息获取带来限制。于是，当我们遇到的受访者只是"歌颂"时，我们必须时刻提醒自己，要尽可能找到与其观点相反的受访者；反之亦是如此。概言之，我们尽可能搜集同一地域的不同信息，尽可能为该地区的现状描绘提供更全面的图景。这就如同沙化治理一样，协同治理不能是单方面的政府行为，而是需要尽最大可能调动政府和政府以外的各方力量共同参与。

七、内蒙古自治区伊金霍洛旗

伊金霍洛旗（以下简称"伊旗"）在行政上隶属于内蒙古自治区鄂尔多斯市，位于鄂尔多斯市东南部，东部和东南部与准格尔旗，陕西省府谷县、神木市接壤；西南和西部与乌审旗、杭锦旗毗邻；东部与东胜区相连。伊旗地理位置在东经 108°58′~110°25′、北纬 38°56′~39°49′，东西长 120 千米、南北宽 61 千米，总面积 5958 平方千米。① 根据鄂尔多斯市统计局数据，2007 年伊旗的户籍人口为 15.16 万人②；根据第七次全国人口普查数据，截至 2020 年 11 月 1 日零时，伊旗常住人口为 247983 人（约 24.8 万人）③，有较大幅度上升。

伊旗地处毛乌素沙地东北边缘，全旗西高东低，山沟纵横，土质松散，西部与毛乌素沙漠连接，属沙漠、半沙漠地区，东部为丘陵山区。全旗地处中温带半干旱草原地带，属中温带干旱和半干旱的过渡地带，大陆性气候明显，春季风沙大，持续时间长，年平均气温 5.7 摄氏度，年平均降雨量为 380 毫米④，年平均蒸发量为 2163 毫米，是降雨量的 7 倍⑤。

据伊旗政府官方网站，伊旗有着悠久的历史和灿烂的文化。4000 年前就存在的朱开沟文化、2000 多年前修筑的战国秦长城和秦直道、金碧辉煌的成吉思汗陵、气势恢宏的蒙古源流文化产业园等，都彰显了天骄儿女世代传承的英雄气魄和蒙元文化强大的生命力。⑥ 近年来，伊旗在生态建设方面取得了令人瞩目的成就。在整个库布齐沙漠东部的防护林体系中，伊旗南、西、北部都是重要的组成部分。⑦ 在与风沙做斗争中，伊旗采用了封沙育林育草、飞播治沙以及建造防护林体系等措施，并取得

① 《内蒙古通志》编纂委员会. 内蒙古通志·第一编［M］. 呼和浩特:内蒙古人民出版社，2007:488.

② 汇聚数据. 鄂尔多斯伊旗人口［EB/OL］.［2021-10-06］. https://population. gotohui. com/pdata-2338.

③ 鄂尔多斯市统计局. 鄂尔多斯市第七次全国人口普查公报(第二号)［EB/OL］.(2021-05-26)［2021-10-06］. http://tjj. ordos. gov. cn/dhtjsj/tjgb_78354/202105/t20210526_2898960. html.

④ 内蒙古自治区地名委员会. 内蒙古自治区地名志:伊克昭盟分册(内部资料)［M］. 呼和浩特:内蒙古人民出版社，1986:175.

⑤ 伊金霍洛旗人民政府. 自然地理［EB/OL］.(2020-12-10)［2021-04-26］. http://www. yjhl. gov. cn/qiqing/zrdl/.

⑥ 伊金霍洛旗人民政府. 伊金霍洛旗概况［EB/OL］.(2020-12-10)［2021-04-26］. http://www. yjhl. gov. cn/qiqing/yqgk/.

⑦ 景芳蕊,等. 内蒙古自治区伊克昭盟林业志［M］. 呼和浩特:内蒙古人民出版社，1997:101.

了显著成效。①

8月4日　再回"中转站"包头，转战伊旗

结束磴口的调研后，按日程安排，我们今天需要返回"中转站"包头，赶往伊旗。恰巧包头市环保局有一对年轻夫妇要到包头办事，A主任牵线让我们搭个"便车"。我们不禁感慨，环保局同事的热情帮助对调研的顺利完成真是太关键了。没有他们，我们必然"两眼一抹黑"，也无法与访谈对象"知无不言""有问必答"。我们也在庆幸，多亏选了磴口作为第一站，让我们得以从毫无经验的"菜鸟"迅速进入调研状态，在很多环节上节省了时间。

与A主任等道别之后，我们向包头驶去。年轻人在一起总是能迅速找到话题，几个人从新修的高速公路聊到临河和包头两城的差别，从他们新买的汽车聊到诺基亚的最新款手机。很快，我们就到了包头汽车站，比原本搭客车的计划快了1小时。

我们买了当天下午3点去伊旗的车票。汽车进入鄂尔多斯市后，我们看到路上跑的要么是豪华越野车、要么是重型卡车，路边的商店除了风炮补胎、修车、五金店等，就是经营牛羊肉、大盘鸡等的餐馆，加上不时路过的成群牛羊和零星牧民，颇有种粗犷的"工业田园风"。然而，行至东胜区（鄂尔多斯市政府驻地），画风大变，眼前是一座座高楼大厦和现代化的城市设施，好似草原上矗立的"钢混森林"，与北京的CBD相比也不落下风。联想到诸多关于鄂尔多斯的"财富传说"，我们此时呼吸的空气仿佛也多了几许"发达"气息。

下午6点左右，汽车到了伊旗。由于提前联系过了，我们很快便与伊旗林业局的X主任等人见面。X主任带我们吃了工作餐，顺便介绍了几个调研地的情况与整体安排。饭后，我们入住预订的酒店，早早休息，确保第二天有足够的精力。

---

① 郝旭,朱小兵. 伊金霍洛旗荒漠化治理与生态产业建设专题调研座谈会召开[EB/OL]. (2017–06–30)［2021–04–26］. http://www.yjhl.gov.cn/zhengwu/jryq/201707/t20170704_1978847.html.

8月5日 "政府重视+科技引领"，多元治沙，成效显著

我们按照约定，中午来到伊旗林业局，对X主任做正式访谈。他介绍道：

伊旗对治沙这块儿决心很大，不仅认真落实国家和自治区有关法律规定与政策，而且旗里也有不少政策，专门针对治沙、绿化。咱们旗有奖励种树的政策，而且农牧局这块也有退牧、种草一系列政策，所以伊旗治沙工作做得还是很不错的，治理沙漠的方法以生物治沙为主。伊旗的政策主要是奖励种树，所以治沙是以大面积植树种草为主的。伊旗主要是以新街治沙站为治沙的排头兵，几十年来涌现出了大量的治沙英模，像王玉珊、王文树同志等。

经X主任介绍后，原本只是以文字形式出现在日程表里的新街治沙站，形象瞬间变得立体高大起来。下午2点30分，我们到达新街治沙站（见图2-6）。

图2-6 新街治沙站景色
资料来源：笔者摄于2011年。

首先访谈的是新街治沙站副站长I，他对我们的调研很感兴趣，边带我们参观治沙站，边骄傲地介绍伊旗的治沙成就：

尤其是新街这边的沙漠，经过几十年的连续治理、持续造林，已近

于消失。在整个治沙的过程中，科技起到的作用非常大，你说的地方知识治沙也起到了不可替代的作用，主要是以前流传下来的一些治沙经验。此地治沙主要采取机械治沙和生物治沙相结合的方法，主要是沙障、草方格，在它们后面再种上植物。也就是先固沙，再种树。这边种的治沙植物主要是沙柳。

提到治沙遇到的问题，I 副站长认为：

主要问题是退耕还林政策以来，产权划分的时候出现了一些问题，主要就是产权划分尺度的问题。另外，资金不足也是很重要的问题。

但什么是产权划分尺度，现有的尺度是过大还是过小？I 副站长似乎不愿意就此谈下去。

接下来，我们去访谈另一位副站长 G。当我们问起 60 年来这里沙漠化的程度变化和治理效果时，G 副站长说：

我们伊旗很重视治沙这一块儿，新街治沙站以前也是一个和旗林业局、环保局同级的单位，你可以看出来自治区和伊旗对咱们这里的治沙有多重视。现在咱们这里的明沙基本看不到了，都已经被植被覆盖了。（20 世纪）六七十年代是沙漠化最严重的时候，那个时候，一是自然条件不行，二是社会环境不行。另外，技术落后也是很重要的原因。

新街治沙站的主要任务就是种树、护树，每年开春的时候最忙，治沙站会下去带着村民植树。这里的造林方式主要就是人工机械造林，飞播也有，但用得较少，毕竟这么播下去成活率不高。这边治沙的参与者还是很多的，主要是政府、治沙站牵头，国家投入资金，通过一些社会雇佣，一些村民也参与进来。这里也有不少治沙企业，最主要的是利用沙柳的企业，有用来作为生物电厂的燃料发电的，还有用沙柳做人造板的，也有用沙棘做的沙棘饮料。

最近几年，你们提到的社会知识也起到了很大的作用，主要是禁牧、退耕还林、牛羊圈养等，对于治沙我们也有明确的法律、规定、政策，都防止了沙漠的复发和进一步加深。

从新街治沙站回伊旗的途中，我们看到了一些奢华、洋气的建筑，多是三四层的小楼，其中有一座看起来很像美国的白宫，令人印象深刻。

司机 D 师傅见我们好奇，调侃道：

你看我们伊旗怎么样，带劲吧。这边人都富得很，放羊、种树都开
"路虎"去！

于是，我们问道："这边为什么如此富裕，都开'路虎'了怎么还有
这么强的动力去种树？"D 师傅说：

伊旗历史上是成吉思汗的守陵人聚落，他们的地位很高。"羊煤土
气"你们听说过吧，这边羊毛、煤炭、稀土、天然气资源丰富，地方财
政有钱，人们得到的好处也多，收入水平就上来了。还有啊，种树也是
一个很重要的收入来源。政府为了鼓励大家种树，按照种的数量，一棵
树补贴多少钱，这样很多人就富了起来，你想啊，这么多人来种树，沙
漠能治不好吗？伊旗最近几年得到了很快的发展，包括煤炭资源的开采，
大规模植树造林，人们都富了，环境也好了。

最后，D 师傅提到：

现在伊旗正准备把主城区西移，你没看到到处都在盖房子吗？新区
那一片以前都是沙地，现在都能住人了。伊旗这里的房价大概在（每平
方米）6000 多元，福利什么的都很好，孩子从上小学到高中都不用交钱，
看病也有保险。

看来，D 师傅对伊旗的现状还是很满意的。

伊旗的行程虽较为紧凑，但在林业局同志的协助下，进行得非常顺
利。由于第二天没有访谈安排，晚饭后，我们决定到街上转转，感受一
下风土人情。我们住的地方靠近鄂尔多斯近年来大力建设的康巴什新区，
就是被外界称为"鬼城"的地方。果然，这里有些别样的气氛，各个工
地、毛坯楼的施工照明，使街旁本就不怎么亮的路灯显得更加昏暗了。
大街上时常会有成群结队的建筑工人换班，却少有本地居民出现，商店、
超市等生活设施也很少，我们心里暗自有些认同这个"鬼城"的称呼。
不过，想到东胜区的繁华，还有 D 师傅作为本地人对新区前景的信心，
或许，"鬼城"只是现在外界看到的表象，如果有系统的规划和坚定的执
行，未来的康巴什也会成为另一座草原、戈壁间的"明星"城区（几年
后再看，康巴什新区已呈现生机勃勃的景象，房价稳中有升，并没有陷

入"鬼城"诅咒中，当然，这是后话了）。

8月6日　从伊旗到银川，横穿毛乌素沙地

离开伊旗，我们启程前往最后一站——宁夏盐池。由于伊旗到盐池很少有直达的交通方式，因此，我们先坐大巴到银川，第二天再转车到盐池。

汽车开出伊旗后，窗外很快变得荒凉起来。我们这一路经由荣乌高速，横穿鄂尔多斯高原和著名的毛乌素沙地，途经杭锦旗、鄂托克旗等，人烟稀少。行驶在笔直的沙漠高速上，窗外轮番出现沙漠、戈壁、草滩等地貌景观。除此之外，只有电线杆、信号塔孤零零地矗立在路边，用当地的一句俗话"电线杆子比人多"来形容，真是再贴切不过了，简直就是"西部公路片"的情景再现。只不过，这条路不是通往拉斯维加斯，而是通往乌海，通往银川。

单调的景色即使再崎岖也会让人乏味，平整但会随着小丘陵缓升缓降的路面，让客车变成了轻柔摇动的躺椅。我们禁不住持续袭来的困意，很快进入了梦乡。再次醒来时，缕缕白烟从远处一片貌似工业区的地方升起，在荒原上显得格外突兀。虽未到"长河落日"之时，但已有"大漠孤烟"的意味。等汽车再驶近一些，终于有一个"棋盘井"的路牌映入眼帘。我们上网查了一下，得知这里煤炭、硅石、有色金属、工业盐等资源丰富，是宁夏和内蒙古之间的重要交通枢纽和重化工业园区。

过了棋盘井，我们逐渐进入宁夏回族自治区的地界。终于，在6个多小时的车程后，我们到了银川。办完宾馆入住，我们难掩疲惫，决定晚饭一定得"搓"顿好吃的。我们边走边逛，最终选定老城中心附近的一家火锅店。

吃完火锅，旅途劳顿大为缓解，我们顺着主路，从市中心慢慢往住处溜达。银川虽是自治区首府，但城市规模并不大，不算宽阔的主路以及有年代感的绿化风格，让人恍惚间有种走在家乡县城主街上的错觉。不过，银川是不缺乏历史底蕴和烟火气的，古城楼、古城墙、购物中心、广场舞团队，都在展示着这个城市的多样色彩。

八、宁夏回族自治区盐池县

盐池县位于宁夏回族自治区东部,在行政上隶属于吴忠市,东邻陕西省定边县,南接甘肃省环县,北靠内蒙古自治区鄂托克前旗,西连本区灵武市、同心县,属陕、甘、宁、蒙四省(区)交界地带①;地理位置在东经106°30′~107°39′、北纬37°05′~38°10′,是宁夏回族自治区面积最大的县,县土地总面积8522.2平方千米②。根据宁夏统计局数据,2007年盐池县的户籍人口为15.70万人③;根据第七次全国人口普查数据,截至2020年11月1日零时,盐池县常住人口为159209人(约15.92万人)④,基本保持不变,略有上升。

盐池地处鄂尔多斯台地向黄土高原过渡地带⑤,地势南高北低,南部为黄土丘陵区,北部为鄂尔多斯缓坡丘陵区,属毛乌素沙漠南缘。这里属典型的大陆性季风气候,干旱少雨,年平均降雨量280.7毫米,年平均蒸发量1316.6毫米⑥。全县光能丰富,日照充足,年平均气温7.8摄氏度,冬、夏两季平均温差28摄氏度⑦。

历史上的长期屯垦、不科学的耕种以及超负荷的放牧和掠夺式的采挖,导致盐池县沙漠化面积不断扩大。⑧ 自1978年盐池县被国家列为三北防护林体系建设重点县和自治区农业现代化、黄土高原水土流失综合治理试验基地县后,县委、县政府一直把兴林治沙、治理水土流失、改

---

①② 盐池县人民政府. 盐池县概况[EB/OL]. (2020 – 11 – 04)[2021 – 10 – 06]. http://www.yanchi.gov.cn/zjyc/ycxq/201707/t20170703_545180.html.

③ 汇聚数据. 吴忠盐池县人口[EB/OL]. [2021 – 10 – 06]. https://population.gotohui.com/pdata – 2421.

④ 盐池县统计局. 第七次全国人口普查公报(第一号):盐池县人口情况[EB/OL]. (2021 – 06 – 07)[2021 – 10 – 06]. http://www.yanchi.gov.cn/xwzx/gsgg/202106/P020210610313572733312.pdf.

⑤ 盐池县生态建设志编纂委员会. 盐池县生态建设志[M]. 银川:宁夏人民出版社,宁夏人民教育出版社,2004:75.

⑥ 杨丽美. 盐池县水资源状况及其开发利用分析[J]. 科技信息,2013(14):129.

⑦ 盐池县人民政府. 盐池县概况[EB/OL]. (2020 – 11 – 04)[2021 – 04 – 26]. http://www.yanchi.gov.cn/zjyc/ycxq/201707/t20170703_545180.html.

⑧ 盐池县生态建设志编纂委员会. 盐池县生态建设志[M]. 银川:宁夏人民出版社,宁夏人民教育出版社,2004:77.

善生态环境作为重点工作来抓，发起了大规模的种树种草活动，并取得了不错的成绩。

8月7日　走进"滩羊之乡"

由于今天是周末，计划调研的单位都不上班，因此，我们无须太早出发。早饭后，我们提前联系了盐池县环境保护和林业局的O队长，约好下午碰个面。我们中午坐客车前往盐池县，预计两个半小时后到达。

这一路都是新修的高速，整段行程也非常顺畅。下午3点左右，我们到达盐池县。

盐池县是有名的"滩羊之乡"，县城街道上，几乎每三五步就能碰到一家滩羊馆子。下午5点多，我们跟O队长对接了一下访谈安排，便早早告别，尽量少耽误他们宝贵的周末休息时间。

晚饭后，我们在县城稍微溜达了一圈。盐池县城不大，入夜之后变得很安静。即使现在是夏天，这里也显得有点冷清。不过，在解放公园里，聚集着几个广场舞团队，他们在热闹地锻炼身体。公园旁边是革命烈士纪念馆，红军于1937年长征到达这里，解放了盐池县城。再往东走是东瓮城城墙，有几段墙体外皮已经剥落，露出里面的黄土。看附近的介绍说，盐池古城墙始建于明朝，距今已有约570年的历史。

在回宾馆的路上，我们不禁感叹，盐池县虽小，却是名副其实的历史古城和革命老区。这次调研的每个地方都大有来头，真是大开眼界了。这岂止是调研，分明就是一次西北风光之行、历史文化之旅啊！

8月8日　杨树"能吃、能喝、能干活"

上午，我们来到盐池县环境保护和林业局，O队长介绍了盐池沙化和治沙的基本情况。

盐池县的沙漠化形势基本上是向好的方向发展的，但是（20世纪）80年代沙漠化是最严重的。这里治沙，柠条是一种非常重要的植物。盐池县（的整体战略）是"生态立县"，经过长期的大力整治，已经基本没有明沙了。盐池县有很多治沙项目，有与日本、德国合作的治沙项目，就是"日援项目""德援项目"。"日援项目"比较早一些，现在已经结束了，当时从 2002 年开始。"德援项目"是前年（2009 年）开始的，现在正在建设中。这些国外的项目要求非常严格，每年都会有人来检查、验收。这些国外项目效果都很好，像"德援项目"，现在已经在所有的明沙上覆盖了植物，有点草原的样子了。"日援项目"因为开始得早，效果就更好了。

效果好到什么程度，按照 O 队长的说法是：

建设的灌草林木已经全部封育，景色很美，绿草成片，林木很多，野生动物非常多，树林里经常能发现蛇。

盐池县缺水，但县城周边绿化很好，这很不容易。O 队长说：

我们这里的林木都是耐旱的灌木，不是杨树。杨树**"能吃、能喝、能干活"**，大量吸收地下水，蒸发量很大，把我们这里弄得更加干旱，效果很不好，所以我们必须种吸水少、蒸发小的耐旱灌木。盐池县从县长、书记到普通老百姓对治沙都非常重视，每年春季和秋季，县长、书记和各局的领导，尤其是我们环林局①，全体出动，带队发动群众，在盐池县各个乡镇义务植树种草。

O 队长还跟我们讲起发生在他身边的一件趣事：

有一次刚植完树，我儿子到办公室找我，正好看见我们局长，就问我："这里怎么有个非洲人？"我说："怎么敢胡说，这是我们局长。"其实这是植树晒的！我们这里太阳辐射很强，你在太阳下面站上 10 分钟，皮肤就烧得慌。植树的话，基本上是一天掉一层皮。

O 队长还说：

盐池县 70% 的精力都放在了生态治理上，国家、自治区的领导也都来盐池县看生态建设的效果，都有很高的评价。生态治理的效果是和官员的政绩直接挂钩的。

如此大规模植树造林，其中的艰辛自然不难想象。不过如果治沙能有效果，就是再苦、再累也值得！

---

① 即环境保护和林业局。

沙漠不可能从地球上消灭

下午我们来到盐池县沙泉湾治沙站，采访了北京林业大学水土保持学院的 M 博士和治沙站的 M 主任、A 主任。M 博士在这里主要从事荒漠生态系统的研究，对这里的治沙情况比较熟悉：

这个治沙站也是北京林业大学的教学实践基地，每年有 100 天要在这里实习，基本是在夏季。盐池这边的基本地理环境和气候条件就是干旱、少雨、大风，水资源严重匮乏。这里的治沙主要是机械措施和生物措施相结合，先是用草方格和沙障固沙，然后用植被覆盖，也用飞播。草方格是咱们一种传统的治沙方法，日本曾经提供过一种锦纶做的沙障，以前也试过塑料的沙障，但是效果都不如最传统的草方格。

此外，为了治沙，本地还有禁牧政策。M 主任称"禁牧不但盐池有，整个宁夏全区禁牧"。他还告诉我们，对于牧民禁牧带来的损失，政府有相应的补助。谈及治沙参与的主体，大家七嘴八舌，认为在盐池县参与治沙的有政府、高校等，而且是全民参与，此外还有国际合作，但企业在这里发挥的作用不大。M 主任指出：

政府对治沙非常重视，县委书记提出"抓生态建设就是抓发展"，盐池没有什么工业，生态建设就是主要政绩。全民参与，将义务植树与雇工的方式相结合，植树任务分配到各个乡镇，在不同季节轮流进行。高校参与在盐池也相当明显，像我们沙泉湾治沙站，就是北京林业大学的教学实验基地。我们这里还有国际援助的项目，沙泉湾治沙站就是"德援项目"的实施基地（见图 2-7——笔者注）。

谈及治沙过程中遇到的问题该如何解决，M 主任认为：

遇到问题一般都是政府出面协商，但我觉得有一个问题，就是科技转化为生产力应用得可能还不够，有很多现在都处在实验、试点的阶段，还没有推广。盐池县治沙的具体技术，有滴灌、圈养、草方格。滴灌既节水，又防入渗、防盐碱。我们这里种西瓜都是用的滴灌技术，效果非常好。禁牧条例、治沙条例等一些政策条例在治沙中非常有效，如果没有这些，其他技术什么的都是白干。政府治理决心很大，出台了很多政

图2-7 "德援项目"区的治沙成果

资料来源：笔者摄于2011年。

策，这些对治沙也是至关重要的。

聊起在治沙站的生活，几位都说在治沙站这里生活很艰苦。这里没有互联网，吃的、用的都得等外面补给，但是 M 博士的心态很乐观。

既然没办法改变这些条件，那么为啥不想办法找点快乐。我们自己尽量创造条件改善生活环境，工作之余打打牌、吹吹牛、看看电视，也觉得很舒服、很惬意。每年快到暑假的时候，我就盼着（外边的人）赶快来，这里多好啊，水好，风景也好，我很自在，没事做个实验，写写论文什么不都行吗？

M 博士一边说着，一边向我们展示起了他黝黑的皮肤。他的皮肤黑里透红，他自认为今天没被晒爆皮已经很不错了。掀起背心的一角，里面白色的皮肤与晒得发黑的胳膊、脸形成了鲜明的对比。最后，说到对治沙的体会，他也谈了自己的观点：

应该首先认识到沙漠是一种应该存在的生态系统，不是人类能够将它从地球上消灭的，很多时候它对人类并无威胁。治沙主要是治理沙漠化与人类冲突很激烈的地方。不过可喜的是，最近几年由于全球气候变暖的影响，人们认识到了沙漠固碳的作用，治理沙漠也变得理性起来。

222

盐池在古代叫作"盐州大草原"，这里以前是一片草原，"风吹草低见牛羊"啊，真是希望过个几十年，咱们能再见到盐池一片片的草原啊！

8月9日 盐池治沙的"封""造""飞"

8月9日上午，我们再次拜访了盐池县环境保护和林业局，见到了领导A。

新中国成立初期，盐池县的生态环境还是比较好的。但是人口的增加、畜牧业的发展，还有"大跃进"这样的运动，给生态环境造成了极大的破坏。到了（20世纪）80年代，环境越来越差，沙漠化非常严重。从那时起，盐池开始大面积治沙，效果逐渐明显。现在明沙已经很少了，植被覆盖率达到了30%以上。（而且）现在基本没有风沙，风沙减少，环境也变好了。

对于盐池治沙的方法，领导A总结为三个字——"封""造""飞"。

"封"就是"封育"，就是封山育林，通过固沙（20世纪80年代引进草方格）然后封育林木，让植被自然恢复；"造"就是植树造林，通过组织全县各个单位、乡镇（开展）长时间和大面积造林，来治理沙漠化；"飞"就是"飞播"，在人不容易到达的地方，用专门的播种飞机播撒种子造林。盐池治沙面临的问题，我认为主要是两个：第一个是资金问题，国家给的钱太少，在造林资金中国家的补助只占1/10，大部分都是地方财政承担和群众自筹；第二个是水资源匮乏问题，这促使我们改变造林树种，一般都是一些耐干旱、耐风沙的植物，像柠条、花棒、沙柳。

谈到在治沙过程中应用到的科学技术，领导A认为治沙从来没有离开过科技。

咱们刚才说的改变造林树种就是科技应用的表现，还有就是抗旱科技应用到了造林上，像是节水钵、滴灌的应用。这里治沙是政府主导，群众参与，企业参与得少一些。政府这块不用说你也知道，很重视，乡镇领导的政绩和生态建设是直接挂钩的。群众是义务劳动和雇工相结合。群众治沙可以说是积极性很差，主动性很高。肯定谁也不愿意义务劳动，但是没办法，要是不种树的话，房子会被流沙埋掉，生活也没有活路，所以会主动参与治沙。

"积极性很差，主动性很高"，这是我们首次听到的新奇观点。"不主动"就难以生存，"不积极"是因为义务劳动，这是否意味着治沙只是一种为了生存的被迫行为？但领导A也指出：

这里面也有很多治沙先进集体和个人，像白春兰，就是全国治沙劳模。咱们盐池县治沙也得到了外界的不少帮助。德国、日本都提供了援助，有"德援项目""日援项目"，宁夏回族自治区林业局、宁夏大学、北京林业大学、宁夏农林科技大学都给予大力支持。现在各种治沙相关的法律法规都比较健全，执行得也很好。盐池县的草地、林场国有的很少，大部分是集体所有的，农牧民自己管理，**"谁治理，谁受益"**，**"有纠纷也是尽量自己协商"**。盐池县是全年性治沙，对于治沙先进集体和个人，也有些奖励办法。治沙的经济效益虽然有，但是很少，关键是进行深加工的很少。现在盐池县面临的最大问题是生态安全问题，是为了给居住、发展提供良好的环境，追求的是生态效益，所以只有在生态治理好了之后，再更多地关注经济效益。

访谈结束，我们匆匆赶往车站，准备返京。

沙漠，不只是漫天黄沙、遍地都是一望无际的沙丘；无论是在磴口县、伊旗，还是在盐池县，我们发现沙漠上都覆盖着草方格之类的沙障和梭梭、柠条、花棒等沙漠植物，使沙漠与绿洲呈现"你中有我，我中有你"的态势。这也显示了几个地方在治沙方面取得的成就。

沙漠是一种自然景观，属于荒漠生态系统的一种，它在地球上的存在有其合理性。沙漠和火山灰一起，是地球碳循环的两个重要环节，是大陆向海洋补充矿物质的两条途径，所以想把沙漠全部消灭是不可能的，也是违背自然规律的。但是，人类依然需要治沙，因为一部分沙漠已经威胁到了人类的生存和发展。我们访谈了很多专家，他们都说治沙要治理原来曾有植被覆盖，后来因某种原因沙化且有植被恢复能力的地方。应该说，沙漠化和绿洲化是两个互逆的过程，治沙的目的就是促进绿洲化，遏制沙漠化。

而且，我们的调研发现，科技和知识在治沙中起着至关重要的作用，对沙漠治理制度变迁有着深远的影响。其中，自然科学知识多影响沙漠治理的具体方式，例如，科学技术的进步使得滴灌、节水钵等抗旱技术广泛应用于植物和农作物种植中，并对农场绿洲、草方格等传统治沙技术进行了改良，极大地提高了治沙的成效，对成功治沙起到了不可替代的作用。社会科学知识则多以法律法规、政策条例等形式出现，如禁牧条例、防沙条例等，规定了治沙的制度。同时，社会科学知识也可谓是自然科学知识能够对治沙起保障作用，没有它，单单谈技术也是白搭。此外，地方知识也是治沙时不可忽视的一环，它扮演着将自然科学知识和社会科学知识融入地方的重要角色，例如，在治沙植物的选择上，充分参考地方经验，选择最合适的树种。

伊金霍洛旗与盐池县的反思：穷县、富县都嫌没钱

伊旗与盐池县之间虽然直线距离较远，但内蒙古自治区鄂尔多斯市和宁夏回族自治区吴忠市两个地级市却相邻。因此，两地的沙化治理也有一些相同点，但其差异性更值得思考（见表2-5）。从治理效果来看，伊旗受访者强调政府治理"工作做得不错"，最直接的表现是"沙漠近于消失""明沙基本看不到"。类似的言语在盐池县也有，而且盐池县的受访者强调了治理"向好的方向发展"，还提到"植被覆盖率"和"风沙"等直接表现。由此来看，两地的治理效果差别不大。此外，两地的治沙技术也差别不大，机械治沙和生物治沙都有，既有传统的做沙障、打草方格，也有现代的飞播。这些访谈也与我们的观察结果相符。在治理措施上，两地差别也不大。伊旗的受访者强调了落实国家的治理政策，强调奖励种树、退牧种草和退耕还林，也强调禁牧。盐池县的受访者则强调了全区禁牧、封山育林、植树造林等。

表 2-5　伊旗与盐池县访谈结果

受访者	措施	政府	企业	国际合作	治理效果
伊旗					
林业局官员	落实政策				工作做得不错
	奖励种树				
	退牧种草				
治沙站官员	沙障				沙漠近于消失
	草方格				
	种沙柳				
	飞播种树		沙柳加工		明沙基本看不到
	护树		生物电厂		
	禁牧		沙棘产业		
	退耕还林				
盐池县					
环林局官员	种树补贴多	环保局员工			
	种植灌木	领导参与		日援项目	向好的方向发展
		发动群众		德援项目	基本没有明沙
		与政绩挂钩			
治沙站小组	全区禁牧	政府重视		国际合作	
	沙障	全民参与			
	飞播				
环林局官员	封山育林	政府主导			明沙很少
	植树造林	政绩与生态挂钩			植被覆盖率提升
	飞播造林	群众参与			风沙减少
	种柠条				环境变好
	种沙柳				

资料来源：笔者根据访谈整理。

　　但是，两地的治理主体参与有着较为明显的差别。在盐池县，受访者都认为企业治沙比较少，政府领导是主导。体现在植树造林中，政府将领导参与和发动群众相结合，甚至将官员政绩与生态建设挂钩。环林局官员也认为"盐池县需要将生态建设放到第一位，生态安全了，未来才有可能谋求经济效益"。此外，盐池县既有日本援助的治沙项目，也有德国援助的治沙项目，因为考核监督比较严格，治理效果也相对不错。与之相比，在伊旗，企业参与治沙很多，如沙柳加工、生物发电，还有以野生沙棘为原料的饮品产业等。

对于这种反差，我们可以从财政收入的角度去思考。两县的财政实力差距很大，伊旗2011年的财政收入为181亿元，位于当年全国县域经济百强排名的前列，而盐池县2011年的财政收入仅为9.5亿元。由此可知，面对沙化治理，资金投入确实有着很重要的影响。两个财政实力差别很大的县，受访者在谈及存在的问题时，都强调了资金投入不足。如果说盐池县财政收入不足，强调资金投入还在情理之中。但作为全国百强县的伊旗也在强调资金不足，只能说明资金投入没有上限。对于伊旗的治理现状，受访者给出的解释是因为植树造林等项目的补贴较多，所以当地人都富裕了起来。但还有一种可能是，当地财政实力很强，才能给予沙化治理如此多的补贴。盐池县没有这样的财政收入，因此只能靠发动群众和在管理干部方面下功夫，但是也取得了不错的治理绩效。

总之，沙化治理需要全面调动当地政府、企业以及社会各方的力量一起参与，协同行动，而不能仅仅坐等国家财政的单一支持。简单来说，对于沙化治理，钱多当然好办事，但钱少其实也能办事，关键是治理所凝聚的力量究竟能有多大。

内蒙古与宁夏八县（旗、市）的反思：强治理才能避免盲目决策

在适合的条件下发挥主观能动性，是沙化治理成功的基本原则。基于这8个地区的访谈，我们能够感受到沙化治理离不开多方协同，也离不开治理技术的进步。所有地区的受访者都强调了治理技术的重要作用，但这种作用很显然受制于治理条件（见图2-8）。协同治理既需要政府强力主导，也需要社会广泛参与，治理技术先进自然可以事半功

倍；即使治理技术偏弱，政府与民众也可以发挥愚公移山的精神，众志成城搞建设。当然，所有这些努力，都需要在尊重地域的特定自然条件下进行。

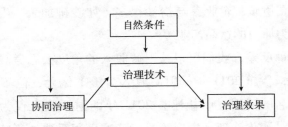

图2-8　自然条件与协同治理的分析框架
资料来源：笔者自制。

从东线的内蒙古5个县（旗）来看，多伦县的水利条件适合植树造林，政府与社会的广泛参与带来了生态治理的极大改善，治理效果也有口皆碑。翁牛特旗和敖汉旗的条件就不是那么好，尤其是技术在应用推广上存在阻力，治理效果难以用好坏来概括。奈曼旗是很典型的中间状态，早期的水利条件不错，治理的投入至少带来了曾经的繁荣。但从长远发展，或者从治理的可持续性来看，将在很大程度上取决于地下水开采能否跟得上，所以治理的争议也因此开始出现。锡林浩特市的水文条件更加不好定性，因此植树造林效果的争议也最大。

从西线的3个县（旗）看，磴口县毗邻黄河，地表水和地下水资源最丰富。伊旗的地表水虽然不及磴口县，但有乌兰木伦河和𬇙牛川两大干流，流域面积占全旗面积的近一半①。该地区地下水资源丰富，虽然煤炭相关行业耗水不少，但地下水使用基本不受影响。盐池县的地表水极其匮乏，能利用的仅是毛乌素沙地的地下水。② 但是，三地的治理效果都较好。或者说，无论是水文条件较好的磴口县，还是水文条件较差的盐池县，都在积极地谋求适合当地条件的治理。例如，盐池县的受访者就认识到了种植杨树弊大于利，所以改种耐旱的灌木。

---

① 伊金霍洛旗志编纂委员会. 伊金霍洛旗志[M]. 呼和浩特:内蒙古人民出版社,1997:129.
② 盐池县志编纂委员会. 盐池县志(1981—2000)[M]. 银川:宁夏人民出版社,2002:41.

因此，防沙治沙的前提是认识自然条件所给予的治理空间，在此基础上才能谈技术的应用和社会的广泛参与。总之，我们发现：自然条件是本，广泛参与是末；如果本末倒置，轻则千辛万苦无回报，重则劳民伤财惹骂名。所以，虽然防沙治沙中的强政府主导必不可少，但如果没有强社会的合理制约，也很容易出现强政府不顾当地自然条件的盲目决策，这是我们在任何治理中都必须高度重视的问题！

| 第三编 |

2014 年内蒙古十三旗草原治理调研

调研目的及路线安排说明

本次调研的主要目的是探讨各种社会成员或行动者如何通过多元协作或协同治理的方式促进中国北方草原区治理绩效的改善，尤其是防止草原退化。为了研究这一问题，本次研究选择了内蒙古自治区 13 个旗进行调研。同时，为了节省调研时间、锻炼年轻研究者、方便行程安排等，本次研究采用了东中、中、西和阿拉善共 4 条线路和四路调研者的方式进行：东中线依次包括内蒙古自治区东部的 3 个旗——鄂温克族自治旗、新巴尔虎左旗、陈巴尔虎旗以及中部的 4 个旗——杭锦旗、达尔罕茂明安联合旗、四子王旗、苏尼特右旗，共 7 个旗；中线包括内蒙古自治区中部的 2 个旗——正蓝旗和苏尼特左旗；西线包括内蒙古自治区西部的 2 个旗——乌拉特后旗和乌审旗；阿拉善线则包括阿拉善左旗和阿拉善右旗 2 个旗。调研的时间为 2014 年 7 月 22 日至 10 月 14 日，前后历时近 3 个月。同时，为了叙述方便，我们并不完全按照时间的先后顺序进行汇报，而是采用了路线安排（先东中线，再中线，再西线，最后是阿拉善线）和日期先后相结合的方式，故而可能出现有些旗虽然调研的时间比较早，但是由于线路不同，会被放到较后的地方进行汇报的情况。

一、内蒙古自治区鄂温克族自治旗

鄂温克族自治旗（以下简称"鄂温克旗"，当地人也称"鄂旗"）在行政上隶属于内蒙古自治区呼伦贝尔市，位于大兴安岭西侧、呼伦贝尔大草原东南部，同时紧邻海拉尔城区南部；地理位置在东经 118°48′~121°09′、北纬 47°33′~49°26′，土地面积 19111 平方千米。① 根据呼伦贝尔市统计局数据，2007 年鄂温克旗的户籍人口为 14.38 万人②；根据第七次全国人口普查数据，截至 2020 年 11 月 1 日零时，鄂温克旗常住人口为 141102 人（约 14.11 万人）③，基本保持不变。

鄂温克旗地处大兴安岭山地向呼伦贝尔高原过渡地段，属高原型地貌区，地势由东南向西北逐渐倾斜，最高海拔 1706.6 米，最低海拔 602 米；属中温带半干旱大陆性季风气候，冬季漫长寒冷，夏季温和短促，降水较集中，年平均气温零下 2.4 摄氏度，一般年平均降水量为 350 毫米，年平均蒸发量 1466.6 毫米④。主要植被为草原和森林，草原面积有 1.19 万平方千米，占总面积的 62.2%；林地面积有 6462 平方千米，占全旗总面积的 33.8%⑤。

鄂温克旗是中国 3 个少数民族自治旗之一⑥，辖区共有 25 个民族。据旗政府官方网站介绍，鄂温克旗有全国最大的樟子松母树林基地、闻名世界的沙地樟子松林带，鄂温克旗境内驻有华能伊敏煤电有限责任公司、神华大雁能源集团、内蒙古通大煤业公司等国有大型企业。鄂温克

---

① 鄂温克族自治旗人民政府．鄂温克族自治旗概况［EB/OL］．［2021 - 10 - 06］．https://www.ewenke.gov.cn/Category_9/Index_1.aspx.

② 汇聚数据．呼伦贝尔鄂温克旗人口［EB/OL］．［2021 - 10 - 06］．https://population.gotohui.com/pdata - 2366.

③ 呼伦贝尔市人民政府．呼伦贝尔市第七次全国人口普查公报（第二号）［EB/OL］．（2021 - 06 - 09）［2021 - 10 - 06］．http://www.hlbe.gov.cn/News/show/207767.html.

④ 鄂温克族自治旗人民政府．自然条件［EB/OL］．［2021 - 10 - 06］．https://www.ewenke.gov.cn/Category_12/Index_1.aspx.

⑤ 鄂温克族自治旗人民政府．鄂温克族自治旗概况［EB/OL］．［2021 - 10 - 06］．https://www.ewenke.gov.cn/Category_9/Index_1.aspx.

⑥ 鄂温克族自治旗人民政府．鄂温克概况［EB/OL］．（2021 - 01 - 01）［2021 - 04 - 06］．https://www.ewenke.gov.cn/Category_9/Index_1.aspx.

旗先后获得"全国文明旗县城""全国文化先进县""中国旅游强县"
"全国体育先进县""全国民间文化歌舞艺术之乡"等称号①。

7月29日　来到海拉尔

7月29日,下午5点左右,我们乘坐的飞机降落到了呼伦贝尔东山
国际机场,也就是大家平常说的海拉尔机场。坐在飞机上从机窗俯瞰洁
白的云海和碧绿的草原,别有一番情趣,令人心旷神怡。我们下了飞机
之后,发现机场很小,但很整洁。正因为机场很小,我们走出机场很快,
不像在北京的机场,尤其是首都机场3号航站楼,有时即使飞机降落也
得在机场里面等待差不多一个小时。看来小机场也有小机场的好处。

出了机场,排队打了一辆出租车之后,不一会儿我们就来到了呼伦
贝尔市海拉尔区。一路上,我们看到有一条由两条绿带夹着的河流经市
内,据说这就是海拉尔河;从车窗远远看去,市内比较整洁,感觉很不
错。由于天色很快就要暗下来了,我们没有更多的时间再去仔细领略市
容市景,就赶快找了家酒店安顿下来,之后就立马出去吃饭。可由于时
间久了,也忘记吃的什么了,之后就尽快休息了,好第二天正式开始本
次调研。

7月30日　被误认为"官员"的企业老总

7月30日早上,我们打了一辆出租车,半小时便到了鄂温克旗环保
局,迎接我们的是鄂温克旗环保局工作人员Y。这令我们很意外,因为
在前一天他就告诉我们,今天他们还有一个更重要的接待需要下乡,不
能亲自接待我们。来海拉尔之前,一位环保系统的朋友便告诉我们:

那边每年夏天的接待任务特别重,你去了人家不一定顾得上你。

事实还真如他所料,我们被迎进鄂温克旗环保局会议室后,就开始
了半个多小时的等待。Y给我们安排了鄂温克创建全国生态旗办公室的X
做访谈。一开始我们以为X是生态旗办公室的负责人,或者说至少应该

---

① 鄂温克族自治旗人民政府. 鄂温克概况[EB/OL]. (2021-01-01)[2021-04-06]. https://
www.ewenke.gov.cn/Category_9/Index_1.aspx.

是半个负责人，但随着访谈的深入，其身份不能说让我们大吃一惊，至少也是深感意外。

对于这些年旗里诸多基层组织在草原生态建设或者说荒漠化治理方面的作用，X持特别肯定的态度，也拿出了很多相关材料。就X所知道的情况：

从20世纪90年代末，这里就开始开垦草原，当时对草原伤害比较大。后期开始搞退耕还林、退耕还草，**再加上这两年老天爷也比较争气（降雨较多），所以草原治理效果很明显。**

总体而言，这几年的治理是不错的，但对于整体工作的肯定不代表草原生态建设方面没有问题。或者按照X的观点，草原生态建设方面有些工作"不好说"。比如：

现在的草原围栏后，将大多数的草场都分给了牧户，牧民有说好的，也有说不好的。围栏后牧民打草不方便，生产生活不方便，肯定就不说草原围栏好了，虽然草原围栏对植被比较好。

这种公共利益与个人利益的冲突，或者说现实利益与长远利益的冲突，是多元协作治理中经常遇到的问题。每个个体都倾向于追求自己的利益最大化，最后的结果就是理论界熟知的"公地悲剧"，因此才需要政府干预，或者非政府组织的参与。可以说，在中国当下，很多地区的草原生态建设主要就是靠政府，当然也有些地区会有非政府组织等其他主体参与，但对于鄂温克旗而言，X的答复是：

当地没有非政府组织参与草原治理，有的只是经济合作性的合作社和奶联社，也没有宗教组织参与草原治理。

作为多元协作主体之一的新闻媒体，在鄂温克旗草原治理中的主要作用是配合政府做宣传，比如：

对于22项创建生态旗的指标，旗里电视台做宣传、《呼伦贝尔日报》和《内蒙古日报》也都在做宣传。

因此，这些治理主体之间即使有合作，也大多是政府主导下的合作。

但这种政府牵头下的各部门联动，更多的是内部多元主体间的协作①。那么这种内部协作是否会出现相互推诿甚至扯皮？X认为：

不会，因为该项工作考核实行一票否决制，高压之下无论哪个部门都想着如何把事情做好，就不会有扯皮。即使个别情况下有，由旗政府领导出面协调也基本无事。

此外，鄂温克旗有一些工业企业，对于企业参与草原治理，X总体上持否定态度。或者说企业不是参与草原治理，而是给草原治理带来问题，既有直接的问题，也有间接的问题。直接的问题是：

这些大企业，不管是开矿的，还是采石油的，对草场破坏最大。与工业企业相比，牧业，或者说过度放牧等问题，对草原的破坏作用反倒比较小。

X将MD煤矿作为一个具体的例子，他指出：

MD煤矿对鄂温克旗草原的破坏最大，当地牧民也很反感。牧民还因此进行过上访，腾讯官网也曾做过报道。当时牧民举出的例证是靠近厂矿附近的雪比离厂矿远的地方的雪融化得快。

由此得出的结论是，厂矿附近的温度要明显高于其他地方，那么夏天厂矿附近要比别的地方温度更高，在草原这种特殊的植被条件下，温度高就意味着更干旱，草的生长或者变缓，或者干脆死亡。间接问题是，在厂矿建设初期，给了牧民200万元征地费，价格很高，对牧民而言却不一定是好事。这个200万的数字不一定是实际数字，但X能想到该数字，说明征地补偿至少不是10万~20万元，即使达不到200万元，也应该能达到100万元。但被征地牧民拿到这笔巨资后大多用来消费而不是投资。这种消费或者是奢侈性消费，如买好车；或者是浪费性消费，如赌博。这样钱很快就花光了，而都市生活又使牧民沾染了不少恶习，最后的生活反倒不如征地以前了。

据X所知：

---

① 也就是周雪光概括的"动员模式"。周雪光,练宏.政府内部上下级部门间谈判的一个分析模型:以环境政策实施为例[J].中国社会科学,2011(5):80-96.

前两年北京大学曾有人来本地做过调查，发现牧民生产生活方式改变后，有人能融入都市，有人不能融入。后者最后就沦为"三无"人员，即无地、无房、无老婆。

因此，传统生活方式的转变，或者具体到牧民城市化，应该是一个缓慢的过程。转变太快牧民适应不了，生活状态在短暂提升后反倒更加恶化。

X是达斡尔族人，在X看来：

达斡尔族、鄂温克族、蒙古族等自身的草原保护意识比较强，因此对于草原治理方面做得也比较好。比如，走蒙古包（搬迁蒙古包）时，能焚毁的焚毁，能深埋的深埋，保证第二年能长出草。

访谈中我们发现，X对于草原保护方面存在的问题及影响因素等几乎是知无不言，言无不尽，其坦诚与率直在我们以前接触的政府官员中是很罕见的。比如，X认为：

现在不只是鄂温克旗，呼伦贝尔的牧业四旗入驻的企业太多了。有开矿的，有采石油的，而且大集团挺多，这些企业对草场破坏最大。

X这种"敢说"在很大程度应该源于其特殊的身份。一开始我们以为X是鄂温克创建全国生态旗办公室主任。因为访谈中我们想要一些数据或材料时，X都表明"我这里都有"。后来才弄清楚，此人系×××计算机信息技术服务中心经理。创建生态旗工作把企业的老板当作工作人员也吸纳进来，这可能是本旗的特色。也许正因为X并非政府一员，才能对于访谈中的一些问题敢于直言，为我们提供了丰富的信息。

环境好的地方环保经费少

从X处访谈所获的信息可谓丰富，但相关问题的介绍和评价难免会有主观片面之嫌。因此，我们又对鄂温克旗环保局领导A进行了访谈。说明来意后，对于我们的访谈，A认为：

草原沙化的问题跟林业局比较对口，跟农牧业局也比较对口，跟环保局反倒不对口，因为环保局的工作更多是针对工业企业。

既然环保局与工业企业对接较多，我们就顺着A的话题问及工业企业在草原保护中的作用。A 认为：

本地的企业不太多且大多是央企，这类大企业都比较规范，有的甚至是国家环境保护先进集体。

对于此答复，从积极的方面可以理解为，鄂温克旗的草原保护得很好，企业对于草原环境几乎没有影响；从消极的方面可以理解为，企业对于草原环境保护没有发挥作用。这与我们从 X 处得到的信息显然是不一致的，或者是真如 A 所言，那么 X 的观点就是个人的主观意见。或者 X 的说法是真实的，那么 A 就是出于全旗的整体形象和发展考虑，不愿意给工业企业负面的评价。

随着与 A 访谈的不断深入，话题也转向了地区的环境保护项目与资金支持，以及环保局的经费争取上。

旗里没有国外的相应项目和资金支持，环保局的资金大多是环保部和内蒙古自治区环保厅的拨款，内蒙古自治区财政的转移支付也会给相应的项目。但整体上 A 认为：给的不多，每年也就一两个。因为上级部门说，"你们这里环境好，也用不着给太多"。而且（本旗）大气污染轻微，旗里对于空气污染的监测主要是 PM_{10}，因此，全呼伦贝尔市环保项目资金大多投到西部地区。现在财政预算方面管理得挺紧，很多时候是工作开展前，物品购置要赊账，然后再想办法解决，有些时候这种赊账还是长期赊。

事实上，从高于旗一级的地方政府层面考虑，哪里的环境保护面临的任务严重，资金及项目支持就应投放到哪里。但是，具体到每个旗的环保局，都希望能多有些经费、多有些项目乃至多有些权力。[①] 环境破坏比较严重，相应的项目和资金支持也多，这会不会构成一种反向激励？即所有的旗级环保机构都希望本地的环境破坏比别的同级地方严重。这其实反映了环境保护工作中本级环保部门与上级环保部门不可避免的一项矛盾，或者说是旗县基层政府与上一级政府的矛盾。如果这种矛盾没

---

① 例如，访谈中，Z 对于本旗环保局这种无钱无权的境地很有想法。Z 称，一些给予旗环保局的项目钱也很少，而且直接给相应的主体，不经过旗环保局。例如，2013 年有一个嘎查垃圾回收的项目就是如此。

有合理的制度安排，那么很容易出现旗级环保局反倒不愿意保护环境的怪现象。当然，现实中的很多因素会消除这种反向激励，比如，环保部门领导对于地方环境保护重要性的认识；又如，对于环境破坏后的问责。但我们不能忽视此种反向激励变为现实的可能性。

时间很快到了中午，鄂温克旗环保局安排我们吃工作餐。虽然是在一家很小的餐馆，宾主一起空间有限，但却其乐融融。问及我们下午的安排，我们希望看一下鄂温克旗的草原，尤其是辉河自然保护区，然后可以顺路赶往新巴尔虎左旗。A 称这几天环保局特别忙，工作人员也在野外，答应专门安排一名工作人员开车送我们过去。

集体牧场会不会被偷牧

下午 3 点，我们从镇里出发，驱车一路向西南，去往辉河自然保护区。呼伦贝尔大草原确实雄浑壮观，沿途风景甚好，草原虽然没有"风吹草低见牛羊"的茂密，却与蓝天白云的广袤融为一体。途中我们碰到了羊群，也碰到了马群，还碰到了骆驼群，不过相对而言骆驼群规模最小，只有 6 峰大骆驼和 5 峰小骆驼。

为我们开车的鄂温克旗环保局工作人员 T，祖籍黑龙江，1975 年生，3 岁便来了本地。据 T 回忆：

我小时候**生态很好，草有半人高，蘑菇随便捡**，不过柏油路也就一条。20 世纪 90 年代，本地草场开始退化。2003 年，草场上建起了网围栏，草才开始好起来。这几年草原生态环境变好。

说到这里，T 的一个例证是以前鄂温克旗林业局有治沙项目，现在没有了。按照 T 的说法，从公路越往南，草场越好，尤其是辉河自然保护区附近。

本地草场按照所有权分为两类，一类是集体草甸子，归嘎查（蒙古语，意为"村"）所有；另一类是牧民自家的草库伦（围起来的草场），归牧民家庭所有。集体草甸子小的有 700 多亩，大的有 2000 多亩。早些年，这些草场都没有产权归属，大家陆续迁来，先来者先占。至今，仍属于集体的草甸子也称"夏营地"，这种草甸子如果全嘎查牧户都去放牧，草质就会越来越差，羊也长不好。很多时候，如果集体草甸子草不太好了，嘎查的牧户就不会再去放羊了，草场就能慢慢恢复。牧户去夏营地只是放牧，基本没人去打草，T的解释是：

牧民打草一般都在自己家的草库伦，公共草场因为大家都去放牧，也没有多余的草可打。现在的集体草甸子本嘎查的可以随便放。

这句话的另一层意思是，外嘎查的牧户不能随便放。那么，万一外嘎查偷着放怎么办？T称：

不可能！放牧季节本嘎查的牧户天天有人来放，外嘎查的一来就会被发现，所以不可能偷放。

因为有了草围栏，如今的草场间界线很明显。在草围栏设置的时候，也曾出现过边界纠纷，T所知的是鄂温克旗巴彦塔拉和西公社两个嘎查的纠纷。后来，该纠纷被市级部门调解，以后就再也没有出现类似的纠纷。除了这种嘎查之间的纠纷，牧民与企业之间也有过纠纷。T称有HN的煤矿曾因占地和污染问题被村民告，这与上午X提供的信息是一致的，即工业企业会对草原生态环境保护造成负面影响。

我们的车行至好力宝嘎查的好力宝马场时，看到一批木板房，式样统一，非常漂亮。T介绍道：

那是国家和牧民共同出钱建的定居点，当时的政策是牧民出资1.5万元，剩下的国家补贴，最后由发展改革委将房子盖好，当地人称这种现代的木板房为"屯子"。屯子已完全现代化，水电等基础设施完善，商业也比较发达，牧户既可以买菜也可以买各种日用品。屯子里牧户的小孩大多在寄宿学校读书，上学既可以坐客车，也可以坐自家的小轿车，出行很方便。屯子虽然方便居住，但屯子里的牧户家草场大多离屯子比较远，而且**远的是比较好的草场**。

从地图上看，整个鄂温克旗如同一片大叶子，省道S201线如同叶子梗将巴彦托海镇与海拉尔连接起来。那么T所谓的"远的草场"应该是向南的广大牧区。在牧区，散户分散在旗里各地，用电量大，多靠风力发电，放牧时节大多住篷车，方便省事，只有个别牧户在放牧的时候会住蒙古包。途中，我们看到一位骑马的牧羊人，羊有400~500只，T称本地放羊有骑马的，也有骑摩托车的。

40分钟后，我们行至西博桥综合检查站，门口有两条强壮的本地大狗，看样子极为伶俐凶猛。据检查站工作人员介绍：

该检查站为辉河自然保护区下属的五个检查站之一，主要保护辉河湿地生态系统。检查站受自然保护区和旗公安局双重领导，共有5人值班。检查站工作人员一般是夏天来到此地，冬天回旗里上班。此地往西是西博山，西博桥的名称由此而来。自然保护区野生动物很多，有狼、狐狸、兔子、鹰、野鸭子……检查站主要是防止盗采药材和盗猎野生动物。保护区不收门票，允许放羊，但不允许破坏草场。如果出现破坏草场的行为，检查站可以拘捕判刑。

放牧的收入高吗

再往南走到锡尼河西公社，我们遇到了一位骑摩托车的牧羊女。在内蒙古，农民和牧民经常并称为"农牧民"。李昌平的那句"农民真苦，农村真穷，农业真危险！"套用到牧区是否也是"牧民真苦，牧区真穷，牧业真危险"？我们对牧羊女进行了访谈，尤其关注了其家庭收支。

家里共5口人，自己在为父亲放羊，羊群固定数目为900多只。

关于牧羊收入，牧羊女称每年能卖400多只羔子羊。每只羔子羊价格为500~700元，则该户一年毛收入在20~28万元，人均毛收入为4万~5.6万元。

（放牧的）成本很高，一年的纯收入为5万~7万元，人均纯收入为1万~1.4万元。一年放牧的成本包括祭敖包的祭祀品费用和每月3000元的日常生活支出。3000元的日常生活支出包括全家的肉食购买，因为自家牛羊等到冬天才会杀，尤其是杀牛，会几家合伙杀一头。

如果按照纯收入5万元、毛收入20万元算，一年的支出至少是15万元，那这15万元里减去3.6万元的日常生活支出，还有11.4万元我们暂且都记为祭祀费用。

家里有1000多亩草场，国家的补贴是每亩2.83元，该项收入为2830元。家里还养着20头牛，每头大约价值1万元。这20头牛每年能卖 5～6 只牛犊，按今年（2014 年）牛犊的卖价 1 万元计算，该项收入为 5 万～6 万元。养牛的成本包括买草、买饲料、盖棚圈，如果 1 头牛按 1 车草计算，1 车草价格为 1000～3000 元，那么买草的成本为 2 万～6 万元。

这样计算，养牛应该是不挣钱的。如果我们将 1 车草的价格按 2000 元计算，20 头牛共 20 车草，买草的成本为 4 万元。这样算来，养牛的收入在 1 万～2 万元。如果牧羊女家里的 1000 多亩草场打的草足够喂养所有牛羊，那么这 5 万～6 万元就应该是纯收入。但家里的草场是否够用，我们没来得及细问。在返回的路上 T 告诉我们：

这 900 只羊里每年还会卖至少 100 只淘汰羊，就是那些失去喂养价值、或老或残的羊。这种淘汰羊的价格每只大概是 800 元，该项收入差不多是 8 万元。本地现在比较贵的是羯子羊，每只羯子羊至少 1600 元。估计这群羊里能有 50 多只羯子羊，每年至少能卖 10～20 只。羯子羊的价格不等，1 只 4 颗牙的羯子羊是 1600 元，6 颗牙的羯子羊则能卖到 1800 元。

因此，如果按照每年卖 10 只计算，那么该项收入为 1.6 万～1.8 万元；如果按照 20 只计算，则为 3.2 万～3.6 万元。所以，T 估计该牧羊女家每年的纯收入为 5 万～10 万元。我们可以将所有收入项相加，减去所有支出项。

最低毛收入：羔子羊 20 万元 + 草场补贴 0.283 万元 + 牛犊收入 5 万元 + 羯子羊 1.6 万元 + 淘汰羊 8 万元 = 34.883 万元。

最高毛收入：羔子羊 28 万元 + 草场补贴 0.283 万元 + 牛犊收入 6 万元 + 羯子羊 3.6 万元 + 淘汰羊 8 万元 = 45.883 万元。

最低支出：生活费 3.6 万元 + 买草 2 万元 = 5.6 万元。

最高支出：生活费 3.6 万元 + 买草 6 万元 = 9.6 万元。

该结果将前面的 11.4 万元祭祀费用计入，则一年全家纯收入为 13 万～29 万元，这似乎也超过了 T 的估计。当然，上述计算没有纳入篷车、棚圈、交通工具等大项支出，但上述设备一旦拥有，就不用每年投入。当然，要注意，这里我们并没有考虑各种突发自然灾害等对牧民收入的影响。

对牧羊女访谈结束后，我们驱车回巴彦托海镇，再从巴彦托海镇坐顺风车，沿着省道 S201 线到达新巴尔虎左旗阿木古朗镇，时间已是晚上 7 点。新左旗环保局工作人员 R 接待了我们。R 是蒙古族，父母有正式工作，但同时家里承包了几百亩草场，收入不错。此外，R 还提及了一个信息，说："省道 S201 线与阿木古朗镇入口交会处有两家居民自愿种树防沙，在当地是知名人物。"居民自愿种树防沙，自然令人称赞，但在镇的边缘就种树防沙，难道此处的沙漠化已经威胁到了镇区？而且，这两家人究竟是本地人还是外地人，为什么会自愿种树？我们特别想揭开这些谜团。

二、内蒙古自治区新巴尔虎左旗

新巴尔虎左旗（以下简称"新左旗"，当地俗称"东旗"）在行政上隶属于内蒙古自治区呼伦贝尔市，位于呼伦贝尔市西南端、大兴安岭北麓。西南与蒙古国接壤，东北与俄罗斯隔额尔古纳河相望，南接我国兴安盟阿尔山市，西隔乌尔逊河、达赉湖与新巴尔虎右旗、满洲里市相邻，东与我国陈巴尔虎旗、鄂温克族自治旗相连，毗邻两国、一盟、四旗市，边境线总长 311.24 千米①；地理位置位于东经 117°33′~120°12′、北纬 46°10′~49°47′，土地总面积 2.2 万平方千米②。根据呼伦贝尔市统计局数据，2007 年新左旗的户籍人口为 4.09 万人③；根据第七次全国人口普查数据，截至 2020 年 11 月 1 日零时，新左旗常住人口为 37007 人（约 3.70 万人）④，有所下降。

新左旗草原土地表面多为砂壤，极易受风蚀破坏，形成沙化，且该地气候属于半干旱高平原气候和中温带大陆性季风气候，常年多大风，

---

① ② 新巴尔虎左旗人民政府. 新左旗概况[EB/OL]. [2021 – 10 – 06]. http://www. xzq. gov. cn/Category_10/Index. aspx.

③ 汇聚数据. 呼伦贝尔新巴尔虎左旗人口 [EB/OL]. [2021 – 10 – 06]. https://population. gotohui. com/pdata – 2362.

④ 呼伦贝尔市人民政府. 呼伦贝尔市第七次全国人口普查公报(第二号)[EB/OL]. (2021 – 06 –09) [2021 – 10 – 06]. http://www. hlbe. gov. cn/News/show/207767. html.

沙源容易扩散。新左旗境内原有三条沙带，到20世纪90年代初逐步发展成三块沙地。全旗干旱少雨，年平均降水量298毫米，年平均蒸发量1620毫米。① 近十几年气候异常，地下水位下降，风力等级、大风天气数呈上升趋势，加剧了草原沙化②。

新左旗历史悠久。"早在1万年以前，著名的扎赍诺尔人就在这里生活，创造了呼伦贝尔原始文化。其后，便有东胡、匈奴、鲜卑拓跋部、蒙古等北方游牧民族在这里繁衍生息。"③ 新中国成立后，新巴尔虎左翼旗政府于1950年1月改称为"新巴尔虎左翼旗人民政府"；1959年，国务院批准新巴尔虎左翼旗更名为"新巴尔虎左旗"；1968年，成立新左旗革命委员会；1980年，撤销新左旗革命委员会，改称"新巴尔虎左旗人民政府"至今④。

7月31日　干脆利落被拒后的访谈

按照约定，上午我们先拜访了新左旗环保局的G领导。在这两天的联系过程中，只有G是主动跟我们打电话联系，应该说是呼伦贝尔市三旗中态度最好的。但是，我们后来才明白，态度好并不代表着愿意接受访谈。正式介绍并说明访谈目的后，G明确表示：没法找到相关人员配合我们的调研！

口气之坚决让我们实感意外。G的理由是：

这种调研必须经过旗一级宣传部同意才可以，环保局没法给找人。

虽然不能与各部门进行访谈，但G表示：

到各个点看看可以，局里也能给派车跟着。

听到这里，我们马上断定，G虽然表面上严厉拒绝，但事实上还是

---

① 新巴尔虎左旗人民政府. 新左旗2011年测土配方施肥建议卡发放仪式[EB/OL]. [2021-10-25]. http://www.xzq.gov.cn/Item/2692.aspx.

② 新巴尔虎左旗政协志编纂委员会. 新巴尔虎左旗政协志[M]. 沈阳:辽宁民族出版社, 2007:10.

③ 新巴尔虎左旗人民政府. 新左旗概况[EB/OL]. [2021-04-06]. http://www.xzq.gov.cn/Category_10/Index.aspx.

④ 新巴尔虎左旗人民政府. 历史[EB/OL]. [2021-10-06]. http://www.xzq.gov.cn/Category_13/Index.aspx.

愿意帮助我们的。

在接下来的对话中，对于我们提出的是否可以提供一些公开资料的问题，G的答复更是直接：

公开的资料网上都有。

回答之干脆利落程度，确实让人有点意外。但有了前面的一点交谈，我们初步确定，这大概就是G的性格吧。既然如此，我们也就没有再说什么。之后，就顺着他，对他展开了粗线条的访谈。

对于近几年新左旗的草原治理，G认为：

这几年治理得好，雨水也好，所以沿路草长得特别好。对于旗政府而言，草原治理主要是林业局和农牧业局负责，环保局主要是针对工业。

这与鄂温克旗环保局A的说法一致，在随后几天的调查中，我们了解到，该问题应该是旗县环保局面临的普遍问题。网上搜集资料时，我们发现新左旗有"甘珠儿治沙项目"，G表示该项目区离镇里20多千米，现在治沙工作已经完成。

访谈得知，新左旗环保局的正式工作人员共6人，都是公务员编制。此外，加上事业编和参公的，共有20多人，但G表示"人手明显不够"。按照G的说法：

现在环保局彻底没有相关的项目经费，**全呼伦贝尔市就新左旗比较特殊，职能有点少。**旗里三公经费由财政按人头拨付，每人每年3000元，局里共1.8万元，此外加上正科2万元、副科1万元的经费，局里一年所有的办公经费也就7万多元。林业局有不少项目，国家给的也多。草原局①专门管草原治理，也有不少项目。环保局管工业，而新左旗又几乎没有工业，旗里虽然有风力发电站，但因为没有对外输出通道，只能送到黑龙江。而黑龙江的电力又足够，所以新左旗大部分的风力发电设备都停转了。而且，风力发电属于清洁能源，因此本地没有工业污染源。此外，在职工待遇方面，环保局职工的工资是旗财政发，**工资就靠地方**

---

① 新左旗的草原监督管理局在农牧业局下设。对于农牧业局，有时候当地又称为"畜牧局"。内蒙古自治区的牧业旗县，植被以草原为主，因此，农牧业局也被称为"草原局"。

的转移支付，没有中央财政支持。新左旗属于内蒙古自治区的贫困旗县，所以环保局工作人员**一年到头也没有奖金**。①

一个小时后访谈接近尾声，G 安排 D 主任带我们"出去转转、看看"。

寺庙周围的环保局防沙林

D 主任在 1982 年就参加了工作，职业是呼伦湖水面警察，5 年后回到新左旗工作，1990 年进入新左旗环保局。据 D 主任回忆：

当时环保局编制为环保办，隶属于城乡建设与环境保护局，职工也只有我一人，当时的工作也主要是下去宣传环境保护的重要性。直到 2007 年，旗里才成立环保局。现在环保局的职能部门有：监察大队，负责接待投诉，查处环保审批；固废中心与自然保护股，负责与上级部门对口任务；办公室，负责各项事务；总量股与污染控制股，负责与上级部门对口任务。在旗政府的各个部门中，林业局和草原局都会实施飞播种草与飞播造林，这两个部门一直在做环保工作，旗政府的相关经费也都拨给了这两个部门。

D 主任安排我们先去镇西北的甘珠尔庙，因为该庙附近有新左旗环保局栽种的防沙林。我们驱车向西北，途中可以看到人工种的杨树和樟子松。到了甘珠尔庙，虽然土地沙化比较严重，但都是固定沙丘。有寺庙不代表有宗教组织参与草原保护，寺庙周围的树木都是新左旗环保局栽种的。对此，之前 G 领导给出的解释是：

佛教不像基督教，没有集体聚会，虽然有庙会但也是发挥经济功能。本地以蒙古族为主，大多数信仰佛教，但都在自己家里信，所以大家对于宗教的依靠就明显少了。因此本地的民众信教**也不是特别信**，而且以**年纪比较大的老年人为主，60 岁以下的较少**。

甘珠尔庙正在施工，铺上松木板作为进出的路，D 主任称这样做是：

---

① 据 G 提供的数据"全旗财政收入 2013 年 2.4 亿元，人口 4 万多人。"这与鄂温克族自治旗人民政府网上公布的鄂温克旗 2013 年财政收入 24.5 亿元相比，仅为后者的 1/10。与鄂尔多斯市准格尔旗 2013 年 855.4 亿元的财政收入相比，简直是天上地下。

"防止来人踩踏导致土地沙化。"此种说法让人困惑，如果寺庙如此注重生态环保，怎么周围的防沙林还是新左旗环保局栽种，而不是教徒栽种？

此外，路边有一块石碑，上书"乌力吉图阿尔山"。我们以为此阿尔山与兴安盟的阿尔山有关，D主任告知此"阿尔山"指的是新左旗的阿尔山林场，属于老林子了，历史悠久。路边还可以看到特别多的沙柳堆，D主任称这些沙柳都是治沙的成绩，禁止砍伐，因为这一片属于新左旗控制沙化的起点。

雇人放牧很普遍，合作放牧很少见

防沙林参观结束后，我们希望D主任能安排去见见昨天R提及的两家自愿防沙户，D主任很爽快地答应了。据D主任介绍，这两家都是外地人，来自山东，当年承包的是沙地，承包后自愿种树防沙。半小时后，我们怀着满心期待到了防沙户的住处，却发现大门紧闭。当年的沙地现在已树木林立，草场成形，大门前有一块牌子，上书三个大字"卖草个"。如果按照D主任的说法，当年此地是白沙，那么现今治理成如此面貌，功莫大焉！虽然到了家门口，但是不能访谈到他们，甚是遗憾！谈论中，我们得知镇里东南方有一处湿地，正在规划筹建为公园，D主任建议我们去看看。

驱车至湿地后发现，该湿地面积很大，从镇东南一直到镇西南。尤其到了西南方，有一片2000多平方米的水泡子，芦苇密布。D主任称该湿地20世纪70年代就有，当时比现在还湿润。再往西南，有一片中日友谊林，据D主任回忆，自己10多岁时，即20世纪70年代，此林子便已存在，一直到现在规模均未变化。

参观完中日友谊林后，我们驱车往南，领略新左旗的大草原风景。新左旗草原虽没有鄂温克旗植被茂盛，却也平坦开阔（见图3-1）。

途中遇到一队牛群，有30~40头，由此可见新左旗草原放牧也比较普遍。D主任称：

这片草原一直往南延伸至120多千米，虽是新左旗地界，但属于农牧交错带。本地牧民很多还居住在蒙古包里，游牧放羊时有的骑马，有

图3-1　新左旗草原

资料来源：笔者摄于2014年。

的骑摩托车，还有的会开车。现在本地的草场有分到各家的，也有集体的。分到各家的都用草围栏隔开，当时是草原局给测量定位。与鄂温克旗类似，自家的草场以打草为主，全部机械化。对于卖草的价格，新左旗每吨草500~550元，一般是530元左右。牧民放牧很少合作，**因为就这点牛羊，草场也少**，根本用不着合作。虽然合作放牧少，但是雇人放牧的比较多，而且牧羊人的工资比较高，一个月4000~5000元。放羊虽然工资高，但比较辛苦，得天天跟着羊群。相对而言，放牛比较轻松，不用天天跟，因此放牛人的工资是夏天便宜、冬天贵，受雇者以呼伦贝尔市的人居多。

谁都想多要点钱

回到新左旗环保局会议室，G领导的战友I来访，我们借机对I进行了访谈。I是新左旗森林公安局政委，主要负责旗南部原始森林的生态保护工作。

本地野生动物较多，黑熊、草原灰狼、雪狼、黄羊、狍子、野猪啥的都有。所以，外地的盗猎者和盗采中草药者①也就多，森林公安主要打击这些盗猎、盗采者。本地黄羊迁徙较多，经常从蒙古国进来。但近

---

① 主要是防风和柴胡。

些年本地的黄羊盗猎少多了，因为枪支管制加强了。森林公安常与旗里的公安局联合进行专项打击，一般或者有群众举报，或者是公安局专门下去查。本地森林公安与蒙古国有区域性的防火合作，因为蒙古国有烧荒的传统，而内蒙古没有，所以新左旗经常会受到蒙古国的火灾影响。

新左旗森林公安局共有31人，有5个驻地派出所，共6辆警车。I认为：

警车明显不够用，因为按照编制，一般是每3人配备1辆警车，新左旗森林公安局应该配至少10辆（警）车。森林公安局的主管单位是林业局，负责林业生态保护，畜牧局负责草原生态保护。虽然二者分工明确，但因为畜牧局人手不够，管不过来时，旗政府就会要求森林公安配合畜牧局打击草原上的盗猎盗采行为。

从人数上我们不难看出，新左旗环保局比起林业局来说，规模要小很多，因为仅仅一个森林公安局，就比环保局多了10人。

本地也有因草场界线划分不清的纠纷，牧民遇到此种问题，都去当地政府上访，甚至是**有啥事都找政府，不找法院**。因为找法院程序太多，耗费的成本也太高。本地民风特别淳朴，一个典型的例子是，经过本地的大货车如果翻车，货物撒了一地，老百姓都去帮着捡，而不是像网上报道的有些地方去抢。因为这种淳朴的民风，本地虽然会有打架斗殴，但不是因为经济纠纷。一些打架斗殴的刑事案件，大多是因为喝多酒后言语不合。

中午的工作餐五六人坐了一小桌，虽然是新左旗环保局的职工食堂，却没有专门的厨师，菜肴都出自新左旗环保局厨艺较好的职工。一番交谈之后，相互之间的陌生感也逐渐消除。席间的I幽默机智，G领导豪放热情，谈话内容自然也深入了许多，但涉及草原环境，依然是只字不提。

谈及是否有需要我们帮助的地方，I和G领导均表示：

应该为新左旗争取些环境保护的经费。这两年环保局没有经费，主要是因为环境保护得好，上级部门觉得有必要把经费投入更需要治理的地方。

这与我们在鄂温克旗环保局听到的说法一致。按照I的话是："谁都不嫌钱多，谁都想多要点。"从我们的观察看，新左旗的环境与鄂温克旗相比还是有一定差距的，因此多给新左旗一些环境保护的项目经费也是应该的，但实际情况是草原保护是畜牧局和林业局的职责范围，所以相应的项目经费就没有拨到环保局。

午饭后，G 领导安排车将我们送往陈巴尔虎旗，司机是小 M 和达斡尔族小伙子 E。E 是固废和自然生态股工作人员，父母都是新左旗人，爷爷奶奶也是职工，在本地没有有牧场的亲戚。在上午的访谈中我们了解到，D 主任和 G 领导也是土生土长的新左旗人，但是父母没有牧场。在整个新左旗访谈中，我们接触的几个人都是新左旗人，但家里都没有草场。即使像 R 那样家里有几百亩牧场，也是承包本地牧民的。因此，我们大胆猜测，新左旗政府这些土生土长但没有草场的工作人员，大多是父辈迁来本地，属于外来人口。据 E 介绍：

现在牧区年轻人特别少，放牧的大多是 40～50 岁。作为达斡尔人，E 能听懂达斡尔语，但不会说。父母交流用蒙古语，也不说达斡尔语，现在会说达斡尔语的都是爷爷奶奶等老一辈人。

途中问及本地草场的一些具体情形，这两位年轻人可谓一问三不知。不知是因上面有吩咐还是确不知情。

从新左旗出发，途经鄂温克旗，穿过海拉尔，到达陈巴尔虎旗时，已经夕阳西下。新左旗留给我们太多的困惑——例如，G 领导的干脆拒绝和实际帮助、D 主任的小心翼翼、自愿防沙户、司机小伙子的沉默寡言等，也引发了我们更多的思考！

鄂温克族自治旗与新巴尔虎左旗的反思：是生态重要还是财政重要

鄂温克旗和新左旗的受访者对于草原治理结果和大企业的作用等的看法存在很大反差。

首先来看对治理效果的评价。如果将鄂温克旗与新左旗进行对比（见表 3-1），单从水文条件来看，尤其是地表水，鄂温克旗要比新左旗好很多。因此，如要用最好的形容词来形容我们的感受，在鄂温克旗或可用"水草丰美"来形容，而在新左旗则只能用"辽阔广袤"来形容。即便如此，鄂温克的三名受访者对治理效果给出的答案也不尽相同：有的强调当下的治理效果好坏参半，有的则强调当下治理效果很好，还有的从历史发展的角度给出了"好—退化—变好"的演变趋势。新左旗受访者的态度却多是以歌颂为主：环保局领导先是直接拒绝接受访谈，在其后即使有限的问题回应中也以成就展示为主，尤其强调"公路两边的草特别好"；陪同我们的 D 主任则小心翼翼，当提及治理效果时，强调最多的就是"环保局做了很多工作"；林业局官员也多次强调"生态不错"。

表 3-1　鄂温克旗与新左旗访谈结果

访谈对象	大企业作用	治理效果
鄂温克旗		
环保局人士	破坏生态	有说好的，有说不好的
环保局官员	比较规范	环境好
环保局工作人员	占地和污染问题	好—退化—变好
新左旗		
环保局官员	难以引入	治理好，沿路草特别好 做了很多工作
林业局官员	影响财政收入	生态不错

资料来源：笔者根据访谈整理。

其次来看对大企业作用的评价。鄂温克旗的受访者认识到了草原对外来干扰很敏感。例如，有受访者强调"改革开放前集体农场时期，WZ等组织开垦土地种小麦。开了几年一看不行，就开始恢复，结果现在也没有恢复很好"。同时，鄂温克旗的民众也关注到了大企业周围的积雪融化较快，并因此意识到了大企业对于草原生态环境的破坏。此外，他们也指出，夏天时草原上有各种蘑菇，还有防风、黄芩等中药材，许多外来采摘者为了自己方便，破坏网围栏。大工业企业和偷摘者的影响力可能不在一个层次上，人们对其的认识也有所不同。对于偷摘者，无论是地方官员还是民众，都认为这是在破坏草原；对于大工业企业，一般的工作人员觉得是破坏生态，存在占地和污染问题，但官员觉得这些大工业企业比较规范。其中的反差确实耐人寻味！但是，总体而言，鄂温克旗的受访者多对大工业企业的作用存在不同看法，尤其有人强调本地入驻的企业太多，同时强调了其污染草原生态的负面影响。新左旗的受访者则不同，虽然指出该地区到目前为止还没有大工业企业，并且认为既然没有，就不用顾忌其带来的污染问题；但也认为，即使大工业企业会破坏草原生态，由于其能带来财政收入增加等一系列重大收益，他们也愿意引进大工业企业，因为目前的现实是，"财政收入上不去，单位办公和人员经费也就上不去"。

总体而言，在鄂温克旗，人们考虑更多的是生态，也相对更开放；但在新左旗，人们考虑更多的是财政，因此也相对更保守。这里的原因自然很多，也很值得研究。但是，一个显而易见和不容忽视的事实是，无论是在新左旗还是在鄂温克旗的人，都面临着一个严峻的"鱼和熊掌不可兼得"的困局；或者，也像钱锺书先生指的"围城"一样：追求者想进去，拥有者想逃离。这里，我们的一个问题是：假定哪天新左旗也像鄂温克旗一样，引入了不少大工业企业，并造成了生态破坏，那么当地的人们是不是也会像在鄂温克旗一样，开始反思甚至批评大企业的污染问题呢？

三、内蒙古自治区陈巴尔虎旗

陈巴尔虎旗（以下简称"陈旗"）在行政上隶属内蒙古自治区呼伦贝尔市，位于呼伦贝尔市西北部，东部和东北部分别与牙克石市、额尔古纳市接壤，东南与海拉尔区毗邻，南接鄂温克族自治旗，西与新巴尔虎左旗交接，西北与俄罗斯隔额尔古纳河相望，中俄边境线总长193.9千米；地理位置在东经118°22′~121°02′、北纬48°48′~50°12′，土地面积1.86万平方千米。① 根据呼伦贝尔市统计局数据，2007年陈旗的户籍

---

① 陈巴尔虎旗人民政府门户网站. 陈巴尔虎概况［EB/OL］. （2021 - 01 - 01）［2021 - 04 - 06］. http://www.cbrhq.gov.cn/Category_281/Index_1.aspx.

人口为 5.98 万人①；根据第七次全国人口普查数据，截至 2020 年 11 月 1 日零时，陈旗常住人口为 50556 人（约 5.06 万人）②，略有下降。

陈旗地处呼伦贝尔大草原腹地，旗内地形东北高、西南低，山地、高平原是地貌单元的两大主体。东部属中温带大陆性气候，其余属中温带半干旱大陆性气候，春季气温回升快、变幅大、天气变化剧烈，夏季多雨、温和潮湿，秋季气温逐渐下降，冬季漫长而严寒。年平均降水量自东向西由 400 毫米降低至 290 毫米，年平均蒸发量由 1176 毫米上升至 1290 毫米③。

近年来，陈旗先后获得"中国绿色名旗""国家生态示范旗"等荣誉称号。这得益于陈旗在沙区积极开展的造林工作。其中，灌木造林采取小区域治理，灌、草搭配，带、网、片相结合，人工造林和围栏封育结合，机械沙障和生物沙障结合。乔木造林则根据立地条件的不同，采用"两行一带"和行带配置等多种配置模式，因地制宜科学治沙。④

7 月 31 日　初到巴彦库仁镇

下午，我们到达陈旗政府所在地巴彦库仁镇，陈旗环保局联系人 C 很热情，反复说要请我们吃晚饭，被我们婉言谢绝。晚饭后，天色尚早，我们正好四处看看。巴彦库仁镇是一座整洁、漂亮的小镇，巴尔虎大街横穿东西，将小镇分为南、北两大部分。C 给我们介绍预订的是巴尔虎宾馆，一听名字就是陈旗的主要住宿接待点。进屋一看，虽号称"标准间"，但与新左旗宾馆比起来空间既狭小，门窗也陈旧，还好干净整洁，但一晚 340 元的房费，比新左旗贵了 40 元。大概因巴尔虎大街与国道 301 线相通，故街上来往车辆速度都不慢，目测大多 60 多迈，偶有七八十迈者。比起巴彦托海镇，巴彦库仁镇虽欠繁华，但很整洁。比起阿木

---

①　汇聚数据．呼伦贝尔陈巴尔虎旗人口［EB/OL］．［2021 – 10 – 06］．https://population. gotohui. com/pdata –2369.

②　呼伦贝尔市人民政府．呼伦贝尔市第七次全国人口普查公报（第二号）［EB/OL］．（2021 – 06 –09）［2021 –10 –06］. http://www. hlbe. gov. cn/News/show/207767. html.

③　陈巴尔虎旗史志编纂委员会．陈巴尔虎旗史志［M］．呼和浩特:内蒙古文化出版社,1996: 28 –31.

④　李娜．科学治沙,呼伦贝尔用绿色锁住黄沙［N］．中国绿色时报,2016 –11 –29（A02）.

古朗镇,巴彦库仁镇多了些城市气象。我们这外地人看起来的繁华,在本地人眼里会是什么样子?这个有待访谈才能了解。

8月1日　政府机构间的职责交叉

上午8点50分,C将我们领到陈旗环保局某领导办公室,接待我们的是领导I,一位"80后"的靓丽女干部。I于2011年从陈旗旗政府办来到环保局,属于土生土长的陈旗人,与新左旗遇到的访谈对象类似,I的父母也没有牧场。

陈旗地貌多样,除了草原和沙地,还有34万公顷森林,约占全旗面积的16%。I认为:

从整体上看,陈旗的环境改善不少。近几年的环保职能在不断加强,当然与林业局没法比,人家业务经费多,项目经费也多。比如,陈旗林业局有100多名员工,而环保局只有30名。环保局目前有1位正局长、4位副局长,有正式公务员编制的不到10人,学环境专业的只有2人。

从正式公务员与总人数的对比来看,新左旗为3:5,而陈旗为1:3。无论是职工总数、正式公务员人数,还是非正式合同工的人数,陈旗均要多于新左旗。这或许是因为陈旗财政收入高,能供养更多的公职人员,或许是因为陈旗环保问题严重,需要更多的公职人员。实际的情况可能是,这两方面原因都有。陈旗的财政收入高,很大程度上源于大企业比较多。

按照陈旗人民政府门户网站公布的"2012年全旗工业经济发展概况",陈旗的大企业有:①神华宝日希勒能源有限公司;②内蒙古国华呼伦贝尔发电有限公司;③呼伦贝尔东能化工有限公司,注册资本金4亿元人民币;④呼伦贝尔东明矿业有限责任公司;⑤陈巴尔虎旗天宝矿业有限责任公司(谢尔塔拉铁锌矿),总投资6.8亿元;⑥陈巴尔虎旗天通矿业有限责任公司(七一铅锌矿),注册资本金4600万元;⑦呼伦贝尔金新化工有限公司,注册资本金12亿元;⑧陈巴尔虎旗钲兴矿业有限公司,注册资本金1亿元人民币。从两旗的政府工作报告看,陈旗在2013年的财政收入为19.5亿元,而新左旗的财政收入仅为3.03亿元。可见陈旗的工业企业不但数量多，而且实力强。在I看来：

大企业种树、环保工作都做得不错，就业方面也给了本地很多倾斜。

旗县环保局与林业局、农牧业局在职能上有很多交叉是普遍现象，陈旗也不例外，I对此深有体会：

名义上全旗的生态环境由环保局来管，但只有企业出现污染问题，环保局才有权介入。

也就是说，环保局平时只有监督权而没有别的权力，在环境管理上略显被动。I举的例子是关于"饮用水的水源地管理"：

环保局虽然也有相应的职能，但打井由水利局负责，而在具体的施工过程中，水利局**自己打井，不跟环保局打招呼**。这种权力划分是有历史原因的，以前环保局跟国土局、规划局在一起，后来才单独成立环保局。现在，"水源地保护"工作划入了环保局的职责范围，但水利局还保留自己的权力，这种工作上的交叉就呈现出水利局主动而环保局被动的局面。

虽然关于具体的打井标准，国家有相应的要求，但I认为：

水利局打井按照自己的标准，这种标准一是水利局自己的业务要求，二是水利局具体工作开展是否便利。

因此，陈旗所有的饮用水水源地管理很难达到国家标准。当然，因为我们没有到陈旗水利局调研，此种情形也可能是陈旗环保局的一面之词，但至少表明环保局和水利局这种由职责与权力交叉引发的问题是肯定存在的。与鄂温克旗得到的信息类似，陈旗环保局在2013年也有一个垃圾回收项目。此类项目由上级直接将经费拨付给相应主体，或者是企业，或者是嘎查，环保局虽未经手，但还得监管，如果项目开展后不合格，环保局就要承担相应的监管责任。用I的话说：

事儿得我们做，但钱不归我们管。

因此，在遇到相应的问题时，按照I的话是：

不管你们这些部门同意不同意，我们得表达观点。

在她看来，不只陈旗环保局如此：

旗县级环保局这种问题，在全内蒙古都一样。陈旗环保工作遇到重点和疑难问题，都是在旗长办公会议上解决。由旗长牵头，很多问题的解决就比较顺畅。

除了与水利局有交叉，环保局与林业局也会有很多业务合作。对此，I 的评价是：

在平时的工作中，环保局与林业局相互之间沟通很好，协作多，协作效果也好。

这种环保机构之间的协作问题，在鄂温克旗没有涉及，在新左旗表现为环保机构对于农牧业局和林业局"资金多、项目多"的羡慕。由此看来，陈旗环保局与陈旗林业局的"协作多，协作效果也好"，实在是难能可贵。

除了政府部门，家庭的环境保护行为在全旗的环境改善中也发挥了很重要的作用。I 称：

有一些人义务进行环境保护。同时，环保局每年 6 月 5 日世界环境日都会对学生发放环境保护方面的宣传材料。这些材料的印刷费、人员的联络费都是环保局的经费，上面没有相应的经费拨付。

外来人来治沙"理所应当"

一个小时的访谈结束后，由 U 领导带队，我们对林业局 M 领导进行了访谈。M 称：

陈旗每 5 年进行一次荒漠化方面的数据调查。

目前的数据是，全旗有 347 万亩荒漠，如果按照旗志上的数据，陈旗总面积为 21192 平方千米，荒漠占全旗土地面积的 10.9%。M 强调：

陈旗的治沙难度比别的旗大，比如，新左旗虽然面积大，但可以飞播，而陈旗有的地方坡度超过 45 度，没法飞播，只能是人工播种。**在呼伦贝尔，陈旗草原治理这些年的成效最大，对此牧民应该最有体会。**因为以前秋天一到，风一刮，路都被埋了，而现在没有这样的情况了。陈旗治沙的主力是林业局，当然农牧业局和环保局也做，因此部门之间的沟通协调也多。

陈旗的草原治理和防沙治沙项目工程很多，尤其从 2009 年开始，国家投资 1.6 亿元进行三北防护林建设。三北防护林工程既有中央拨付，也有地方配套，原则上是地方配套占20%，而陈旗实现了全面配套，甚至是超额配套。此外，除了内蒙古自治区相应的农业开发和林业开发工程，陈旗还有自己的生态立旗工程。就林业方面的项目，M称：

> 先由国家林业局报项目到国家发展改革委审批，审批通过后，省、市、县一层层往下拨付。当然不是所有项目都能到位，比如，一些环境保护项目前些年就申报了，但没有得到落实。此外，虽然常有国际性的研究机构来本地调研，但陈旗没有国际性的项目。常有日本人来陈旗参与环境保护，**有来种树的，也有给学校捐款的，还有中日友好林**。

在新左旗我们也看到过中日友好林，看来此类国际性的环境保护行动在内蒙古草原还是比较多的。之前我们知道，陈旗的工业企业很多，那么这些企业是否会参与生态建设和环境保护？M的答案是肯定的：

> 很多时候这种参与体现在对环保经费的赞助方面，比如，电信及一些能源企业曾给过几百万元乃至上千万元的环保经费。

但在领导看来，对于这些大企业，这点经费就是九牛一毛，因此这些企业赞助的环保经费"还是太少了"。对于本地民众而言，这些大企业或者属于"中央的"，或者属于"国家的"。这些大企业进入地方，虽然会给地方提高财政收入，但显然陈旗民众与没有大企业的新左旗民众态度是不同的。新左旗是期待，而陈旗虽然不能说是反对，但至少是不怎么在乎或无所谓。而且在地方民众看来，大企业来本地开发资源，获得的利润是巨大的，那么给地方几百、上千万元的环保经费赞助既是"九牛一毛"，更是"理所应当"。那么这种"理所应当"式的社会情绪虽然可以理解，但可能会让本来就难以实现的多元主体参与生态建设和环境保护变得更加困难。

在治沙方面，陈旗林业局下属1个治沙站，站长是股级干部①。

1个林业工作站，3个国有林场，每个林场70~80人。在防沙治沙过程中，陈旗林业局获得过"内蒙古自治区的治沙先进集体"称号。农

---

① 陈旗环保局的几人说该站长应该是副科级。陈旗政府门户网站显示"陈旗林业局内设5个股室。(一)综合办公室；(二)资源股；(三)造林股；(四)林政股；(五)森林公安分局"。

牧民中也出现了治沙方面的典型人物，比如，牧民乌兰在治沙方面做的工作很多。此外，陈旗还有 30 多名森林公安。由此看出，陈旗森林公安的人员编制与新左旗类似，新左旗森林公安局共有 31 人，比新左旗环保局多了 10 人。而在陈旗，环保局的人员规模与森林公安分局基本一致，除了再次印证环保局与林业局的规模差距，也从侧面看出陈旗环保局要比新左旗环保局人手多。每年陈旗林业局还会协助做一些植树造林方面的工作，比如，由林业局提供树苗、各单位自行组织的植树造林义务活动。这种生态建设方面的多元协作，大多数单位都会参与，包括地方的边防部队，但大企业例外。当然这种多元协作很少由林业局牵头组织，比如，学校组织学生植树，以前的做法是学校跟林业局要树苗后，自己组织植树。但如果由林业局牵头组织，也有问题。

人少、路远，成本太高。本地的环境保护还是以政府为主，其他主体虽然也参与，但实际效果不好说。比如，基金会虽然跟本地签了 5 亿元的合同，但到现在也没有兑现。

职责交叉下的"围栏陷阱"

陈旗林业局访谈结束后，由 I 带队，我们赴陈旗王公镇（现名"呼和诺尔镇"）的治沙站考察（见图 3−2）。

图 3−2　陈旗治沙成果
资料来源：笔者摄于 2014 年。

驱车一路向西，虽然往西裸露的明沙逐渐显现，但整体上陈旗草原的广袤无垠与鄂温克旗无二，显然要比新左旗好一些。草原上稀树、高草、牛羊及蒙古包群随处可见，据 C 介绍：

这些旅游点大多是外地人来陈旗投资建设，而服务员都是本地人，陈旗的外地流动人口集中于宝日希勒矿区。

为我们开车的 Z 也是陈旗环保局工作人员，C 称该同事为"HL 哥"，当我们问"贵姓"时，C 才惊讶道："你姓 Z 啊？"Z 属于土生土长的陈旗蒙古族人，而本地很多蒙古族人互称时只称名字，不问姓氏。Z 告诉我们：

家里有三四千亩草场，都用网围栏圈了，把草原弄得啥也不是。像新左旗个别地方围了两重网围栏的情形，在陈旗也有，因为一层网围栏隶属于一个部门。这两重网围栏表示，相应两个部门都完成了本部门的任务。设置围栏的政策目标是保护草原，但最后的政策实施具体到旗县政府机构，就成为各部门的硬性任务，各部门只好将自己的网围栏任务完成，而不管网围栏重复设置是否有必要或浪费。

相对而言，鄂温克旗的做法是全部由畜牧局专门测量，钉桩子，画界线，避免了这种"围栏陷阱"。[①]

据 Z 介绍：

现在陈旗牧民开车放羊的多，骑马放羊的少，因为骑马太累。只有家有马群的个别牧户，才骑马放羊。

陈旗现在的牧户大多不住蒙古包，这与鄂温克旗一样。与鄂温克旗不同的是，陈旗的牧户很少住篷车，只有去夏营地的集体草甸子时，才会开篷车去。Z 风趣幽默地戏称：

现在都开着路虎车放羊。

按他的意思就是说：一方面牧户很富裕，另一方面放牧工具特别高级、特别现代化。即使放牧如此现代化，如此富裕，现在牧区放牧的也都是 40 岁以上的牧民，"年轻人基本不放牧"。Z 家里有 10 多口人，1000 多只羊和 100 多头牛都要雇人放牧。陈旗牧羊的雇工大多来自兴安盟，而且以一家两口的居多，Z 对此的解释是：

---

① 杨理. 中国草原治理的困境：从"公地的悲剧"到"围栏的陷阱"[J]. 中国软科学,2010(1)：10－17.

看羊很高尚，一个人很寂寞。

雇人放羊的工钱一般是一年3万元，牛羊一起放，为了保证放牧的效果，雇主会经常检查牲畜的数量。

从费孝通的"江村经济"，到当代的很多农村调查，大多数研究都支持让农村核心家庭占主导地位。因为，儿子成年结婚后，一般都会分家，这样新家庭和原有大家庭都比较方便。那么，在牧区又如何呢？牧民会不会选择分家，从而使草场一代代被不断分割，出现家庭草原面积不断缩小的趋势？Z对此的答复是：

这得看家族，分的力量大就分，不分的力量大就不分。

一般来说，本地人比较团结，因此分家的事情比较少。也就是说，分不分家，跟收入关系不大，关键是这种"力量"，或者可以将其理解为家族的凝聚力，显然在Z看来，牧区这种大家庭应该是普遍的。

行车至东乌朱尔苏木，陈旗环保局几位人员称以前这里都是白沙，现在已经治理为草原。I称：

陈旗铁路两边的沙化比较严重。

这是否意味着，在草原这种生态环境脆弱的地方，很多现代化设施的引入，都意味着不可避免的破坏？那么地方民众会不会意识到盲目现代化与草原保护两者间的矛盾，进而对其进行反思？通过海拉尔河大桥时，C称：

河两岸的沙丘已经固定了七八年。

由此可以推算，2006年前河两边应该还是白沙遍布。不一会儿，我们到了呼和诺尔镇。小镇比较破败，砖混结构民居较多，很多家屋顶都搭有铁皮，这在别的地方很少见到。Z介绍：

镇里现有3000多人，都是本地人。（而且，本地气候夏季特别短，）穿短袖的时间也就6—8月，每年从9月15日就开始供暖。

在呼和浩特市，供暖一般是10月15日，这里提前了一个月，可见本地冬季之漫长。向西行至治沙站深处，道路颠簸，北面可以看到很多草垛子，人们说是2013年打下的草，一直没卖出去，就在这里放着，可见本地牧草资源还是比较丰富的。爬至沙丘高处，南面和北面为荒漠草原，东面为呼和诺尔镇，再往东滨洲铁路横亘南北，西边有略高的沙梁，有天然榆树林若干，还有樟子松、沙柳、黄柳……

治沙费用估算有差距

对于治沙，I领导称治沙站站长最有发言权。因此，我们对其进行了现场访谈。H站长在2011年调至治沙站，当时呼伦贝尔市宣称要用5年时间消灭沙害，因此西部牧业四旗均要成立治沙站。治沙站有6名正式工作人员，属于事业编制。还雇有2名临时工，月工资为1000元。如果事多时按天雇人，则是每天120~150元。对于每亩120元的防沙补贴，两人的说法一致，但M领导称：

治沙的人工费1天得150元，实际工作中的资金需求是每亩300元。

也就是说，这个费用是H站长说的1倍多。此外，M领导称：

本地雇人打草每天的费用是200~300元。

这又比H站长说的多了1倍。可见，按照M领导的说法，国家给的治沙补贴明显不够用；如果按照H站长的说法，则可能是略显不够用。总之，除了雇人经费金额不足，在发放方式上也有问题。这种经费补贴以5年为一个周期，本次用完，只能等下一个5年再做，周期很长，也影响了人员雇用。H站长称：

治沙站负责管理和监督治沙工作，而具体的治沙工作则由专门的治沙公司来完成，全旗有四五十家治沙公司，其中有大名鼎鼎的蒙草抗旱。

那么这是否意味着，治沙站临时雇人的可能性很低呢？通过这两人的说法，我们不难看出，M领导既是在展示工作开展的困难，也是在衬托本部门工作的成绩。

此处沙地属于呼伦贝尔沙地的一部分，面积约60亩，采取机械治沙，用芦苇固定沙丘，周围的草场属于牧户私人所有。既然有草场，就会有放牧，考察时，我们正好看到沙丘的东边和南边有羊群，北边也有牛群。H站长对此称：

保护与破坏并存，很多时候治沙播种之后就面临牲畜的毁坏。对此，治沙站也没有办法，因为该地区的管护主体为当地政府，但没有给基层政府相应的监管经费，所以镇政府也管不了。

当被问及镇政府是否可以强行拉走违规放牧的牛羊时，H站长称：

呼伦贝尔市出台了相应的防沙治沙管理办法，但是**只有办法没有处罚**，所以还是管不了。理想的治沙应该是"一分造林，九分管理"，但陈旗目前是**造完就完了**，后续管理和维护工作缺乏。

说话时，H站长的无奈之情溢于言表。此外，H站长告诉我们：

国际组织常来陈旗调研和搜集数据，此次就有中国环境科学研究院研究员吕世海与日本专家来调研。

但是，与鄂温克旗和新左旗一样，陈旗环保局也没有环保科研项目，C对此深有感触。作为生态学的研究生，C学习期间做过一些环保方面的项目，但自从来到陈旗环保局后，就再没有机会参与了。

时至中午，我们驱车返回巴彦库仁镇吃饭。在一家小餐馆中，I领导点菜时问我们有什么要求，我们表示：这些天吃肉太多，希望能多吃些素菜，而且最大的要求是不喝酒。

I领导欣然同意。席间聊天，I领导个人认为：

呼伦贝尔就不应该发展经济，应该是国家出钱来全面补贴地方的生态环境治理，因为呼伦贝尔市面积大，地底下全是资源，只要发展工业，肯定会破坏生态环境。

我们发现，这种对于草原生态保护的意识，与鄂温克旗相同。但是，是不是都对，则需要更深入的研究和思考。

草原上的"上千陷坑"在哪里

大约下午2点35分，还是Z开车，我们一路向东去往宝日希勒煤矿区，因为那里有煤矿开采回填工程，已经是第六期。[①] 本地人将因煤矿开采而造成的地面塌陷称为"冒顶坑"，C称：

我家就遇到过"冒顶坑"。当时正值黄昏，我妈在家，突然地面开始塌陷。我妈赶紧往外跑，安全了后回头看，我家房子只有窗户露在地面

---

① 全称为"宝日希勒矿区矿山地质环境恢复治理工程"。

上。当时家里的自行车在屋外，得以保全，而家里的摩托车已随着屋子掉进坑里。这种塌陷一般都是三四米以上，深者甚至有10米。前两年曾有媒体报道本地的"冒顶坑"破坏了环境。① 这些都是过去的事，现在都已回填。

那么事实究竟怎样，我们很期待现场观察验证。去往矿区的路极为崎岖，幸好我们开的越野车底盘高。Z艺高人胆大，其中一段坡路大概有45度，感觉险些翻车，把I领导吓得直抱头。几番颠簸摇摆后，我们终于到达回填区。该区已被铁丝网圈了起来，但周围有大规模牛群，围栏里也有小规模马群。停车后，一眼望去，路西边是当年开采挖的土，堆成类似平顶山似的巨型土堆；东边是一望无际的草原。围栏里边回填后的大坑看着类似水中的巨大漩涡，上面人工播种的草已经长出，而且我们没有看出明显的沙化迹象。但是，在C看来，这里已经退化，具体的例证是一片很密集的车前子，C说：

车前子，车前子，那就是说只有在车轱辘下才能长得好，现在这片这么多车前子，说明退化了呗。

当然，从直观和整体上看，矿区回填治理至少是相对成功的（见图3-3）。

在鄂温克旗，新闻媒体对草原保护的作用主要是配合政府做宣传，而在陈旗，情况却并不简单。I和C告诉我们：

每年春夏时节，外边都有很多媒体来呼伦贝尔进行暗访，然后进行或者有目的的，或者不负责任的片面报道。**好些媒体都带着报道任务来，报道完了就走**，比如，网上炒得很热的"神华宝日希勒煤矿复垦事件"。实际是把好多年前已经解决的问题拿出来，声称呼伦贝尔至今还有这样的问题，显然是歪曲了事实。比如，之前C说的"黑窟窿"，是谷歌地图的图片多年未更新所致，事实上现在均已治理。

既然外地新闻媒体对于环境保护的负面影响如此严重，那么环保部

---

① 从Google Eearth上的卫星图片会看到很多黑窟窿，而且是比较密集的黑窟窿。法治周末.塌陷的呼伦贝尔草原[EB/OL].（2012-09-12）[2021-04-06].http://www.dlxzf.gov.cn/zjdl/dlgk/.

图 3-3 陈旗修复后的矿区草原

资料来源：笔者摄于 2014 年。

门或者政府是否尝试过积极主动地将环境保护做得好的方面进行宣传呢？对此 I 领导表示：

这方面的工作也做，但如 C 所言**做得好的事情都在环保系统内部交流，现在往外宣传的力度不够**。当然正在加强，比如，近期呼伦贝尔市电视台的《绿色家园》栏目，专门针对林业局制作播出了一期正面报道的节目。

当然，需要特别说明的是，回填区的很多地方仍属于危险地带，故而在行车过程中，我们也偶尔能见到一些不同的危险警示牌。

参观完回填矿区后，我们驱车返回海拉尔市区，因为我们明天下午还要飞回呼和浩特。路上，C 称晚上还得回镇里陪妹妹加班，然后一起开车 40 多分钟后回家。C 说：

作为公务员，加班常有，但不给加班费，也没有奖金。

但是，基层公务员这种生存现状应该不只是陈旗。我们在海拉尔订的酒店与 29 日的是同一家，酒店还是那家酒店，标间还是同样的标间，价钱却突然飙升至 548 元，真正称得上"一天一个价"。安顿下来后，发现天色尚早，我们就又出去参观了海拉尔的西山公园，感觉着实不错。

晚上返回酒店后，我们就一直整理调查日志，有一些问题需要将这 3 个旗的调研综合对比后，才能有更深入的思考。但我们的总体印象是：

鄂温克旗水草丰美，陈旗自信开放，唯独新左旗的态度令人困惑，不仅不让采访，还将我们早早送走。我们开玩笑说：最后打电话不接，发短信不回，可能是他们在想，好不容易把你们送走了，希望以后再也别过来（笑）！

陈巴尔虎旗的反思：又遇治理争议

在陈旗，我们仍旧能感受到像鄂温克旗一样的种种争议。这些争议主要体现在两个方面：一方面是对于草原治理效果的争议，另一方面是对于大企业作用的争议。对于草原治理的效果，赞成者认为，相对过去"改善不少"，以前的白沙已经治理为草原，相对周围邻近旗（县）"成效最大"；批判者认为，至少是"保护与破坏并存"，某些措施如草原围栏"把草原弄得啥也不是"。对于大企业在草原治理中的作用，环保局官员强调了其积极作用，例如，种树方面的大力投入，但强调了"破坏生态"的不可避免；林业局官员强调了大企业在植树造林方面赞助了经费，但是认为经费"太少了"（见表3-2）。

表3-2　陈旗访谈结果

访谈对象	大企业作用	治理效果
环保局官员	种树；破坏生态	环境改善不少
林业局官员	赞助环保经费太少了	治理成效最大
环保局职员		围栏把草原弄得啥也不是
环保局小组		白沙已经治理
治沙站官员		保护与破坏并存
环保局职员		回填治理不错

资料来源：笔者根据访谈整理。

呼伦贝尔三旗的反思：企业与民众需要稳定的协同

改革开放至今，市场化的大潮已经席卷中国大地，就是北方草原也不例外。最直接的表现就是无论草场还是牛羊，都可以通过价格精确计算了，这在以前是很难的。下面，将我们在访谈中遇到的陈旗的 ZHL 和鄂温克旗的牧羊女进行对比分析（见表 3－3）。首先是收入方面。基于最保守的估计，先假定有草场 3000 亩，每年能卖的羔子羊是 400 只，每亩补贴 2.83 元（实际上 1000 多只羊能卖的羔子羊要多于 400 只，实际补贴也应该比这要多）。再假定牧羊女家有 20 头牛，ZHL 家有 100 头牛。如此，ZHL 家的养牛收入为牧羊女家的 5 倍。再假定 ZHL 家的羯子羊收入与牧羊女家相同，淘汰羊收入的假定也是如此（实际上 ZHL 家的这部分收入要高于牧羊女家的）。其次是支出方面。假定 ZHL 家的生活成本是牧羊女家的 1 倍，且 ZHL 家每年买草的钱与牧羊女家的相同，但 ZHL 家的牛羊多，草场面积也大。如此，则最终的计算结果显示：ZHL 家的年纯收入约为 39 万元，而牧羊女家的年纯收入约为 25 万元。现在，即使以最低的 25 万元计算，并将家庭人口按一户 5 人计，则可得到牧民的人均纯收入为 5 万元。这在整个内蒙古地区也算是很高的收入了，因为据我们所知，在内蒙古事业单位拥有高级职称的人员的当年纯收入也很难超过 5 万元。这样对比，是不是意味着牧民很富裕了？

表 3－3　鄂温克旗与陈旗放牧收入对比　　　　单位：万元

家庭收入	羔子收入	草场补贴	牛犊收入	羯子羊收入	淘汰羊收入	合计	纯收入
牧羊女家	20.00	0.28	5.00	1.60	8.00	34.88	
ZHL 家	20.00	0.85	25.00	1.60	8.00	55.45	
家庭支出	生活费	买草	雇人			合计	
牧羊女家	3.60	6.00	—			9.60	25.28
ZHL 家	7.20	6.00	3.00			16.20	39.25

资料来源：笔者根据访谈整理。

　　总之，当我们用收入指标来评价牧民的富裕程度时，意味着牧民所拥有的五畜都要转换为市场价值，或者直接点说，都要折算为钱。在过去，这是很难实现的，因为草原在传统上作为社区的"公共牧场"，首先没有市场价值，其次难以均匀分配给每个居民。但这些年经过"双权一制"等一系列改革，不仅牧民的牛羊可以通过市场价格来计算市场价值，就是草原也可以根据补贴来计算市场价值了。总之，在市场经济的滚滚大潮中，牧民、农民、市民这些身份之间的界限似乎也越来越模糊了。

　　而且，草原在市场大潮中转变为一项可计算的资本，也是大势所趋。例如，在三地的访谈中，受访者均提及有"外来者"承包本地草场放牧的现象。这些外来者一般在本地工作，但没有草场。他们通过租赁草场，再买来牛羊，然后，或者自己放牧，或者雇用羊倌放牧，可谓没有草场的放牧者。如果将拥有草场、拥有牛羊视为牧民，那么这种租赁草场的外来者至少算半牧民吧。问题是，这些人又是从哪里来的？我们虽没有就这个问题展开详细的调研，但访谈间偶然获得的信息表明，这些人中很多是在本地政府或事业单位工作。吊诡的是，我们知道，政府或事业单位在草原区的设立，尤其是基层政府的设立，本就是国家建设在草原不断推进的结果。甚至可以说：没有国家在草原的建设，就没有这些外来者来到这片草原；没有市场化改革，就不会有草原租赁和雇工放牧。于是，在这样的背景下，这些外来放牧者的身份就折射出了双重意义：一方面，这些"外来者"能够扎根草原，源于国家建设在草原的推进；另一方面，这些"外来者"能够租赁草场，又体现着市场大潮已经席卷草原。因此，我们也可以说，这些"外来租赁者"事实上是通过国家建设和市场经济这两股力量的共同作用，才逐步融入草原发展过程中的，并因此形成了与传统草原社区不同的现代性草原社区。

　　但是，这是否就意味着只要通过国家建设和市场经济这两股力量共同作用，就能促进所有的其他力量介入草原发展中来，并形成现代性草原社区。答案可能是否定的。举例来说，大企业入驻草原，也是国家建设和市场经济两股力量共同作用的结果，但是从我们的调研可以看出，其没有很好地融入草原社区建设中。这又是什么原因呢？毋庸置疑，大企业入驻草原也折射出国家建设在草原的推进，肩负着开发当地资源的任务。但是，大企业入驻草原与"外来者"租赁草原有着明显的不同。"外来者"通过市场机制租赁草原能够让草原居民获得较为稳定的现金收入，而且除却资金的获益，更重要的是二者之间具有相对稳定和持续的互动。虽然大企业在入驻草原时，也会支付相应的占地补偿，但大企业与牧民的互动往往是一次性的，没有与牧民的连续多次互动。这就意味着，在这种模式下，大企业在很多情况下带给草原居民的往往只是"冲击"。因此,在当地人眼中,大企业只是纯粹的"外来者"。因为,对他们而言,不管是企业周围的积雪融化,还是因企业占用土地的补偿而引发的诸多后续问题,以及其他很多难以说清的责任,都应归结于大企业这些"外来者"。可见,要实现"外来者"真正融入草原建设,形成新的现代化的草原社区,除了国家建设和市场经济两股力量之外,还需要这些"外来者"给草原的原有牧民等带来持续和稳定的收入,同时需要与他们形成持续和稳定的互动。这四个条件,缺一不可。

事实上,大企业在当地也并非完全与世隔绝,与大企业互动较为频繁的是当地政府部门及其工作人员。通过我们的调研可以发现,无论在哪里,不管是官员还是普通员工,大家大都肯定大企业能够增加财政收入。所以,整体而言,大企业也是现代草原治理的一股重要力量。但是,实事求是地讲,无论在哪里,这些大企业对民众利益的提升确实不大,而且与当地民众的互动确实不多,这也是各地普通民众对其意见比较大的一个重要原因。因此,今后无论在哪里的大企业,都应该大大提高对民众利益的关注度,以及民众互动的稳定性和可持续性,而不能只关注政府相关部门和人员的利益,也不能只和他们互动。总之,我们的调研也显示出:要实现草原地区环境治理的现代化,除了需要强政府和强社会的"双强"参与,也需要强政府与强社会的"双强"稳定互动,还需要不同社会主体(例如,专家学者和民众、企业和民众等)之间强大、稳定和持续的互利与互动。就目前呼伦贝尔市三旗的情况来看,政府与企业的互利和沟通较多,政府与社会的互利和沟通相对不多,但企业与社会之间的互利和沟通不仅很少,而且既缺乏强度,也缺乏连续性和稳定性。这是今后草原治理必须高度关注的问题。

四、内蒙古自治区杭锦旗

杭锦旗位于内蒙古自治区鄂尔多斯市西北部,西、北两面隔黄河与巴彦淖尔市相望,南邻鄂托克旗、乌审旗,东与东胜区、达拉特旗、伊金霍洛旗接壤;地理位置在东经 106°55′16″ ~ 109°16′02″、北纬 39°22′33″ ~ 40°52′14″,全旗总面积 1.89 万平方千米。① 根据鄂尔多斯市统计局数据，2007 年杭锦旗的户籍人口为 13.89 万人②；根据第七次全国人口普查数据，截至 2020 年 11 月 1 日零时，杭锦旗常住人口为 110824 人（约 11.08 万人）③，有所下降。

库布齐沙漠横亘东西，占全旗土地总面积的 40.54%，并将全旗自然区划为两大类地区，北部为沿黄河农耕区，南部为梁外干旱草原区。杭锦旗东部丘陵区塔然高勒乡境内的乌兰布拉格海拔 1619.5 米，是旗内最高点；东南部为毛乌素沙地边缘，海拔为 1193～1619 米，以固定和半固定沙丘为主。④ 杭锦旗气候特征属典型的中温带半干旱高原大陆性气候，太阳辐射强，日照较丰富，年平均气温 21.4 摄氏度。全旗干燥少雨，蒸发量大，1991—2010 年平均降水量 273.4 毫米，年平均蒸发量 2498.7 毫米⑤，风大沙多。

干旱少雨的自然因素再加上人为因素，旗内沙化面积占总土地面积的比例由 1949 年的 15% 猛增到 1984 年的 77.8%⑥。自 1980 年以来，杭锦旗逐步完成三北防护林一期工程以及二期工程前期项目，人工林保存面积 434 平方千米，森林面积大幅增长。沙化得到抑制，毛乌素沙地绿化工程和库布齐沙漠北缘锁边林工程成效尤为显著。

8 月 2 日　途中随想

趁着有些空闲时间，上午我们正好在酒店整理调研资料。中午在酒店附近的一家饭馆吃了两份面，点了一份凉菜，一共花了 54 元。想来，在北京和呼和浩特也不会有这么高的菜价吧，看来海拉尔的物价真的很高。不过，等到上菜之后我们才发现，这边盛菜的盘子要比内蒙古中西

---

① 杭锦旗人民政府．杭旗概况［EB/OL］．（2021 – 04 – 27）［2021 – 10 – 21］．http://www.hjq.gov.cn/qq_hjzc_0001/qq_hjzc_0156/.

② 汇聚数据．鄂尔多斯杭锦旗人口［EB/OL］．［2021 – 10 – 06］．https://population.gotohui.com/pdata – 2340.

③ 鄂尔多斯市统计局．鄂尔多斯市第七次全国人口普查公报（第二号）——地区常住人口情况［EB/OL］．（2021 – 05 – 26）［2021 – 10 – 06］．http://tjj.ordos.gov.cn/dhtjsj/tjgb_78354/202105/t20210526_2898960.html.

④ 杭锦旗地方志编纂委员会．杭锦旗志（1991—2010）［M］．北京：人民日报出版社，2018：61.

⑤ 杭锦旗地方志编纂委员会．杭锦旗志（1991—2010）［M］．北京：人民日报出版社，2018：66 – 70.

⑥ 杭锦旗地方志编纂委员会．杭锦旗志［M］．呼和浩特：内蒙古人民出版社，1994：4.

部地区的大了很多：在呼和浩特，一般饭店都是五寸盘或七寸盘，八寸盘和尺盘都比较少见；但在海拉尔，却大多数是尺盘，一般两个人有一个炒菜就够了。后来想了想，这可能也是东北人豪爽好饮的缘故吧，在这顿顿手把肉、餐餐不离酒的地方，一喝酒就难免会不停地吃，盘子小了怎么能行？而且，这里天气相对寒冷，人们还是要多吃一点，才能有更好的体力与寒冷的天气做斗争啊。

我们从海拉尔机场坐上飞机，到呼和浩特时，已经下午5点。到了内蒙古自治区首府，我们见了不少新老朋友，自然又免不了觥筹交错、把酒言欢。我们原计划8月3日下午2点直接开车去杭锦旗，这样既方便行程安排，也省得到处拎东西跑。但是，没想到从3日上午开始，呼和浩特就一直在下雨；而且，从天气预报来看，杭锦旗不仅下雨而且是大暴雨，此种天气开车自然危险至极，所以只好作罢。好不容易等到下午呼和浩特雨停，但杭锦旗还是暴雨。由于我们的车程至少要4小时，所以只好祈祷在行车过程中，杭锦旗的雨会变得小一些。

一直等到下午3点，我们才开车从呼和浩特出发，途经呼和浩特市托克托县、鄂尔多斯市准格尔旗、鄂尔多斯市东胜区，直到晚上7点35分才到达鄂尔多斯市杭锦旗锡尼镇。途中经历了将近1小时的大雨路程，但幸好路上车很少，谢天谢地，一切顺利。等到进入紧挨着旗政府东边的秦泰王府酒店后，我们一看房间的标价，发现标间238元、豪华单人间208元，这要比呼伦贝尔的3个旗便宜许多，所以赶紧决定住了下来。

8月3日 禁牧工作烦琐，偷牧难避免

上午，由旗政府办公室主任A陪同，我们先来到杭锦旗农牧局会议室开始了集体访谈，出席的人员有领导G，草原监理所所长A、所长X，草原站站长A。

通过访谈我们知道，杭锦旗以牧业为主，有2000多万亩草原、2000万头（只）牲畜。[①] 他们告诉我们，杭锦旗没有鼠害或虫害的监测点，只

---

① 根据《内蒙古统计年鉴2013》的数据,2012年末杭锦旗牲畜存栏,羊140.1万只。

有大白柠条监测点，由草监所管理，属于国家，一年经费4万元。

G领导称：

杭锦旗东面降雨多而西面干旱，每年只有66.5毫米的降雨量。

G领导的意思是，杭锦旗的治沙工作面临的挑战还是很大的。他也指出，目前参与杭锦旗治沙的企业主要有：

亿利集团的沿黄锁边林，此外还有伊泰集团①和嘉烨集团。这些治沙企业种的主要是沙柳和速生杨，投入生态建设暂时也没有经济效益。

企业参与治沙没有经济效益也很积极，这是我们没有遇到过的。当然，除了企业参与治沙，与内蒙古其他地区类似，本地治沙的主导者还是政府，而且主要通过中央政府倡导和推动下的各类工程项目展开。

杭锦旗从2007年开始搞生态移民，将生态脆弱区的牧民进行整体搬迁，（该地区）牧民不再放牧，而是投身三产。该项工程由鄂尔多斯市政府拿钱，旗里没有配套。共有3000户，8000~9000人，平均每户有草场2500~3000亩，搬出户草场补贴为每亩6元，生活补贴为每年1.6万元，一年每户大约能拿到3.6万元补贴。此外，还有国家投入的退牧还草工程，但该工程已经在2012年结束。杭锦旗下一步将重点建设"京津风沙源"项目。2013年国家在"京津风沙源"项目上的投资是500万元，地方投资是200万元。

按照上面说的，我们可以简单计算一下，假如某户有3000亩草场，则草场补贴为1.8万元，该户一年能拿到的补贴为3.4万元，而G领导说的是"3.6万元"，高估了2000元。我们想，要么这是简单的估算错误，要么就是G领导从心底想向我们传递这样的信息：

杭锦旗在相应的工程项目上，会给牧民补贴很多钱，牧民整体搬迁后得到的补贴很多。

---

① 内蒙古伊泰集团有限公司（以下简称"伊泰集团"）成立于1988年3月，是以煤炭生产、运输、销售为基础，集铁路、煤化工于一体，房地产开发、生态修复及有机农业等非煤产业为互补的大型清洁能源企业。公司发起成立的内蒙古伊泰煤炭股份有限公司分别在上海（B股）、香港（H股）上市。伊泰集团在2020年度中国企业500强中排第331位，在全国煤炭企业50强中排第17位，在内蒙古地方煤炭企业中排首位。内蒙古伊泰集团有限公司. 伊泰简介［EB/OL］.（2021－01－01）［2021－04－26］. http://www.yitaigroup.com./about/yi－tai－jian－jie.htm。

G 领导还告诉我们：

杭锦旗以牧业为主，每年 4 月 1 日至 6 月 30 日为休牧期，这一阶段正是牧草的生长期。休牧期禁止放牧，牧民只能给羊喂干草。本地（喂羊）与内蒙古东部区不一样，很少打草，主要靠玉米秸秆和苜蓿草。（杭锦旗）大部分牧区是纯牧区，半农半牧区少，应该是农牧业与农耕业对半。即使是纯牧区，也多少会种点饲草，很少全部放牧。禁休牧政策从 2000 年开始，当时牧民不理解，实在说不通，只能跟牧民"嚷架"（方言称吵架为"嚷架"）。出现过工作人员被牧民骂，甚至被牧民打的现象。局里也因此抓过典型，将牧户的羊抓走。

在 G 领导看来，禁牧办的处罚很有限，禁休牧政策最初推行受到较大影响也在情理之中。

处罚也是有限度的，假如一户人家 1000 只羊全放出来，1 只羊最高只能罚 30 元，而且最高罚款总额不能超过 5 万元。禁休牧政策一开始推行有阻力，现在基本没问题了，而且现在农牧民草原保护的意识增强了。现在的禁休牧政策推行，手段以说服教育为主。虽然禁休牧政策现在已经全面推行，但偷牧的也不少，不过本地偷牧的时间不多，一般是早上或晚上。杭锦旗西部区的嘎查里有管护员，或者称"村级管护员"，具体的补贴是每年 4000 元。

但 G 领导认为管护员作用不大，因为：

管护员就是本村人，谁都嫌"惹人"呢（方言，意为与别人结怨）。而且一年 4000 元的工资太少，没人愿意干。

他也指出，对偷牧的处罚和监督，主要由禁牧办负责，但偷牧不可避免。那么除了政策监管方面的因素，偷牧现象是否还有其他原因？

草原站站长 A 认为：

还是一个钱的问题。如果国家的生态保护补贴力度大了，农牧民生活好了，就不会偷牧放牧了。而且，草原上的载畜量不好控制，对农牧民而言，种地不让种，养羊只能多养。尤其是这两年返乡的人多，载畜量就增加了。

那么，这种国家补贴究竟补贴到什么程度就可以让牧民不偷牧或者说不放牧？A站长没有给出一个标准。A站长纯粹是从经济角度出发进行的分析，即偷牧的根源是农牧民的生存压力大。或许，还可以从另一个角度进行分析，即只要偷牧有利可图，农牧民就会一直偷牧下去。如果是此种情况，偷牧的动机就不在于生存压力的大小，而在于偷牧是否有收益，因为毕竟"人都不会嫌钱多"。但无论何种情形，偷牧都需要草场。如果草场所有权承包到了各牧户家，就像呼伦贝尔市的现状那样，那么牧民到别人家偷牧显然就不需要政府来监管了，牧场主自己就会出面制止。如果草场的所有权属于嘎查，那么外嘎查牧户偷牧的可能性也不大，因为一般而言，本嘎查牧民为了长远利益也会禁止外来牧户偷牧。如果草场的所有权属于国有，而旗政府的监管工作也不到位，那么草场周围的牧户就有可能去偷牧，因为"偷牧的收益"是眼前的，但"不偷牧的收益"是"遥不可及"的；而且，关键是禁牧办不可能天天来查，管护员又嫌"惹人"，因此偷牧被发现的概率极低，处罚的成本也不高，偷牧就会成为普遍现象。那么，杭锦旗草原的产权界定是否明确呢？

A站长称：

牧民间有土地纠纷，但现在全旗开始重新确权换证，而且杭锦旗是内蒙古自治区的试点旗县。（杭锦旗）一轮和二轮土地承包时，绝大多数地界线都划清了，现在有个别的还存在界线不清的问题。

这种"界线不清"分两种：一种是因当时的测量技术不够精确而产生的，比如，用绳子量或用步测；另一种是随着时间推移产生的，如果有的用一些土地上的标志，如树林、土梁等作为分界标志，随着时间的推移，这些标志逐渐模糊或消失，难免会产生一些纠纷。

早些年也有过因为边界纠纷而打架械斗。现在，农牧局成立了政府仲裁委员会，由局里的办公室具体开展，聘请懂法律的人员组成。仲裁结果具有法律效力，属于行政仲裁。具体程序是：遇到纠纷农牧局先出面协调，协调不成功然后仲裁，如果仲裁还不行就去法院。

我们知道，国家的土地承包第一轮是从1988年到1998年，第二轮是从1998年到2028年。那么，第二轮到期后是重新开始下一轮的土地承包，还是长久确权，这是农牧民十分关心的大问题。A 站长支持土地的长久确权，理由是：

现在的情况是城里的有钱人可以买地。但农村人如果离了地进城，就不行，因为没有了最后一份保障。（如果）现在产权永久化，就属于私有化了，农民也就变成地主了。虽然从国家角度有地主了，但从农牧民个人角度进城不进城都一样，走哪里地还有，就不担心了。

此时草原监理所所长 A 插话：

你们家有地，你才这么说。

众人哄堂大笑。

杭锦旗是目前我们调查的几个地方中唯一有仲裁委员会的旗。有了仲裁委员会，出现相应冲突就可以先仲裁解决，政府也因此可以节省协调成本。对于旗县政府而言，既要面对农牧民之间的纠纷，也要面对农牧民与企业之间的纠纷。不过在 A 站长看来：

在环境保护方面，农牧民与企业以前有过冲突，但很少，因为环境保护是互利的事情。在一些细节性的具体事例上，比如，Y 企业与农牧民签订协议，投资种树后的收益是 3∶7，但最后（企业）兑现不了相应承诺，农牧民拿不到收益就会上访。

基层缺经费、待遇欠保障

杭锦旗农牧局下设草原监理所（以下简称"草监所"）负责草原保护，包括站长共 20 人，全是事业编，也全部是专业人员。比起人员规模在 20～30 人的环保局，草监所人员算是不少，但经费不多。草监所所长 A 说：

基层缺的就是经费。

这与鄂温克旗、新左旗等地的困难类似，可见经费短缺是基层政府机构的普遍问题，不仅是环保局等"小部门"经费短缺，农牧局这种"大部门"也缺。G 领导称：

近 10 年旗政府就没有给过（草监所）经费。每年自治区给 4 万元的监测费，这是用于每月 1 日、15 日两次的固定监测，数据最后给自治区草勘院报上去。

除了经费困难，草监所还有一个大困难，就是草原研究的缺乏。虽然中国农科院草原研究所在本地有关于草原的 3 年研究，但：

也不跟"地方"① 合作，"地方"就是帮对方个忙。找块地，协作一下，数据他们拿回去。

因此，地方对于草原方面的研究很滞后，A 站长表示：

都 10 多年了，草原草品种还用（20 世纪）80 年代的目录，没有新的目录。20 世纪 80 年代本市鄂托克前旗曾有过草原志，但杭锦旗没有。

此外，A 所长还曾筹建杭锦旗的标本室，后来因场地等因素不了了之。

再者，草监所还面临着工作开展的困难，草监所所长 A、所长 X 称：

全旗有 2429 万亩草场，只有 1 辆车，还破旧不堪。而草监所涉及草原开垦、禁休牧督查、纠纷调解，任务多，人手不够。

按照 X 所长的说法：

工资，工资保障不了，待遇，待遇兑现不了。比如，评职称时人事部门说你们是参公，不能评职称，而兑现待遇时又兑现不了公务员待遇，所以所里人员工作的积极性很低。而且，内蒙古东部区草监所是旗一级单位，而西部区是农牧局的二级单位。

在 A 站长看来：

旗县主要工作是下乡、做工作、跑。现在国家规定的出差补助等政策对基层工作人员很不适用。

在杭锦旗农牧局众人看来，基层部门的这些经费、研究、具体工作方面的困难普遍存在，但在具体待遇上因为国家的重视程度不同而差异较大。国家对林业比较重视，林业局待遇就比农牧局好多了，A 所长将林业局的待遇总结为：

人多、钱多、车多。

---

① 指杭锦旗。

林、草部门为何关系紧张

按照访谈大纲所提示的范围，我们尝试着抛出了一个问题：

在草原或环境保护方面与林业或者其他部门有没有矛盾？

没想到该问题一出现，激烈讨论的会场，众人声音顿时又提高了一倍：

我们跟林业的矛盾大了！

G领导：林业部门把好多草牧场化为宜林地，出现征占用、勘探，就说是林地，但如果出现鼠害、虫害，就说这是草原。而且，如果定为林地，破坏林地立马就有森林公安来管理；而如果定为草原，破坏草原却没有类似森林公安的力量。

问：那出现矛盾怎么办？

G领导答：农牧业与林业出现矛盾只能协调，协调不行就"嚷架"，实在不行，最后只能搞鉴定。虽然农牧、林、国土的分管旗长就一个C旗长，但C旗长也管不过来。

问：与其他部门有类似的矛盾吗？

G领导答：有，比如与国土局的矛盾。办理征占用手续，国土部门依据是国土法①，而不用草原法，但草原法是基本法。最后（因此而）出了问题，旗长就说："来！你们（农牧局）补文件。"而且，这种矛盾不只是旗县政府层面的，甚至是中央国土部和农业农村部本身的矛盾。

问：与水利局和环保局有类似的矛盾吗？

G领导答：跟水利局和环保局没有什么矛盾。

问：与上级部门有类似的矛盾吗？

G领导答：跟上级部门也没有矛盾，大多是业务上的往来。上级部门的检查年年有，但任务负担也不重。

当然，我们也可以认为，旗县环境保护部门间的矛盾或者是部门之间的利益争夺，或者是部门之间的责任推诿。需要征占，有了利益，就

---

① 应该是指《中华人民共和国土地管理法》。

说是林地；出现纠纷，需要调节，就说是草原。尤其是杭锦旗的放牧草场以灌木和半灌木为主，虽然按常理人们称其为草原，但林业上将其认定为林地也无可厚非。不难看出，农牧局与林业局之间的工作矛盾源于草地与林地的界定标准模糊。趋利避责是人的本性，在界定标准模糊的情况下，部门之间的工作矛盾是不可避免的。对于县级政府机构而言，清晰界定工作职责和范围是避免这些矛盾的关键。但是，问题在于，有些工作职责和范围能否清晰界定并不是旗县政府能够做到的。这些工作、权力和责任的交叉甚至是中央政府职责与范围交叉的延续（见图3－4）。

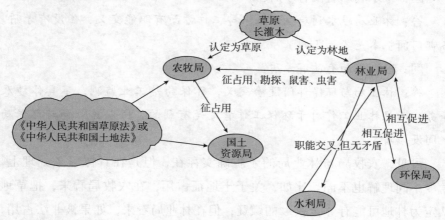

图3－4　草原保护机构间职责关系示意图
资料来源：笔者自制。

在杭锦旗农牧局的访谈近两个半小时，收获颇丰。尤其是部门间的工作矛盾问题很值得探究，但如果不去林业局了解一下，难免有片面之嫌。

林业局害怕"渎职"

到了杭锦旗林业局，局里的 M 领导跟我们聊了不少，关于林业局与其他部门的矛盾问题也直言不讳。

问：在草原或环境保护方面，对于林地和草地的划分，林业局与其他部门有没有矛盾？

答：林地和草地有一些矛盾，尤其是在征占用地上会出现矛盾。比如，地上长灌木，林业局就认为是林地，而农牧局就认为是草地。但是，如果林业局对于长灌木的地放任不管，就属于渎职，因为规划内的林地不允许非法占用。杭锦旗的草地和林地都发放了使用证：1988年发放了草地使用证，等到后来颁发林权证（所有权证）时，很多农牧民即使已经有了草地使用证，也给发了林权证，因此造成了一些"一地两证"现象。对于"一地两证"现象，2013年（旗）政府已经开始清理。如果有林地与草地重叠的，就开始界定，该项工作目前已经接近尾声。

问：跟水利局有没有矛盾？

答：林业局跟水利局在水土保持工作方面有职能交叉，但没有矛盾。各部门间基本是各干各的。

问：跟环保局有没有矛盾？

答：林业局与环保部门没啥交叉，环保局是工业监测，不具体涉及事务。而且林业工作对于环保工作肯定是有利的，所以林业局与环保局之间没矛盾。

可见，农牧局与林业局的矛盾确实存在，但是在具体事务处理上，角度不同理解也不同。比如，关于土地征占用，在农牧局看来，把草地认定为林地可能有"抢权"的嫌疑；但在林业局看来，如果被非法占用，林业局不管就属于渎职，因此林业局要杜绝这种可能。而对于跟水利局的关系，则属于互不干涉，各干各的，权责划分明确；对于跟环保局的关系，不但权责明确，互不干涉，还可实现相互促进，所以也不会出现矛盾。

政策鼓励企业治沙

做过深度访谈的人都知道：一般情况下，对于被访谈对象而言，相互之间的合作属于积极正面的内容，愿意与访谈人员交流；相反，访谈对象相互之间的矛盾属于消极负面的内容，则一般不太愿意表达。在对林业局的访谈过程中，上述关于机构间矛盾的话题是我们在聊得较为深入后才涉及的。在这之前，M领导跟我们聊了很多关于杭锦旗防沙治沙及生态建设成就等方面的内容。

杭锦旗从20世纪50年代开始就防沙治沙，治理的重点是号称"死亡之海"的毛乌素沙地。当时，以毛乌素沙地北缘锁边，设立2个治沙站、1个国有林场。20世纪80年代末又建成了200多千米的锁边林带，保护了农田、保护了黄河。即使在"文革"时期，杭锦旗在治沙上也没有停顿，当时也有大型治理，还有移民，尤其是20世纪60—70年代将梁外的居民转移到沿河地区。当时也搞植树造林，一个苏木曾获得过"全国治沙先进乡"称号。

问：有没有农牧民个人参与治沙？

答：杭锦旗有个人的治沙典型，乌日更达赖在2005年被评为"全国劳动模范"，2003年获得过全球福特汽车环保一等奖。到了21世纪初，毛乌素沙地已经很少了。从2000年至今，全旗累计投资几亿元，用于植树造林、退耕还林和流域治理。

问：企业有没有参与？

答：企业参与植树造林是杭锦旗的特色。杭锦旗地方财政穷，国家投资太少，需要治理的面积又太大，因此（政府）制定了优惠政策鼓励企业来这里。现在全旗有亿利、伊泰、嘉烨等20多家企业参与植树造林。

问：企业参与造林有效益吗？

答：企业造林几乎体现不出效益，但企业愿意干。比如，亿利资源每年投入1亿~3亿元。而且，这些造林的事情都是企业自己做，比如，亿利资源与农牧民承包租赁土地，签订相应的协议，"人自己找，钱自己花"，林业部门提供相应的技术服务。在造林过程中，如果造好林且符合补贴标准，林业部门就给发相应补贴。有的牧民有好几百亩的草场，政府给好几万元的补贴，还可以给企业打工。

在这种政策引导下，杭锦旗的企业造林取得了很大成果。M领导指出：

（全旗企业造林）共计400万~500万亩，比较大的有伊泰50万亩、嘉烨20万亩……这些企业以煤炭企业居多，因为鄂尔多斯市有碳补林，也有育林基金，企业如果造林可以抵掉这部分钱（税）。

而且，这些并不一定是杭锦旗的企业，例如，伊泰集团总部在鄂尔多斯市。M 领导认为：

不管谁进来造林，绿化的都是杭锦大地。

在宗教组织参与防沙治沙方面，杭锦旗与呼伦贝尔市三旗类似，虽然有民众信教，但没有宗教组织造林。杭锦旗民众主要是信仰喇嘛教和基督教，喇嘛教中著名的寺庙为菩提济度寺。据 M 领导介绍，之所以称为著名，是因为该寺的住持曾为北京雍和宫的住持，寺里有 30 多名喇嘛。虽然如此，该寺却未参与植树造林，反倒是政府给寺庙周围组织了造林。

对科研机构参与防沙治沙的情况，M 领导称：

上边的科研院所在下边"腿比较短"，跟地方没有合作，也不开展研究性的工作，大学等高等院校也没有来本地做项目的。

我们知道，在科研方面，杭锦旗政府有沙产业研究所，隶属于科技局，进行沙漠种子组织培育。研究所的工作人员由两部分组成，一部分是旗里科技局的人员；另一部分是外来的，比如，内蒙古农业大学的 ZGS 老师担任所里的技术专家。虽然政府方面与科研机构合作较少，但企业在这方面做的工作比较多。M 领导介绍：

亿利资源与中科院有合作，也经常组织国外专家来本地考察，包括联合国环境署也来过，但不跟政府对接。

对于国际组织在植树造林中发挥的作用，M 领导称：

本地有日元贷款项目，即日本协理银行的贷款，期限为 40 年，有点利息。其中，亿利资源贷款 5000 万美元，全旗共 4 亿元，由政府担保，企业才能贷到款。本地以前还有过日本援助的项目。

在我们看来，杭锦旗治沙和草原生态建设主要靠政府和企业。虽然企业没有常规的环境保护项目基金，但是像亿利资源这种大企业，每两年组织一次国家沙漠论坛，费用都由企业支付。将治沙作为一项常规任务，与企业宣传紧密结合，这在别的旗是没有的。

结束杭锦旗林业局访谈已近中午 12 点，我们又抓紧时间走访了禁牧办主任 A。

禁牧阻力大，休牧障碍多

从上午两个部门的访谈结果看，杭锦旗在防沙治沙过程中取得了很大成果。虽然防沙治沙、草原保护、生态建设是利国利民的大好事，但在初期的政策推动中也会遇到阻力。杭锦旗林业局领导 M 举的例子是退耕还林工程：

退耕还林工程是从 2001 年开始的，刚推行时也遇到了阻力。比如，农民不相信政府，对于补贴给不给、如果以后不让种了会不会受损等问题顾虑很多。不过从第二年、第三年开始，就好多了。到了 2008 年的退耕还林工程，又给 8 年巩固成果，现在各项工程都没有什么阻力。

这是典型的阻力随时间推移而减小的例子。相对而言，退耕还林工程属于诱导性的政策，而禁牧则属于强制性的政策，推行起来阻力肯定会更大，但是否也会随着时间推移而减小呢？禁牧办主任 A 提供的信息较为复杂。

虽然主任 A 是禁牧办主任，但只是兼任，其主要身份是政府办副主任。A 主任的工作对着农口，禁牧办属于农口的单位，所以才由他兼任禁牧办主任。禁牧办只有 A 主任是兼职，其余 10 多人都是事业编的专业人员。虽然禁牧办的办公场所与政府办的楼相距不远，但 A 主任说，在政府办和禁牧办两头跑很辛苦。A 主任自称在乡镇待了 20 年，而且他指出，禁牧、休牧工作的开展要早于禁牧办的成立。他说：

早先一开始就在做（禁牧、休牧工作），2009 年（旗里）开始设禁牧办，自治区一级称"禁牧执法总队"，市一级称"支队"，旗县一级称"大队"。禁牧办在旗县一级政府有的也称"禁牧执法大队"，职能包括督察和执法两大块，督察是专项禁牧督察，发现违规者由农牧局授权才可以处罚。禁牧主要以乡镇为主体，每个乡镇都有草监所。草监所人员不定，有 7~8 人的，也有 3~5 人的，在管理手段上以说服教育为主、处罚为辅。

谈及工作中的阻力，A 主任称：

禁牧职能以前没问题，近两年有点问题，主要是不好执行。过去禁牧一开始是政策,后来成为法律。今年(2014年)杭锦旗财政紧张,到目前为止工作经费就1万元,禁牧工作一开展就2台车在全旗跑,费用很大,不够用。对于整体禁牧工作而言,主体是乡镇,禁牧办只是督察,而乡镇又没有经费。过去该项工作没有问题是因为过去处罚款全额返为经费,而今年(2014年)1月开始变成了预算管理。罚款收上来缴进去,但经费拨不出来。在经费保障不了的前提下,职工很难做工作。

问:有没有具体的例子?

答:具体事例上,比如2013年罚没款为17.9万元,本来说先给拨15万元,财政局说没钱,先给10万元。但事实上,这些工作经费早先已经垫资,大多是员工垫的钱,这样的经费管理体制显然不太合理。在鄂尔多斯市的泡沫经济影响下,农牧民的补贴款不能及时到位,反倒还要罚款,对于农牧民而言,"给不了我钱,又处罚我,连饲草料也买不回来,那不是雪上加霜吗"。此外,如果禁牧工作做得不规范,纪检委还要处罚,有些禁牧、休牧人员因此不敢做这项工作——"宁可不做也不敢乱做"。对于禁牧办而言是看到什么矛盾解决什么事情,主要是调解和处罚,手段是法律和政策。(这些法律和政策)杭锦旗和鄂尔多斯市两级都有很多具体条例。对于又领补贴又放牧的农牧民,只能是停止补贴发放。

以上是禁牧、休牧政策推行中的困难,对于政策本身,A主任也有自己的看法:

现在全旗沿河地区全年禁牧,整体退出区也全年禁牧,穿沙公路两边也是。其他地区实行休牧政策,每年4月、5月、6月三个月休牧,对于休牧的具体时间,市政府还在调整。但沿河地区全年禁牧不太科学,比如,玉米收割后,地里还有许多牲畜可食用的秸秆杂草,不放牧也浪费。

对于禁休牧的效果,A主任认为:

禁牧、休牧对生态植被肯定有好处。目前,鄂尔多斯市要坚定不移搞三区规划和禁牧禁垦,但相应的配套工作没到位。又要做好工作,又不让有意外事情,这项工作很难做,杭锦旗做得算不错的。该项工作要做好,还要靠老天爷。本地年蒸发量能上到2000毫米,如果连着几年干旱，草原环境肯定不行。比如，1998—2004 年，连续 6 年沙尘暴很多，强度很大。而到了 2012—2014 年，天气就很好，这通过对比资料就能看出，结果肯定不一样。

可见，近年来杭锦旗在禁牧、休牧政策推行中遇到的阻力，原因很复杂。尤其是国家宏观政策形势的变化，使得政策执行主体的政策资源受到影响，进而令政策目标群体也陷入了困境。

席间众议生态建设

时至中午，政府办主任 A 看我们访谈任务安排太紧凑，便将环保局、水利局、林业局、草原站几个部门熟悉情况的人员召集在饭店一起吃了顿便餐，边吃边谈。

杭锦旗去年（2013 年）财政 13 亿元左右，旗里大企业有神华①和亿利资源。其中，亿利资源主要做沙产业，每年纳税将近 1000 万～2000 万元。

亿利资源沙产业做得如此声势浩大，纳税却不多，众人的解释是：

环保不以营利为目的。

从地图上看，鄂尔多斯市位于黄河"几字湾"的最上部，而杭锦旗正好在"几字湾"的西北角。因此，杭锦旗西边和北边都被黄河环绕，流经旗境 240 千米。库布齐沙漠横亘旗境东西，将全旗划分为北部沿河区和南部梁外区。所以，水利资源主要用于农区灌溉，牧区用不上，草原保护和生态建设的任务很艰巨。从水利条件看，杭锦旗沿河带较好，以打井为例：

北部沿河流域几十米，而往南的梁外地区有的地方甚至得上百米。而且打井成本很高，1 米要 400～500 元。虽然不允许大企业自己打井，但是会有偷偷私自打井的现象。

所以，杭锦旗的地下水开采量很大，大家感觉近几年本地的地下水位呈下降趋势。相对于充沛的黄河水，杭锦旗的季节性降雨匮乏，因为

---

① 准备 2016 年投产，利税号称 100 亿元。

一直没有下雨，旗里建的几个拦截季节河的水库，甚至有的建设至今都没水。

整体而言，大家的共识是杭锦旗这几年生态建设困难不小，但取得的成就还是很大的，以后还会继续坚持加强生态建设。尤其是从2014年开始，旗里各个部门职工从上到下都要植树，而且有任务指标，即每人每年60棵。该项任务由杭锦旗林业局统筹计划，各部门负责种植，成活率达到85%以上。按照杭锦旗环保局领导X的说法是：

杭锦旗会保证绿水和蓝天不变，以后北京人来内蒙古不用交过路费，交空气质量费就行！（笑）

考察碳汇林，阻于颠簸途

中午小憩，时至下午2点40分左右，还是由A主任领着我们，去实地考察西北部的伊泰集团50万亩碳汇林。出锡尼镇往北，街道两旁垂柳站岗、牧草旺盛。走了15千米左右，A主任告诉我们：

这就是杭锦旗的草原。

我们走的这条公路是1997年修建的，即当年著名的"穿沙公路"。因为这两天杭锦旗降雨充沛，一路上的草显得郁郁葱葱，很难让人想到，这就是库布齐沙漠的西南边缘。

为我们开车的是政府办工作人员M。对于这位蒙古族小伙子，我们顺便做了访谈。从访谈中得知，M家有300多只羊。他说：

本地养山羊比较多，既能吃肉，也能喝羊奶，因此有时也被称为"奶山羊"。

本地羊放养用不了一年，一般30多斤就可以宰杀。除了羊，家里还有骆驼和马，还种了70～80亩地。不过这些地不种粮食，种玉米、葵花等经济作物和饲草作物，自己吃的粮食靠买。如果是种葵花，今年（2014年）的行情是每斤4元左右，每亩能收入1000元。

我们估算了一下，如果按种地70亩计，则M家种地的毛收入可达7万元。如果羊价以每只1000元计，同时假设300只羊每年卖150只，则M家一年卖羊的毛收入有15万元。合起来，M家一年总的毛收入大约为

22万元。

交谈间，我们经过一条沟，M介绍称这是"陶赖沟"。因昨天下雨，沟里水很深，漫过了桥面，幸好走之前我们听从了A主任的劝告，没开自己的小轿车，否则这条沟水漫过的路能否过去都成问题。

路上，A主任也向我们介绍了一些治沙方面的情况：

本地治沙植物有柠条、沙蒿（又名"油蒿"）、紫蒿。路边看到有栽种杨树围成方块，那就是饲料地。杭锦旗从2010年开始实施"五个一"工程，即一眼机电井、一个供水塔、一个饲养暖棚、一个青贮窖、一块保灌饲草料基地。现在旗里不让农牧民随便开地，现有的耕地或饲料地主要种打籽玉米，该种玉米以饲用为主，不销售。因为该种玉米虽然人也能吃，但口感太差。本地的草低、草硬，不能打草。对于环境保护来讲，水分、阳光、土壤是先决条件，然后才是人工。

离镇20多千米，我们看到了本地的硫化碱工厂，A主任称这家硫化碱工厂马上就要被关闭。虽然坐在车里，但还是能闻到一股浓浓的刺鼻之味。可见，其对环境的影响和破坏显然不小，而杭锦旗能毅然做出决定关闭该厂，显然是明智的。再往北走，到了杭锦旗的碱湖（路边标牌上显示为"盐海子湖"，当地人有时称为"碱湖"，有时称为"盐海子"）。我们看到，碱湖里居然有鸳鸯，相信湖里更应该生机盎然。A主任称此地有盐场，也生产碱、硝等。还说：

亿利资源的老总WWB就是从这里起家的。

再往前走，到了巴音乌素。此地以前曾是一个镇，后撤乡并镇被取消，破败景象一览无余。

A主任还告诉我们：

旗里的草场流转从2000年开始，现在锡尼镇周围的价格一般每亩500～600元。草场价格浮动特别大，有的地方每亩30～50元，有的地方甚至没人愿意承包。

从巴音乌素往西，一路爬坡，途中我们看到右边不远处有一座寺庙。A主任说：

这就是菩提济度寺。庙里现在的住持是以前北京雍和宫的住持，80

多岁，从雍和宫退休后就一直住在这里。寺周围的绿化是政府给做的，附近还有旗里的西北沟甘草基地。

北京雍和宫在全国佛教界大名鼎鼎，其住持居然回到了杭锦旗居住，这是我们没有想到的。

去往伊泰集团碳汇林的新路上堆满了沙子，只能走与其并行的旧路。路途颠簸，昨晚雨水可能太大，时有跌入深坑之感。在距离碳汇林20千米左右，前方领路的伊泰集团 H 所长的车停了下来，我们紧跟其后的两辆车也只好停下。下车一看，H 所长的越野车油底护板被刮了下来，只有一小部分连着车底，右前方轮胎也有些泄气。道路如此艰难，考察碳汇林也只好作罢，我们对 H 所长深表歉意。当然，这时也正好可以向 H 所长请教一些相关问题。H 所长告诉我们：

伊泰集团碳汇林从2011年开始建设，共有30万亩沙柳、30多万亩高秆（以灌木为主），投入将近1亿元，这些投资全部是伊泰集团的钱。在鄂尔多斯市，企业出1吨煤，就要有1元作为碳汇林的投入。不过从今年（2014年）起，碳汇林的"投入就淡似兰"。①（伊泰集团）老板是杭锦旗人，想为地方做点贡献。伊泰集团还有铁路、煤制油、房地产等项目，整个企业年利润在20亿～30亿元。这也是这几年受大环境影响，不如以前了，以前每年至少70亿～80亿元（利润）。碳汇林的沙柳在刚开始种的时候，靠打井浇水，现在种好了就不用浇了。高秆主要靠拉水浇。碳汇林周边原来的牧民都已搬了出来，现在就是纯粹的林子。

虽然未能完成对碳汇林的考察，但行程还要继续。我们来到了杭锦旗的全年禁牧区考察。此处距锡尼镇50～60千米，行政上隶属于独贵塔拉镇。穿沙公路两侧的植被长势茂盛，A 主任等称这些是飞播造林的成果。还说，从1997年穿沙公路建成后，杭锦旗就开始治理沿路的环境。A 主任告诉我们，这些植物中有杨柴、沙米、白草等，杨柴就属于飞播的主要树种。虽然整体上植被茂盛，但一些杨柴已经干枯。草原站站长 Z

---

① "淡似"在方言中是形容词，意思是很少；"兰"在方言中是语气助词，无实际意义。这句话翻译为普通话为"投入就很少了"。

认为，这里应该让放牧：

如果不让放牧，这些干枯的部分就会将整株杨柴"顶死"。放牧后，反倒可以让杨柴长势更好。

这显然是一般人不太了解的情况。

禁牧区考察完后，向南走2~3里地，我们发现路两侧有积雨形成的小湖（见图3-5），景色优美，风景宜人。湖中蛙声不断，A主任说都是癞蛤蟆，因本地很少有青蛙。

图3-5　雨后沙中湖
资料来源：笔者摄于2014年。

实地考察结束后，我们驱车赶往锡尼镇。车上，A主任称自己老家在独贵塔拉镇，家里人把土地都流转出去了，在本地的现代农牧业公司打工。此地还有独贵塔拉锦泰工业园区，将于2016年投产，属于旗里的重点企业，主要经营煤制油和煤转化项目，此外还有煤矸石电厂。

一路下来，我们的感觉是：在东部区的陈旗与西部区的杭锦旗，道路建设都对生态环境有很大的影响。但差别在于：在陈旗，道路建设在一定程度上破坏了环境；在杭锦旗，路两边或者说道路周边的环境改善却很明显。

政府组织动员，企业对外宣传

返程途中，我们看到本地有沙产业示范园区，网上查到的名称是

"鄂尔多斯市霖泽科贸有限责任公司"。基于此，我们与 A 主任聊到了时下很热的"沙产业"话题，但得到的答案是：

所谓沙产业，目前尚未有明确的界定，在杭锦旗大致包括沙柳、甘草、沙棘醋、沙棘酒等。这些有关沙产业的概念或一些治沙技术并不属于哪一个人或哪一家企业的专利。现在，亿利资源对外宣传的一些治沙技术应该算当地群众集体的智力成果。具体产生过程是：亿利资源出钱承包土地，雇用当地农牧民植树造林，农牧民创新了相应的技术，企业据此申请专利，广为宣传，如水冲沙柳、洋瓶植树等。

不难看出，杭锦旗的治沙和生态建设成果比较显著，那么对于取得的成绩，旗里是否进行统一宣传呢？A 主任提供的信息是：

对于环境保护方面的宣传，旗里一般是对内的，组织动员性质的居多。对外宣传主要是亿利资源，比如，七星湖就是亿利资源的一个旅游景点，人家自己建设自己宣传。

可见，杭锦旗的防沙治沙和生态建设既有政府的引导推动，也有大企业的全力投入。但双方之间的分工似乎多于合作，因此就出现了政府做政府的禁牧、休牧，企业造企业的碳汇林，双方各干各的，互不干涉！

做客现代牧民家

在快到锡尼镇的赛台嘎查，A 主任安排我们去牧民 A 家实地调研。A 家挂着两块牌子：上边一块是杭锦旗农牧局 2010 年颁发的"现代草原畜牧业示范户"的牌子，下边一块是全国基层农技推广补助项目发的"科技示范户"的牌子。Z 站长似乎与牧民家极为熟悉，谈笑间没有那种官民之间的拘谨。A 家有 3 口人，夫妇俩和 1 个儿子。儿子在鄂尔多斯市读高一，一个月能回家一次。虽然 A 已经 40 多岁，但众人称他在杭锦旗放牧的牧民中算是年轻的了。交谈中我们了解到，全旗总人口 14 万人，其中蒙古族 2 万人。在牧区放牧的基本上是 50 岁以上的人，只有北面沿河地区有一部分年轻人在放牧，但应该是承包者，而不是所有者。

我们在一张长方桌边就座后，男主人热情招呼，女主人端茶倒水。我们喝的奶茶是用本地山羊奶熬制的，与牛奶熬制的奶茶显然味道不同；吃的西瓜也是自家种的，颇为甘甜。

大家一边吃东西一边闲聊。从闲聊中我们得知：A家有4000亩草场，500只羊，300多亩饲料地，这些饲料地全部是水浇地。虽然黄河流经旗境240千米，但主要是农区灌溉，牧区用不上，因此这些水浇地要靠机井抽水灌溉。在300亩饲料地中，紫花苜蓿种植了150亩，其余种植的是青储玉米或打籽玉米。本地的牧草主要是紫花苜蓿，一年3茬，一亩地可产800~1000斤，用来喂羊，一只羊一天不到1斤，但只能是辅助饲料，需要与其他饲料如玉米秸秆等搭配。

还了解到，根据旗里的相应工程，4000亩以上草场给配套棚圈，A家因此盖了300平方米的草棚、240平方米的羊棚。现在的草畜标准是25亩草场1只羊，如果按照这一标准，A家草场只能放牧160只羊，500只显然超标了。但众人称，A家的羊都是圈养，所以不会超标。A称：

这4000亩草场有爷爷的，也有妹妹的，各放各的。家里一年纯收入15万元，这500只羊也不用怎么花钱投入。本旗人均草场面积东西部差别很大，东部每人平均1000~2000亩，而西部每人平均也就几百亩。

据我们理解，所谓"几百亩"也就是300~500亩，因为要多于500亩就会说"好几百亩"，而少于300亩，一般就会说是"100~200亩"。即使A家共4000亩草场，放牧也还是"各放各的"，可见本地牧民间基本没有合作放牧。众人的总结是：

就这点牛羊，草场也少，没那个必要。

虽然放牧基本不用投入资金，但会受到自然灾害的影响。A称：

前段时间，本地遭受冰雹灾害，"冷子"① 打得玉米基本没收入，草料也受影响。

此外，草场也有补贴，但草场补贴有多个标准，A也不清楚自己家到底有哪些补贴，只知道其中一种是每亩给补贴1.5元。

---

① 方言对冰雹的俗称。

牧民家的参观访谈结束后，我们驱车赶回酒店。杭锦旗旗长 X 听闻我们访谈调研的重心是"草原保护和荒漠化治理"，特别感兴趣，因此在百忙中抽出时间，坚持设便宴招待我们，并与我们聊了许多鄂尔多斯市牧民实用的草原保护办法，让我们非常感动！

另外，通过在杭锦旗的调研，我们还有一个感觉：比起东部区的 3 个旗，杭锦旗的偷牧不可避免。对于偷牧的原因，一些受访者认为是由于"牧民收入低"。例如，A 站长就指出：

按政府工作报告上的说法，现在杭锦旗农牧民年人均纯收入 9000 多元，有个别的牧户甚至拿国家补贴就可以有 5 万~6 万元。但如果一户人3000 元补贴，3 个月禁牧时间，1 只羊也就 3 元的补贴，太少了。

1 只羊 3 元的补贴，这与鄂温克旗遇到的牧羊女家的补贴相差无几，但鄂温克旗并未禁牧、休牧，所以也就不存在偷牧现象。

顺着这个思路，我们是不是可以假设：禁牧的程度越大，偷牧的现象就越普遍。按照这个假设，我们调研的下一站——包头市达尔罕茂明安联合旗实施了全面禁牧，那里的偷牧现象应该更普遍。但事实是否如此呢？我们期待能在明天的调研中得到验证。

杭锦旗的反思：政府、企业、民众的三方协同及其条件

杭锦旗跟陈旗很像，但差别也很大。首先，二者很像：陈旗河流众多、水资源丰富，杭锦旗紧临黄河、灌溉便利；陈旗有草原，杭锦旗也有；陈旗有很多大企业，杭锦旗也有；陈旗治沙效果明显，杭锦旗碳汇林成就斐然。其次，二者的差异很明显：陈旗位于内蒙古自治区东部，杭锦旗位于内蒙古自治区西部；陈旗的草原以草甸草原为主，也有干旱草原，杭锦旗的草原以沙地草原为主，也有荒漠草原；陈旗的大企业以中央企业为主，杭锦旗的大企业有不少地方企业。对于我们的调研来说，杭锦旗是由政府办这种综合部门引荐的，沟通的顺畅和得到信息的容易与丰富程度，自然要比单单依靠环保局强了不少（见表 3 - 4）。

表 3-4　杭锦旗访谈结果

访谈对象	政府 与农牧民	政府 与企业	企业 与农牧民	政策措施	治理效果
	禁牧与休牧		签订协议种树	禁牧、休牧	问题逐步解决
农牧局小组					建设沿 黄锁边林
	生态移民				农牧民保护 意识增强
林业局官员	表彰典型	制定优惠政策	参与植树造林	制定优惠政策	造林 400 多万亩
禁牧办官员	禁牧与休牧			禁牧与 休牧并重	阻力在变小
多部门小组				种树是 一项任务	成就很大
政府办职员	禁止乱开垦			禁止乱开垦	
企业管理者			植树造林		60 万亩碳汇林
政府办职员		各干各的	发明多种 治沙技术		
牧民	配套棚圈				
	草场补贴				

资料来源：笔者根据访谈整理。

杭锦旗的沙漠治理效果主要体现在两个方面：一是过去的问题与阻力在不断解决或降低，例如，禁牧和休牧问题；二是建设的成果在不断扩大，无论是企业强调的碳汇林还是旗政府强调的沿黄锁边林，都是治理库布齐沙漠的成就体现。更重要的是，随着治理的不断推进，农牧民的草原保护意识不断增强。所有这些成就，既得益于紧临黄河的水利条件，又得益于该地区政府、企业、农牧民的多方协同参与。

在杭锦旗，我们也发现政府与农牧民的接触颇多。这些接触既有针对生态脆弱区的生态移民的，也有针对大多数地区的禁牧、休牧和禁止滥垦等政策的。当然，这些政策既有控制性内容，也有激励性补贴。具体落实到牧民生活中，控制性的禁牧、休牧政策包括建设配套棚圈，实现圈养舍饲等；激励性补贴则主要是草场补贴。

政府与企业之间的互动可分为市和旗县两级：一方面，市政府制定优惠政策，通过碳补林、育林基金等引导企业造林；另一方面，旗县政府发动各单位植树造林，将种树作为一项任务下达。但是，旗县政府这种任务下达，很少针对大企业，更多的是针对政府和事业单位职工。相对而言，旗县政府对企业的影响要比市政府小得多，用受访者的话说就是"各干各的"。但无论如何，旗县政府和当地企业都是为了治理沙漠，"绿化杭锦大地"。

企业与农牧民之间的互动主要体现在植树造林上。在植树造林过程中，农牧民发明了水冲沙柳、洋瓶植树等多种治沙技术，再经过企业广为推广，进一步为沙漠治理中的技术推广做出了贡献。而且，企业与农牧民之间就治理沙漠签订种树协议，这样农牧民植树造林就有了动力，企业也能够节省人力成本。

综合三方的互动来看，虽然杭锦旗的草原治理与其他地区一样，也是政府居于主导地位，但其治理成效显然离不开多方协同。政府与农牧民的协同与其他地区类似，但企业与政府、与农牧民之间的协同，是杭锦旗独具特色的地方，也是其能够取得显著成效的重要原因。但是，对于杭锦旗沙化治理取得的成效，我们必须清醒地认识到其独特的条件。这种独特的条件或许主要有两个：一个是其得天独厚的水利灌溉条件，这是杭锦旗治沙成功的重要基础；另一个是在国家对生态建设日益重视的大背景下，鄂尔多斯市政府作为上级政府，通过优惠政策引导，使全市能源企业投入人力、物力植树造林和进行生态治理，并最终成为防沙治沙的重要力量。总之，只有在此基础上，杭锦旗政府、企业和农牧民的多方协同才有发挥作用的空间。所以，我们的感觉是：

强治理要成功，除了本地的强政府、强社会、强协同之外，还必须有强自然条件和强人为条件，尤其是上级政府等的强环境性或政策性人为条件。

五、内蒙古自治区达尔罕茂明安联合旗

达尔罕茂明安联合旗（通常简称"达茂旗"或"达茂联合旗"，以下简称"达茂旗"）1952 年 10 月由达尔罕旗和茂明安旗联合组建。达茂旗在行政上隶属于内蒙古自治区包头市，位于包头市北部，东邻四子王旗，西接乌拉特中旗，南连武川县、固阳县，北与蒙古国接壤，边境线长 88.6 千米；地理位置在东经 109°16′~111°25′、北纬 41°20′~42°40′，全旗总面积 18177 平方千米，有蒙古族、汉族、回族、满族等 15 个民族①。根据包头市统计局数据，2007 年达茂旗的户籍人口为 10.16 万人②；根据第七次全国人口普查数据，截至 2020 年 11 月 1 日零时，达茂旗常住人口为 69563 人（约 6.96 万人）③，有较大幅度下降。

达茂旗地处大青山西北内蒙古高原地带，地势南高北低，缓缓向北倾斜，南部属丘陵区，中部、西部有低山陡坡，北部属高平原台地，中间有开阔原野，平均海拔 1376 米。达茂旗境内草原辽阔，面积 16574 平方千米，草原类型由南向北依次为干草原、荒漠草原和草原化荒漠三个自然植被带，其中荒漠草原占 50.2%，是主体草原。④ 达茂旗的气候属中温带半干旱大陆性气候，冬季漫长寒冷，春季干旱多风沙，夏季短促凉爽。寒暑变化强烈，昼夜温差大，降雨量少，而且年际变化悬殊，年平均气温 4.2 摄氏度，年平均降水量 256.2 毫米，年平均蒸发量 2526.4 毫米。⑤

---

① 达尔罕茂明安联合旗人民政府.达茂旗概述[EB/OL].（2020-04-03）[2021-04-26].http://www.dmlhq.gov.cn/dmqq/5110340.jhtml.

② 汇聚数据.包头达茂旗人口[EB/OL].[2021-10-06].https://population.gotohui.com/pdata-2315.

③ 包头市统计局包头市第七次全国人口普查领导小组办公室.包头市第七次全国人口普查公报(第二号)[EB/OL].（2021-06-28）[2021-10-06].http://tjj.baotou.gov.cn/tjgb/24873486.jhtml.

④ 乌恩白乙拉.全面禁牧政策落实情况调查研究：以内蒙古达茂旗白音杭盖嘎查为例[D].呼和浩特：内蒙古师范大学,2017:5.

⑤ 达尔罕茂明安联合旗人民政府.地理气候[EB/OL].（2020-04-03）[2021-04-26].http://www.dmlhq.gov.cn/dmqq/5110340.jhtml.

达茂旗自然生态环境脆弱，草场植被稀疏，载畜能力不强。为改善生态环境，从2007年10月开始，达茂旗在该旗百灵庙镇的三个嘎查进行了禁牧试点工作，并于2008年1月1日起实施全面禁牧政策。[①]

8月5日　为何偏爱文化产业项目

杭锦旗在鄂尔多斯市，达茂旗在包头市，开车里程近380千米。

为了赶时间，我们早早起床，6点15分就开车出发了。天气很好，我们沿着昨天走过的穿沙公路一路向北。比起昨天的荣乌高速，穿沙公路稍显破旧，可能是年久、跑车多的缘故。可见，虽然走这路得"穿沙"，但还是有很多车在跑。而且，我们确实发现，车辆行进中不断有大卡车迎面而来。好在天空湛蓝，空气清新，沿路两旁的牧草也特别茂盛，真是让人心旷神怡。如果不是急着调研，我们真想一上午都沉醉在这茫茫的旷野之中。

大约一个半小时后，我们到了响沙区，前方显示为"亿利黄河大桥"。该大桥取名为"亿利"，源自亿利资源投资建设。从该大桥向西，路标显示为"七星湖沙漠生态旅游区"，也是由亿利资源投资建设的。治沙、用沙、建大桥，亿利资源在内蒙古西部地区荒漠化治理过程中的影响可谓不小。

过了大桥后，进入乌拉特前旗境内，该地区属于巴彦淖尔市。"黄河百害，唯富一套"，河套农区的风景自然也是生机盎然。过了乌拉特后旗，经过包头市，穿过大青山，进入固阳县，一路向东北，阴山北麓的草原风光尽收眼底，真有一种行走于世外桃源的感觉。在内蒙古西部人的眼里，该地区属于"后山"地区，与河套地区发达灌溉系统下的农业相比，这里的日照、水文、气候均制约了农业种植。但是，今年（2014年）的雨水不错，虽然进入了温性荒漠草原区，草原却依旧展示了勃勃生机（见图3-6）。

达茂旗政府所在地为百灵庙镇，因近代的"百灵庙起义"而闻名全

---

① 常山.全面禁牧对牧民生产生活方式的影响调查研究:以内蒙古达茂旗白音杭盖嘎查为例[D].呼和浩特:内蒙古师范大学,2011:5.

图 3－6　草原路旁的景观树
资料来源：笔者摄于 2014 年。

国。大约上午 11 点，我们穿过达茂旗旗门观景台，但到镇里已经是中午 12 点 30 分了。

接待我们的是达茂旗环保局领导 T、达茂旗环境监测站站长 T、达茂旗林业局领导 E。在工作餐时间，我们边吃边聊。据 T 领导介绍：

达茂旗辖 12 个苏木镇，共 1.8 万平方千米，财政收入 20 亿元，大的工业企业有"巴润"①和"石宝"。②达茂旗环保工作涉及的部门有草监局、林业局、环保局、农牧局。

E 领导已经在达茂旗林业局工作 12 年，据其介绍：

本地林地以灌木、柠条为主，还有红沙柳、白刺、藏锦鸡儿、爬地柏、沙地柏，达茂旗有林地 600 万亩。而沙地植物，本地以针茅为主。

---

①　"巴润工业园区是包钢重要的原料生产基地。园区始建于 2004 年，位于我旗明安镇境内，中心区规划面积 14 平方千米。园区主要以包钢的全资子公司——巴润公司为龙头，依托白云西矿储量达 9 亿吨的铁矿石资源，重点发展铁精粉加工产业。目前，园区共入驻企业 9 户，其中：采掘企业 1 户、铁精粉生产企业 7 户、供水企业 1 户，已形成年产 1500 万吨采矿和 440 万吨铁精粉生产能力。"号称"亚洲最大"。

②　"石宝工业园区是我旗重要的钢铁产业基地。园区始建于 2002 年，位于希拉穆仁镇与石宝镇交界处，规划面积 17 平方千米。园区西南距包头市 198 千米，东南距呼和浩特市 98 千米，西北距百灵庙镇 65 千米。园区主要以石宝铁矿集团公司为龙头，依托三合明 1.7 亿吨铁矿石资源和目前已有的工业基础，以钢铁产业为主导，重点发展钢铁下游产品、循环经济项目及钢铁产业配套项目。目前，工业园区共入驻企业 5 户，已经形成铁矿石—铁精粉—炼铁—炼钢—轧钢和铁矿石—铁精粉—炼铁—铸件两条产业链，以及 112 万吨铁精粉、80 万吨生铁、50 万吨炼钢、50 万吨轧钢生产能力。"参见达茂旗政府网站，http://www.dmlhq.gov.cn/。

此外，本旗还有自治区级的巴音杭盖自然保护区，距镇西南60千米。

午饭后，达茂旗环保局领导 T 带领我们参观达茂旗的文化产业园，该产业园以赛马、赛摩托车为主，准备申报国家级文化产业园。但直观来看，该产业园更像一个大型赛马场。这两年，中央多次强调"大力发展文化产业"，基层政府为了响应中央号召，或者为了争取响应的资金项目支持，都在发展"文化产业"项目。但以创意产品为主的文化产业很多是智力性的，需要高级智力人才的支撑；旗县地区，尤其像达茂旗这种偏远地区，很难吸引此类高级人才。但是，中央的项目资金还是要尽量争取，怎么办呢？无形的、高智力支持的项目太难，那么就搞有形的、低智力支持的项目。如此，建设文化产业园就成了一条合理的路径。因为，建设文化产业园相对简单，找一块足够大的地方，把场地建设起来即可。据此，我们也可以提出一个简单的假设：越是经济欠发达地区，越偏爱"文化产业园"项目，姑且可将其命名为"欠发达地区的文化产业园项目偏爱假说"。但既然是"文化产业园"而非"科技产业园"，就必须跟"文化"沾边，因此光建场地还不行，还要找当地较为知名的历史文化标签来包装才行。当然，这个也不难，对中国任何一个地方而言，都拥有悠久的历史，要找个历史文化标签还不容易吗？

而且，我们了解到，达茂旗虽然地处偏远，在整个内蒙古自治区并不落后，其财政收入是新左旗的近 8 倍。不难想象，达茂旗的工商业税收应该不少，这也是其能够实现全旗禁牧的财力后盾。进而我们也可以猜测，达茂旗环保局的工作任务应该比新左旗环保局繁重得多。

据 T 站长介绍：

环保局监测站按照自治区的标准化建设，共有14人，监测内容包括地下水、地表水、PM_{10}、大气、粉尘和噪声。2007 年后，环保局从住建局独立出来，但办公依然在住建局的楼里。现在，环保局投资1200 多万元正在建设环保执法楼。

达茂旗环保局办公室主任 M 于 2009 年来环保局工作，据其介绍：

环保局现实施的工程有"农村牧区生活环境综合整治工程"，从2009年开始，国家匹配50 万元，地方匹配20 万 ~ 30 万元。达茂旗的生态保护工作主要与农牧局有关，而城市环卫则属于建设局。新闻媒体在生态环境保护中的作用体现在两方面。一是外边媒体，对于本地生态环境保护的报道主要是针对工矿企业的污染问题，很多时候是一些大的媒体提及此事，而路边社对此捕风捉影，不负责任乱说。二是地方媒体，主要是宣传生态环境保护方面的成绩，主要有《包头日报》和达茂旗的《漠南时讯》。而且本地的环保都是政府行为，很少有个人自发的行动。

杭锦旗有治沙模范，陈旗和新左旗也有，但达茂旗很少有类似的个人行动。这是否意味着达茂旗的生态建设及环境保护相关工作都主要是政府行为呢？需要我们进一步深入了解。

面对工业企业的态度反差

下午在 T 领导办公室，我们遇到污水处理厂厂长 M，该厂隶属于达茂旗建设局，但达茂旗环保局也负责监管污水处理厂的工作，达茂旗环保局与达茂旗建设局在职能上相互配合。之后，T 领导带着我们去了达茂旗林业局和达茂旗草监局，途中路过达茂旗禁牧办，T 领导称：

禁牧办主要是发补贴。

由于在达茂旗林业局没有碰到合适的人，我们直接来到了达茂旗草监局。草原站站长 T 介绍说：

草原站虽然是"站"，但不像旗里别的股级站，而是相当于科级的"局"，站里共有 13 人，全部是事业编制。近些年，旗里环境保护的最大成就是京津风沙源治理工程。该项工程从 2000 年开始，至 2010 年一期已经结束，投入 1 亿元，二期规划为 10 年，现在已经开始。旗里的环境保护主要是由草监局负责，剩下就是林业局和水利局。国家的禁牧补贴是每亩 5.28 元，旗里禁牧办主要是发放禁牧补贴，每年旗里禁牧资金有1.2 亿元。

来达茂旗之前我们了解到，作为全国唯一的全面禁牧旗县，达茂旗每年会接待很多的调查和访谈人员。所以，现在的达茂旗政府对该类调查都是敬而远之，牧民对此也不胜其烦。因此，这种说法是故意在淡化禁牧工作，还是对禁牧工作不甚了解，我们不得而知。但对于达茂旗近些年的环境变化，T站长将其总结为"好→坏→好"的过程：

20世纪80年代前的大集体时代，这里环境保护比较好。20世纪80年代后包产到户。到2008年，环境开始变坏。2002年是最严重时期，风沙大到了"上房不用梯子"。原因一是过度放牧，二是国家不重视环保。从2008年禁牧后到现在，旗里的环境又好了起来。

在杭锦旗，企业积极参与甚至推动生态建设及环境保护，但在达茂旗，T站长称：

没有企业投资草原保护，凡是（市里）高污染的都打发到了我们这儿。

言谈间的无奈溢于言表。我们可以推想，这种无奈可能源于两个方面：一方面，这些工业企业为达茂旗带来了较高的财政收入，因此才使达茂旗有足够的资金推动全面禁牧政策；另一方面，这些工业企业也为地方的环境保护和生态建设带来了较大压力，因此才会有上面的抱怨。

对于缺乏工业企业的地方，旗县环保部门的工作压力相对较小。但是，工业企业缺少也使得地方财政收入较低，进而使环保部门的办公经费、人员福利以及部门地位相对较低。在这种情况下，有些环保部门可能会认为，即使引入工业企业会带来污染，会增加工作压力也无所谓，总比收入低和没地位强。显然，我们在新左旗就看到与此类似的现象。但是，随着工业企业引入数量的增长，其带来的经济效益与其附带的环保工作压力也同时增长。到了一定程度，就会使环保部门的工作压力占主导，从而促使环保部门开始改变对工业企业的态度。到那个时候，它们的态度或许会变为，宁可牺牲经济效益，也要重视环保和生态建设。显然，我们在陈旗与达茂旗就看到了这种现象。至于像杭锦旗那样，将经济效益与生态环保工作有效结合起来的地方，实在不太多。

禁牧补贴差距不小

大概到了下午5点，我们对旗里各部门的访谈工作均已结束。虽然T领导在尽力协助我们，但从政府方面获得的信息，相比杭锦旗少得可怜。发现时间尚早，我们得知镇里有禁牧后的移民小区，于是决定驱车前往。

正好身边没有了公务人员的陪伴，也能了解牧民对于禁牧政策的真实态度。

一路上，我们发现，百灵庙镇可谓风景秀丽，环城四周有艾不盖河、塔尔洪河以及两河汇集的后河。移民小区位于镇东南的河东侧，远处新建的五层小楼，散发着浓厚的现代化气息。小区里人比较少，两位年纪较大（七八十岁）的老人在一起聊天，旁边一位大叔（看上去年纪相对小一些）抱着孙女在聆听（下文中我们分别称其为"移民区大娘""移民区大爷""移民区大叔"）。经过交谈我们知道，移民区大娘家里有老伴儿和3个闺女，闺女已经成家，老家在镇东北的巴音塔拉苏木。移民区大娘家搬到移民小区已有两三年，领着3000多亩草场的补贴，但现在：

老汉动不了，我也走不了。

移民区大娘如是说。开始禁牧搬迁时，移民区大娘极不情愿，因为：

在老家啥都不用花钱。禁牧后，政府每季度给3800元的禁牧钱，超过60岁，每月给200元的补贴。

即使这样，移民区大娘还是感觉不够花，因为：

成天病，经常花钱买药，肯定是不够。禁牧后，草场少的人家就比较可怜。禁牧后我们全家搬迁至移民小区，给了60平方米的房，当时总价8万元，交了1万元的首付，今年（2014年）差不多房款就交清了。

虽然移民小区里有60平方米、80平方米和90平方米几种户型，但是：

征地比较多，有钱的人都拿着钱去包头、呼和浩特花了，不在这个小区住。

可见，统一的禁牧政策针对的是草场面积各异的牧户，因此禁牧后牧户得到的补贴就会有差距，牧户之间的贫富差距也会因此出现，这直接影响了牧户禁牧后的生活。就像移民区大娘所言，有钱的、较为富裕的人去了呼和浩特、包头等大城市，其余的人才搬到了移民小区。

移民区大爷的老家也在巴音塔拉苏木，搬到小区已经4年。大爷家有一儿一女，都在达茂旗上班。家里有4000亩草场，每亩补贴6元，一年能收入2.4万元。但移民区大爷说：

还得扣除房钱，一个季度到手的钱也就900元，因此一年只有3600元的收入。打工没人要，咱们是放牧出身，算不了账。儿女也照顾不上我，我也照顾不了儿女，儿女跟我各顾各的。

按照移民区大爷自己的总结是：

东阳婆晒至西阳婆，就这么活着吧！①

言语间充满了悲凉。谈到开支，移民区大爷称：

一家人精打细算，一个月也得1000元开支，如果出现紧急情况就跟别人借点，只能四处想办法了。

虽然家里还有40～50只羊，有20只羔子羊，每只能卖500元，一年也能收入1万元，但按照移民区大爷的说法：

不看病就够花。遇上好几万元的大病，那就什么都完了。

对于禁牧政策，在移民区大爷看来：

现在的禁牧政策很不公平，草坡大的有4万～5万亩，我们家只有4000亩。草场承包30年不变，结果有的草场补贴，已去世的人能领上，在世的人却领不上。有的人家一年（补贴）30万～40万元，有的只有两三万元，差距太大。别人家买汽车、买摩托，我们什么也没买。儿子、女儿都在达茂旗租房住。

禁牧是为了保护草场，但移民区大爷认为：

禁牧不如不禁！现在草坡承受力不行了，天也高了，来点云彩也让打云炮都打跑了。

可见，移民区大爷是反对禁牧政策的，因为在他看来，禁牧政策不仅没有起到保护草原的作用，还"造成了贫富差距"。而且，我们最初确实觉得移民区大爷家的日子过得紧巴巴的。

旁边抱着孙女的移民区大叔的老家在都荣敖包苏木。可能因为与其他两人不是老乡，在我们和他们谈话的时候，移民区大叔一直没有说话。当我们转身专门与其聊天时，移民区大叔才开始谈自己的想法。移民区

---

① 方言称太阳为"阳婆"，意思是"从早到晚就晒太阳，慢慢耗日子"。

大叔今年（2014 年）也 60 岁了，家里有 3 个儿子，但均已成家，来小区已经四五年，在老家有 7000 亩草场。旗里的草场补贴是每亩 4.8 元，从 2013 年开始涨为每亩 6 元，2014 年涨为每亩 6.5 元，现在一年能收入 4.55 万元。大叔住了 80 平方米的房，当时的价格为 1200 元/平方米，按季度扣钱，一年扣房款 2.2 万元。简单计算可知，80 平方米房的总价为 9.6 万元，扣除当年 1 万元的首付，还有 8.6 万元的房款，按照来该小区 4 年计算，已经还清了房款，这就意味着现在每个季度不会被扣房款了。

同时，我们发现，在移民区大叔看来，本地的全面禁牧政策并没有全面推行。他说：

禁牧可弄灰了![1]

配合禁牧政策的没有奖励，不配合禁牧政策的反倒领补贴，也不罚款。此外，禁牧补贴在牧户之间的差距很大。他说：

比如，召河[2]附近的牧户，每户草场也就 500～600 亩。而别的地方有上万亩的，（补贴）差距太大。

此时，移民区大爷也插话进来，说他听说过：

有的邻居征了四五百万元，买了豪车，买了房，结果不会过日子，后来生活不了，楼房也住不成了，车也放在那儿不用了。

对于禁牧后的生活，移民区大叔称 3 个儿子以前都是牧民，现在禁牧了只能来镇里打工，做小工。按照移民区大叔的看法：

牧民打工也打不了，好好儿的连个泥也铲不了。全面禁牧后还是可以圈养，但旗里有政策，圈养超过 200 只羊，全年的补贴还要扣。全面禁牧在村里也尚未全面推行下去。

移民区大叔还说，当年他们家所在的嘎查有三四百人，村主任带头响应禁牧政策，禁牧搬迁后就去了呼和浩特市。现在整个嘎查还有百分之二三十的人没有配合搬迁，也有一些搬出来又回去的。同时，移民区大叔也指出：

---

① "可"是语气词,加强语意效果；"弄"是动词,相当于普通话中的"做事"；"灰了"是形容词,形容事情糟糕。整句话的意思是"禁牧政策导致我们家陷入困境"。

② 达茂旗东南,属于呼和浩特市与包头市的交界。

羊价不行，收入不行，草坡也退化。禁牧倒是缓过来了。

可见，虽然全面禁牧并未真正实现，但对于草原生态恢复还是发挥了作用。

问：如果不禁牧，是否愿意再回老家？

移民区大叔答：这两年草坡也让别人毁了，房子、羊圈也塌了，回不去了。

问：假如房子、羊圈政府给重建，还愿意回去吗？

移民区大叔答：回不回那就看情况了。

如此看来，对于移民区大叔而言，禁牧移民后的生活也并不一定比以前的放牧差，这也许就是他比较犹豫的原因吧。

移民收入悬殊，富户反倒哭穷

从对以上3位禁牧移民的访谈来看，我们发现，移民区大娘和移民区大爷明确表示禁牧后生活不如以前，而移民区大叔则认为差不多。那么，整体上我们是否可以由此得出结论，当地居民[①]在禁牧后收入下降了，生活也不适应，日子过得很紧？让我们仔细考察一下这3家各自的收入。同时，在考察时，由于移民区的最大支出——房贷现在已经还清，可以暂不考虑。

首先看移民区大娘家的收入。移民区大娘称："每季度政府给3800元的禁牧钱。"按家里有3000多亩草场算，每亩补贴按6元算，一年的补贴应该是1.8万元。这样，如不考虑超过60岁的补贴，每月的生活费就只有1500元。而1500元的收入似乎有点少，因为按照移民区大爷的说法——"一家人精打细算，一个月也得1000元开支"，如此则每个月就只有500元的剩余了。

其次看移民区大叔家的收入。有7000亩草场，一年收入4.55万元，则每月有3792元的毛收入，除去1000元的开支，还可有2792元的剩余，这应该说与当地普通事业单位新参加工作人员的基本收入差不多，算是

---

① 不一定是牧民，有的可能是农民。

很可观了。这就是即使政府将原来村子里的房子和羊圈重建，移民区大叔也得看情况才回去的原因。

最后看移民区大爷家的收入。家里 4000 亩草场，每亩补贴 6 元，因此一年收入 2.4 万元，加上卖羊的 1 万元，则每月收入为 2833 元。而移民区大爷说的是："一个季度到手的钱也就 900 元，因此一年只有 3600 元的收入。"着重强调收入的少，还说如果"遇上好几万元的大病，那就什么都完了。"而据我们了解的信息，现在全区农牧民都参加了合作医疗，大病也能报销。谈及该问题，大爷称：

参加了医疗保险，每 100 元给补 60 元，比 2013 年的 50 元涨了 10 元。但是合作医疗就达茂旗才给报销，去呼和浩特、包头就不给报了。

而据我们了解，现在呼和浩特市的大医院，都有专门的医保窗口，只要符合政策，就会给报销。所以，关于呼和浩特、包头不给报销的说法，要么是大爷在猜测，要么就是在执行中确实存在问题。我们在这时就多少开始怀疑移民区大爷可能在"哭穷"了，后来事态的发展也确实证明了这一点。在其他两位都回家后，移民区大爷与我们单独聊天时透露，其实自家还租了 15 万亩草场放牧，一年的总收入有 28 万元，减去成本，每年纯收入将近 13 万元。平均下来月纯收入上万元，这在当地比一个事业单位的正处级干部的收入都要高出很多，显然这在移民中已经是很富裕了。

可是，大爷为什么要"哭穷"呢？或许，这只是他为人处世的基本方式吧，并没有特别的原因。如果不是这样，一种可能的解释是：刚开始与邻居在一起，大爷为了不"露富"，故意强调收入少，强调生活艰难；后来邻居回家了，又掩饰不住自己的得意和自豪，开始"炫富"。另一种可能的解释是：刚开始大爷以为我们是"上面来考察"的，为了发泄自己对基层政府的不满，故意强调该项政策带来的负面影响；但是，后来发现我们只是普通的研究人员，没有必要"骗"我们，也就实话实说，不怕"露富"了。当然，这些只是猜测。无论如何，我们还是非常感激移民区大爷能够信任我们，并为我们提供更真实的信息。

从移民小区回到酒店后，一天的访谈终于结束了。吃过晚饭，我们抓紧时间整理完一天的访谈资料后，就早早地休息了，准备第二天直接赶往四子王旗。

8月6日　途中又遇偷牧者

早上8点30分，我们去达茂旗环保局取了一份材料后，就直接从百灵庙镇开车赶往四子王旗的乌兰花。9点10分左右，我们在百灵庙镇东的南营所碰到了一位放羊的老人，所以就停车下来，正好进行访谈。老人称自己来本地才两三个月：

> 女婿在这里给买的房，买了20多只羊，靠放羊挣点生活费。这两天不来禁牧，因此敢出来放羊。主要没有别的收入，有办法就不放羊了。

"禁牧"一词本来指代一种政策，但对于放牧者而言，这项政策执行不执行，启动不启动，对自己关系甚大。因此，在他们那里，"禁牧"一词就被改为指称该项政策是否正在进行。对放羊老人访谈完后，我们又碰到了一位羊倌。

当我们用本地话与其交流时，羊倌显得比较放松，谈得也比较投入。通过交谈我们知道，羊倌来自山西大同，从2007年开始就在本地给别人放羊。他说现在羊倌的待遇很好，每月包吃包住，给3000元工资。而2007年他刚来本地时，给别人放羊每月工资才700元。羊倌每天放羊两次，早上5点到上午8点和下午5点到晚上10点。从时间段来看，似乎与并未禁牧的呼伦贝尔草原类似。对于草原环境变化，羊倌称2007年要比现在好。但据其回忆，当时禁牧的程度跟现在差不多。我们感觉，从这位羊倌的角度看，草原生态环境的恢复可能更多是缘于自然条件的变化，而不是禁牧政策。

此时，我们突然用普通话跟羊倌交谈，问题还是：

比前几年草场怎么样？

羊倌明显紧张起来，回答说：

比前几年好多了。

这显然与刚才的回答前后矛盾。看来，羊倌担心自己说禁牧政策没有效果而闯祸。于是，他连忙声称自己的羊要走了，得赶快赶羊，就匆匆离去了。

虽然限于时间安排，我们在达茂旗的访谈没有继续深入下去，但不难看出，部分牧民既拿着禁牧补贴，又雇羊倌放着羊，事实上是做起了牧场主。不过，对于羊倌而言，虽然收入比以前高了，但是要时刻防着"禁牧"。因为以前违规放牧该罚的，有时候私下给点好处费就可以解决；但现在是该罚多少就罚多少，执法者不徇私，所以他们还是比较害怕的。

达尔罕茂明安联合旗的反思：政府单方主导，引来很多政策争议

在达茂旗以及接下来要调研的四子王旗，我们在访谈中听到最多的就是禁牧政策之下的放牧问题。在达茂旗我们共访谈了5位牧民，有3人参与偷牧，其中的羊倌甚至有点职业"偷牧"① 者的味道。仔细辨析一下，"偷牧"的重点在于"偷"而不在于"牧"。如不考虑产权归属，草场放牧本来是无所谓偷不偷的。因此，"偷牧"这种行为，针对的是产权非自家的草场，在产权属于自家的草场放牧就不属于"偷牧"。严格来说，只有偷偷在别人家的草场放牧，才算作"偷牧"。所以，在草原没有产权确认的传统社会，是不会有"偷牧"这个概念的。改革开放以后，在"双权一制"的推进下，草原产权被划分为家庭、集体和国家三种类型，"偷牧"一般针对的是集体或者国家权属的草场。但就我们的调研来看，很显然这种行为重点针对的还是国家权属的草场，毕竟集体的草场大家会相互监督与约束。在禁牧政策之下，草原或者在空间上被划分出禁牧区，或者在时间上被划分出禁牧时段，只要在这两个禁止范畴内放牧，就会成为"偷牧"。所以，"偷牧"这种行为，要躲开的其实是禁牧政策"执行者"可能出现的空间和时间。

不难想象，达茂旗的全面禁牧政策意味着，全旗空间范围和全年时段范围的放牧都被定义为"偷牧"。但是，对于政策执行而言，发放禁牧补贴是正面激励，农牧民自然有着配合的积极性，工作推进也不是难事；

---

① 彭远春. 我国环境行为研究述评[J]. 社会科学研究,2011(1):104 – 109.

但惩戒偷牧者是负面惩罚，农牧民就很少会有主动配合的意愿，工作推进起来自然很难。而且，发放禁牧补贴只要财政有资金就容易做到，惩戒偷牧者却要在耗费资金的基础上动用不少人力、物力，所以实行起来更加困难。而且，比较轮牧、休牧和全面禁牧三种政策，全面禁牧政策的执行难度最大。

不可否认，达茂旗在禁牧过程中的投入是巨大的。体现在政策工具的运用上，激励性的禁牧补贴和控制性的禁牧检查似乎都在全力以赴，但随之而来的争议也是很大的，尤其集中在禁牧补贴方面。而在禁牧补贴方面的争议，又多聚焦于政策的公平性方面。首先，各家各户的草场面积有大有小，在统一的补贴标准下，得到的补贴金会导致各家贫富不均。其次，各家的人口构成不一样，有本地出生的，也有外地流入的，该不该拿禁牧补贴也涉及政策公平。最后，有些人一边拿着禁牧补贴，一边继续放牧，对于政策配合不配合都一个样，这也是一种不公平。当然，也不能因为政策执行没有顾及这些公平性，引起了诸多争议，就认为政策完全没效果。从牧羊老人强调的"不来禁牧，因此敢出来放羊"我们也可以看出，至少"禁牧检查"的政策威慑力已经形成；羊倌截然矛盾的回答也说明，虽然他觉得禁牧政策对草原生态影响不明显——"草场变差了"，但如果有人专门来调查真相，他也会顺应政策的逻辑，强调"变好了"。这其实是"禁牧检查"的威慑力造成的。

具体到对整个草原治理效果的评价，人们的认知也存在差异。例如，三位移民区的受访者对于草原生态的评价就是相互冲突的：一位强调"草坡承受力不行了"，另一位则强调"草坡缓过来了"。比较起来，可能还是草原站官员的评价较为全面："一开始不错，后来变差了，现在又变好了。"至于这种草原生态改善是因为大尺度的气候好转，还是禁牧有了效果，抑或二者共同作用的结果，则又是一个充满争议的话题。

六、内蒙古自治区四子王旗

四子王旗在行政上隶属于内蒙古自治区乌兰察布市，位于内蒙古自治区中部，南、东、西三面分别与呼和浩特市、锡林郭勒盟和包头市相邻，北部与蒙古国接壤，边境线长 104 千米；地理位置在东经 110°20′～113°、北纬 41°10′～43°22′，总面积 25513 平方千米。① 根据乌兰察布市统计局数据，2007 年四子王旗的户籍人口为 21.06 万人②；根据第七次全国人口普查数据，截至 2020 年 11 月 1 日零时，四子王旗常住人口为 129372 人（约 12.94 万人）③，有较大幅度下降。

四子王旗地处中温带大陆性干旱季风和山地气候区，春温骤升、秋温剧降、冬季酷寒、无霜期短，气候干燥，风沙较多。年平均气温 2.8 摄氏度，年平均降水量 110～350 毫米，年平均蒸发量为 1700～2400 毫米。④

四子王旗地域历史悠久。春秋战国时期为匈奴地，清朝初期被封给成吉思汗胞弟哈布图哈萨尔后裔，称"四子部落旗"。举世瞩目的"神舟"载人飞船在四子王旗的成功着陆，使这片美丽的草原更加璀璨耀眼。⑤

2002 年调查数据显示，四子王旗草原总面积为 212.69 万公顷，可利用草地面积为 201.87 万公顷，退化草原面积为 181.58 万公顷。在退化草原面积中，轻度、中度、重度退化面积分别为 78.56 万公顷、87.79 万公顷、15.23 万公顷；沙化面积为 10.15 万公顷，占草原总面积的 4.77%。⑥ 为恢复草原生态，四子王旗草原生态保护补奖机制已经正式建立，包括草畜平衡和禁牧两种机制。⑦ 政府在安置牧户时会帮助一些嘎查（村）进行畜种

---

① 四子王旗人民政府. 概况[EB/OL]. (2019 – 01 – 23)[2021 – 10 – 06]. http://www.szwq.gov.cn/information/szwqzf11568/msg3159557842435.html.

② 汇聚数据. 乌兰察布四子王旗人口[EB/OL].[2021 – 10 – 06]. https://population.gotohui.com/pdata – 2382.

③ 四子王旗人民政府. 四子王旗第七次全国人口普查公报:全旗常住人口情况[EB/OL]. (2021 – 06 – 21)[2021 – 10 – 06]. http://www.szwq.gov.cn/information/szwqzf11675/msg3155758377284.html.

④ 陈彩枫,陈斌,胡志敏. 四子王旗退耕地治理模式及技术探讨[J]. 内蒙古林业,2013(7):12.

⑤ 四子王旗人民政府. 概况[EB/OL]. (2021 – 01 – 01)[2021 – 04 – 26]. http://www.szwq.gov.cn/channel/szwqzf/col31595f.html.

⑥ 郭强,米福贵,殷国梅,等. 气候因子对内蒙古四子王旗草原退化的影响[J]. 畜牧与饲料科学,2008,29(6):28 – 30.

⑦ 李玉新,魏同洋,靳乐山. 牧民对草原生态补偿政策评价及其影响因素研究:以内蒙古四子王旗为例[J]. 资源科学,2014,36(11):2442 – 2450.

改良，或帮助牧户就业创业、发放各类补贴等，确保牧户生活得到保障。

8月6日　3个月就可出栏的"混血羊"

我们在达茂旗对羊倌的访谈很快结束。之后，我们一路驱车向东，沿阴山北麓赶往四子王旗。8月的乌兰察布草原广阔无边、绿如地毯，偶尔会有成片金黄的油菜花点缀其间，在湛蓝的天空和洁白的云朵衬托下，如诗如画！

> 洁白的毡房炊烟升起
> 我出生在牧人家里
> 辽阔无边的草原
> 是哺育我成长的摇篮
> 养育我的这片土地
> 当我身躯一样爱惜
> 沐浴我的那江河水
> 母亲的乳汁一样甘甜
> …………

此时，车上正好播放着著名音乐人腾格尔演唱的《蒙古人》。我们行驶在平坦的草原大道上，透过车窗看着无边无际的草原美景（见图3-7），体会到了所有生活在内蒙古的人对草原的那种无尽的深情和绵绵的眷恋。与歌曲描绘的不同，一路走来，草原上已经很少能够看到蒙古包，映入眼帘的更多的是砖瓦房。草原景色虽然美好，但是没有再遇到牧民进行访谈，甚是遗憾。

经过3小时的车程，我们终于到达了四子王旗政府所在地——乌兰花镇，接待我们的是四子王旗环保局领导N和领导D。

二位领导均是四子王旗本地人，且都是蒙古族。不同的是，N领导的老家在牧区，而D领导的老家在农区；N领导学的专业是草原，而D领导学的专业是林业。简单的午餐中间，N领导介绍了四子王旗环保局的基本情况。

四子王旗环保局现有职工17名，其中有研究生3名，所学专业分别

图3－7　乌兰察布草原的荞麦花

资料来源：笔者摄于2014年。

为化学专业、生态专业和环境工程专业，且都是女性。两位领导还称："男孩子（研究生学历的）一般不会来。"此外，在17名职工中，除了六七个年轻人，其他职工平均年龄为50岁。四子王旗环保局只有5名公务员，包括1名局长、2名副局长和2名工作人员。N领导还称本地矿多，有铜、金、石英、萤石等，尤其是有亚洲最大的单体萤石矿。虽然矿多，但本地工业企业很少，因此环保工作也较少。谈及环保局的职能，N领导称：

监测什么也做不了，大多数由乌兰察布市来做。四子王旗的监测站刚成立，还没有取得资质呢。局里也做不了环评，企业建厂时，简单初审一下。

由此我们猜想，本地应该没有大的工业企业，故而环境污染问题相对较少，四子王旗环保局的职能发挥自然也就不多。

四子王旗是乌兰察布市唯一的纯牧业旗，有6个苏木、6个乡镇、1个牧场。在我们调研过的地方，很多地方有农场或林场的行政建制，很少见到牧场也有的；而四子王旗的牧场居然也有行政建制，这很罕见。N领导称该牧场为过去的国有牧场，现在划归地方。

据N领导介绍，本地不禁牧，实行以草定畜，标准是1只羊30亩草场。N领导的老家现在还有1万多亩草场。他说：

草场现在主要靠大哥经营，小气候特别好，夏天到了草场上会感到很凉爽。家人对于生态保护的意识也很强，现在的老百姓也感觉到了环保的重要性。以我们家老大为例，家里的羊3个月就可以全部出栏，宰40斤，算生态账很合适。

对于具体怎么算生态账，N领导称：

20世纪90年代初，家里的草场上养着2000只羊，现在只养了600只，但这600只羊的效益要高于当年的2000只羊，本家因此成为旗里科技养畜的示范户。

他还告诉我们，现在的这种羊叫"杜泊羊"，由旗里的赛诺公司从南非引进。今年（2014年）因为"血捆不开"①，又引进了2500万只种羊。N领导还称，赛诺公司的老总LJL是他的同学，中央电视台的《生财有道》栏目都曾对其进行过访谈报道。N领导继续介绍说：

赛诺公司开始推广时，LJL告诉牧民："白用我的种羊，饲料也给你，只要用我的方法来养就可以，等下了羔子再谈钱（种羊款）的事。"即使如此，牧民仍然不敢相信。"牧民害怕呀，（现在）一个月就得投入3000元，过去一年也就投入3000元。过去父母一辈子养羊，800只羊只能下200只羔子。现在200只羊每年下羔子就200～300只，有的还是双羔子。"后来的事实终于让牧民转变了观念。现在赛诺公司已经建成全国最大的"杜泊羊"繁育基地。从常理来看，过去得一年才能出栏的羊，现在3个月就出栏，听着就感觉太快。② 但从羊肉口感来说，还是以前的羊肉好吃。过去养羯羊，出栏时间很长，（长出）对牙得2年，4牙得3年，6牙得4年。此外，本地放牧，冬天得从锡林郭勒盟买草，1只羊1天得（吃）6斤干草。如果雨水不好，比如遇到2013年的大旱情，从8月就得开始补饲。但不管雨水如何，赛诺公司的羊得全年补饲。

---

① 方言，意为近亲繁殖严重。

② "赛诺模式下养殖牧户，养殖5个月平均每只售价1000多元，传统模式下养殖牧户养殖8个月，平均每只售价600元，相比之下，赛诺模式养殖牧户少养殖3个月，每只羊多增收300多元，经济效益是传统模式的2.7倍。"内蒙古农牧业产业化龙头企业协会．内蒙古赛诺草原羊业有限公司简介[EB/OL]．(2021-01-01)[2021-04-26]．http://www.nmcyh.com/Newsxx.php? id=1744.

这样看来，现在牧民养"杜泊羊"，养的数量少了，但出栏快了。无论是对牧民还是对本地草原生态环境，都有益处。不过代价是牧民的饲料成本高了，得经常从邻近旗县买草。此外，羊肉的肉质也有所下降，这不利于本地羊肉品牌的打造。但是，整体来看，养"杜泊羊"如果算生态账，还是利大于弊吧。

牧区年轻人不断外流，外来打工人员流入牧区

N领导继续介绍说，他小时候也放牧，在他看来：

放牧还是大集体时好，那时候冬季、夏季都有集体牧场，实行轮牧，直到1983年包产到户前一直挺好。1983年，包产到户后，轮放没有了，大量的牧户开始搞数量畜牧业。从2002年开始，本地北部是禁牧区，南部是以草定畜。一直到2005年，整个草原都不叫草原了，老天爷也"收拾"了一下——遇到了50年不遇的大旱灾。当时一个乡镇30%的牧户绝牧，羊全部卖掉。经历了2005年的大旱后，这几年草场在逐渐变好。尤其是现在养畜量也下降了，也不用轮牧了，牧民自己就能以草定畜了，这两年的草场才越来越好。

我们在前几个旗县调研时，发现现在牧区放牧已经很少有年轻人，很多时候牧民甚至得雇用羊倌。问及该问题，N领导介绍道：

现在牧区放牧的都是50岁以上的，我大哥的儿子在包头当工人，一个月3000元的工资，一年收入不到5万元。在牧区我大哥一年毛收入30万元，纯收入至少20万元，而且是开着车，雇着人放。即使这样，他（儿子）也不愿意回老家放牧。

牧区年轻人为何不愿意回牧区？最简单的原因是，城市的现代化生活更美好。仔细想来，城市至少有两方面的现代化：一是生活来源或曰工作的现代化，二是生活状态或曰生活方式的现代化。前者让人们能更多样地选择职业，后者让人们能更多样地选择生活方式，这都是牧区没法比的。虽然牧区也在现代化，比如开车放牧，但年轻人还是不愿意回到牧区长期生活。与年轻人纷纷流入城市相伴随的，是外来打工人员流入牧区，这就是牧区雇人放牧越来越普遍的原因。

现在雇人放羊，1个羊倌每年得3万元，（羊倌）也都是岁数比较大的。大哥雇了2人帮自己放羊。有时候，被雇用的羊倌如果自己有羊，也可以到雇主家的草场一起放，这称为"代养"。遇到这种情况，草场大的雇主一般会同意，认为代养无所谓。而草场小的雇主就不会同意，现在旗里各家草场界线很清楚。

草场界线依靠草场围栏，但N领导认为草场被围起来不好。尤其是刚包产到户时，各家有的羊多，有的羊少，慢慢地，牧户的贫富差距开始拉大。N领导特别总结道：

外国围起来是轮牧，中国围起来就成了掠夺性开发。

那么，是否可以通过禁牧避免这种掠夺性开发？两位领导认为：

从老百姓的角度看，国家的禁牧政策不错。每亩补贴6元，包括5元的草场补贴和1元的管护补贴，平均1户以四五千亩草场计算，一年的补贴收入也就2万多元，但现在物价上涨很快。在过去，正好草场不好，牧民对养羊也失去了信心，每亩5元的补贴百姓感觉很满意。现在肯定不行，国家给着钱，牧民也放着羊，这才能基本满意，要是全面禁牧肯定实现不了。虽然违反禁牧规定的也罚，但结果一般是**罚款的跟被罚的双方满意，受罪的还是这片土地**。

生态好转，但地下水位在下降

N领导认为，整体而言，这两年的生态环境在变好：

20世纪90年代初，本地的草场以针茅为主，大多数是荒漠草原的典型植物。现在我们老大家的草场，种类也多了，草也好了，现在草场的小气候真好。

交谈过程中，N领导反复用"小气候"一词来形容自家草场，令我们很想体验一番，但一打听路程，只好作罢，因为实在是太远了。

对于企业是否参与环境保护，两位领导称：

一般不做环保，除非有政治目的。因为这些企业有的连环评的基本要求都完不成，甚至好几年环评都验收不了，还能指望他们做环保？再说，荒漠草原搞植树造林不切实际，自然条件本身就不允许植树。

　　这里，N领导将"环境保护"等同于"植树造林"，这与我们的日常理解不同。后来，我们才了解到，在旗县政府工作中，环境保护与污染防治、生态建设、植树造林、退耕还林等具体工作相关，对于不同部门、不同的分管领导，其对于环境保护的内涵理解会略有不同。不管怎样，在两位领导看来，本地企业不给环境保护带来负面影响就不错了，很难参与环境保护。尤其是现在民众的生态环保意识提高了，对于企业对生态环境的影响也考虑多了。比如，企业周边的老百姓就说：

　　挨着你们企业，地下水位都下降了。

　　在两位领导看来，整个地区的地下水位都下降了。本地草场灌溉用的都是井水。打井有两种：一种是浅层地下水，另一种是深层承压水。浅层水水质不太好，含氟、碱等较多，口感较咸，有时会越喝越渴；深层承压水如果打井成功，就是自流泵，水质较好，不过打井比较费劲。总体而言，本地的地下水位下降比较严重，过去容易打井的浅层水水位都下降了。

　　下午，我们先到四子王旗环保局新办公楼，该大楼于2011年建成，当时国家拨款200万元，内蒙古自治区拨款500万元，共投资700万元。新楼虽然宽敞，但N领导笑称：

　　大楼采用地暖，又紧挨热力公司，冬天热得受不了。

　　此外，又由于PM_{10}监测设备就在本楼楼顶，N领导更是笑称：

　　冬天热力公司一冒烟，环保局的数据就超标。

　　问及具体原因，原来本地冬天的东南风居多，四子王旗环保局正好位于热力公司的下风口。看来环保局也被其他单位逼得首先"不环保"了。但无论如何，N领导的热情、坦诚、直率和幽默风趣，都给我们留下了非常深刻的印象。

繁忙且艰难的草监局

　　访谈完环保局之后，N领导又帮我们联系了四子王旗畜牧局。虽然现在畜牧局已经改名为"农牧业局"，但N和D两位领导还是称其为"畜牧局"。联系好后，N领导又不辞辛苦地领着我们去了四子王旗农牧局，见到了该局办公室主任 H，让我们很感动！H 主任很忙，只给我们拷了些可以分享的电子材料。辞别 H 主任后，我们又去了 N 领导帮我们联系的四子王旗草监局。在那里，四子王旗草监局领导 A 给我们提供了如下信息：

2011 年以前，草原监督管理局为草原监督管理所，2011 年后升格。草监局现有 39 人，30 岁以下的能占到一半。在这 39 人中，部队转业的有 20 来人。转业军人，主要工作是禁牧或执法，弄文字弄不了。现在局里缺法律专业人才，也缺搞网络、搞电脑的专业人才，但这几年编制满了，没有进人指标。

这几年草原保护的力度是加大了，原来只有 19 人，现在定编的有 30 多人。全旗聘用了 308 名草原管护员，分布在各个苏木，属于草监局和苏木政府共同聘用。这些管护员每人每年 5000 元补贴，其中，自治区财政 2000 元、乌兰察布市财政 1500 元、四子王旗财政 1500 元。有岁数比较大的，也有年轻人，有普通牧民也有嘎查领导，还有苏木干部。此外，这几年，国家对草监局的投入增加了，旗里拨了 50 多万元，配了 4 辆皮卡，基本够用了。在工作开展方面，草监局在苏木乡镇没有相应的下属部门，因此得经常下乡。为了便于开展工作，目前局里配备了 7 辆车，这 7 辆车包括 4 辆皮卡、1 辆防火指挥车、1 辆运兵车、1 辆后勤保障车。此外，草监局跟各个苏木都有联系，有时候跟分管领导联系，有时候跟包队领导联系，还有时候是跟嘎查支书直接联系。

A 领导认为草监局的职能在不断加强，具体体现在：

以前牧民建羊棚属于个人行为，而从今年（2014 年）开始，专业合作社占用草地建羊棚得经过草监局同意。

此外，草监局在草原保护各机构中的地位也在提高：

比如以前国土局划矿区，不经过草监局自己直接划，现在不行了，因为有了草原法。

此外，本地还有一些科研机构和国际项目参与草原保护，但与草监局没有直接的业务往来。A 领导称：

两三年以前本地有全球环境基金的项目，但没有后续的投入。内蒙古农业大学一位老师在本地查干布力格苏木搞了一个"中加农业园区"的项目。本地还有内蒙古牧业科学研究院的研究基地,约3万亩草场,与草监局经常来往,但没有建立合作关系。

我们还了解到:在业务关系上,草监局与畜牧局、环保局、国土局、林业局都打交道,林地与草地的纠纷也存在,牧民中有"一地两证"者大约占30%。该问题与其他旗县类似,也是历史问题。1983年牲畜到户,1988年草场到户,而林地证是后来林业普查时才发给牧民的。在实际工作中,遇到此类林草争执,A领导称:

地方一般都按林地对待,因为林地补偿高,这样处理对牧民有利。

记得在陈旗,我们也曾问道,是否与森林公安对应,草监局也有草原公安?陈旗M领导的答复是:"草原保护属于草监局管,有专门的草原110,打击草原药材的盗挖。"而四子王旗A领导则称草监局主要是草原防火,本地虽然有苁蓉、锁阳、甘草等中药材,但量不大,因此盗挖药材的比较少,也就没有专门的草原公安。

此外,A领导告诉我们,草监局的工作除了审批还有检查。

例如,本地开垦草地种庄稼的事比较多,针对此种破坏草原的行为,草监局也经常下去查。不过,此种检查需要有当地人做向导,否则根本没法开展。按照以前的惯例,检查发现相应的违法行为,可依据相关法律查处并罚款,罚款的70%会返还草监局作为办公经费。

不难想象,在此种激励机制下,草监局对于该项工作的热情自然较高。但是,从2013年开始不再返还。

我们还了解到,草监局目前正在推行"生态保护补助奖励机制",但A领导感到工作执行起来比较困难,并认为这种困难有现实和历史两方面的因素。现实方面的因素来自当地的户口政策:以前,牧区不允许迁户,不给外来人口下户,因此就出现了有的人家父亲户口在本地,而母亲和儿子的户口却在外地;但从2014年开始,牧区可以迁户,因此生态保护补助奖励的发放也成了问题,这些迁户进来的人到底该不该发?历史方面的因素有在草场承包后才迁来本地的人,结果就是这些人只有户口没有草场,其生活来源只能靠租草场养畜,于是这些人的奖励如何发放也成为问题。

关于草场界线纠纷，A 领导称：

草场界线纠纷是牧民的主要纠纷，此外还有租赁纠纷。

他指出，地方上也有因界线纠纷而双方打架的，草监局只能去调解。在 A 领导看来，法院可以不受理生产纠纷，但租赁纠纷应该受理，所以涉及租赁纠纷，可以直接由法院解决，但本地法院对此也不受理。对于这些纠纷，旗里既没有仲裁委员会，也没有调解中心。不过从 2014 年开始，旗里重新进行草场确权。在 A 领导看来，当初草场界线划分时："技术手段落后，没有 GPS，所以界线划分不清。"现在草场确权后界线应该很清楚了，这类纠纷应该能少点。

虽有点"隐性福利"，但待遇普遍不高

辞别 A 领导，N 领导又帮我们联系了四子王旗林业局的 M 领导。M 领导很谦虚，自称：

生在这个地方，长在这个地方，也不知道外面的地方，一辈子就在这儿。井底的蛤蟆，天就这么大！看的就是四子王旗这块儿的事。

谈及个人发展史，M 领导称：

当年在集宁农牧学院上的中专，1981 年毕业后就一直在林业系统，工作了 34 年，把一生贡献在了林业上。从苗圃技术员到苗圃助理、林业站站长、林业局局长，一辈子提了四"格格"①。

谈及四子王旗林业局的工作，M 领导先介绍了四子王旗林业局的总体情况：

四子王旗林业局下属的单位有：造林站、种苗站、森林病虫害防治股、禁牧办、公益林管理站、林业公安（只有该部门比林业局低半格，其余的部门都是股级编制）、国有林场和 2 个国有苗圃。此外，旗里每一个苏木乡镇有 1 个林工站，相当于林业局的派出单位。局里共有 142 人，其中公务员 12~13 人，剩下的全部是事业编。

---

① 方言,作为名词,意为"台阶",引申义为层次、层级。

目前，林业局里面临着人手脱节的问题，老的老了，年轻的又很少，平均年龄40岁以上，30岁以下的不超过20人。而且该问题不只是林业局，全旗每个单位都是这样。局里有3个研究生，都是学林业的，毕业于内蒙古农业大学。这3名研究生都是当地人，每月工资3000元。除了研究生，局里本科生不少，不过只有10多人是真的本科生。

M领导称局里既有行政职务又有高级职称的人很少，农牧林水总共也就2人。此外，他向我们介绍，基层公务员还有一点点"隐性福利"。例如：

对于妇女产假，国家规定是60天，但在基层怎么也得1年。本地取暖费一年3000元，单位不给报销，但工资里给补1000多元。

当我们问及是合作医疗好还是公费医疗好时，大家都说："当然公费医疗好。"

当然，我们也了解到，基层公务人员的待遇普遍不高。旗政府的公职人员工资都是转移支付，林业局也一样。因此，干工作就是靠专项资金，干什么工作给什么钱。而且，基层工作没有加班费，法定假期也没有加班费，下乡也没有补助。尤其是以前开会培训都是在星期天，职工也不能休息。

谈及近期是否会涨工资，M领导表示很怀疑："把原来的工资发了就不错了！"可见还有"拖欠工资"的问题。谈到四子王旗的风沙治理，M领导告诉我们：

四子王旗的风沙治理从1994开始，当时乌兰察布市还是乌兰察布盟，属于"进、退、还"工程的一部分，主要工作是把大量的风蚀沙化地还林，种柠条。"沙源治理"工程由旗委政府组织领导，统一协调，林业局设计管理，有专门的义务植树基地。树种主要是柠条和本地白榆。本地在未开垦前，灌木主要是天然锦鸡儿，与本地的柠条是一个属，所以种得比较好。现在草的类型有针茅、蒿类、葱类。现在能种的是大自然淘汰下什么种什么。

在四子王旗林业局调研完，已经很晚。N领导为我们安排了晚餐。在旁边的一家小饭馆吃饭期间，N领导告诉我们，如果不经过私人关系，仅通过官方渠道，是很难到基层政府部门调研的。因为，按照地方的正常程序，我们得先去四子王旗宣传部，经过四子王旗宣传部同意后，才能进行访谈。其实，这也是我们在新左旗得到的答复。幸好在四子王旗我遇到了一位熟人，他帮我进行了推荐，才使得调研能够更好地开展。因此，我们对 N 领导甚为感激！而且，由此我们也可以看出，被调查者究竟采取我们调研中常说的"人情取向"还是"工具取向"①，引荐人的关系发挥着很大的作用。

当然，由于我们的调研是基于国家支持的科研项目进行的，且调研的内容都是关于地方防沙治沙以及草原治理等的一些最基本情况，不涉及任何机密，即使我们正式通过地方宣传部门进行申请，他们也会给予积极支持和表示同意的，但这个流程实在是太烦琐，而且我们的时间又有限，实在是耗不起啊！

8月7日　干群关系由好变差，补贴发放不满意

早上 6 点 45 分，N 领导又邀我们一起去吃本地的"地方特产"——"乌兰花羊杂碎"。在一条略显破旧的商业街上，一溜迎街的杂碎馆，人声鼎沸，让我们见识了本地羊杂碎在早点中的重要性。其间，N 领导提及：

乡镇政府在农业税时期，工作任务很重，刚取消农业税后，乡镇就没事干了。之后，国家各种项目经过乡镇发放给农牧民，乡镇与农牧民关系也好转了。但再后来，各种补贴和项目多了以后，分配的任务重了，工作也难了，一旦分配不公，群众就上访、闹。现在农牧民遇到很多事情都找政府，甚至离婚也找政府，很少去法院，因为法院处理的时间长、程序多。

我们简单将其整理如下：

取消农业税之前，干部任务是收税，干群关系不好，干部有压力，群众有损失。

---

① 陈晓萍,徐淑英,樊景立. 组织与管理研究的实证方法(第 2 版)[M]. 北京:北京大学出版社,2012:113.

取消农业税前期，干部无任务，干群关系变好，干部无压力，群众无损失。

取消农业税后期，干部任务是发补贴，干群关系好，干部无压力，群众能获益。

现在，干部任务是发各种补贴，干群关系差，干部有压力，群众感觉获益差距大。

由此看来，发放补贴是好事，但补贴发得不均衡，也会带来问题。问题是，内蒙古这么大，草场补贴也好，粮食补贴也罢，不管让谁来发，恐怕都难以做到让所有人满意。按照 A 领导提供的信息，本地牧民草场面积差距很大，有的人均五六千亩，有的仅为二三百亩。由此可见，牧民的补贴差距与草场面积息息相关。

禁牧白天不让放，牧民晚上偷着放

吃完早点后，辞别两位对我们给予了极大帮助的热情领导，在对他们表示万分感谢后，我们开车继续向东北行驶，准备赶往苏尼特右旗。途经查干补力格苏木（查干补力格为蒙古语，意为"白泉"，按理本地应是地下水充沛之地）的王爷府，我们停车下来，想乘机简单参观王爷府旁边的一座藏传佛教寺庙。但是，周围人称，庙上的喇嘛去祭敖包了，所以只好作罢。看到庙旁不远处有户农家，我们便进去访谈了一位 58 岁的大婶。大婶称：

来本地已经 15 年了，当时因为这里亲戚多就搬来这里，所以现在没地、没草、没补贴。家里有 2 个儿子。老大 30 多岁，在青岛，当时读的青岛远洋大学①。小的 28 岁，当时读的河套大学，现在在临河，（两个儿子）都已成家。儿子们结婚时家里也没能给买金首饰等东西，**把饥荒打得差不多了就不错了**②！当年儿子在学校上学才贷到助学贷款，小儿子一开始在学校食堂勤工助学。目前家里还有个婆婆，但老人不听话，要找

---

① 大概是"青岛海洋大学"。
② 意思是：能把以前欠别人的债还清就不错了。

个做伴老汉①，说跟我们吃不到一块儿。

家里放了一百一二十只羊②，虽然有大集体的牧场，但让牧民们占得差不多了。那二年③还雇人放，从今年（2014年）开始自己放。一年能收入两三万元，养一年才能卖，好的时候五六百一只，赖的时候二三百一只。这几年草场跟前几年一样，老天爷不下雨咋也不行。现在禁牧跟过去也一样，因为白天不让放，牧民们晚上放，**一冬天就啃得干干的**。

从我们的调研来看，无论是东部的陈旗，还是西部的达茂旗，乃至中部的四子王旗，雇人放羊趋于普遍。年轻人流向大城市，而外地人流向牧区，看似平衡，但年轻人进入城市后很少会返回牧区，而外地人在牧区放羊结束后，却会返回居住地。长期下去，牧区是否也会有一个个类似农区的"空巢村"？但草原生态本来就脆弱，牧区这种人口流失可能有利于草原保护。

四子王旗的反思：政策执行遇上牧民抗拒就会陷入政策僵局

从我们的调研来看，整体而言，近年来，四子王旗禁牧政策的满意度一直在下滑（见表3－5）。与达茂旗不同的是，四子王旗只在南部地区实施禁牧政策，但是为什么还是没有收到特别好的预期效果呢？应该说，在禁牧区，前几年气候干旱，养羊很艰难，所以牧民对于拿禁牧补贴很满意，于是满意度一度较高；但是，随着时间的推移，牧民对于禁牧补贴的心理预期开始不断提高，对于该项政策的满意度开始下降，随之而来的便是干群关系变差。

---

① "做伴老汉"是本地方言。"做伴"是形容词,大致意思是不是实质性的夫妻,只是暂时的伴侣;"老汉"是名词,本地对年纪较大的男性村民的俗称。
② 简称,意为110~120只羊。
③ 方言,意为前两年。

表3-5 达茂旗与四子王旗访谈结果

访谈对象	政策措施	治理效果
达茂旗		
环保局官员	林地及自然保护区建设	
草原站官员	京津风沙源治理工程	好—坏—好
移民区大娘	禁牧补贴不够	
移民区大爷	禁牧政策不公平	草坡承受力不行了
移民区大叔	配合禁牧没奖励	草坡缓过来了
牧羊老人	不禁牧才敢放羊	
羊倌	禁牧程度变化不大	变差了
		变好了
四子王旗		
环保局官员	北部以草定畜	好—坏—好
	南部禁牧	
	禁牧补贴从满意到不满意	
	禁牧补贴影响干群关系	
草监局官员	禁牧政策有阻力	
	草监局职能在加强	
林业局官员	很多项目	
农牧民	白天不让放晚上放	
牧民	以草定畜	今年（2014年）不行
	草场补贴	草场比较干旱

资料来源：笔者根据访谈整理。

其实，近年来，上级政府对于该地的草原生态建设越来越重视，四子王旗林业局官员也给我们详细列举了国家在该旗草原建设和生态保护中的投入。

该项工作从1994年开始。当时乌兰察布市还是乌兰察布盟，主要工作是把大量的风蚀沙化地还林，种柠条。当时全盟有167万亩种草和柠条，灌木林60多万亩。从2000年开始，四子王旗启动"沙源治理"工程，一期至2012年结束。从2013年开始二期工程。

一期人工造林54.6万亩，投入6032万元；退耕还林56.7万亩，退荒山荒地54万亩，投入5670万元；封山育林102.5万亩，投入7135万元。二期前8年投入72576万元，后8年投入40824万元，后续4年投入31452万元。累计大致16亿元。全旗公益林建设启动243万亩，每年投资3000万元，国家补贴标准为每亩14.5元。

从以上介绍可以看出，仅就一期工程来看，总面积267.8万亩，占到全旗总面积的7.4%；一二期工程投入总金额16亿多元。此外，四子王旗草监局的受访者强调，该部门人员在增加，国家投入也在增加，相应的职责也在加强，在同级政府部门中的地位也在提高。总之，无论是国家投入还是管理部门的职能，都在不断加强，但禁牧政策的阻力并未减轻。农牧民对于该项政策的应对是"白天不让放就晚上放"，这样的政策僵局似乎与达茂旗相差无几。四子王旗草监局受访者对这种政策僵局也表达了自己的无奈。

全面禁牧执行起来比较困难。再加上有的地方草场少，没法禁，甚至有过因执行禁牧，牧民动了刀子。

在四子王旗草监局官员看来，这种政策执行最好是公安局或森林公安配合，草监局单独行动肯定不行：

比如，辖区有违规耕地的拖拉机，这是明确的证据，但当事人不给钥匙，草监局动不了车，也就没办法保存证据。

如果认定了处罚，当事人不交罚款，就由法院强制执行。不过移交到法院的时间至少是3个月，政策执行的时间成本很高。所以，无论是政府工作人员还是农牧民，在遇到问题时都尽可能避开法律程序的烦琐。之前，在新左旗，受访者称农牧民有事就去政府上访，因为上访要比司法解决更快。可问题的症结是什么呢？究竟是司法程序太慢，还是人们太着急？不管答案是什么，一旦有这种僵局，至少表明基层政府与农牧民在禁牧问题上的分歧要大于共识，这就很难形成强治理的合力。

在这种情形下，协同治理的局面很可能是政府强而社会弱。政府很容易推出一些政策，但很难保证政策执行的效果。如果政府要执行政策，农牧民不断阻挠，就很容易形成政策僵局。例如，四子王旗禁牧政策的推进就类似这种情况。更重要的是，这种政策僵局导致政策目标很难实现。例如，四子王旗大多数受访者回避了草原治理效果的话题，只有环保局官员强调了由好变坏再变好的过程。但是否都是这样，人们也有不同的看法。例如，我们在途经该旗北部赶往锡林浩特盟的路上，牧民就强调今年（2014年）草场不行，"草场比较干旱"。当然，干旱也可能仅仅是天气的缘故，与实际治理的效果关系不大。总之，在政策推进无助于环境改善且陷入僵局，但又不得不推进时，背后维系政策稳定的巨大力量是什么，又是如何运作的？这个问题似乎很难回答，但又是一个迫切需要回答的问题。

七、内蒙古自治区苏尼特右旗

苏尼特右旗（通常简称"苏右旗"或"西苏旗"，以下简称"苏右旗"）在行政上隶属于内蒙古自治区锡林郭勒盟，位于内蒙古自治区中部、锡林郭勒盟西部，东邻苏尼特左旗、镶黄旗，南靠乌兰察布市察哈尔右翼后旗、商都县，西接四子王旗，北靠口岸城市二连浩特市，与蒙古国接壤，边境线长18.15千米；地理位置在东经111°08′~114°16′、北纬41°55′~43°39′，总面积2.23万平方千米。[①] 根据内蒙古自治区统计局数据，2007年苏右旗的户籍人口为69163人（约6.9万人）[②]；根据第七次全国人口普查数据，截至2020年11月1日零时，苏右旗常住人口为62402人（约6.2万人）[③]，略有下降。

苏右旗位于乌兰察布高原东侧，阴山山脉之北，地势南高北低，地形分为丘陵和平原地带。全旗地处荒漠半荒漠草原，属干旱大陆性气候，年平均降水量170~190毫米，年平均蒸发量达2700毫米[④]。

据政府官方网站介绍，苏右旗金、铜、铁、碱等矿产品和牛、羊、

---

① 苏尼特右旗人民政府. 走进西苏［EB/OL］.［2021 - 10 - 06］. http://www. sntyq. gov. cn/zjxs/xsgk/qqgk/.

② 汇聚数据. 锡林郭勒：苏右旗：年末总人口［EB/OL］.［2021 - 10 - 06］. https://population. gotohui. com/show - 8861.

③ 锡林郭勒盟统计局. 锡林郭勒盟第七次全国人口普查公报（第二号）：地区常住人口情况［EB/OL］.（2021 - 06 - 01）［2021 - 10 - 06］. http://tjj. xlgl. gov. cn/ywlm/tjgb/202106/t20210602_2642424. html.

④

驼等畜产品资源相对富集。苏尼特羊和苏尼特驼是其地方优良畜种,尤其国家二级保护动物苏尼特双峰驼是国内三大骆驼品种之一,而苏尼特羊肉则是国家地理标志产品。此外,被誉为"文艺轻骑兵"的全国第一支乌兰牧骑也诞生在苏尼特草原,且苏右旗还曾被授予"全国科技进步旗""自治区双拥模范旗""自治区文化先进旗"等称号。[①]

8月7日 草原上孤零零的一家

从坐落在四子王旗乌兰花镇东北24千米的查干补力格苏木的王爷府出发,1小时的车程后,我们发现路南有一座小土房。大草原上有一座孤零零的土房,一看就是有人在此定居(见图3-8)。

图3-8 草原上孤零零的土房
资料来源:笔者摄于2014年。

这正是访谈的好机会,于是我们停车去拜访房主。土房较为简陋,屋中布置也较为简单。房内只有母子两人,一看就是蒙古族牧民。交谈后我们发现,女主人的汉语表达不甚流利,称儿子今年13岁,在苏右旗赛汉塔拉镇读小学六年级。据介绍,此地距赛汉塔拉镇77千米,为巴音敖包苏木巴音希勒嘎查。可能由于家里只有自己和小孩,女主人对各方面问题的回答都吞吞吐吐,甚至与儿子用蒙古语商量后才敢回答。当我们问及本地草场有无变化时,女主人称前年(2012年)雨水挺好,今年

---

① 苏尼特右旗人民政府. 走进西苏[EB/OL]. (2021-01-01)[2021-04-26]. http://www.sntyq.gov.cn/xsgk/zjxs/.

（2014年）不行。此外，还提供了一些信息：

这片草场有4000亩，放羊的有3~4家人，共1000多只，我们家有400只。放羊光靠草场不够用，每年从9月开始就从赛汉塔拉买草喂羊，1车草够一冬天用，大约投入7000元。400只羊每年下羔100只，每只羔600元，共卖70只，收入为4.2万元①。本地没有禁牧，一年四季都可以放。小孩上学在赛汉塔拉住宿，两个月能回家一次，住宿费全免，一年的支出仅为400元的伙食费，因为从去年（2013年）开始学费也不收了。

我们算了一下，如果一家三口毛收入为4.2万元，减去7400元的支出，则年纯收入为3.46万元。当然，这只是粗略的计算，收入里没有统计卖大羊的钱，支出中也没统计日常生活消费和放羊的人工、疫病防治等其他费用。此时，我们来自外地的另一位访谈人员和司机也进屋与女主人交谈。女主人此时显得更为拘谨，称自己是从苏右旗搬来此地，房子是租别人的，具体情况不知道。问及搬来此地的原因，女主人称丈夫的户口在四子王旗，自己和儿子的户口在苏右旗。正在此时，男主人骑着摩托车回家了，我们对他进行了访谈。我们说明来意后，男主人倒是十分热情，屋里的气氛也不再沉闷。男主人称：

我们在这里生活了40多年，最近几年草场比较干旱，草原环境肯定是变坏了，去年（2013年）还好点，今年（2014年）不行。家里有400只羊，每年有100只羔子，一只羔子600元，一年能收入6万元。这6万元只是毛收入，因为草料、机械投入都得花钱，最终纯收入只有2万~3万元。本地没有禁牧，实行以牧定畜，国家给的草场补贴为每亩1.2元。这片草场上放牧的有6家，是我的亲兄弟，这6家中有的家里有100只羊，有的家里有200只羊。我家有400只（羊），因为是两个人的草场，别的家只有1个人的草场。

对比男、女主人的说法，该家的400只羊，每年有100只羔子是确定的，不确定的是究竟羔子一年卖70只还是100只。这4000亩草场上放牧

---

① 后来,在赛汉塔拉与B局长谈及此事,B局长认为4.2万元应该为纯收入,因为一只羊应卖1000多元。

的是 2～3 家还是 6 家？我们猜测大概女主人没有男主人了解情况。所以，如果按男主人说的，以 6 家计算，其余 5 家都是 100 只，则该草场有将近 900 只羊，其实也能与女主人的说法吻合。同时，我们觉得，既然在此地生活了 40 多年，即使房子是租别人的，也和自己的差不多，何况在这个广漠的草原上，谁又把房子租给了他们呢？一路走来，虽然我们在路过的旅游点也看到过不少蒙古包，但现在牧民居住的应该大都是类似的土房。也就是说，在现在的大草原，蒙古包已经成为很多牧民的回忆了。当然，这个房子也极有可能就是他们自己的，只是由于女主人遇到陌生人来访时有一些防备心理，尤其在这大草原上，所以不论出于什么原因，告诉我们是租住，也完全是可以理解的。而且，在当时那种情况下，即使男主人回来了，我们也不可能再向男主人继续就这个问题进行求证。这其实也是我们在访谈中经常遇到的情况，在这种情况下，我们明明对某些信息存疑，也确实想了解清楚，但是碍于种种特殊情况，我们不得不就此作罢！

开车怕压草，放羊要拉水

辞别草原上遇到的牧户一家，我们又驱车赶往赛汉塔拉，一个小时后进入锡林郭勒盟境内。不一会儿，我们又遇到两位放羊的牧民，一位骑着摩托车；一位开着农用车，车上拉着水箱。于是，我们立即停车，对骑摩托车的牧民进行了访谈。他告诉我们：

我们家就在本地，放着 300 多只羊，家里草场有 3000 多亩，但这里是朋友的草场，本地的载畜量大致为每 1000 亩草场 100 只羊。草原环境这几年就这样，羊吃不饱。放羊早上四五点就得出来，中午用水车拉着饮水。放羊一般都是骑摩托车放，不开车。因为本来草也不多，开车的话把草也压坏了。卖羊为每年 8—9 月，一般为一年以上的羊。这 300 只羊到了冬天一般只留 200 只，一冬天买 500～600 捆草，草价便宜时 35～40 元/捆，贵时 60～70 元/捆。

家里有 3 口人，小孩在赛汉塔拉上学，别的费用不用交，就是吃是自己的。

问：一年能吃多少钱？

答：我也闹不机密①，一年的收入也不多。

我们了解到，本地打井得打到 100 多米深才行，所以到这里放牧需要从别人的井上拉水。

问：拉水收费吗？

答：如果有认识的人，就可以免费拉水，要不一车水的价格 10～20元不等。如果（户主家）井上的水够，不给钱也行，水不够给钱也不给拉。

又一次听到牧民谈论自己的收益和成本，我们就想为牧民再算算账。首先算收益。该牧民家的收入为每年 100 只羊，按照四子王旗王爷府旁大婶的说法"好的时候五六百一只，赖的时候二三百一只"，那么他一年卖羊毛收入最少 2 万元，最多 6 万元。如果按照呼和浩特市城郊的价格，每只 1000 元计，则毛收入至少 10 万元。其次算成本。主要是一冬天买草的钱。按照草价便宜，用量也少计，则买草钱 = 500 捆 × 35 元/捆 = 1.75 万元；按照草价昂贵，用量也多计，则买草钱 = 600 捆 × 70 元/捆 = 4.2 万元。不难看出，该牧民养 300 只羊，如果年内羊价较低，草价又高，则只能赔钱继续放；如果年内羊价较高，则收入在 1.8 万～5.8 万元。

当然，以上只是强调了在市场经济下牧民养羊的风险，其实除了这些风险，更大的风险还在于雪灾、风灾等自然灾害。这样的风险一旦发生，重则会让牧民养的羊"全军覆没、血本无归"，轻则也是损失惨重。所以，有句俗语说："家有千万，带口的不算。"看来，畜牧业的高风险也只有身处其中的人才能真切体会。于是，在这里，我们也就更能理解为什么牧民宁可骑着摩托，也不愿意开车放羊了。当然，骑摩托放羊也有其他好处，如比较轻便、灵活机动等。

边吃午餐边访谈

中午 12 点多，我们到达了苏右旗政府所在地赛汉塔拉镇，迎接我们

---

① "闹不机密"为本地方言，意为：搞不清楚。

的是苏右旗环保局领导 C 和办公室主任 M。C 领导是汉族本地人，祖籍
山西，据其回忆，20 世纪 50 年代爷爷辈逃荒来本地放羊；M 主任也是汉
族，1997 年参加工作。午餐时，为了节省时间，我们就一边吃饭一边开
始了访谈。现将访谈所得相关信息整理如下：

1. 本地的基本情况

本地没有地表水，年平均降水量 170 毫米，年平均蒸发量 2600 毫米。
靠天吃饭，十年九旱，地势平坦，形不成雨雪。饮用水靠打井，深有 100
多米，境内地下有大青山古河道。此外，浑善达克沙地源头也在本地，
在赛汉塔拉镇往东 100 千米。旗里共 7 万人，面积为 2.23 万平方千米。
2013 年旗财政 4.8 亿元，可支配的大概在 50%。苏右旗以蒙古族为主体，
汉族占多数，蒙古族占总人口的 30%，旗长和书记都是蒙古族。本地的
企业以金矿为主，最著名的是中国黄金总公司，属于国有企业，年产金 3
吨，旗里占 10% 的股份。去年（2013 年）因金价下跌，企业少收入近 1
亿元。镇里常住人口有 1 万户，总共近 4 万人，加上流动人口，大概能达
到 5 万人。外地人来本地打工大多从事建筑业，也有在企业干零散活的。
此外，本地有都呼木柄扁桃自然保护区，属于自治区级自然保护区，归
林业部门管，但没有专门的管理人员。本地没有农区，以前有一个新民
乡，但在撤乡并镇时撤掉了。

从以上信息我们可以看出，虽然苏右旗为牧业旗县，极度缺水，而
且用水只能依靠打井取地下水，而地下水也只有来源于 100 多米深的大
青山古河道的水；但是由于这里资源丰富，入驻一些矿产公司，著名的
中国黄金总公司也在此地，这就使得苏右旗的财政收入水平与四子王旗
相差不多。① 此外，该旗地广人稀，流动人口多，甚至超过了常住人口。

2. 关于基层公务员

M 主任估计：

本地工资可能比河北高点，因为属边境城市。虽然工资高点，但单
位加班没有加班费，全是义务劳动，习惯称"5+2"和"白+黑"。

---

① 根据《内蒙古统计年鉴 2013》，公共财政预算收入四子王旗 11709 万元，苏右旗 17937 万元。

而且，M主任和C领导认为这种现象比较普遍，并强调说：

内陆地区公务员（加班）应该都是义务劳动。

此外，C领导称：

下乡按规定有补助，但就那点经费，每天3~5元，也没人要，所以这种补助的意义也不大。

之后，C领导又介绍了苏右旗环保局的相关情况。

2006年以前，环保局与住建局在一起，2006年3月环保局与住建局分开。2013年局里的办公经费为4.2万元，2014年涨为9.5万元。局里下乡的车有4台，只有1台喷了字。环保局有19人，7人是公务员。监测大队有10人，其中监测站有3人。现在局里还有3名实习的大学生，但人手不够用，如果能再配8名就好多了。局里人员的平均年龄30多岁，专业的人比较少，学环保的有两三人，（估计）全锡林郭勒盟也不到20%。局里今年（2014年）准备通过人事局招考进8人，新招的人要求学环保监测专业，或者有相关的工作经验，关键是实验室用人得懂操作，因此有相关工作经验或相关证书就可以。在招人时，主要考虑当地的孩子，外地的不能要，否则干两三年就走了。监测站主要监测大气、水、土壤。环保局没有环评资质，如果有企业需要做环评，可以给联系。环保局一般不主动跟企业说环评的事，因为涉及利益，怕惹麻烦。本地污染企业7家关了3家，这些企业主要做镍和铁。环保局有罚款权，罚款后交回国库，再由国库返还。不过因为本地企业少，所以相应罚款也少。

我们的总体印象是：①这里普遍存在公务员义务加班的现象，这与内地其他地区类似。②从环保局的职工人数来看，达茂旗环保局有21人，四子王旗有17人，而苏右旗有19人，处在中间，虽然其总人口是3个旗中最少的，但为什么苏右旗环保局的人手显得特别不够呢？显然，这与苏右旗有相对较多的矿产企业有关，这就使得环保局的工作任务也增多了。③由于自然环境相对恶劣，愿意在这里待下去的，大都是本地人，外地人基本待不住。④哪里的环保工作都不好做！

3. 关于草原保护机构间的关系

环保局与农牧业局、草监局、水利局、林业局都有联系，业务上把人家的数据拿过来整理汇总,具体工作由人家做。其他部门与环保局基本上很配合,因为大家都熟,有啥事也比较配合,本地的农牧业局基本上与草监局在一起。

从这个单一信息来看,在苏右旗,与草原治理和保护相关的这些职能部门之间的关系和配合还是不错的。

4. 关于畜牧业

两位受访人指出,本地汉族的放牧人也不少。谈及我们路上遇到的放羊牧民,C领导认为:

400只羊一年的纯收入应该在4万~5万元,每年出栏一半,1只可卖1000元。对于苏尼特羊而言,散养和圈养根本不是一回事,散养对于肉的味道各方面都好,有句话形容苏尼特羊"**吃的中草药、喝的矿泉水**"。旗里有禁牧区,有休牧区,一般是开春禁牧。

羊"吃的中草药、喝的矿泉水",这样的话在内蒙古草原的很多地方都可以随时听到!一则说明,大家都觉得这话说得很形象,所以就口口相传,到处在说,以至于最后也不知道最初是说哪里了,也不知道是不是说得完全符合事实了。二则说明,偌大的内蒙古草原,确实处处都有好牧场,处处都有好羊肉。三则说明,各地的人们从"爱屋及乌"和"自小习惯"等诸多因素出发,都会觉得只有自己家的羊肉是最好吃的,这也就无怪乎我们这么多年来跑内蒙古,从东跑到西,再从西跑到东,反反复复,总之无论走到哪里,大家都会说"我们这里的羊肉是全内蒙古最好吃的"!但每次我们也都自然地相信,那些告诉我们的人说的是真实的,也是真诚的,而我们也是完全认可的。其实,在这种情况下,又为什么不认可呢?最起码,各地有各地的特色,各地有各地的风味,各人有各人的口味和习惯,因此大家都是第一的,也都是最好的,本来也就没有什么错了。

5. 关于因环境污染而产生的冲突

也有居民因企业污染而与企业起纠纷闹矛盾,但有些时候,居民有些要求也不合理。比如,对于搅拌机作业时产生的粉尘,有的牧民声称粉尘把草都弄死了,自家的几只羊病了也与此有关。现在百姓的意识不一样了，找我们随叫随到。本地东南有珠日和战术合同训练基地。有时候百姓会说**你们管管飞机、坦克，噪声太大了**！有时候涉及别的部门的事情，百姓也找环保局，因为他们认为这就是环保局的职责范围。比如，环境卫生，也找环保局，按理应该找环卫部门。

但是，即使如此抱怨，C领导和M主任也都认为，相对而言，本地民众算是很朴实的了。

总之，这段话给我们的印象是，环境污染确实影响到了地方居民，居民的权利意识也在增强，环保局也确实在发挥作用，在帮助大家做事情。

午餐后，我们到了苏右旗环保局办公大楼。苏右旗环保局有1个正局长、2个副局长，下设环境监察大队、评估股、监督股、污染与控制股、监测站。交谈间，我们认识了苏右旗环保局监测站站长T。T站长是本地人，1984年生，2007年到苏右旗环保局工作，生物工程专业毕业，自称来这里"也算对口"。他告诉我们：

监测站里的实验室正在建设，仪器设备都在四楼。监测站在野外没有观察点，取样和监测都是上级监测站做。苏右旗的环境监测站属于锡林郭勒盟环境监测站的4个重点站之一，其余3个为多伦县、正蓝旗和苏尼特左旗。站里在编人员有3人，今年（2014年）环保局招聘8名员工，全部到监测站工作。

草地面积加林地面积大于土地面积

在环保局的访谈结束后，热情和负责的C领导又帮我们联系了苏右旗林水局分管林业的Z领导。Z领导年近50岁，对林业工作所知甚详。我们将与他访谈得到的一些主要信息整理如下：

1. 苏右旗林水局基本情况

本地林业少，没必要单设林业局，因此合并为林水局。1986年时，旗里有农林局，单设水利局。到了2002年，合成农林水利局；2005年后，成立林水局和农牧业局。目前林水局有12个公务员编制。林业和水利各干各的，但有些职能是共用的，比如，"一把手"、书记、财务、办公室。整个林水局有二三百人，我分管林业，手下有140多人，其中，森林公安20多人、2台车，苗圃有40多人，林场有70多人，林工站有10多人。局里人员平均年龄40岁，也有临时工，整体上岁数都偏大。本地不允许提前退休，退休年龄男60岁、女55岁。

旗里有一个国有林场，大约1968年成立。林场现有70多名职工，虽然属于事业单位，但与旗里财政脱钩了，所以职工们只能种菜。种菜也是种大田菜，而不是大棚。这70多名职工中，以年纪大的居多，最小的也40多岁。

全锡盟有4个地方林业局、水利局在一起，即锡林浩特市、苏尼特左旗、苏尼特右旗和东乌珠穆沁旗。对于旗里各局而言，自治区编办将机构编数已经固定，如果林水分家，就意味着其他局要合并。而且对于林水局而言，林业和水利各干各的，分不分家都一样。

通过以上访谈我们大致知道：从农林局改革为农林水利局，再改为林水局，本地林业工作的地位略高于水利工作；而且，光林水局从事林业相关工作的就有140多人，是环保局的7倍多，当然这也与不同工作量有关。很多人认为，中国政府是上下一统体制，所以就本能地以为中央有什么，地方就会有什么机构一一对应，其实不是，很多中央的多个部门可能就对着地方的一个部门，所谓"一个姑娘，多个婆家"，这使本来就"上面千条线、下面一根针"的地方管理更为复杂。而且，从地方不同部门的职工人数我们也可以看出各个部门在地方系统中的不同地位；一般来说，人数越多的（包括钱越多的），在地方各部门中的地位就越高。再者，中央和地方之间的机构并不是一一对应的，就是不同地方的机构设置也往往由于各地实际情况的不同，会有很大的差别，这个我们在调研的很多地方都可以很清晰地看到。

2. 本地水利条件

本地没有河，没有地表水，只有6～7个季节性水库，拦截上游乌兰察布市商都县的降水，但也不一定都有水。本地降水量170毫米都不到，今年（2014年）估计连100毫米都不到。而且越往东越不行，尤其今年（2014年）特别旱，气温也高。本旗有古河道，可以打井，得130多米，连二连浩特市取水也用这条古河道。以前齐哈日格图苏木属于苏尼特右旗，后二连浩特市为了取水，将该苏木划归该市。

Z领导还认为：

这几年的地下水位肯定是下降了，**原因在于上游二连浩特市的用水量太大，弄得我们都没水。**

看来苏右旗遇到的情况和甘肃省民勤县有些相似，民勤县也是因为上游用水太多，最终导致石羊河进入民勤县后就干涸了。

3. 风沙源治理工程

苏右旗涉及生态建设的主要是风沙源治理工程，二期工程已经开始，2014年是第一年。一期工程从2000年开始，已于2013年结束。

根据Z领导的介绍，我们知道：

风沙源治理工程共100万亩，财政投入如下：

封沙育林58.85万亩×70元/亩＝4119.5万元；

飞播造林58万亩×120元/亩＝6960万元；

防护林①1.2万亩×100元/亩＝120万元；

退耕还林5.4万亩×50元/亩＝270万元；

总共投入11469.5万元。

看来，投入比1亿元还多，应该也很不错了，那么效果又如何呢？Z领导告诉我们：

飞播在这里很容易活，一般是沙蒿和沙米作为先锋树种，同时还有杨柴。沙蒿和沙米只要有点雨马上就长，而杨柴当年长不了多少，第二年才能发。柠条也飞播，但因为柠条种子粒大，发芽所需水分多，因此不如杨柴好。飞播也是一个学习的过程，一开始沙障也不打，结果飞播完了就被风刮走了。后来吸取教训，打了沙障后先播先锋树种，才取得了成功。飞播一年一次，飞播时一般是沙蒿、沙米和杨柴同时播，沙蒿和沙米每亩1.1~1.2斤，杨柴每亩0.7~0.8斤。这些种子的销售公司都是通过招投标来确定，赤峰市和鄂尔多斯市等地的居多。飞播时的飞机由盟里统一安排，费用由林水局出，按小时收费，计时为起飞前轮胎一

---

① 以灌木林、柠条为主，因水少干旱。

动到最后飞机停下。为了保证飞播质量，每架飞机都跟着相应的工作人员，质量肯定没问题，因为人家很有经验。这些飞机来自大庆、呼伦贝尔、鄂尔多斯、新疆等地，都是民用飞机，收费为 8500～9000 元，由盟里统一定价，每小时能播 8000～9000 亩。

国家公益林补偿是拿钱买生态，每亩的补贴是 15 元。这 15 元中，发到牧民手里是 14.25 元，其中自治区留 0.5 元，旗县留 0.25 元，留下的这些钱用于公益支出，比如宣传单发放。公益林补偿是 2006 年第一次启动的，当时是 42.8 万亩，到 2009 年达到 200 多万亩，共投入 3000 多万元。

4. 灾害

近几年，鼠害比较严重，而且是越干旱越严重。蝗虫三四年前多，今年（2014 年）少，蝗虫也是越干旱繁殖越快。前几年还用飞机灭过蝗，而且有一年中央电视台都来报道过。

5. 林、草地的认定

牧民既有林地证也有草地证，苏右旗这种情况比较多，因为林地证是后来发的，发了以后草场证却收不回来，特别是宜林地更是如此。本地的退耕还林政策主要针对耕地，不针对牧民的草地。林地界定不说高度，只按照木质化程度，有些一年生的木质化程度高的植物也算灌木，因此柠条地也算林地。本地只有灌木，没有乔木。在 2001 年，红沙在林业资源普查时不算林地，但从 2009 年二类普查时就算作林地了。

这种林、草地认定问题是全国性的普遍问题，也直接影响林业与其他部门间的关系。Z 领导称：

在苏右旗，部门之间他报他的，我报我的。二类调查的林地数据是国家确定的，不能动，只有宜林地可以协调，即数据可以有变动。开会要报数据，如果必须有相应的数据，就可以变动宜林地的数字。也因此，经常出现草场面积加林地面积大于土地面积的现象。

我们大概的理解是：草场面积统计是由农牧业局来负责，林地面积统计是由林水局来负责，二者各自统计。遇到有些可林可草的土地，如果认定有利或者最起码无害，两个部门就会认定为各自的职责范围，即农牧业局会认定为草场，而林水局则认定为林地，这样当统计数据汇总到一起时，该地区总面积自然就会大于土地面积。其实，这种地方机构间的情况，在我们调研过的很多旗县都存在，是一个较普遍的问题。但这绝不能说成是某个或某些官员或职能部门的问题，实际上是整个国家系统管理的问题。

6. 禁牧

本地有季节性的禁牧，一般是春季1个月，禁牧有国家的相应补贴。因为圈养得用饲料，牧民对于禁牧的政策反应是——不干。

Z领导过去就做过森林公安，他实际的体会也是很难禁牧，因为很多牧民超载也是为生活所迫。他估计本地也是有超载的，但告诉我们具体数据在草监局。

总之，给我们的总体印象是，苏右旗在生态环境建设和恢复方面的投入很大，做的工作也不少，但整体效果不太好评价。Z领导的感觉是人多了，牲畜多了，气候变化了，降雨量也少了。忆及儿时的环境，Z领导称：

当时本地有羊也有猪，还能打草。而且小时候雪多天冷，不过那时候这里也是没有树。

农牧业局和草原站的访谈

从苏右旗林水局出来，已是下午5点，我们又抓紧时间到苏右旗农牧业局了解情况。接待我们的是K领导，本地人，分管农牧业综合执法。据其介绍，苏右旗农牧业局现有1个草原站、1个农业机械推广站、1个畜牧工作站、1个农牧业综合执法大队、1个牧基管理站。其中，草原站有18人，农牧业综合执法大队有10人。农牧业综合执法大队负责处罚贩卖假兽药等，罚款交到苏右旗财政局，局里需要再跟旗里要。草监局以前属于农牧业局，现在升格为与农牧业局平级。虽然名义上仍归农牧业局，但K领导认为"平级了就不好管"。农牧业局的草原站有草原管护员，负责灭鼠、灭蝗。比如，今年（2014年）7月时，发生了蝗灾，草原站就打药灭蝗。谈及草原治理和禁牧政策，K领导认为：

本地的主打品牌就是苏尼特羊肉，这种羊圈养不行，活动量大，适合草原放牧。本地以草定畜，40亩地1只羊，冬季全旗大约有60万只。草原这两年补贴不少，但老天爷不下雨就不行了。从2009年开始，本地实行退牧还草，给冬羔补饲（加速）早出栏，一般当年12月产羔，次年6月出栏，避免羊羔在草场上放牧。这一政策挺适合本地的，由各苏木和草监局共同控制羊下羔的时间。

我们的总体印象是，冬羔补饲政策听起来很不错，但细想是不是也会有很多问题。例如，怎么确保该出栏时不出栏？有没有相应的规章制度进行约束？这一政策实际执行起来又有哪些困难？各苏木和草监局共同控制羊下羔的时间，那么控制不力的责任主要由谁承担？如此等等。我们一时想到的问题很多，但K领导似乎不太愿意深入下去，所以我们不再继续追问。

之后，对于一些具体的数据，K领导安排我们找草原工作站站长X。

X站长是一位中年女领导，自称是土生土长的本地人，专业学的是畜牧。据其介绍，草原站共有15人，人员力量比较薄弱。当我们看到墙上有签到人员名单时，王站长又称单位在编人员19个，有2个被抽调到农牧业综合执法大队。追问草原站的人数似乎意义不大，但为什么X站长要故意将人数少说？这是个值得探究的问题，也和其他很多类似的问题一样，是我们访谈中没法继续问的。至于在具体的业务工作方面，X站长称本地灭蝗22.58万亩，用的是防治蝗虫的生物制剂。鼠害防治6万亩，主要靠撒药。同时，还对人工草场建设进行技术指导。此外，从2008年开始，中科院草原所在本地建设荒漠草原野外试验基地，但目前尚未建成。之后，访谈也就结束了。

总体上，我们感觉，苏右旗农牧业局的两位受访者对于我们的访谈不算热情，颇有些冷淡，却又碍于情面不得不应付，可能他们也觉得有些无奈。

晚上我们与苏右旗环保局主任M一起吃饭，席间又谈及草场界线纠纷问题。众人都称纠纷很多，因为草场围栏当初是自家围自家的，所以出现很多界线纠纷。大家也说：在大集体时期，大家集体轮牧，不会出现草场纠纷；包产到户后，大家对于草场的界线一下子敏感起来，由于涉及自身利益，因草场围栏打架斗殴的事情比较常见。看来国家产权政策变动对于牧民间利益和行为关系的影响也非常大。

8月8日 林场树木枯死，瓜田兴旺

一大早起来，我们又驱车到镇里去观察。走到城西看到了一处所谓的"林场"，但基本都是干枯的树木。紧挨林场的是一排排农家院落，我们继续往前走，往西的林场深处，杨树已经全部枯死（见图3-9），没有一丝绿色；但是我们发现，往北是一片瓜田，瓜的长势喜人。在瓜田东北，有一些农家住房。于是，我们到了西南角的一家民房中，在这里我们遇到一名初中生。他自称就读于苏右旗一中，今年16岁，从小就在林场长大，虽为蒙古族，但不会讲蒙古语。他说自己的父母都会讲蒙古语，所以他也能听懂。当我们问及其他事情时，他都说"不大清楚"。

图3-9 杨树全部枯死的林场

资料来源：笔者摄于2014年。

我们还发现，该户西南角养着200多只羊，羊圈往南是一条土路一直向西。出了这户居民家，我们走向瓜田深处，发现一辆卡车周围有众多人在装香瓜，金黄翠绿，瓜香远飘。经过交谈后我们知道，这些人并

非本地人，而是从兴和①等地来此，将香瓜运往张家口的。再经一番询问后，我们终于找到瓜田的女主人。女主人自称为林场职工，家里共有3口人。林场只有她自己一直在这里种菜，其他职工都去城里了。她告诉我们：

瓜田是包别人的200亩地，每亩地租金为400元（每年），每年包地钱共8万元。农忙时节种瓜，每天雇10人，每人每天100元，大约半个月共需1.5万元，每年这200亩地投资得30多万元。今年（2014年）种了30亩山药（马铃薯）、70亩西瓜、100亩香瓜。这两天装瓜雇了20人，每人每天140~150元，共4000~5000元。每亩地收入大约为2000元，200亩地的毛收入约为40万元。

根据女主人所说，我们大概估算了一下：如果把8万元的包地钱和2万元的雇工费都包含在30万元的种地投资中，则一年200亩地的纯收入大概为10万元。同时，我们也猜测，既然本地能够种瓜，就说明土壤和水利条件尚可。因为，种瓜本来就是很费水的，所以甘肃民勤人有些时候戏称西瓜为"水泡"，这不仅是因为西瓜水多，早期的西瓜熟透了会变成"水西瓜"（就是西瓜皮里的瓤都变成了瓜水，拿起来，从皮上撕个小口就可以咕嘟咕嘟地喝了，这也是我小时候到瓜地里最乐意干的一件事），而且种西瓜非常费水。当然，西瓜和香瓜的需水量不一样，西瓜可能需要的水更多一些，但是差别不大。而且，外地人能来这里装瓜，说明该家种瓜也并非一两年的事，故此也可猜测将部分林场改为瓜田已经有好多年了。因此，我们也可以推测，林场中的树木枯死可能是因为没人去浇水。不过再仔细想一想，如果3米多高的大树还得不断地浇水才能活下来，说明此地土壤和水文条件确实不再适合种树了。于是，迫于生计的人们将部分林场改为瓜田，增加部分收入，也无可厚非，毕竟无论人在哪里，都需要生存下去，这也是我们在调研中一再遇到的关键问题。

---

① 乌兰察布市的一个县。

信息满满，金句多多

上午，苏右旗环保局领导 C 又为我们联系了苏右旗草监局的领导 M。联系好之后，苏右旗环保局主任 M 就开车带我们来到草监局领导 M 的办公室，看到五六名牧民正围在办公桌前。M 主任见状称："他们这里可忙了。"在 M 主任帮我们介绍，并互相简单问候后，年近50岁的 M 领导对我们的来访表示了诚挚的欢迎，并说自己以前在旗里主要负责农牧业工作。同时，为了减少干扰，他将我们领至草监局会议室，会议室的北侧墙上有大大小小的各种奖状13张，把半堵墙贴挂得满满的，这至少说明草监局的工作得到了很多方面的肯定，也很受重视。打开话匣子之后，我们发现：M 领导不仅健谈、敢说，充满了信息量，而且往往能切中要点，说出不少金句。我们把与他访谈得到的一些主要信息整理如下：

1. 草原管护员

以前草监局隶属于农牧业局，从2003年开始独立出来。目前行政级别与农牧业局一样，二者基本是平行的，虽然有隶属关系，但农牧业局对于草监局也没有业务指导，这从一个侧面说明草监局的职能在加强。草监局没有执法职能，主要就是统计数据，现在草原森林防火指挥所也设在草监局。草监局有1正、2副，3名局长，有7个所，分设在全旗7个苏木，共有120多人。局里共有10台车，都是越野车，因为在草原上轿车没法跑。草监局有60多名管护员，按平均工资走，每月3000元。按照国家标准，每10万亩草场配1名管护员，苏右旗精减到60人。全旗有58个嘎查，按照1个嘎查1个人算，60名管护员正好覆盖全旗。这60名管护员与正式职工一样考核，从2012年开始招聘录用，这样招聘的专业管护员要比纯粹的牧民责任心强。管护员平均年龄30多岁，如果有工作失误或犯了错误，局里的惩罚手段就是开除。在待遇上草监局属于参公单位，但局里有56名公务员。管护员参照事业编制，与局里签订劳动合同。管护员大多为当地牧民中大专毕业的孩子，有的住在旗里，有的住在苏木里。管护员全部是男性，蒙古族居多，即使是汉族，也全会讲蒙古语。

后来在整理这段资料时，我们也在想：如果按照国家标准来计算，苏右旗有3351万亩草场，则应该配备336人；现在草监局精减到60人，能管得过来吗？效果是不是会受影响？这究竟是因为国家的标准定得高了，还是说各地的实际情况本来就不一样，国家的标准只是建议标准，各地可以根据自己的实际情况来决定？那么，各地究竟应该配备多少管护员，又是由哪些因素共同决定的呢？只可惜，当时我们并没有对这些问题进行进一步的追问，这是我们感到很遗憾的。这个问题值得我们今后继续调研和探讨。

2. 荒漠草原不适合禁牧

苏右旗属于荒漠草原，近些年草原治理主要有两大块：一块是国家补奖机制，一块是风沙源治理工程。国家补奖机制一是要禁牧，二是要实现草畜平衡。不像典型草原可以打草禁牧，**老天爷给的财富能拿回去。**比如，锡林郭勒盟东部的乌拉盖草原，禁牧政策就很适合，因为牧民拿了补贴，打了草就不用再放牧，所以草原上一只羊也没有。在苏右旗这样的荒漠草原，不适合禁牧。因为**禁牧和生产生活冲突太大，只能靠放牧利用。现在禁牧政策顶层的"一刀切"切得太厉害。**

在苏右旗，载畜量的标准南部、东部和北部都不一样，1只羊的草场面积南部是40亩，东部是50亩，北部是60亩。苏右旗有2.1万名牧民，其中80%是蒙古族，冬夏都放牧，冬天也能放牧是因为不怎么下雪。本地羊平均七八个月出栏，圈养的极少，因为天然养羊最廉价。全旗每年存栏80万只，出栏80万只，考虑重叠部分，共130多万只。

关于放牧对草场的损害，M领导认为：

草场"吃的"没有"践踏的"损失大，因此放牧时（要）尽量减少羊的来回走。

听了M领导的介绍，我们大致计算了一下：全旗3351万亩草场，载畜量如都按北部1只羊60亩的最高标准计算，则全旗最少能养55.85万只羊；如果按南部1只羊40亩的最低标准来计算，则全旗最多只能养83.78万只羊；现在居然是130多万只羊，看来超载现象较为普遍。但是，如果按照M领导的说法，全旗冬季存栏是80万只，则超载还不算特别严重。

3. 草原环境监测

局里有监测股，在全旗共有30多个监测点，每年5月、7月、8月定点监测一次。这些监测点每年都固定不变，最近国家又增设了三四个点。所有监测都是人工检测，通过做样方，采集样本进行分析。局里专业监测人员有3名，都是大学本科，有学林的也有学水的。每年监测下乡时，还要去各个所抽调人员。

4. 草场一值钱，纠纷就多了

草监局需要协调的矛盾纠纷特别多。本地的纠纷一般都是草场界线纠纷，或者草场划分时少给1人。因为，当年分草场时，有些人自动放弃，外出打工。现在政策好了（草场有补贴了），这些人又想要草场了，就出现了纠纷。而且，当年草场划界时，主要靠走路、拉绳子等办法丈量，划分不精确肯定难以避免，（因此）草场纠纷特别多。也有因草围栏的设置而打架的，但没有械斗。这种纠纷不只是邻里之间，家里亲兄弟之间闹事的也特别多。

谈及如何解决此类事情，M领导很无奈地说：

跑呗！做工作呗！调解+劝说，争取一次闹清楚。

之后，他接着说：

为了避免工作的重复，我们对前来寻求调解的双方讲："草场是你们家的，你们要我们调解，就要相信我们，否则我们不去测量。如果没有对我们信任这个大前提，我们也不去给你们测量。"如果双方都同意了这个大前提，局里再去人从技术上把草场划开。对于纠纷双方来讲，局里免费给划；但从草监局来看，投入成本很大。具体的纠纷调解程序是由双方先提出申请，之后局里（派人）下去给测量，双方在测量意见上签字，然后局里出决定书。前提是你认可局里的测量。如果不认可，那局里就不去测量调解了。对于此类矛盾调解，旗里也没有相应的矛盾仲裁委员会，即使做完工作，也有继续上访和打官司的。

当年旗里58个嘎查分草场的标准都不一样，但**我们的依据就是嘎查**。现在看来，这种分法有什么依据？没有为什么，他们就这么做了。

如果有人想重新划分草场，就得把以前这个标准或既有事实推翻，然后重来。但这种尊重当时历史的做法就是一种实事求是的态度，在当时历史条件下，每个人都为了把事情做下去，在当时来看就解决了问题。

草监局监察股有9人，矛盾调解股有3人，此外，2009年还成立了纠纷办公室。感觉局里处理矛盾纠纷能占到全部工作的60%，分管的事情哪个都得弄，要稳定、要和谐，必须全力调解。比如，有些人如果对调解不满意，就坐着不走，在这里赖着。局里建议去司法也不去，（这些人的心态是）**"我就纠缠政府"**。对于即使事情处理完了，也下了明确的处理意见，但还来找政府的，局里也没有别的措施。

为什么会有这么多纠纷？M领导的概括可谓一语中的："草场一值钱，纠纷就多了。"也正如他说的："协调的事情什么也不是，就是人的利益问题。"反复回味M领导的这两句话，我们至今还觉得他概括得非常精准，而且充满了金句的味道！

5. 草监局与其他草原管理部门间的业务关系

与国土局在草原征占用方面有业务关系。

农牧业局也有草原工作站，但他们主要搞建设，我们主要搞执法。农牧业局的草原工作站主要负责防虫、鼠害防治。在草场纠纷方面，没人找草原工作站，因为"他们是纯纯的事业单位"。

与水利在打井方面有业务关系，虽然按照法律，本地禁止开垦，但还会有打井，没法说。

与林业就是林权的问题，很多时候林地同时也是草地，本旗有将近40万～50万亩交叉地，对于牧民而言，哪种地给的补贴多就喜欢自己的地是哪种地。对于草监局而言，你们扣吧，扣剩下的都是草地，无所谓。如果部门意见出现不一致，大体是按草地走。

此外，在M领导看来，对荒漠草原的治理，上级政府的对策就是"严管"。但这个地方太大了，根本监护不了。我们谈及城郊的林场，M领导称是1958年建设的。对于林场现在是否有作用、建设林场是否合理的问题，M领导的答复是："你们琢磨吧！"紧接着说：

人不能胜天，这里的草跟别的草能一样吗①？羊不一定在草场好的地方长得胖，有些草地上就能吃胖。本地的草场，旱生草有170毫米的降雨量，草场就会很好。特殊的地理环境、特殊的物种，有了特殊的畜群。

6. 补奖机制不能搞成惠民政策，政策要好管也要好执行

补奖机制不能搞成惠民政策，但现在如果不这么搞，反对者就会说："你凭啥不给我？"（因此）这些问题归根结底还是人的问题。

是啊，在全国一盘棋的大框架下，虽然我们经常强调地方的自主权和自主性，但是在很多情况下，其实旗县的自主性很低。从理论上讲，把工作、责任、资源、权力等限定在一个大框架下，自然能够运转良好；但事实上，在很多时候，一旦到了地方，在权力向上集中和基本依靠自上而下管理的大背景下，对上级而言，就可能只强调地方的工作和责任，而不考虑或给予其相应的资源，也不赋予其相应的权力，那么基层的工作难做，也就在情理之中了。

7. 草监局就是打杂的

（我）感觉几乎没有星期六、星期日。**牧民找你，你不一定来；领导找你，你就不能不来。**来这里的领导都是其他地方外派过来的，周六、周日就回家了。周六、周日牧民有事找到领导，领导就给我们打电话。我在会上也常说草监局是打杂的！草监局连个法也执不了，没办法，一不小心，不是说你徇私枉法，就是说你不作为。**本来是定规则的，后来就成了和稀泥的，最后不伦不类。现在的考核机制下，谁柔和谁就好。**现在人都寻找公平，但干活的不干活的，都想要个公平。其实**"改革"不就两个字吗？把坏的改掉，留下好的不就行了吗？**草场矛盾这一刀不开，永远是在累积矛盾。人富裕那一天，需要环境和质量，人不富裕需要的就是数量和生存。**很多时候，你对得起自己的良心就行，很多东西你改变不了。**

以上这段话，虽然不长，但是充满了金句，值得我们细细考察。

（1）"牧民找你，你不一定来；领导找你，你就不能不来。"这在自

---

① L介绍，本地草有针茅、冷蒿、小叶锦鸡儿等。

上而下的安排下，自然是极为普遍的现象。但是，如同时要求基层工作人员，既要领导找也来，也要百姓找也来，他们就会完全失去周末或休息的时间。可是，即使在这样的情况下，领导和百姓也不一定满意，因为，就是把每个工作人员分成两半，在一周之内也只能各自分别满足领导或百姓3天或4天，自然领导和百姓都会觉得不满意！可是，在这种情况下，谁又考虑了基层工作人员的权利和压力呢？在中国现行体制下，对这个问题最好的解决办法是让领导和百姓的利益与偏好完全一致，如此一来，只要满足了领导，就满足了百姓；或者说，只要满足了百姓，就满足了领导。如果能做到这一点，不仅领导和百姓皆大欢喜，而且减轻了基层工作人员的压力。可问题恰恰就在于，事实上，领导的诉求和老百姓的诉求不仅经常不一致，而且在很多情况下都是不同甚至是截然相反的，尤其有些涉及老百姓甚至是领导的不合理和不合法的诉求时，更是如此，这样要实现二者之间利益和偏好的完全一致自然是不可能了。既然领导和老百姓的利益与偏好不能完全一致，就意味着基层政府、基层工作和基层工作人员永远会面临"两个婆家"的问题，时常陷入左右为难的境地。而在这种情况下，自然是谁对自己的"威慑力"越大，谁对自己的要求让自己感到了必须解决的"紧迫性"，就会越先偏向于谁。在很多情况下，对基层部门和工作人员来讲，虽然大家在本质上都在"为人民服务"，都必须"以人民为中心"，但在体制性的压力下，常常会优先回应领导的诉求，而不是老百姓的诉求，除非老百姓的诉求和领导的诉求是一致的。因此，这就在事实上形成了一个基层工作和基层工作者究竟要面向老百姓还是面向领导的困局。而解决这一困局，也是解决中国基层治理的一个关键。同时，在这个困局的背景下，我们必须理解某些基层工作者在有些时候必须先回应领导诉求的选择的合理性，毕竟人家也要生存，也要保住工作，而不能简单粗暴地认为人家只会听领导的，而不听老百姓的。这样的看法显然只知其一，而不知其二，也是非常不公正和非常不负责任的。

（2）"本来是定规则的，后来就成了和稀泥的，最后不伦不类。"是啊，对基本工作而言，既要遵守上级党和政府的指示与命令，让上级满意，也要让老百姓满意，谁也不能得罪；而且，如果老百姓不满意，上级政府就会不满意。在这种情况下，如果有些工作会得罪老百姓，就很难下决心去推行，本来要制定和执行的规则也不敢制定和执行。可在这个时候，不能说自己不执行上级的指示和命令，不能说不履行政府部门应该履行的责任，不能说老百姓不好不对，更不能说上级不好不对，因此，在重重压力之下，就不得不和稀泥。其实，这也是很多基层部门或工作人员在特定情境下不得已的应激性反应，或者说也是他们在这些情境下被迫采取的一种生存策略，自然也是一种理性策略。再进一步，稀泥和得久了，"习惯成自然"，越陷越深，就会越来越偏离政府的本质和本来面目，也越来越不知道自己是什么，自己该做什么了，最后就会变得"不伦不类"。这就又是一个困局！这样的困局，难道不是当前我们很多基层治理中都存在的一种很普遍的现象吗？这也是一个不得不引起我们高度重视和研究的问题。当然，反过来讲，如果我们平心静气一点，或许可以问这样的问题："和稀泥"是不是也可以算作基层政府的一种"公共服务"呢？如果算，那么整个问题或许本身就没有那么严重了，或者最起码没有刚开始听起来那么吓人了。总之，整个问题究竟该怎么理解，怎么解决，不仅需要我们今后大量的研究来探讨，也需要在实践中不断地摸索。

（3）"现在的考核机制下，谁柔和谁就好。"是啊，现在很多管理都在不断强调考核，有各种各样的考核，有各种层次的考核，有各种名目的考核，而且几乎随时随地都在考核。甚至可以说，搞得整个管理"考核满天飞"，以至于进入了"考核围城""考核之国""考核治国""考核魔咒"。当然，我们也不能说不考核，考核本来就是管理尤其是"自上而下"管理的一种基本方法，既然存在管理和"自上而下"的管理，就不能没有考核。但问题是怎么考核确实是一门大学问，不能乱考核，更不能天天考核，事事考核，时时考核，最后搞得考核满天飞，那样大家都去应付各种考核了，还有谁来真正做事呢？而且，在不科学、不合理的考核体制或机制下，必然会导致"考核扭曲"，导致"考核形式主义"，导致考核压力下的"考核应付主义"，并最终导致整个管理、整个组织乃至整个社会都被考核本身绑架，从而出现以考核本身为目标而替代管理、组织和社会本来目标的"目标置换"现象，以及考核表现越好的实际越差等的"逆向选择"现象。因为，就对人的考核而言，在这种情况下，只有那些专门琢磨如何应付各种考核的人，才能最终获得考核的青睐，并进而获得认可、晋升和提拔等；而真正干事的人，往往过不了关，甚至过不了最基本的考核。可是，这些经过种种"考核形式主义"爬上来的人，一旦成了领导，就会在习惯行为、路径依赖、自我加强等机制的作用下，开始加倍"考核"，从而使很多工作陷入永无止境的"考核怪圈"。即便如此，还只是问题的一个方面。如果再涉及考核的不同方面，涉及不同主体的评价和考核等，问题就更复杂了。因为，在这种情况下，考核的不同方面可能是相互冲突的，考核的不同主体可能是诉求不一致的。如硬要求大家在每个方面都表现得很好，要让所有考核者都满意，最后逼得大家不得不每天都对照完成各种实际相互矛盾的考核指标，不仅搞得自己精疲力竭，也把工作搞得非驴非马、一塌糊涂；同时，还会逼得大家不得不尽力去讨好每一个考核者，不敢得罪任何人，不敢越雷池一步，最终会变得"谁柔和谁就好"。

事实上，这样的问题，不仅在基层政府工作中存在，最后让本该做事和有为的基层政府变成了"老好人政府"；而且在很多其他地方也存在，从而让本该做事和有为的其他相关组织或主体都变成了"老好人"。

这不仅是我们熟知的"考核"的问题，就是现在很多部门的管理中存在的各种奖项、"帽子"等的使用，也存在着类似的问题，因为这些在本质上也是"考核"的一部分，或者一种形式。故此，在与上文类似机制的作用下，各种奖励、"帽子"等事实上都变成了阻碍相关领域健康发展的重要负面因素。

对于考核、奖项、"帽子"等弊端我们也不是完全无知的，为什么就不能解决呢？这里的问题虽然复杂，但其根源只有两个：第一，没有现代化的管理方式，仍然使用传统的那一套，因为上级部门管下级部门最好的方法就是简单粗暴的考核，再就是设计各种所谓的奖项、"帽子"等来激励大家，这在本质上是一种非常懒惰的、落后的管理方式；第二，涉及进行考核和设计了这些奖项和"帽子"的部门或单位的权力、利益等，因为主持考核、掌握奖项和"帽子"，本身就是这些单位彰显自己权力、获取相关资源或利益以及对管理对象进行控制性管理的一种手段，一旦取消或者放开这些考核、奖项或"帽子"，其在这方面的权力必然受到影响，其资源和利益也必然受到影响，可以说这是一种非常狭隘的部门主义和部门利益在作怪。所以，要解决当前我国在各种领域和各个层面存在的"考核乱象""奖励乱象""帽子乱象"等问题，首先必须改变传统的、仅仅依靠考核等的懒惰性管理方式，进行管理方式的创新和全面革新；其次必须坚决反对各种狭隘的部门主义和部门利益，要对设计各种考核、奖项、"帽子"等的单位严格管理、严格监管、严格约束、严厉查处，同时要坚决取消一些不必要的考核、奖项和"帽子"等。

（4）"'改革'不就两个字吗？把坏的改掉，留下好的不就行了吗？"是啊，改革的目的，从一定程度上讲，不就是这两个方面吗？改坏留好。但要做到这点，又何其难也！可最起码，我们首先必须认识到这一点；如果能认识到这一点，并尽力去做，终归比不改革要强。

（5）"很多时候，你对得起自己的良心就行，很多东西你改变不了。"是啊，很多东西我们改变不了，但我们首先要对得起自己的"良心"。其实，任何事情，如果我们都能做到对得起自己的"良心"，哪怕我们改变不了，也会多少做出贡献的。但是很多时候，我们连自己的"良心"也对不住，或者说，我们本身就没有了"良心"，这就"完"了。所以，中国古人一直讲德治，是有一定道理的。宋代哲学家张载也说："为天地立心，为生民立命，为往圣继绝学，为万世开太平。"这里他也把"心"放在了首位。可见，有"良心"、对得起自己的"良心"，是何等重要啊！

8. 其他问题

（1）现在有一些来调研的人认为禁牧就能保护草原了，上次我领着一批人去了中蒙边界的交界处，让他们看。那里肯定没有放牧，浮沙很厚，这就说明不是说禁牧就能改善草原环境。**羊吃什么样的草，是有选择性的，不是打草机。**

是啊，禁牧也不是完全适合于任何地区的，也不是一禁牧就万事大吉了，更不是禁牧就只有利而无害。"羊吃什么样的草，是有选择性的，不是打草机。"禁牧也不是万能药。其实，很多问题都一样，没有我们想象得那么简单，我们要做多方面的分析，从多个方面来看。

（2）本地的草场围栏大都是个人围的，有些项目是国家围的。围栏连工带料每米5元，如果是老百姓自己围是每米2元。这些围栏还是老百姓自己围节省成本，通过招投标，肯定没有老百姓自己围成本低。

是啊，我们可以做一个简单的计算：现在假设一个牧户有4000亩草场，并假定这个草场是正方形的，边长为1633米，则共需6532米围栏。如按每米2元计算，最后围栏共需支出13064元；如果是每米5元，则共需支出32660元。也就是说，无论怎么算，对牧民来说，围栏都是一笔不小的支出，可见围栏的成本也是很高的。

对M领导的访谈结束时已近中午。他的健谈、敢说、智慧、幽默，给我们留下了深刻的印象，也为我们更好地了解苏右旗的草原保护提供了非常有用的信息。在访谈中，能够遇到像他这样的受访者，确实是我们的幸运，也是调研者之福，更是我们此次苏右旗调研的最大收获。

同时，基于M领导多年的农牧业工作经历，我们也有理由相信：他说的很多话都是自己的真实想法，而不是要代表基层政府表示什么姿态。

此外，在访谈中，M领导也说："我算过，苏右旗一只羊值2400元。"这是我们调研中听到的对一只羊的最高估价。姑且不管这种估价包含了多少成本与收益的计算，以及是不是存在高估的问题，单从这种对本地主打品牌的推崇态度本身而言，也让我们看出了M领导对苏右旗的热爱、对自己工作的用心，颇值得我们钦佩，更令我们感动。

偷牧兼卖玛瑙石的残疾老人

从苏右旗草监局出来，我们打算驱车向北绕城一圈，了解赛汉塔拉镇的概况。在城郊，我们遇到了一位放牛的老人。老人自称68岁，有2个儿子、4个孙子。"最小的儿子也34岁了。"老人也说，该地段并非自家的牧场，是国家的牧场，据他所知是苏右旗里的项目。访谈所得到的信息如下：

　　家放着十三四头奶牛，1头奶牛每天产奶70斤，一年有4～5个月的旺奶季。这几年奶价高了，1斤能卖到3.5元，上下午各卖一次。这样1头奶牛1年最高可收入36750元，一年以10头奶牛计，最高可收入36万元，最低可收入29万元[①]。一头牛如果出售，能卖到1万元。全赛汉塔拉附近，有四五家养牛的，大多数养黑白花牛。除了养牛，还养兔子，每天放牛时也给兔子找草，卖观赏小兔子也是其一项收入。此外，还捡地里的石头卖，是天然玛瑙。

　　给我们的印象是，老人收入途径多样，也还不错。交谈时，他还不失时机地向我们兜售其捡到的成色较好的玛瑙。为了不拒绝他的好意，也为了答谢他接受我们的访谈，我们就花了10元，买了一块小石头，后来不知道扔到什么地方去了。另外，还有一个很值得关注的细节：老人称自己有残疾，禁牧的来了也不能把他怎么样；如果来查了就不放，查的人走了就继续放。由此看来，禁牧与偷牧并存是很普遍的现象。

　　辞别老人后，我们继续驱车一路向北，走了20多千米。一路上看到，"十年九旱"的荒漠草原，虽然不甚翠绿，却也能不时地见到零星的羊群、马群等；另外，在地势较低洼的地方，我们还能看到稀疏的树木和孤零零的村落若隐若现。但是，即便如此，我们仍然感觉到辽阔、空旷的草原无边无际，实在有一种让人无法控制的感觉，从而也让我们突然感到人在大自然中的不可名状的渺小！

苏尼特右旗的反思：基层政府与民众需要多协同

　　在荒漠草原区搞生态建设，要基于治理空间选择合适的治理策略。本地也属于荒漠草原区，这与达茂旗和四子王旗一样，草原保护的政策自然也高度类似。这些政策主要通过风沙源治理工程（以下简称"沙源工程"）

---

　　① 最高收入以5个月计算，5×30（天）×70斤×3.5元/斤＝36750元。36750元/头×10头＝367500元。故最低年收入约为36万元。最低收入以4个月计算，4×30（天）×70斤×3.5元/斤＝29400元。29400元/头×10头＝29400元。故最低年收入约为29万元。这种计算高估了很多，故计算时均以整数计。

和草原生态补奖机制两项来实现：前者的工作重点是植树造林，后者的工作重点是禁牧、休牧；前者可算作主动建设，后者可视为被动休养。不管是主动还是被动，对于气候变化较大的荒漠草原，都需要因地制宜。

对于主动建设，在降水极不稳定且地下水极深的地区，苏右旗林水局官员也强调，"种树就是劳民伤财，不适合，反倒会造成沙化"。以柠条为例，至少得浇水 8 ~ 10 次，否则难以成活。因此，该地区将沙源工程做到了浑善达克沙地。一方面，沙区的地表到处是白沙，种树也不会破坏生态；另一方面，沙区水浅，适合种树。受访者也表示，沙源工程在沙窝（浑善达克沙地）里做得不错。总之，如果认识不到这种自然条件的限制，大面积植树造林只会劳民伤财，当年建设的林场全部枯死就是明证。

对于被动休养，彻底禁牧的难度极大，生态恢复的效果也不乐观。对于本地区的生态，我们遇到的牧民强调："草原环境就这样！"可以说，受访者言语间传递的信息自然没有越来越好的喜悦，更多的是一种维持现状的无奈（见表 3 - 6）。除此之外，干旱加剧、鼠害增加、禁牧难实现等问题都表明，该地区的生态恢复效果并不乐观。

表 3 - 6　苏右旗访谈结果

访谈对象	政策措施	治理效果
两位牧民		草原环境就这样
环保局官员	禁牧休牧	
林水局官员	沙源工程	沙窝里做得不错
	季节性禁牧	今年（2014 年）特别旱
		鼠害增加
		蝗灾减少
农牧业局官员	退牧还草	
草原站官员	灭蝗防鼠	
草监局官员	草原生态补奖机制	禁牧很难实现
	沙源工程	
偷牧者	禁牧的不能把我怎么样	

资料来源：笔者根据访谈整理。

另外，调研发现：该地区的草监局与农牧业局、林水局等单位平级，比其他地区高了半级，按道理工作开展应该较为顺利。但草监局的领导，虽然不能说满腹抱怨，但至少对很多事情表达了无奈。在他看来，"现在不讲道理的人越来越多了"，原因在于这背后的激励机制——"凡是不讲道理的都能得到实惠"。更严重的是，这种激励机制会引起群体效仿，"以前不说话的人也开始在闹"。所有这些背后的社会情绪是"社会、政府给予帮助就是应该的"。这位官员的分析是从人性角度："凡是钱来得容易，都会有问题。人必须创造财富，不付出就能得到，人肯定会变坏。"他举的例子是旗里的生态补贴，人均每年1.2万元，平均每月1000元。如果某家因不保护草场而将这笔钱扣下，农牧民就会问："凭啥不给我打钱？"但对于自己保护生态的责任视而不见，也就是"他就不说他没有进行生态保护"。此前的研究曾就农民"伸张个人权利的同时拒绝履行自己的义务"① 的现象进行过描绘，看来草原区的牧民也开始出现这种趋势了。

在这种激励机制下，很多政策的实施一旦涉及资金发放，就会陷入一种恶性循环。例如，生态补奖政策，本意是奖励农牧民保护草原生态，但实际运行起来却成了"惠民政策"。这种政策的反馈回路最终将补贴发放与满意度维持联系在一起。具体来看是：补贴发放→满意度提高→心理预期提高→满意度下降→补贴增加→满意度提高。如果补贴金额不能随着农牧民的心理预期增加，最终的结果必然是政策满意度逐渐降低。更关键的是，基层政府对此又没有自主权去突破现有框架。

事实上，在这个反馈回路中涉及一个基本问题：基层政府到底扮演着何种角色？对于草原生态奖补项目，在顶层的政策设计中，保证政策目标既有发放补贴的经济性工具，又有禁牧休牧等规制性工具。基层政府一是发放补贴，二是监督超载放牧。政策目标源自上级政府的工作设定，政策执行却需要民众的配合；基层政府也因此成为上级政府与民众之间重要的中介。如果该项政策是彻底的惠民政策，基层政府只是依据

---

① 阎云翔. 私人生活的变革：一个中国村庄里的爱情、家庭与亲密关系[M]. 龚小夏，译. 上海：上海书店出版社，2003：3.

草场面积发放补贴，民众依据标准领取补贴，就不会产生如此多的争议；或者，这些争议的目标至少不会指向基层政府。但该项政策补贴的发放，不仅要考虑草场面积，还要考虑超载或违规放牧的程度。从民众的视角来看，如果没有任何付出，只要有草场就可以领补贴，争议最多集中在草场分配的不均衡上。可现在是，除了领补贴，还要按规定的放牧标准来约束自己。也就是说，要领补贴就得对自己的放牧行为进行约束，或者说领补贴是以约束自己的放牧行为为代价的。如此一来，政策的争议就不只是补贴多寡了，还要加上对政策配合的程度。对政府官员来说，自然要实事求是，配合了多少就应该认定为配合了多少，而且要求牧民越配合越好（可事实上，如何认定配合程度的难度很大，成本也是极高的）；对于牧民而言，都会觉得自己已经配合了政策，即使自己在一定程度上确实有不配合的情况，也觉得是情有可原的。于是，新的、更复杂的矛盾就出现了。

直观来看，该项政策的原则混杂了"动员保生态"与"花钱买生态"两种理念。禁牧、休牧强调为生态做贡献，为国家做奉献。既然是奉献，遵循的基本原则就是"论心不论迹"的平等原则，不能明显歧视或区别对待。所以，民众特别强调"平等原则"，给别人发就得给自己发；给别人发多少，也应该给自己发多少。但对于基层政府，在执行政策中，还要考虑"按贡献分配"，因为只有这样，才能更有效地推行政策，并调动牧民的参与积极性。而且，对于牧民而言，觉得这份补贴是应得的，自然希望越多越好；但对于基层政府而言，补贴总额是有限的，发放需要在依据统一标准的基础上，想方设法奖优罚劣。于是，一方强调平等优先，另一方强调效率优先，二者之间的分歧自然就难以弥合了。

所以，禁牧补贴究竟是惠民政策还是激励政策，还真不好断言。惠民政策就要将公平原则放到首位，激励政策就要将效率原则放到首位。可现实是，基层政府为了工作便利，将其定位为激励政策，将效率优先考虑；而民众为了争取利益，将其视为惠民政策，将公平优先考虑。从理想状态来看，基层政府既代表国家利益，也代表民众利益。但在实际工作推进中，基层政府或者说工作人员，也有着自身任务完成的利益考虑。所以，在草原生态奖补中，基层政府主要是上级政府的代理人，其次是自身利益的维护者。此外，基层政府还要处理民众之间的关系，例如，他们之前的草场边界纠纷，此时又不得不变成纠纷双方的"和事佬"。这种多重角色，也导致了其选择的困难。

调研发现，该地区草场边界纠纷应该是比较普遍的问题。早期技术手段较为落后，由于区域情况的差异，各嘎查的草场划分标准都不一样。但当时各嘎查依据各自的标准，至少把草场划分开了，解决了实际工作中的问题；但随着形势的变化，尤其是与草场伴随的补贴逐年增加，民众的利益认识也发生了变化，因而逐渐出现了新的纠纷和矛盾。此时，这些问题已经不能由民众自己内部来解决了，于是又都找到基层政府，基层政府不得不扮演"和事佬"的角色。事实上，对于草场边界纠纷，影响最大的当属未来的土地承包政策改革。就现实而言，大致有三条路径：一是维持现状不变；二是放权给各村（嘎查）等基层自治体，由其自行解决；三是由县级政府的职能部门如农牧业局来主导。对比而言，第一条路径对现有的边界纠纷解决作用不大，但成本较低，也不易引发新的问题；第二条路径授权给了基层自治组织，对现有纠纷的解决至少能降低成本，但有可能引发新的问题，或者本身就解决不了问题，不然也就不会找到县级政府了；第三条路径还是由县级政府来包揽该事情，这对现有纠纷的解决作用也不大，成本还很高。可见，这个问题究竟应该如何解决，还需要不断研究，不断探索。不过，一个比较可行的中道方法就是：尽力先培育基层社会的自治能力，并让其承担起矛盾纠纷解决的主要工作；等到其解决不了，再移到乡（也就是苏木）一级政府来解决；如果还解决不了，再进一步上交到县级政府等来解决。这样或许是更稳妥也更合理的办法。

八、内蒙古自治区正蓝旗

正蓝旗（以下简称"蓝旗"）在行政上隶属于内蒙古自治区锡林郭勒盟，位于锡林郭勒草原东南边缘，东邻多伦县与赤峰市克什克腾旗，西接正镶白旗，南连太仆寺旗、河北省沽源县，北靠锡林浩特市、阿巴嘎旗和苏尼特左旗；地理位置在东经 115°00′~116°42′、北纬 41°56′~43°11′，南北直线长约 138 千米，东西直线宽约 122 千米，全旗总面积 10182 平方千米。① 根据锡林郭勒盟统计局数据，2007 年蓝旗的户籍人口为 8.09 万人②；根据第七次全国人口普查数据，截至 2020 年 11 月 1 日零时，蓝旗常住人口为 69908 人（约 7.0 万人）③，有所下降。

蓝旗地处阴山山脉北麓东端，北部为浑善达克沙地，沙漠中湖泊较多，总体呈现出沙地草原的自然风光；南部为低山丘陵，多为栗钙土，主要有红柳、白桦、山杏等植物。气候属温带大陆性干旱季风气候，春秋多风，冬季漫长寒冷，夏季炎热。年平均气温 1.5 摄氏度，最高温度 35 摄氏度，最低气温零下 33 摄氏度。④ 年平均降水量为 365 毫米，年平均蒸发量为 1925.5 毫米⑤。

据旗政府官方网站介绍，世界文化遗产之一——元上都遗址坐落于蓝旗境内⑥，境内野生动植物种类繁多，有已列入国家和地区重点保护名录的马鹿、狍子、天鹅、野猪等珍禽、稀有动物 20 余种。

7 月 22 日　草原天空的广袤

从北京到蓝旗，要坐火车到张北转大巴车才行。

列车行至张北，眼前的景色让人有豁然开朗之感——伴随着地势的起伏，成片的草地争先恐后地映入眼帘，又伴随着飞驰的列车迅速隐于身后。但这种规模的覆盖率只能被称作"草地"，再往北纵深遇到一望无

---

① 正蓝旗人民政府 . 正蓝旗概况［EB/OL］.（2021 - 04 - 20）［2021 - 04 - 26］. http://www. zlq. gov. cn/xxgk/mlzlq/zjzlq/200706/t20070613_1623058. html.

② 汇聚数据 . 锡林郭勒正蓝旗人口［EB/OL］.［2021 - 10 - 06］. https://population. gotohui. com/pdata - 2402.

③ 锡林郭勒盟统计局 . 锡林郭勒盟第七次全国人口普查公报（第二号）：地区常住人口情况［EB/OL］.（2021 - 06 - 01）［2021 - 10 - 06］. http://tjj. xlgl. gov. cn/ywlm/tjgb/202106/t20210602_2642424. html.

④ 内蒙古自治区地名委员会 . 内蒙古自治区地名志：锡林郭勒盟分册（内部资料）［M］. 呼和浩特：内蒙古人民出版社,1986：334.

⑤ 正蓝旗人民政府 . 人文地理［EB/OL］.（2021 - 06 - 21）［2021 - 10 - 25］. http://www. zlq. gov. cn/mlzlq/zjzlq/rwdl/202106/t20210621_2647941. html.

⑥ 正蓝旗人民政府 . 正蓝旗概况［EB/OL］.（2021 - 04 - 20）［2021 - 04 - 26］. http://www. zlq. gov. cn/xxgk/mlzlq/zjzlq/200706/t20070613_1623058. html.

际的草场，才能真正称得上是"草原"。当然，这些都是后话了。如果长期生活在城市，已经看惯了周遭直入云霄的摩天大厦，在惊叹科技改变生活以及劳动创造价值的同时，人们对天空的认知，就只能拘泥于被万千高楼大厦割裂的零碎残片之中了。

可惜，好景不长，在随后穿城而过的过程中，原来仅有的兴奋感也因不时出现的白色生活垃圾而偃旗息鼓。张北作为张家口市的一个小县城，原本并无出奇之处，大概是因为占了毗邻首都的优势，因此成了忙碌的都市人摆脱喧嚣、拥抱自然、体味塞外风情却又无须耗费太多心力的优选之地。加之，近年来张北多次承办先锋音乐节，这里比起想象中又多了几分喧闹之感。自然，我们穿城而过时，发现人类休息娱乐后留下的种种"罪证"比比皆是，也就不足为奇了。

从北京北站坐绿皮车到张家口，再转乘大巴至蓝旗，全程十几个小时，作为此次行程（调研中线）的第一站就这么麻烦，也确实让人有些焦躁与无奈。

我一把拎起脚畔的行李，跌跌撞撞奔下大巴车。仔细环顾四周时，脑海中的词汇已经不足以形容眼前的景象了。落日的余晖在天空中勾勒出道道金色的霞光，如同国画中浓墨在清水中晕染开一般，由天际层层叠叠，直扑眼前。路旁的房屋大多在四层以下，沿着笔直的马路一眼望不到尽头。因而，天空似乎就是在人眼前没有任何束缚地向四面八方延展。

接待我们的是旗环保局领导 X，一位干练而又不失优雅的女性。共进晚餐期间，X 领导向我们介绍了蓝旗的一些情况，塞外的广阔使生活在这片土地上的人更显豁达与敞亮，年龄的差距并没有妨碍我们之间的交流。只言片语之间，我们已对这个小镇增添了许多亲切之感。也许是因为舟车劳顿，饭后还没来得及四处逛逛，疲劳感就充斥了全身，简单洗漱之后，我们就赶快互道晚安了。

7 月 23 日　总有一些地方管不过来

一夜安眠，起身时朝阳的光辉已洒满房间。按照计划，我们先来到了蓝旗环保局。由于 X 领导有公务要处理，于是安排了蓝旗环保局的其他工作人员陪我们参观，并介绍情况。很幸运，第一个接待我们的是环保监测实验室技术员 K。年轻人总是更方便彼此交流，只言片语间，我们就熟悉了，也获得了一些有价值的信息：

蓝旗这几年草原退化的程度比较大。一是气候原因。蓝旗这个地方主要还是靠天吃饭，天气旱了种什么成活率都低。这两年蓝旗一直比较干旱，不下雨。现在这个草长得不行，再过一个月就该打草了，天要是再不下雨这个打草都是问题。蓝旗处在浑善达克沙地地区，土壤质地疏松，风大，雨少，风一吹，土沙就会扬尘，前几年风沙大的时候，那沙刮起来，路上能见度都不足 5 米，人站在你前面都看不见。二是人为原因。随着经济的发展，蓝旗近年来也出现了草原牧区矿业的开采，主要是硅铁矿和萤石矿。加之一些基础设施的建设，比如，修路啊、居民建房啊，都会对草场形成一定的破坏。三是过度放牧。开地种植和随意加大牲畜保有量，等等。过度放牧这个咱们也一直在管，但总有一些地方管不过来的，牧民偷偷地增加点牲畜，或者把牲畜赶到禁牧区里，这些现象也都有发生。现在，蓝旗一共有 3 个镇 3 个苏木，以牧业为主。在这6 个管辖地区里面，只有一个镇是以农业为主，其他都是牧业。也只有牧业相对来说比较适合蓝旗的自然条件。

作为在蓝旗出生长大的小 K，可谓是蓝旗变化的见证人。他告诉我们：

这两年蓝旗草原治理的效果还是挺好的。蓝旗处于浑善达克沙地，2001 年，频繁光顾的沙尘暴遮蔽了整个天空，漫天黄沙是司空见惯的。现在，旗里的绿化面积扩大了不少，沙尘暴也已经很难再看到了，治理效果也是有目共睹的。对于蓝旗的草原治理来说，主要依靠的还是政府，(其他如) 非政府组织、企业以及个人团体的能力十分有限。蓝旗的草原按照政策已经划分好了禁牧区与非禁牧区。根据政策，某块草场在某一特定的时期，就是禁止放牧的。随后一段时间内，这个地方就变成了半禁牧区。牧民可以放牧，但是要严格限制牲畜头数。对当地民众而言，还是政府行为占大多数，是主导的。

小 K 还告诉我们，相较于政府，一般的企业在本地开发生产之后，都能按照环保的要求进行绿化。当然，只有污水处理厂无须政府强制，自发进行治理。污水处理厂不在禁牧区内，牧区周围十米、八米的地儿都给绿化了。但是，当地的污水处理完后不能饮用，只能用于灌溉。而且，在一些植树、种柳条的活动中，农牧民的身影随处可见。当地农牧民保护自己家乡的环境意识要比其他地区的居民强很多，毕竟涉及造福子孙后代的事，大家还是积极参加的。

问：专家、学者、技术人员等对于咱们本地草原的治理效果影响如何呢？

小 K 挠挠头，笑道：

专家学者他讲的毕竟还是小范围的，很难做到让所有的嘎查、所有的社区全部了解。虽然他们的知识处于一个很高的层面，但他们多数情况下并不了解当地的实际情况，他们的理论跟我们当地的实际情况结合不起来。而且他们的理论可能是片面的。比起这些专家学者来说，我们还是比较信任我们当地农牧民的办法，一些土知识、土办法。因为他们多少年就是顺应这个气候的，他们知道怎么办最好。我们的农牧民也不是说就是急功近利的，他们也还是希望能够生态平衡。

正在我们聊得热火朝天之时，监测站站长 C 回来了。看到 C 站长略带疲惫的面容，我们不禁问道：

我看咱们这儿有很多用来监测的设备，在实际检测过程中有什么困难吗？

C 站长笑笑：

我觉得主要还是一个监测标准方面。比如说自治区已经用到一个什么样的标准了，我们用的还是另外一个标准。我们用的这个标准实际上是低于自治区的，我们做的东西就相对不准确。现在有些东西确实达不到要求，这也没办法。我们设备跟不上，根本就没配备那么精密的测量仪器。我们就很难达到自治区的标准。你看现在这些设备还都是局领导支持下给我们配备的。不然要只靠自治区的拨款，我们连这些都没有。监测站能有啥钱啊，我们这儿的企业也少，收的监测费也相对较少。而且吃力不讨好，人家巴不得你不监测呢。

当听到我们正聊到专家、学者对于草原治理绩效的影响问题时，C站长也有自己的想法：

我觉得这个技术人员啊，主要还是提供一些技术。比如说，怎样科学合理地植树啊，种什么品种最合适啊，包括怎么种成活率最高，等等。但这些技术是否真的有用，就必须得靠时间来检验了。有的技术可能在一个地方行得通，到另一个地方可能就行不通了。所以说，这个技术人员的作用啊，还真不好说。不同的地方可能作用大小就不太一样。但有一点我们必须承认的是：各种各样的技术，确实从根本上推动了治沙技术的整体进步，这个你从咱们这么多年的治理方法上就能看出来。

确实，只有将社会科学知识、自然科学知识与当地知识有机结合起来，才能真正提高治理绩效。

此时，走廊尽头传来呼唤我们的声音，转头一看，X领导风风火火地走了过来：

走，我带你们到183地区去看看！那是我们的实验区。

"183实验区"的治沙经验

也许是离旗中心远了一点，随行的越野车穿公路、蹚小道，迂回蜿蜒地前进着。车上，X领导又热情地和我们聊了起来。为了达到保护生态环境的目的，这些年旗政府逐步限制牲畜的数目，通过控制牲畜的数量和品种来提高草场的质量。对于牧民由于牲畜减少带来的亏损，旗政府直接出资进行补贴。

X领导突然回过头来说：

知道山羊不？它吃草根，对草原的破坏很大，这几年咱们旗基本上就不让养山羊了。

说罢，还形象地把手举在头侧，做出羊犄角的形状给我们看，逗得全车人都笑了，车内的氛围顿时活跃了不少。

蓝旗在1998年就实施了草场包产到户，每户牧民按照人口数量进行草场划分。嫁进来的媳妇可以分得草场，嫁出去的女儿就相应地失去分草场的权利。牧民们对自家草场的维护还是比较到位的，每户都有网围栏。政府对于农牧民维修网围栏会给予相应的补贴支持，而当地的企业也会提供帮扶支援，因而年年春天或者夏天都会返修加固，这就使网围栏里的草要比外面的草长得好很多。

企业帮扶嘎查，主要是为牧民们提供生活必需品，比如，网围栏、棚子或者草料，通常是一个企业帮扶一个嘎查。而政府的帮扶，更加具体和细致。X领导告诉我们，除去生活必需品的供给，相关单位的领导也都是一人包一家，对口对牧民们进行支援①。

车开了一路，除去蓝天、白云、绿草，极少见到不和谐的人类生活遗留物。X领导很自豪地介绍道：

当地牧民对于环境还是非常重视的。牧民的环保意识很强，他们出来不仅不乱扔垃圾，还会自发组织捡垃圾。随着信息技术的普及，当地的牧民们还会借助微信这一平台，通过发照片来呼吁保护牧区环境。然而，来旅游的部分外地人却是果皮垃圾随处乱扔，不懂得保护草场。进驻来修路、修桥的企业对环境的污染也很厉害，牧民总有投诉。企业在修路的过程中也会随处丢弃不易降解的塑料袋，严重影响了当地的环境质量。当然，企业在治理环境方面也有行动，在草场便道上拉石子会扬起浮尘，有些企业会在路面上进行两次到三次洒水来除扬尘。总的来说，有钱的企业做得好，没钱的企业做得差。

谈话间，我们就到了183地区。蓝旗林工站站长H向我们介绍了183地区的情况：

183地区位于蓝旗北部183千米处，地处浑善达克沙地南缘带，总面积为2.59万亩。该区在治理前，由于风力作用大部分为风蚀沟、沙垄、流动和半流动沙丘，风沙灾害十分严重，植被稀疏，盖度不足20%，且大部分为中生、旱中生沙生植物，生态环境日趋恶化，已无利用价值，是浑善达克沙地的一个典型缩影。

2000年，蓝旗旗委、旗政府本着因地制宜、适地适树的原则，采取

---

① 此外，遇到棚户改造的项目或者棚户建筑的项目，领导也会支持一下农牧民。

工程措施与生物措施相结合的方法，因害设防，加大力度治理该地区。在具体治理过程中，一方面，根据治理区的立地条件，采取不同的造林方法。在流动沙丘、风蚀沟和沙垄地段主要进行人工造林，在半流动沙丘和平缓沙地进行人工模拟飞播造林种草。另一方面，针对植被特性，选择适应性强的造林树种，确定配置方式，提高防护效益。

该项目于2004年结束，经过几年的治理，项目区营造人工林9240亩，造林树种达10多个，治理风蚀沟78条，面积达2800多亩；治理流动沙垄30多个，平茬复壮培育灌木柳林1000余亩；模拟飞播柠条、杨柴、沙打旺和多年生冰草4000多亩。目前，项目区林草植被覆盖度提高到80%。H站长介绍道：

> 每年五一我们都会植树，今年（2014年）已经种了1.9万亩了，去年（2013年）我们种了28万亩。飞播的效率要更高一些，6月的时候飞播就结束了，飞播面积达40多万亩。我们这都是通过"一年种植，多年补植"的方法来进行的，你头年种下去之后肯定有成活的也有死亡的，如果种下去之后就不管了，那么这个绿化的面积肯定不会有多大的增长。所以种完了之后你还必须花大力气去维护它，我们一方面就是维护好还活着的，另一方面就是补植已经死亡的，通过这种方法来提高治理的成功率。人工造林需要5年才会看到效果，宣传也特别重要。近年来，植被恢复得比较好，牧民打草不仅可以作为牲畜的饲料储存，还可以采种子贩卖，草种子每公斤80元。牲畜的出栏率提高了，牧民的收入也提高了。

我们边走边看边聊，头顶是蓝天白云，脚边是连绵的山丘、各种青草、簇簇灌木和小矮树林，眼前的地界如同分层设色般呈现出浓浓淡淡的绿色。浓得苍翠，淡得浅青，真可谓"浓妆淡抹总相宜"。那层层绿色显示着勃勃生机，也预示着无限希望。

九、内蒙古自治区苏尼特左旗

苏尼特左旗（通常简称"苏左旗"或"东苏旗"，以下简称"苏左旗"）在行政上隶属于内蒙古自治区锡林郭勒盟，位于锡林郭勒盟西北部，西邻二连浩特市和苏尼特右旗，南接镶黄旗、正镶白旗、正蓝旗，东接阿巴嘎旗，北与蒙古国交界，边境线长达316千米；地理位置在东经111°12′～115°12′、北纬42°58′～45°06′，全旗南北长335千米，东西宽160千米，总面积3.4万平方千米，人口3.35万人，1平方千米不到1人。① 根据内蒙古自治区统计局数据，2007年苏左旗的户籍人口为33700人（约3.37万人）②；根据第七次全国人口普查数据，截至2020年11月1日零时，苏左旗常住人口为33643人（约3.36万人）③，基本保持不变。

苏左旗属于半干旱、干旱荒漠草原地区，地貌以高平原、低山丘陵为主，土壤类型以淡栗钙土和棕钙土为主，水资源总量为35613万立方米，可利用水资源总水量为17070万立方米④，植被以荒漠草原和干草原为主。气候属北温带大陆性气候，干旱少雨，冬季寒冷，夏季炎热，春、秋多风，温差大，年降水量139毫米，主要分布在6月、7月、8月⑤，蒸发量大，一般在年均2400毫米以上⑥。百万苏尼特羊、10万土种牛、5万蒙古马和万峰苏尼特骆驼是这片草原最优质的原生态畜种。世界品牌苏尼特羊、苏尼特骆驼名扬天下⑦。

2000年京津风沙源治理工程、2002年围绕转移战略实施以来，苏左旗投入大量的人力、物力、财力进行草原建设、保护等生态治理，取得

---

① 旗文体局.苏尼特左旗历史和现状［EB/OL］.（2018－11－01）［2021－04－26］.http://www.sntzq.gov.cn/xxgk/mldsq/zjsntzq/201610/t20161013_1652983.html.

② 汇聚数据.锡林郭勒：苏尼特左旗：年末总人口［EB/OL］.［2021－10－06］.https://population.gotohui.com/show－8868.

③ 锡林郭勒盟统计局.锡林郭勒盟第七次全国人口普查公报（第二号）：地区常住人口情况［EB/OL］.（2021－06－01）［2021－10－06］.http://tjj.xlgl.gov.cn/ywlm/tjgb/202106/t20210602_2642424.html.

④ 苏尼特左旗人民政府.苏尼特左旗自然资源［EB/OL］.（2018－09－28）［2021－10－25］.http://www.sntzq.gov.cn/dsgk/zrzy/202109/t20210928_2731724.html.

⑤ 内蒙古自治区地名委员会.内蒙古自治区地名志：锡林郭勒盟分册（内部资料）［M］.呼和浩特：内蒙古人民出版社，1986：84.

⑥ 乌尼巴图.苏尼特左旗牧民定居效益分析：以三个典型嘎查为案例［D］.呼和浩特：内蒙古师范大学，2015.

⑦ 旗文体局.苏尼特左旗历史和现状［EB/OL］.（2018－11－01）［2021－04－26］.http://www.sntzq.gov.cn/xxgk/mldsq/zjsntzq/201610/t20161013_1652983.html.

了一定的成效①。

7月24日　不下雨，再怎么治都没多大效果

从蓝旗吃罢早饭，我们坐上了开往锡林浩特的出租车。下一站本应是苏左旗，怎料蓝旗没有直达的大巴车，即便是包车，师傅都不愿意去，这确实是我们始料未及的。好在Y主任有熟悉的出租车师傅，在他的帮助下我们顺利找到了开往锡林浩特的出租车。临行前，Y主任再三叮嘱司机师傅把我们送到锡林浩特后一定要找到转乘的车再离开。4个多小时的路程还不算难熬，我们一路颠簸，一路迷糊，不知不觉间就到了锡林浩特。作为锡林郭勒盟的首府，锡林浩特的发展还是不错的，至少有了些许城市的味道。一座座广厦拔地而起，错落有致地排列在大道两侧。还没来得及细细体味，司机师傅便说道："接你们的车联系好啦，准备下车吧。"简单活动了一下，我们就坐上了前往苏左旗的出租车。

虽然是包车，但是与别人一起包，姑且把这种租车形式称作"联合包车"吧。来到了大草原，这种看似不太舒适的出行方式也徒增了些许乐趣。开车的师傅是个地道的蒙古族汉子，热情、干练，比起在草原上和自家的牛羊打交道，可能还是往返穿梭在这风沙线上更符合他的性格。一路上师傅的手机几乎没有停工，打进打出的均是联系往返锡林浩特市至苏左旗的旅客。一车的收入大约是600元，一天加个班，能跑两个来回，减去油费，能有近2000元的进账。由于交通运输不便，包车运营在当地已颇具规模，甚至成为当地最主要的交通方式。

不知不觉，窗外的草场已发生了变化。也许是地理区位的原因，苏左旗的草场给我们一种青黄不接、我见犹怜的感觉。与蓝旗有明显的不同，临近苏左旗，草的植株大小似乎都轻了一个量级。即便是成片的草场，也难以呈现出郁郁葱葱之势了。因此，我们又聊到了草原治理的问题。师傅叹口气，说道：

---

① 景曙光. 苏尼特左旗草原现状与生态恢复对策[J]. 内蒙古草业,2009,21（2）:17－19.

哟，这个草原治理啊，这几年干旱得厉害，草长得不行。你看看这草都是黄的。不过相对于前几年来说确实是好多了。以前那一刮风，呼呼的沙子就吹过来了。但是这个治理吧，你说不下雨，再怎么治都没多大效果。

相比蓝旗之旅的顺利，苏左旗之行却颇感艰难。一连三个电话，接洽的人员说今天开会，没有时间，让明天再去联系。也真应了那句话"出门在外，要做好万全准备。靠山山会倒，靠人人会跑"。好在3G信号还能时不时覆盖这片区域，于是上网搜寻旅店便成了当务之急。苏左旗地处内蒙古自治区腹地，对外交流略有闭塞，对信息技术的利用与传播也确实有待加强。搜寻了两个订酒店的门户网站，居然都没有此地的酒店登记。万能的网络终归没让人失望，我们查到了当地一家听着颇感安心的酒店——苏尼特大酒店。怎料司机师傅打个呵欠，说道："那家酒店已经倒闭了……"

"咱干脆让师傅推荐一家旅馆不就妥了？"同行人员的话一语中的。随后，在师傅的带领下我们很快找到了在苏左旗的落脚点——×××快捷酒店。

由于与当地的联系人接洽未果，简单洗漱整理后，我们按照预定的计划对拟访谈的单位进行预调查。苏左旗政府所在地为满都拉镇，镇不大，三条贯穿南北的大道及两条直通东西的马路将整个镇子规规矩矩地划分为四平八稳的格局。同时，我们看到不少建筑的顶部做着类似于蒙古包的装饰，或者在墙上画着一些具有蒙古族特色的图案。还有一个广场，广场前面的打开大书样的石制牌子的右页竖写着"苏尼特广场"五个大字，左页则是蒙文。广场的中间立有成吉思汗时期苏尼特部落文武双全的首领——吉鲁根巴特尔的高大塑像。行走在土路与柏油路交会的镇中心，让人突出地感受到了传统和现代的交错，也感觉到小镇还在不断地发展。天空中骄阳似火，虽不时吹来阵阵夏风，但丝毫感觉不到凉爽。而且，即使后脖颈子被日光灼得生疼，我们也不敢对此有"只言片语的不满"；否则，风中带来的黄土就会与双唇及口腔来个"亲密接触"。好在镇子不大，除去旗政府的办公大楼及博物馆，整个镇中心并无现代化的建筑。在当地老乡的指引下我们顺利找到了目的地并规划好了行程。

天色渐晚，想起司机师傅提醒过当地水质太硬，从水管中流出的水不能饮用，我们又绕道寻得了一家超市，置备些食物与饮品。超市的老板年纪不大，算账理货却是一把好手。临近饭点，超市里并无多少顾客，我们便闲聊了起来。与蓝旗不同，苏左旗有开矿的企业，金矿、铁矿均有。开矿所需的劳动力解决了部分当地民众的就业问题，然而也不可避免地带来了环境问题。超市老板对于企业的作用倒是比较认可：

咱们政府对企业都有硬性的要求，旁边盖什么，其他地方整什么，人家都商量好了，不可能随便来，你随便来周边的牧民也不干啊。你像那些金矿，那开采的时候都得保护旁边的草，你不保护不行啊。那些企业自己都会处理好自己的废弃物，你不处理好不让你开啊，周边的牧民也不干啊。你开的肯定不会是在镇上开，肯定是到牧区了，你不保护的话牧民根本不同意啊。就别说往下挖大坑了，你就是随便挖个坑还不得对草场造成破坏啊。

告别超市老板，我们踱步返回旅馆。近半天的持续车程加之对这片土地的徒步丈量，使我们贴到床板就昏昏欲睡，又是一夜安眠。

7 月 25 日　治理草原还得靠老天爷

按照预定计划，我们在上班时间到达了苏左旗环保局。然而，事与愿违，在这里我们并没有得到想要的信息。主管的领导亲切而客气地接待了我们，告知我们需了解的情况并不属于他们的管辖范围。一番指点迷津、追本溯源后，我们就被客气地请出了办公楼。由于苏左旗环保局在镇东，而苏左旗农牧业局在镇西，我们一路边走边看，倒是也领略了苏左旗的风土人情。在快出镇中心的草场边，我们遇到了一位老牧羊人。老牧羊人介绍说，这几年苏左旗草场退化的态势得到了好转，然而仍不容乐观。

这个地就不行，老天爷不给雨水，就不行。咱们旗雨水年年少得厉害，可怜。一年也就是个四五十毫米。你说这玩意儿哪能行啊。一年要下个两百毫米你看看，马上就变样了。现在的情况种树根本就不行，浪费精力。你看现在这干的，草原，草原哪里有草？你看看阿旗、锡林浩特市，人家那草，绿油油的，这全是黄黄的。你这再治你还能把老天爷给治过来？唉！这草原治理的效果也不明显。这不明显的原因还是干旱。你说治理吧，有人治，但没人管。再加上雨水一少，这不就（荒）得更厉害了，都旱死了。年年治，年年不顶用。那树、那草哇，你得有人管。你现在种上了，不去管它，过几年就又死了。咱们这底下就是干燥的嘛。那水就没有。你挖下3米以后，哎哟，那干的。这个树它就扎不了根，根本就治不了。

我们惊异于老牧羊人能给我们讲解降雨量的作用。知识精确到如此程度，可见老人对于生态治理有着相当深的理解。老牧羊人还告诉我们：

管理这个草原的啊，主要是草经站。国家投资那么老大，他们就去干呗。那农民没有去种的。你没有那么大精力。那树也不是那么容易活的。这不就白种了嘛。这个没有效益，所以也就没人种了嘛。其他的那些个我就不知道了。（您有听说过企业来治理草原的吗？）企业啊，那没有。你这没有效益啊，人家都不来。你干啥哪能没有效益呢？个人干事没有效益也不行。你说这水没有水，光有点地，那哪儿行啊。

问：咱们这地下水的储量如何啊？

答：没有地下水。到现在连吃的水都供应不上，吃的水都是从60里地外给弄进来的。

说到治沙，又引起了老牧羊人的一声声叹息。老人那布满皱纹的脸，似乎也诉说着这塞外狂沙的肆虐与残暴。老人说：

这治沙的心哪，人人都有。但你这个资金、气候都不行啊。干啊，旱啊。你说要有资金吧，也好办。国家的投资也不少，要是有效益的话，人家企业也会来。今年不行，我们可以明年、后年，实在不行就一辈子。只要你有效益，我就有信心。可你看这气候，根本就不行。咱这儿治理草原还得靠老天爷，这个没办法，全是沙子。你说人家有的地方，上面虽然干，但是下面好点。我挖地三尺就能有水。我费点力，投点资，都能实现。你现在挖地三尺还是沙子，更干了，越挖越干。你说这怎么办？

告别了老牧羊人,我们的心情也沉重了起来。是啊,此地靠天吃饭,天为最大。对于整个气候的调整,又岂是几个应景的决策就能解决得了的?

时至晌午,一顿便饭后,我们决定徒步到镇子的北面去实地考察。黄土路,风吹沙,汽车过后尘飞扬。道路两边干旱粗糙的草原,虽然已经被铁丝网同道路隔离开来,使牲畜难以入内,但里面仍然看不到多少的绿色,只有一些稀稀疏疏的小草和小灌木艰难地生长着,好像正向不公的老天爷表达着自己绝不屈服的意志和态度。即便是我们已经听到了老牧羊人的深深感喟,但再次看到这片几乎毫无生机的草场时,也感到很震撼,才算真正地感受到了这里环境条件的恶劣。站在路边,看着这广漠的草场向四面八方延展过去,直通天际,让人不仅顿生无边的苍凉感,而且渐渐升起了对生活在这里的勇敢人民的深深敬意!

等到下午上班时间,我们来到了苏左旗农牧业局。很幸运,我们找到了主管领导Y,他看了访谈提纲及项目介绍,简要地向我们介绍了一些情况。

2002年左右,苏左旗成立了生态治理办公室(以下简称"生态办"),专门负责草原治理相关事务的指导工作,飞播、围栏等事宜均由其进行协调办理。2008年后,随着机构的调整与改革,政府对生态办的职能进行了分割,一部分职能划归至发展改革委,还有一部分就划归至林水局。此外,扶贫办和农开办也各司其职,按照职能分工对农牧民的生活进行指导帮助。

在Y领导的帮助下,我们又见到了草原经营管理站的Y站长。

草原经营管理站主要涉及辅助牧民对牲畜进行喂养及相关的补贴事宜。苏左旗还有不少协会参与草原的治理,治沙协会、生态协会等对于本旗的治理工作均有贡献。

有些遗憾的是,我们从政府相关部门获取的信息,还不如从路人处意外收获的多。但是,这也许正好又反映或是刻画了另外一种调研中会遇到的情况。这么想来,即便如此,也算是不虚此行了。

正蓝旗与苏尼特左旗的反思：治理条件好，协同和治理效果才更好

治理效果的比较可基于纵向和横向两个维度。从纵向维度看，通过一个地区的过去与现在进行比较，能够看出政策干预的效果。例如，蓝旗，以前风沙灾害严重、植被稀疏，经过多年的禁牧和造林种草，植被恢复较好，盖度提高了60%，牲畜出栏率提高，牧民收入也提高了。从横向维度看，蓝旗要比苏左旗好很多。蓝旗治理效果不错，虽然有开地与过牧，但还没有苏左旗的那份绝望。从受访者的答复看，似乎苏左旗与蓝旗差别不大，甚至司机师傅也强调，即使如此荒凉，治理也比以前好多了，因为以前是风沙漫天（见表3-7）。更关键的是，苏左旗的政府也好，社会也罢，都特别关注草原保护。政府对于草原利用有硬性要求，牧民的环保意识也很强，有限的企业也特别在意草原保护。既然如此，苏左旗的环境恶劣就只能说是自然条件下的治理空间实在太小。

表3-7 蓝旗和苏左旗访谈结果

访谈对象	政策措施	治理效果
蓝旗		
环保局职工	禁牧	干旱
		不下雨
		草长得不行
苏左旗		
环保局官员	—	—
林工站官员	人工造林	植被盖度提高了60%
	模拟飞播种草	植被恢复好
	治理流动沙垄	牲畜出栏率高
		牧民收入高
司机		干旱厉害
		草长得不行
		治理好多了
超市老板	政府有硬性要求	

续表

访谈对象	政策措施	治理效果
	苏左旗	
老牧羊人		雨水少
		治理效果不明显

资料来源：笔者根据访谈整理。

这种自然条件限定下的治理空间，约束着人类活动的可能性，也限定着各种经验推广和技术试验的可能性。例如，蓝旗对种植黄柳条进行了广泛推广，每年组织定期下乡活动，这些成功经验的背后是水利条件的支持。与此类似，一些技术产品的推广也需要靠实践来检验。例如，蓝旗政府在治沙初期采用"深根粉"，其作用原理是通过固化植物的根部达到固化沙丘的效果。然而，在操作中却发现效果并不理想。后期还使用了某公司生产的"防渗沙"，然而在实际操作中也发现水分虽然难以下渗，但地下的水汽也上不来，相当于在土壤中形成了隔膜，隔绝了土壤上下的沟通。这与赤峰市的"化学地膜"效果类似。但是，相较而言，自然条件给予了蓝旗更多的试验空间，虽然很有限，但至少要比苏左旗多了一些。如此来看，类似于蓝旗的草原区治理，也算是很不错了。

具体到禁牧问题，我们的调研也发现，虽然政策执行还存在一定的滞后性，也存在植树造林保护生态与超载过牧并存的状态，但禁牧多少还是有作用的。而且，这种一方管一方放并存的状态，其实在很多地方的草原区管理中很普遍。

总之，如要治理好，就需要协同好；但如要协同好，就必须有相当的自然条件，也必须有我们在杭锦旗调研发现的其他诸如上级政府的强环境性、政策性等人为条件。简言之，治理条件好，协同才有用，治理才会好。

十、内蒙古自治区乌拉特后旗

乌拉特后旗（以下简称"后旗"）在行政上隶属于内蒙古自治区巴彦淖尔市，位于该市北部，东与乌拉特中旗毗邻，西与阿拉善盟为邻，南与磴口县、杭锦后旗接壤，北与蒙古国交界，边境线长 188.9 千米；地理位置在东经 105°14′ ~ 107°36′、北纬 40°40′ ~ 42°22′，南北平均长 130 千米，东西平均宽 210 千米，总面积 24925.6 平方千米。[①] 根据巴彦淖尔市统计局数据，2007 年后旗的户籍人口为 6.36 万人[②]；根据第七次全国人口普查数据，截至 2020 年 11 月 1 日零时，后旗常住人口为 53946 人（约 5.39 万人）[③]，有明显下降。

后旗地处内蒙古高原，大部在狼山北，山南属河套平原，平均海拔 1056 米，北部边境最低处海拔 836 米。阴山以北为荒漠、半荒漠化草原，面积约 2.1 万平方千米，占全旗总面积的 86%[④]。这里属高原大陆性气候，雨量稀少，风沙大，年平均气温 4.4 摄氏度，最高气温达 35 摄氏度，最低气温为零下 38 摄氏度[⑤]，年平均降水量 96 ~ 105.9 毫米[⑥]，年平均蒸发量大，为 2600 毫米以上。

后旗历史悠久。"乌拉特"意为"能工巧匠"，据说当年成吉思汗将被征服部落的能工巧匠集中到一起管理，由此形成的部落统称为"乌拉特"。此外，该地的巴音满都呼恐龙化石保护区是中国乃至中亚最大的晚白垩纪恐龙化石产地，距今有 7000 万年的历史。

有研究指出，该旗在新中国成立初期生态环境良好，从 20 世纪 60 年代开始，"人口增长速度加快，牲畜数目随之增多"[⑦]，导致放牧空间不断被压缩。

---

① 内蒙古自治区地名委员会. 内蒙古自治区地名志:巴彦淖尔盟分册(内部资料)[M]. 呼和浩特:内蒙古人民出版社,1986:305.

② 汇聚数据. 巴彦淖尔乌拉特后旗人口[EB/OL]. [2021 – 10 – 06]. https://population. gotohui. com/pdata – 2319.

③ 巴彦淖尔市人民政府. 巴彦淖尔市第七次全国人口普查公报(第二号)[EB/OL]. (2021 – 06 – 12)[2021 – 10 – 06]. http://www. bynr. gov. cn/xxgk/tzgg/202106/t20210612_347288. html.

④ 乌拉特后旗人民政府. 乌拉特后旗概况[EB/OL]. (2021 – 03 – 01)[2021 – 04 – 26]. http://www. wlthq. gov. cn/sites/main/detail. jsp? KeyID = 20180510164254116479337&ColumnID = 3.

⑤ 内蒙古自治区地名委员会. 内蒙古自治区地名志:巴彦淖尔盟分册(内部资料)[M]. 呼和浩特:内蒙古人民出版社,1986:306.

⑥ 乌拉特后旗人民政府. 乌拉特后旗概况[EB/OL]. (2021 – 03 – 01)[2021 – 04 – 26]. http://www. wlthq. gov. cn/sites/main/detail. jsp? KeyID = 20180510164254116479337&ColumnID = 3.

⑦ 高宝兰,李英. 乌拉特后旗草原退化现状及治理对策[J]. 内蒙古草业,2008,20(1):56 – 58.

7月23日　你查他躲，你走他放

我们两个是从未到过北方荒漠的南方人，听说要到内蒙古后旗与乌审旗调研（调研西线），虽然心生畏惧，但也充满期待甚至欢喜。紧锣密鼓地筹备了半个月，我们于22日下午搭乘列车前往后旗。列车一路驰骋，我们与车上热心的内蒙古自治区杭锦旗老人畅谈，了解内蒙古的风土人情。交谈过程中，我们时而将从网上得到的资料向老人咨询，时而将想象中的内蒙古草原向其印证。几番交谈后，我们大概得知，与南方一样，这里大多数地方既放牧牛羊，也种植黍米、玉米等庄稼，尤其在雨水充足、水利条件较好的阴山南麓，农业很发达。

凌晨5点46分，列车已到临河火车站，临河为巴彦淖尔市政府所在地。虽是正夏，但天气干冷风大。好在下火车就可乘坐前往后旗的长途汽车，辗转杭锦后旗，抵达东升庙汽车站（后旗汽车站）。沿路杨树林立，偶尔会有湖泊，玉米片片、黍米青青，这正是车上杭锦旗老人描述的河套平原，当然也印证了老人提及的"越往北，植被越少，草木越矮，人烟也越稀少"。

天空越来越亮，看手机即将到8点，车前方也有了越来越多的高楼大厦，行车道路也宽敞了许多。城市建筑与绿化带规划得很好，整齐大气，这是大城市和房屋紧凑的南方看不到的。这时，听到售票员汇报车程："各位旅客，前面就是东升庙。"

抵达东升庙汽车站已是早上8点。此次调研的旗只有两个，我们一切从简，轻装上阵，就近找了一家兰州拉面馆解决早餐，之后立即打车前往当地主管草原事务的后旗农牧业局。该地楼景虽好，但人流萧条，县中心也不大。十来分钟后，我们就到达了后旗农牧业局。恰巧草原管理站负责接待的人员外出，幸运的是我们敲开隔壁草监所办公室的门时，一位面容慈祥、40岁上下的中年妇女热情地接待了我们，这便是后旗农牧业局草监所站长H。

H站长所学专业与草原治理工作紧密相关，毕业后即成为本单位一员，工作时间长达26年。交谈中我们得知，H站长曾调任不同岗位并做过镇长，因而学历与资历都较深厚。H站长所在单位的职责是为旗政府领导的（草原治理）决策提供咨询，同时宣传种草技术，以及指导农牧民种植。

对于草原治理情况及其影响因素，H站长郑重且愤愤地回答：

草原全部退化，荒漠化严重。原因主要有两个，一是天气原因，二是人为原因。就降雨等气候条件来说，阴山南面较好，降雨量多；阴山北面沙漠一片，降雨量少。虽然气候恶劣，但影响草原治理更主要的是人为原因。

H站长接着解释道：

近几年，本地人口急剧增加，而且所增人口（特别是汉族人口）大量迁往牧区，造成人口超载。与此同时，本地超载养殖、放牧问题严重。一般说来，在禁牧区最忌讳放牧，但农牧民明知故犯，而且屡禁不止。有时候，执法部门去检查，牲畜被藏车下面，但车一走，牲畜又出来了。而且禁牧围栏也制止不了偷牧放牧现象，执法部门白天管、农牧民晚上放。这就造成了"你查他躲，你走他放"的恶性循环。更不幸的是，这种偷牧放牧还会导致人工种植的草遇春雨发芽，却活活被偷牧放牧的牲畜踩死。

超载养殖加上偷牧放牧，最终导致本地人工种草的成果付诸东流。此外，荒漠草原主要依靠植被的自我修复，面对茫茫荒漠，人工植草只是杯水车薪，只能起到辅助当地植被恢复的作用。

对于草原治理的主体、过程与绩效，H站长沉思了一会儿，然后告诉我们：

本地草原治理的主体主要是政府，而且主要依托国家草原治理项目。例如，本地从2002年开始实施"退牧还草"工程，通过中央财政转移支付政策补助牧民由退牧还草政策造成的损失。本地没有非政府组织和公司企业参与；本地有农合社，但治理作用也不大；本地有基督教、天主教等宗教组织，但影响不大，例如，天主教徒就只有40人左右；本地新闻媒体较为关注，且经常去草原调查，但影响也不大，而且较多地报道成绩。此外，草原治理也存在执法问题，诸如，在政府部门内部，部分村委干部为偷牧放牧的亲朋好友说情,相关部门的执法力度也不够大等。在执法过程中,偷牧放牧的农牧民与执法部门时有冲突,甚至大打出手。

对于各主体参与草原治理存在的问题和改进措施,H站长告诉我们:

本地农牧民生产方式单一,基本靠放牧牲畜为生。为了赚更多(的)钱,除获得国家额定的退牧还草补贴之外,农牧民还通过超载养殖、偷牧放牧赚钱。结合国家每年6元/亩的补助政策,当地根据实际,将禁牧补助调整为4.74元/亩,发放草畜平衡补贴为1.18元/亩,一般农牧民年均大约能获得2万元的补助。

虽然有如上国家转移支付政策,但"为了赚钱,农牧民不顾草原的长远发展,却从个人私利出发比拼放牧。执行禁牧、休牧、轮牧政策好的农牧民,在看到其他农牧民偷牧放牧之后,自己也就慢慢跟着偷牧放牧,后来就你不遵守(禁牧放牧政策),我也不遵守,而且越放越多"。

不难看出,当地较低的生活水平加上个人逐利,从而陷入"短期逐利—偷牧放牧—毁坏草原—短期逐利"的恶性循环。

人口转移是根本,但可行性不高

对于参与主体之间的协作、冲突和利益分配问题,H站长认为:

解决问题的关键在于理顺政府与农牧民在草原治理过程中的关系。当前,一方面,在人工种植草地的过程中,政府与农牧民是一种合作的关系,即国家按每年10元/亩打到每个牧民指定的账户上,推动农牧民参与草原种植,并保持存活;当地农牧业局草监所负责在农牧民种植草种的过程中进行技术指导;执法大队负责处理草场纠纷、惩治违法行为。另一方面,农牧民与政府又存在利益冲突,即中央加大投资,制定与施行一大批的退牧还草项目。但是,农牧民却因为个人短期利益违背国家政策,超载养殖。超载养殖加上偷牧放牧,导致防护栏被毁,飞播的柠条等种子与叶子也被羊、骆驼等牲畜一起吃掉,最后只剩下即将枯死的根。此外,部门间协作也存在问题,例如,林业局与草监局的管理范围未界定清楚,管理职能存在交叉;国土局、林业局、草监局、水利局等与草原管理的相关部门尚未形成合作共治的良好氛围。

对20世纪80年代以来实行的草场承包制，H站长认为有利有弊，并解释说：

草场承包、牲畜私有使农牧民更爱惜自己的草场，也更愿意加大对草场的投入。但是，自我管理的现实问题是农牧民投入少、索取多。

新中国成立前，当地的大多数居民都是蒙古族，他们继承的是过去游牧民爱草场的优良传统。相比之下，自从1979年大量汉族人的涌入，人口激增加上逐利，草原就成了超载放牧、过度放牧、吞噬草原的竞技场。由于偷牧放牧之风与日俱增，过去"家草原"的意识也就淡薄了。由于部分村干部是在农牧民中间选举出来的，他们也追逐自身的利益，或者袒护放牧禁牧的亲属，这对当前偷牧放牧、草原破坏无疑是雪上加霜。

意犹未尽，但访谈已到最后一项，即提出当前与未来草原治理的对策建议。H站长语重心长地说：

草原治理，表面是草，实际是人的问题。要想生活更好，人口转移是根本。但人口转移的最大问题在于就业及就业技能。由于文化程度低，农牧民难以胜任外面工作，难以外出打工。与此同时，此地封闭、资源少，生活环境与气候条件差，往往只能从事单一的放牧职业。虽然本地政府年年安排免费的专业技能培训，而且每年培训的次数在一次以上，但这不能根本改变。再者，政府也帮农牧民联系企业就业，也有少部分农牧民在企业就业，但农牧民散漫惯了，有些又返回自己的牧区了。最后，政府还通过送农牧民的小孩外出学习、为农牧民在城市里建房、圈山豢养以及鼓励发展第三产业（例如，面馆和制石产业）等措施鼓励他们，但要么是年龄大的不愿意出来，要么是觉得出来工作的收入也不高。因此，从根本上解决草原治理的问题，需要提高全民素质、解决农牧民收入与生活水平问题。

愉快且顺利的访谈，时间过得总是很快。访谈最后，我们顺便向H站长咨询此地有没有前往阴山北面荒漠的公共汽车，或者包车去阴山北面的荒漠化地区考察要多少钱？H站长主动提出可以安排单位车辆带我们考察，并约定下午3点会面。得知我们还未找到住的地方，她又主动介绍说农牧业局后面就有林苑宾馆，是本地政府用来招待外宾的，价格也实惠。能有这么一个直爽干脆、敢讲真话的访谈对象，真是调研者之福！

针对偷牧的执法困境

接下来要访谈的是农牧业综合执法大队队长 E，由 H 站长热心引荐。E 队长与 H 站长隔间办公室，我们过去时，他正在与人商谈工作，但热心地让我们坐在一旁等待片刻。

E 队长跟两位下属安排了工作后询问我们的来历，并热心地问我们想了解些什么，表示将尽己所能回答问题。E 队长是本地人，毕业后在本单位工作。工作职责包括对种子、农药、饲料等进行日常检查，接受、处理农牧民投诉，监督后山农牧民有关国家专项资金的补助，以及依据国家相关条例和承包合同惩治农牧民超载养殖、偷牧放牧等行为。

对于我们提出的一系列问题，E 队长经过一番思考，认为：

由于国家制定和实行的退牧还草政策，本地草原的恢复状况比前几年好多了。

就草原治理的主体而言，与 H 站长说的一样，E 队长也认为：

当地草原治理的主体主要是政府与农牧民。在草原治理的过程中，既没有 NGO 组织（非政府组织或社会组织——笔者注）参与，公司企业也基本不参与。

就日常工作而言，E 队长介绍说：

本部门的执法坚持以人为本的原则，在执法的过程中遵循国家文明执法的准则。对于农牧民超载养殖、偷牧放牧等违法行为，主要按照《中华人民共和国草原法》第三十八条进行处罚。但是，由于目前本单位的工作人员只有 6 名，执法人手不够，因而执法力度也不大。此外，由于当地农牧民的生活水平低，外迁就业问题大，农牧民也不愿外迁，以免失去养殖这一惯常的生计活。考虑到这些实际情况，执法部门及相关人员在执法过程中酌情处理，对挺可怜的贫困户不处分。

在平时执法过程中，E 队长认为遇到的主要问题是由生计引起的执法冲突，但他们在执法过程中秉持以人为本的执法理念与原则。E 队长解释说：

当地共有牧民3869户，草地3650万亩。但由于人均收入与人民生活水平低，牧民存在负债情况。进而，由于生活难以为继，部分牧民就会超载养殖并偷牧放牧。对此，执法部门及具体的工作人员先是动之以情，晓之以理，陈述国家的相关政策；之后，通过罚款与减畜等措施依法惩处。

在访谈的过程中，我们还了解到，在执法大队的日常生活和工作中，他们经常与农牧民面对面接触，沟通交流较多，相互之间较熟。在了解到某些农牧民生活比较困难后，执法人员还会主动帮助农牧民解决经济困难。例如，E队长已经花了3万余元帮助贫困农牧民。而且，执法大队与嘎查（村）等农村基层组织关系很好、沟通较多，已经形成了农牧民、大队、苏木逐级"自下而上"、层层上报的管理机制。

E队长的一番说辞，虽然带有官方的口吻，但也道出了执法工作的难处。访谈很快结束了。与H站长一样，E队长也热心地说可以为我们安排车辆去阴山背面的荒地考察。我们表示了谢意，同时建议该单位派出一辆车就好。

从E队长的办公室出来后，我们又去H站长的办公室道别，并重申我们下午前往阴山北面考察的时间，以便他们接送。

后旗农牧业局的调研如此顺利，访谈对象如此热情，让我们很高兴。在我们看来，H站长和E队长，他们一个透露了北方荒漠治理的实际困境，另一个代表着官方口径又尽量表达当地农牧民的生活困境。

林业局受到冷遇

从后旗农牧业局出来时已是中午11点。由于行程紧，调研时间有限，我们即刻前往之前网上报道较多的后旗林业局进行访谈。在这之前，我们也在网上看到后旗林业局有一位被称为"治沙英雄"的M领导，他不畏气候恶劣，带领林业站的同事奋斗在治沙一线，以生态效益与经济效益结合为导向，创出一条种梭治沙、治沙致富的沙产新路。但是，进入后旗林业局的大门后，并未发现与网上信息相关的资料。辗转询问，我们才来到二楼后旗林业局两位领导的办公室。在此，我们又受到了冷遇，先是两位领导认为我们的调研与该部门无关；推辞不掉，二位又欲答又止、欲止又答地"道出"了些该部门的职责。

林业局的职责以防风固沙、营造良好的人居生态环境为目的,主要负责植树造林,主要种植榆树、杨树等。主要依托国家的植树造林项目以及每年的义务植树节植树。但是,与农牧业局不同,在植树造林过程中,林业局按照国家的相关规定,通过招投标工程将专业的绿化园林公司纳入荒漠化治理中。

最后,当我们问及"治沙英雄"M领导时,他们说:

M领导已经调到内蒙古自治区林业厅。

就此,对林业局的访谈告一段落。时至中午11点35分,我们既未找到住的地方,也未吃饭,一身行李还在肩上。于是,赶紧去寻找H站长介绍的宾馆。由于只知道大致方向却不知道路程有多远,我们就跟一位同向而行的大哥问路。

这位大哥非常热心,先给我们指路,最后干脆领我们去林苑宾馆。双方无意中攀谈起来,我们正想趁机进行访谈,他又显现出防备之心。我们到达林苑宾馆,办妥住宿手续,将行李放好后,就马上下楼外出就餐。我们进入一家重庆火锅店,本来想用"奢侈的"(一盘68元)牛百叶犒劳一下自己,但服务员端上来的菜让人大跌眼镜。里边99%是鱼丸、豆腐皮、腐竹之类的配菜,只有五六片牛肚丝。但一想到出门在外,以和为贵,也只能就此作罢。

午餐后回到宾馆已是下午1点20分,我们赶紧为手机、照相机充电,同时发短信告知H站长我们的住宿之地。

荒废的旗中心旧址

午休闹铃响,我们整理好行装,就听到手机响。H站长打来电话说已经在楼下。等在宾馆门外的是热情慈祥的H站长、一名年轻司机和一辆有斗篷的越野车。车不新,看起来久经沙漠荒野。上了车,H站长说要带我们去阴山北面看看辛辛苦苦种植却被偷牧放牧的牲畜毁坏的草场。

下午天气虽不错,但又貌似阴云骤至,H站长说这是常态,也不会下雨。在行车路上,除在中途为车加油外,我们一路延绵向北。越往北,绿荫越少；再往北，到阴山山脊，只见土山丘陵，更难见庄稼绿树。

行车于山涧之间、河谷之地，映入眼帘的是零星散落的孤木（见图3-10）。这种树屹立于崇山峻岭之间，让我们心中油然升起一种敬意。

图3-10　山间耐旱的榆树

资料来源：笔者摄于2014年。

H站长告诉我们：

这是榆树。无论是悬崖、高地、河谷、山涧，它都能生长，生命力特别顽强。但是，这种树还是会遇到天敌，那就是绵羊和山羊。山羊和绵羊喜食榆树叶子，特别是在这贫瘠的土地上。绵羊不能登高，只能吃河谷和丘陵地带的榆树叶。山羊能登高，人都上不去的悬崖山羊能上去，因而能吃到山顶上的榆树叶。

在前往阴山北面的荒漠途中，我们看到两处一望无际的羊群，可谓成百上千。见此情此景，H站长义愤填膺地说道：

本地有规定，一户牧民所养的牲畜一般为200~300只。初步估计，这漫山的一片至少得上千只。这是本地超载养殖、偷牧放牧的典型现象。

穿梭于崇山峻岭峡谷间，过了一山又一山，满眼还是突兀的荒山。公路傍于山间河槽，而只有河槽上才略有绿荫。前行山路狭窄崎岖，加上山脚只有"孤独"的平房畜棚，让人倍感当地人生活之艰苦。车辆穿梭绕行山川大约一小时后，高山慢慢退去，低谷显现。出谷地，浮现人居之地，但人烟寥寥。H站长向我们介绍道：

此地本是该旗的一个小镇。由于阴山北面的荒漠化加剧，水源短缺，越来越多的住户迁往阴山南面。同时，自从"中央八项规定"出台以后，此地大多数娱乐场所都受到影响。

H站长边介绍此地情况，边知会司机前往此地商店，以便买水喝。行车蜿蜒穿过偶有人烟的居民区，车后扬起一阵阵尘土，遂行至一家四五十平方米的小商店。虽说是小商店，但门前卖西瓜等水果，屋内堆满水和食品，所卖东西五花八门、琳琅满目。

买好东西继续前行，大约半个小时后路过一处房屋聚集地，却难见人烟。H站长介绍说：

此地过去是本旗的中心镇。20世纪80年代以来，由于地下水越来越少，难以供应人们日常的饮用水，因而旗中心由阴山北面迁往阴山南面，也就是现在的旗政府所在地。

远见一座座房屋却无人居住，让人不免感到一阵凄凉，但考虑到水源问题，又倍感无奈。

人工草场的偷牧屡禁不止

又过了半个小时，我们到了第一批人工草场种植地。在路边停车后，H站长招呼我们下车并开始介绍：

依托国家上百万元的投资拨款，2006年草原管理站进行技术指导、全旗干部参与当地牧民种植这1万亩人工生态草场。其中，这1万亩人工草场的主要植被是柠条，也就是这些高的、蓬松的植物。而且，每隔半个月就应用管道进行人工浇水。

之后，我们又到公路对面考察人工草场。虽然像南方水田里的稻谷一样整齐排列，但植被不高，叶子呈现枯黄色。植被上有种子，有些壳裂的种子已掉落在地。H站长介绍说：

植被上生长的种子可自行飞播、生长，一年又一年。但是，这些植被生长的天敌就是偷牧放牧者，因为偷牧放牧的牲畜在吃植被叶子的同时连种子一起吃掉。这样，植被可以说是"断子绝孙"了。

最后，H站长还做了一番对比，以彰显人工种植草原的经济效应——她自豪地说：

国家只要往牧民账户里每年打10元/亩的补助，牧民就负责那亩地植被的种植，并努力保证其存活；与之相比，你们看到的马路两边的那两排树，它们是由林业局负责种植的。但他们买一棵树的开销要花费七八十元，而且要耗费许多水。因而，如果适当减少林木的种植、增加草地的种植，那么换来的将是植被覆盖更广的草原。

听了这番话，让人不禁陷入沉思：是种树好，还是种草好呢？在外地人眼里，种树虽贵，但让人心旷神怡；种草面广，但过于矮小，也没有那么整齐。不过从生态恢复的角度来看，此地究竟适合种草还是种树，恐怕难以简单定论。

考察半个小时后，我们上车继续前行。所到的第二个、第三个考察地点是2008年和2010年种植的各20万亩柠条。H站长介绍其生长状况：

与其他人工草场一样，这些植被主要靠天降雨。但是，由于偷牧放牧现象普遍、严重，本地的人工草场更多地被破坏了。即使有铁丝栏围着，但是牲畜与人不一样，它们没有理性，也会因一心求食而毁坏铁丝栏。

进而，她指着被破坏的草场围栏说：

由于草原执法部门的执法力度不大，牲畜时有破坏围栏的现象。

值得一提的是，在前往第三个考察地点时，我们还看到了"大风车"，一个、两个、三个……一片。看着我们惊奇的样子，H站长立即让司机开车前往。由远而近，在越接近大风车时，我们越感风车之大。停车后，我们打开车门，更显得风车屹立于天地间。下车后，H站长打趣而又无奈地说道：

如果我有一个大风车，那就了不得了。

然后，让我们猜大风车的造价。考虑到风车规模之大，我们估计着：

上千万吧！

H站长伸出了四根手指头，点头感慨道：

4000万元！

之后，我们前往最后一个人工草场种植地，即2013年种植的30万亩人工草场。一下车，我们看到的更多的是低矮与零星散布的植被和裸露的山丘。H站长介绍说：

与其他人工草场一样，由于牧民过度偷牧放牧，这个人工草场也被严重破坏。而且，由于2013年全年干旱，降雨量少，所种植被已经死亡2/3。与之前不同的是，这一草场主要种植沙蒿等耐旱植物。

我们由平地走上山头，乌云袭来、狂风大作，沙尘暴铺天盖地而来，风沙卷刮脸颊和衣袖，把人也刮得如同这荒漠中摇曳的柠条和沙蒿一般。见此情景，我们抓紧时间考察了主要地点就上车返程。

没有牧羊人的羊群

在前往第四个考察地点的路上还发生了小插曲。行车在禁牧区时遇到了一大群羊，车行羊奔，车让羊行。然而，环顾四周，却不见看管羊群的牧羊人。

我们打趣地问了一句：

为什么没有牧羊人呢？如果车一不小心把羊给撞了，会发生什么？

H站长无奈笑道：

你别以为牧羊人不在。如果你撞死了羊，牧羊人就出来了，因为他在遥远的某个角落用望远镜望着你呢！

一番话惹得大家一阵笑。然而这一番话，却道出了其中的玄机。在某个角落用望远镜放羊，一来可以将牧羊情况尽收眼底，二来可以避免因为偷牧放牧犯法而与执法队伍直接冲突，三来可以避免这种恶劣的天气。但也正是以上这种偷牧放牧的存在，导致超载养殖、偷牧放牧的行为屡禁不止，草原退化、荒漠扩大，当地人的生存与生活环境也越来越恶劣。

考察完四个人工草场后，已到下午5点30分。在回程的路上，我们无意中发现两处景观，一处是像靴子的宝音风蚀景观，另一处是海流图生态园超大敖包。虽无人烟，但别有一番风景，让人神怡、向往。在观赏海流图生态园超大敖包时，天已微微飘有小雨，加上荒漠风大天干，这风雨袭来让人睁不开眼睛。

行进中，天空阴云密布、雷电交加，淅沥的小雨徐徐地打在汽车玻璃上。等到穿行于崇山峻岭间时，愈感雷电响亮。再后来，我们时而发现泥石流坍塌之处，时而看到前方道路积水。而且，最大的一处泥石流塌方和积水居然占据了整个道路。在积水的路上，也碰到了维修工人，正在这阴沉沉的天幕下抢修道路。

看着 H 站长和司机 Y 哥谈话，不免好奇地插上一句：

这么小的雨，怎会造成这么严重的泥石流塌方呢？

H 站长一本正经地答道：

这雨虽小，但配合这里疏松的土质，加上山高、地面排水差等原因，雨水汇集从山顶一直聚集而下，最终形成冲刷地面的洪流以及大大小小的积水潭，这点小雨足以阻断来往车辆的行程。虽然阻断了来往路人，但我们很渴望时而有这一场小雨。我们这里干旱缺水，一年大雨两三次，中雨五六次，小雨只有十几次。有这么点雨，我们的人工草场就可以成长了。而且，现在这场小雨还没有阻断我们的行程，已经很幸运了。与之相比，平时稍微下大一点，我们往往要在山间搭建的房子里留宿一宿。因为这场小雨带来的滑坡泥石流以及公路上难以辨别深浅的积水潭足以酿成事故。

安全回到旗中心后，H 站长又热情地用丰盛的晚宴款待了我们。而且，H 站长特地将晚宴安排在当地一家特色的蒙古餐馆里，我们还吃了血肠、手把羊肉等特色菜。席间，她询问我们第二天的行程如何安排，又让司机送我们回宾馆，真的是无微不至，令人感动。

回到宾馆，已经是晚上 9 点 15 分，洗了一身的沙尘，整理好笔记，发感谢短信给 H 站长，转身就进入了甜美的梦乡。早上醒来，已是 7 点 30 分，赶紧起床洗漱，赶往后旗汽车站。到汽车站一问，前往乌审旗的大巴 8 点 20 分就开，我们赶紧找地方吃了一碗拉面，然后乘车赶往乌审旗。

乌拉特后旗的反思：缺乏社会参与的禁牧执行难

后旗的自然条件留给当地的治理空间也很有限。自然条件恶劣，该旗比苏左旗有过之而无不及。该地区阴山北面干旱、少雨，越往北荒漠化越严重。据工作近30年的草监所官员估计，本地大雨一年有2~3次，中雨5~6次，小雨也就10多次，在他看来"荒漠草原主要靠自我恢复或修复，人工植草能力有限，只能辅助自然恢复"。最明显的例证出现在2013年，降雨量少导致所种植的30万亩草场干死近2/3，几乎前功尽弃。对于当地的草原生态，较为率直的农牧业局官员指出"全部退化"。

除了自然因素，该地区禁牧政策的执行难度大也是重要因素。农牧民靠单一放牧为生，在草监所官员看来，农牧民知道禁牧、轮牧等相关的退林还草项目，也拿到了每年的禁牧补贴，但都为了获得更多的利益而超载养殖。结果是禁牧区屡禁不止，陷入了"你查他躲，你走他放"的恶性循环，甚至还"曾有蛮不讲理的农牧民与执法人员大打出手"。对此，受访者强调当地的政策执行人员以维稳为主，对于素质较低、不讲理的农牧民也不能硬来，只能动之以情，晓之以理，尽量从轻处理。更有甚者，一部分村干部袒护偷牧者，让禁牧政策的执行大打折扣。

在这种形势下，违禁成为农牧民之间竞相效仿的行为。配合禁牧、休牧、轮牧政策的农牧民，在看到其他农牧民偷牧之后，也慢慢跟着偷牧。这样就形成了"你不遵守、我也不遵守"的局面，最终结果是违反禁牧政策的人越来越多。对于禁牧政策的满意度问题，学术界的实证研究[①]发现，政策执行力度越小，政策的满意度越低。我们的访谈又有了新的发现，即政策执行力度越小，违反政策也越容易形成竞相仿效，甚至比拼的局面。如此一来，草原治理的"公地悲剧"便不可避免。草原的破坏又会加剧当地的生态灾难，现在当地即使有小雨，也会带来滑坡泥石流，甚至在公路上形成难以辨别深浅的积水潭，酿成交通事故。

---

① 丁文强,杨正荣,马驰,等. 草原生态保护补助奖励政策牧民满意度及影响因素研究[J]. 草业学报,2019,28(4):12-22.

十一、内蒙古自治区乌审旗

乌审旗在行政上隶属于内蒙古自治区鄂尔多斯市，位于鄂尔多斯市西南部，内蒙古自治区最南端，与陕西省榆林市接壤，享有内蒙古自治区"南大门"的美誉[①]；地理位置在东经 108°17′36″~109°40′22″、北纬 37°38′54″~39°23′50″，总面积 11645 平方千米[②]。根据鄂尔多斯市统计局数据，2007 年乌审旗的户籍人口为 10.31 万人[③]；根据第七次全国人口普查数据，截至 2020 年 11 月 1 日零时，乌审旗常住人口为 158566 人（约 15.86 万人）[④]，有较大幅度增加。

乌审旗处于毛乌素沙漠腹部、鄂尔多斯高原向黄土高原过渡的低洼地带，平均海拔 1300 米。整体地势由西北向东南倾斜，东部林草点缀苍莽辽远，西部平展开阔、气候宜人，南部常年河流众多，北部咸水湖泊星罗棋布。地形可分为两部分：北部为以流动沙丘为主的荒漠地带，南部为宽阔的滩地和河谷地段，其间分布有流动、固定、半固定沙丘[⑤]。气候属于温带大陆性季风气候，春季干旱少雨，多大风；夏季短促，温热，雨水集中；秋季秋高气爽，降水较少；冬季漫长而寒冷，风速增大[⑥]。年平均气温 6.8 摄氏度，年平均降水量 350~400 毫米[⑦]，年平均蒸发量

---

① 乌审旗人民政府．乌审旗概况［EB/OL］．（2021 - 01 - 01）［2021 - 04 - 26］．http://www.wsq.gov.cn/gk/wsgk/.

② 内蒙古自治区地名委员会．内蒙古自治区地名志：伊克昭盟分册（内部资料）［M］．呼和浩特：内蒙古人民出版社，1986：295.

③ 汇聚数据．鄂尔多斯乌审旗人口［EB/OL］．［2021 - 10 - 06］．https://population.gotohui.com/pdata - 2339.

④ 鄂尔多斯市统计局．鄂尔多斯市第七次全国人口普查公报（第二号）［EB/OL］．（2021 - 05 - 26）［2021 - 10 - 06］．http://tjj.ordos.gov.cn/dhtjsj/tjgb_78354/202105/t20210526_2898960.html.

⑤ 内蒙古自治区地名委员会．内蒙古自治区地名志：伊克昭盟分册（内部资料）［M］．呼和浩特：内蒙古人民出版社，1986：296.

⑥ 内蒙古自治区地名委员会．内蒙古自治区地名志：伊克昭盟分册（内部资料）［M］．呼和浩特：内蒙古人民出版社，1986：297.

⑦ 乌审旗人民政府．乌审旗概况［EB/OL］．（2021 - 03 - 18）［2021 - 10 - 25］．http://www.wsq.gov.cn/gk/zrdlx/.

2200～2800 毫米①。

据旗政府官方网站介绍，乌审旗历史源远流长、文化底蕴深厚、革命传统光荣，是举世闻名的"鄂尔多斯（河套）人"的故乡和"独贵龙"运动的策源地，也是内蒙古自治区最早的革命根据地和解放区之一。历史上乌审旗曾是林木繁茂的森林地带，由于自然环境的变迁和人为的乱垦乱采，以致黄沙渐显，林木日少，漫漫毛乌素逐步覆盖全境，成为世界著名的沙漠之一。② 而今的乌审旗，先后荣膺"全国文明旗""全国绿化模范旗""国家卫生县城""国家园林县城""全国休闲农业与乡村旅游示范县"等称号，是内蒙古自治区首家通过 ISO 14001 环境质量国际国内双认证的旗县③。

7 月 24 日　一边办理入住，一边了解情况

7 月 24 日早上 8 点 20 分，我们从后旗离开，踏上了前往乌审旗的旅途。虽然之前一听到"毛乌素沙地"几个字，就感觉其景象应该尽是黄沙，金光闪闪，土地贫瘠，人烟稀少。然而，在网上却查到，当地人均月收入有上万元，又未免心生好奇。无论如何，我们最基本的希望是能碰到像后旗的 H 站长那样友好的接待人员。

坐车从早 8 点一直到下午 7 点，我们才来到了鄂尔多斯市汽车站。在那里吃了一点便饭后，才坐上去往乌审旗的大巴。一路看着风景拍着照，发现越往南走林地越广，林木也越多越高。

值得一提的是，进入乌审旗地域后，沿路的牲畜养殖与我们在后旗看到的迥然不同。即将踏进乌审旗的路上，我们看到了大片的植被，郁郁葱葱，完全没有后旗那种杳无人烟、一片荒凉的景象。广袤的绿荫山丘，间或有零星散落的牛羊。虽说明知是沙地，但覆盖遍地的植被让人

① 乌审旗人民政府. 乌审旗人民政府关于印发乌审旗抗旱应急预案(2016—2019 年)的通知 [EB/OL]. (2016－07－14)［2021－10－25］. http://www.wsq.gov.cn/wsqxxgk_gkml/zfgbm/qq_wsq_0226/202011/t20201128_2804644.html.

② 乌审旗志编纂委员会. 乌审旗志[M]. 呼和浩特:内蒙古人民出版社,2001:6.

③ 乌审旗人民政府. 乌审旗概况[EB/OL]. (2021－01－01)［2021－04－26］. http://www.wsq.gov.cn/gk/wsgk/.

难以相信这居然是沙地。见此情景，我们又想起了之前网上宣传的当地人均月收入上万元的信息，不免让人更加疑惑高收入从何而来。

大巴在晚上 7 点 30 分到达乌审旗汽车站。一下车，乌审旗环保局主任 H 已在汽车站等候我们。H 主任告诉我们：

我们单位非常重视你们这次调研，已经安排好了住的地方。我们按照 A 领导的指示配合这次调研。

看来，我们事先通过多渠道的沟通联系发挥了作用，我们也特别感谢当地的环保局和相关负责人作为我们调研的突破口，能够理解我们的研究工作，并给予了我们如此热情的帮助。我们知道，对于很多初来乍到的外地调研者而言，如要真正在当地展开有效的调研，就必须首先取得当地人的帮助；否则，即便不是寸步难行，也必然会使调研变得异常困难，不仅耗时费钱，而且效果不彰。

为了抓紧时间了解信息，在互相问候和简单沟通之后，借着即兴聊天的机会，我们在车上，就从机构设置及其职能、当地植被等方面，开始简单了解当地的草原退化与治理情况。

H 主任是本地人，在乌审旗环保局担任办公室秘书一职。他热心地介绍说：

乌审旗环保局共有 60 多人，其中有十几人是实习生。除监测站、执法队人手不够之外，环保局所辖的其他部门人手还是够的。本地主要种植榆树、白杨树、柠条、松树、沙蒿、沙柳等。

在回答我们提出的"根据您个人生活的主观感受，您认为当地的草原治理情况怎么样，是越来越好还是越来越差？"的问题时，他高兴地答道：

20 世纪 90 年代以来，依托国家的轮牧、禁牧等退牧还草的政策，在当地林业局、草监局、环保局等相关部门的共同努力下，过去破坏的草场植被得以恢复，草原生长状况越来越好。网上歌颂的"五十年代风吹草低见牛羊，六十年代滥垦乱牧闹开荒，七十年代沙逼人退无处藏，八十年代人沙对峙互不让，九十年代人进沙退变了样"①，就是此地沙地治理的真实写照。

约10分钟车程来到当地的一处宾馆，这便是H主任事先帮我们联系的乌审旗永泰国际大酒店。酒店内宽敞明亮、装饰一新，据说是当地政府用来接待外宾的"五星级酒店"（当然这是人们开玩笑的夸张说法）。我们秉着调研团队出发之前就拟定的"少开支，少花费，少麻烦人家"的调研准则，要了一间原价999元现价288元的双人标间，并坚持自己付费，这是我们的基本原则。

晚上一起就餐时，已经8点。用餐期间，我们详谈了此次访谈的主要对象以及希望考察的内容等相关事宜，H主任非常爽快并真诚地答应将尽力帮我们安排。餐后，我们又匆匆整理了一天的调研资料，之后洗漱睡觉。舟车劳顿的一天就这样结束了。

7月25日　旗里各部门经常合作

7月25日早上8点，H主任准时带领我们去吃早餐。早餐很丰盛，是自助餐。用餐期间，H主任就今天的调研行程向我们做了介绍：先到乌审旗环保局，再到乌审旗农牧业局，然后是实地考察防沙治沙站（归林业局管辖）并访谈农牧民，最后是参观当地的社会企业"国际生物质绿色低碳循环能源重点示范基地"。

早上8点30分，我们乘车来到乌审旗环保局。乌审旗环保局不大，正在扩建中。我们访谈的第一位对象是自然生态股副股长B女士，26岁就能做到副科级着实不易。B女士是本地的蒙古族人，所在单位主要负责城乡环境规划与管理工作，主要包括四项内容：一是监管毛乌素沙地柏自然保护区。本地是省级自然保护区，而且现在正在申请成为国家级自然保护区。保护区内的主要植被是沙地柏，一种珍稀物种，生长于沙地，高者1.6米，低者0.5米。在该保护区，环保局不仅要将区内农牧户迁至生态红线以外，还要进行每季度的巡查，此外，还得会同其他部门

---

① 孙太旻，王继和. 毛乌素深处奏响的绿色乐章［EB/OL］. （2011 – 09 – 23）［2019 – 08 – 15］. http://www.yellowriver.gov.cn/xwzx/zhuanti/gcxc/stsj/201109/t20110928_108052.html.

合作防火、建设好保护区。二是负责农村环境综合治理。当前的主要工作是整治农村垃圾堆积问题。一些村人多，垃圾也多，有的村多达2000~3000人。三是进行本地生态文明规划。由本地环保部门牵头，将此项目委托给国家环境科学研究院，再规定或者协同本地水利等30多个部门一起为国家环境科学研究院提供数据。四是创建国家环保模范生态城市。

就草原治理情况及其影响因素，B女士很乐意谈，也很积极，她说道：

此地相对较好。当地存在部分沙化地，但林业部门比较重视治理草原工作，配合国家治理草原。

同时，她结合个人生活经历说：

我五六岁时（这里）草原多、雨多。但是由于工业和社会的发展，草原和气候有向坏发展的趋势。现在，由于人们保护草原的意识越来越强，国家与当地政府越来越重视，当地植被生长将越来越好。例如，就本部门管理来说，环保监察大队每天都下乡访问，都要做记录。

在被问及"除了政府之外，是否发动其他主体一起参与治理草原"时，B女士的回答是：

一般是先由环保部门牵头，然后鼓励企业、农牧民参与，或由企业、农牧民等社会主体自主参与。当然，在本部门未来的规划中，我们认为，以后企业、农牧民也可以牵头治理草原。而且，值得一提的是，当地已开始生态文明规划，当前处于调研阶段。后面我们将搜集制作的《生态文明建设规划2014—2025》的电子版拷贝给你们。当然，这里面的数据还会做进一步的调整。

第二个接受我们访问的是环境监察大队大队长N，大队长N为人很谦和。他说：

环保局监察执法大队是环保局二级单位，主要配合草原植被的恢复工作。在当地草原治理过程中，主要配合草原站的执法工作。本部门的主要工作是每天下乡监管排污企业、开矿企业的日常作业，看是否毁坏了草原。

在问到监察大队的工作人员配备情况时，N 队长无奈地答道：

监察大队是按照西部三级标准设置岗位的，人手不够。现有实际工作人员 20 人，其中有 2 人是实习生。当然，与先前的十几人相比，现在好点。

就当地企业破坏植被的情况而言，N 队长平心静气地说道：

本地没有露天煤矿，开矿企业主要采取地下 60 米打井开矿的作业方式，因而企业对草原植被的影响较小。当前，本地一共有煤矿 5 家，其中的 3 家正式运营，而且主要在沙地里开采。依据国家法律规定，执法队每半个月要检查国家重点控制的污染企业，例如，重点检查天然气、化肥厂等企业的"三废"排放情况。当然，本地一共有 6 个苏木镇，共计十几、二十个企业，进行严格审批的正规企业也不多。就近几年草原退化情况来说，2007 年以前在乡镇有退化趋势，之后，通过禁牧、休牧（每年 4—7 月）、轮牧等补贴政策，草原植被有所好转。

访谈结束，恰逢乌审旗环保局 A 领导刚从外办事回来，H 主任随即领我们去拜访。A 领导对我们的到来很是欢迎，他 50 岁左右，面容和蔼可亲又不失威严。为了支持我们的调研，A 领导还亲自打电话给乌审旗农牧业局领导，让其委派一个专门负责草原治理的工作人员来乌审旗环保局参与访谈。一通电话后，A 领导让我们在办公室等候。可惜 A 领导公务繁忙，没能接受我们的访谈。谈话的最后，A 领导也殷切希望此次调研后，我们能将调研结果在他们单位做汇报，以总结过去生态环境治理的经验与不足。

上午 10 点 30 分左右，H 主任领着一位高大的男子来到办公室，称其是乌审旗农牧业局草监所派来的 G 主任。临近中午，我们建议抓紧时间赶往治沙站，邀请 G 主任同行并进行访谈。对方爽快地答应了。在车上，我们先以咨询工作内容打开话题。G 主任冷静地答道：

草监所主要监管当地是否存在非法开垦草原的相关行为。进而，根据国家相关法律法规对这一行为进行处罚。处罚主要有两种：一种是非法开垦草原 20 亩及以上，移交司法部门进行刑罚；二是非法开垦 20 亩以下，根据《内蒙古自治区草原法》进行行政处罚。今年（2014 年）到现在已经发生50多起大大小小的案件。其中，有7起移交公安机关刑拘，并判处5年以下有期徒刑。

在谈到部门人手与职责时，G主任认为：

部门工作人员不足，主要监测产草量、牧草翻新。当前，旗内共有1147万亩草原，监测周期一般为每年的5月中旬到8月20日。

就草原治理情况及其影响因素而言，G主任稍带微笑地说：

草原治理越来越好。当地现在有、曾经也有专家学者、科研机构以及国际组织等参与草原治理，例如，自2012年开始，内蒙古农业大学不时有老师过来搞科研；当地也有专门研究治沙的沙研所，是与日本人共同建立的，现在归属林业局。此外，部门之间合作频繁，如草监局与林业部门往往合作执法，而草监局与气象部门共享气象信息，气象局能为草场播种提供准确信息。

谈到关键性问题，即当地农牧民放养牲畜对草原破坏的情况时，G主任回答说：

当地实施定额养羊，人工草地多，超载少。一般来说，按地养羊，3亩地1只羊，2000亩地一般为200~300只。牧区采取承包到户的私有制，半农半牧区采取集体制，这是两种草原分配或治理模式。而且，根据个人工作经验，当地没有集体预留草场，草场一般由嘎查组织分配，好的和坏的参半。由于草场经营管理权限清晰，牧民认为分包到户好。此外，牧民还自发组织合作植草造林。一般来说，平均每年种植10万亩人工草场。人工种植的草场种子是免费发放的，但需抵押10元/斤的种子费，待存活后退还。去年（2013年）降雨可以，今年（2014年）降雨不行，降雨量对草场生长影响大。企业或农牧民对草场破坏大，开矿企业更会完全破坏草地。

一路上植被生长葱郁，而且公路两排的榆树绿荫可人。穿过县城，来到郊区。郊区公路两边的绿地茂盛，绿色怡人。下公路进村也一样，绿荫一片，全然不见黄沙满地。绕行乡间小道，来到一处平房，H主任介绍说：

这是我们这里的治沙站，用来搞科研的。

治沙站只有七八间平房，屋室比较简陋。屋内只有三人，一位负责做饭的大叔，两位巡林工人。再加上主管治沙站的 I 主任，这家单位只有四人。我们本来想访谈 I 主任的，恰巧他外出公干，要下午才能回来，我们只能前往农户家。出门时，恰巧碰到一名青年，一问才知是内蒙古农业大学水利专业的大学生，是来此研究水利工程的。据他说，内蒙古农业大学每年都会有老师或学生来此地搞科研，而且多达数十人。言语匆匆，我们又赶往下一站——牧民 I 家。H 主任还把做饭的大叔叫上车，一同前往，以便引路。

出治沙站，穿行于乡间小道，很难看到满地黄沙。相反，一片片沙地上生长着郁郁葱葱的绿草，以及一排排不高但绿叶如蓬的榆树（见图 3 - 11）。而且，绿树草地上也难见牛马羊群，俨然一幅寂静祥和的草原风景画。对比之前在后旗看到的满地黄土、牛羊骆驼群与植被毁坏的景象，这里呈现的可谓是一番欣欣向荣的景象！

图 3 - 11 鄂尔多斯草原的风景
资料来源：笔者摄于 2014 年。

关于禁牧补贴的争执

来到牧民 I 家，已是上午 11 点 30 分。I 家门前有一祭坛和一大片郁郁葱葱的玉米地。这里居住的是与南方一样的平房，屋内有炕床、电视和电冰箱。值得一提的是，墙壁上有一幅成吉思汗的画像。我们一问候，讲的都是蒙古语。I一家五口人，有读高中的小妹妹在家，可以为我们做翻译。小妹妹说：

我是高三学生，所在学校的课本文字为蒙古字，而且用蒙古语教学，高考考蒙古语，当然也学汉语、英语。

谈及家庭收入以及经济状况时，小妹妹介绍道：

家里有价值3万~4万元的比亚迪轿车，0.8升的排量，而且是一次性付款。家里一共拥有草地1400亩，放羊170只，放牛十几头，养马2匹，草场够养牲畜。此外，家里还种植玉米和仓米。

言语之间，我们已经感受到了她家的富裕。从财产来看，一辆价值三四万元的小车，总价20万元左右的牲口，1400亩的草场，还有玉米之类的庄稼。与后旗的农牧民相比，这里的农牧民生活和工作有保障，也富裕多了；相较于南方人的一亩三分地，这里人均拥有的田地面积也非常大。对比之下，我们不禁好奇是否其他人家也是这样？妹妹反而答道：

我们家庭收入在本地算低的了，因为开支大。本地养羊最多的高达200多只，最少的也有20~30只。而且是买草养羊、规模化养殖。一般说来，1吨草40元。

当问及草地及气候变化等情况时，小妹妹回应道：

感觉没有那么多草场了。特别是1992年天然气钻井队一来，草场就被破坏了。而且，个人感觉本地降水量越来越少，草场资源也不怎么好。但是，经过近几年地方的共同努力，本地草被恢复排名全国第一。

需要注意的细节是，受访者将草场破坏归因于外来的天然气钻井队，而后是降水量减少、草场变差。而且对于草原治理的成果是草被恢复在全国排第一。那么这是否意味着已经恢复到破坏以前的水平？值得进一步研究。

就当地草原治理参与的主体和实际效果，小妹妹说：

治理主体主要是农牧民和政府部门。当地的农牧民都有参与植树的义务，政府则通过草场禁牧补贴参与治理。政府的禁牧补贴为1亩6.5元，草场补贴为1亩2.5元，而且政府出资为农牧民建草场围栏。

此时，外面突然进来一个40来岁的大叔，插上一句：

2013 年的禁牧和草场补贴还没发。

听到这番话，同行的乌审旗农牧业局主任 G 立即起来反驳，僵持了一会儿，G 主任和 H 主任就避讳出去抽烟了。此外，我们了解到，基层政府组织还通过会议机制协同大家治理草原。小妹妹翻译父亲的话给我们听：

今年（2014 年）村里开了三次会议，主要宣讲政府发文治理草原的相关内容。例如，宣讲4—7 月是禁牧实践以及禁牧期间内的豢养条文。每个月预计有 1 次会议，今年（2014 年）已经参加 2 次会议了。

听到参与主体没有企业，而先前看到过一则有关当地毛乌素热电厂热心公益事业的新闻，就此问农牧民对之是否了解。小妹妹摇摇头，然后把我们的问题翻译给父母，后又代表父母说：

有这家工厂，但招人不多。

为了解更详细的情况，同行的 H 主任帮我们打电话去电厂问，得知该厂职工总共才 150 人。这些话不免让我们质疑之前网上搜集信息的真实性了。

虽然这家农牧民热情地邀请我们在这儿吃饭，但是由于还有一户农牧民要访谈，而且 H 主任担心我们是南方人，吃不惯这里的饭菜，因而我们便辞别这一家人继续前行。

沙尘暴次数越来越少

在前往下一户农家的路上，我们碰上了铁丝网围住的围栏。G 主任下去打开了围栏门，以便车辆通行。穿过绿油油的玉米地和草地，我们来到第二户农户家。停车后，随行的做饭大叔下去打招呼，但只听到狗吠，慢慢又见一位年迈的老奶奶出来用蒙古语答话。考虑到语言交流障碍，我们道谢后又前往下一站。

绕出村庄，我们看到一条宽阔的马路，开出村口，居然看到颇具规模的厂房。厂房侧面有一辆越野小车、一辆价值不菲的大货车，还有两辆摩托车，看起来这家农户的生活更为富裕。G 主任告诉我们，要访谈的就是这家农户。车子在厂房的侧门停下，进屋后发现是一家百货商店。

商店内百货琳琅满目，桌上有刚打完的牌散乱地放着。店里的女主人40岁上下，幸好听得懂普通话。说明来意后，女主人急忙外出叫男主人C。

C一家三口，有一个当老师的女儿。除经营商店之外，他们还放羊300多只、放牛15头，现有草场1600亩，够所养牲畜。相对较为富裕的经济，使这家拥有广本雅阁小轿车一辆（价值19万元）、摩托车两辆。C一家认为自己家羊的数量只是中等偏上而已。就草原治理情况及其影响因素而言，C家认为：

虽然由于草场退化与气候干旱等原因，本地每年都有十几次沙尘暴。然而，自从实施轮牧禁牧的政策后，不仅有利于提高农牧民的收入，也有利于转变草场经营情况——例如，近年来，本地沙尘暴次数越来越少，而且一般出现在春天。主要是政府与农牧民参与治理，偶尔也有类似的科研项目团队来此调查。政府与农牧民参与草原治理的主要形式包括定期召开会议，例如，嘎查每年都开会。初步计算，2012年本乡已经召开了14次会议了。会议内容主要涉及地方情况、国家政策等。宣讲国家政策的内容包括草场承包制等内容，而这些内容主要倡导农牧民自行保护自己分得的草地。本地鼓励农牧民在自家土地上义务植树。初步估计，所种树木一般为沙柳，存活率约为50%。

整体而言，我们在C家访谈的时间较I家短，配合访谈的热情也没有先前的高。

治沙站变得很冷清

访谈完后，已是下午1点20分，我们准备返程回宾馆就餐。用餐后，我们回宾馆小睡一会儿，等候下午3点的继续访谈。H主任称下午要赶资料，可能会请另一名同事开车接送我们。下午3点，我们出宾馆门后，见到一名年龄与H相仿的男子，即乌审旗环保局办公室秘书H。上车后，我们对他进行了一个简短的访谈。他告诉我们：

本地的草原生长状况越来越好，由于（20世纪）七八十年代树木砍伐严重，加上新中国成立前打仗烧林——特别是国民党为了抓捕躲进树林的革命烈士放火烧林，以前本地一度是荒漠区，现在正在慢慢恢复。

治理成功的重要原因在于林业局牵头，每年4月全镇干部义务种树。

由于车程较短，我们的访谈戛然而止。再次回到乌审旗环保局，此次访谈的是我们先前在治沙站碰到的外出公干的治沙站主任I。稍等了片刻，一位个子不高但面容和蔼、动作利索的中年男子步入乌审旗环保局的接待大厅。经过H秘书的引介之后，我们开始访谈。I主任告诉我们：

我从1995年开始在乌审旗治沙站工作，2013年还调到乡镇工作过。国家实行的禁牧政策（每年4—7月）有利于草原生长。但是，还存在超载放牧现象。以前，农牧民超载可能20~30只，现在可能达到100只。本地的沙研所由内蒙古科委建于1983年，可供内蒙古林业科学院等机关在此搞科研。治沙站占地面积70多亩，辐射面积达200亩。而且，建成后与日本人开展了长达6年的合作，也算是与国际接轨了。这一机构直到1992年才交予鄂尔多斯市管辖，再到1995年交予乌审旗林业局。但是，自从交予乌审旗林业局之后，由于经费划拨越来越少，职工也越来越少，单位影响力也就越来越小。当前，科研所只剩下3名工作人员，而且没有专职人员。治沙站内的3名工作人员由财政供养，所产生的日常经费开支则由乌审旗支付。

当被问及沙研所的作用时，I主任无奈地说道：

沙研所现在的主要职能是为内蒙古大学、内蒙古农业大学、内蒙古林科院、内蒙古牧科所等硕、博研究生提供实习基地。本站每年接收各个教育或科研机构的教授及其学生前来培训，每年培训400多人；同时，每年也接受日本"教授—学生组"来这里研究沙地治理及西部干旱、半干旱治理，每年2~3批。特别是去年（2013年），总计有日本教授及其学生十几人，前后总共待了十几天。

谈到草原治理参与的主体与实际效果，I主任思索了一会儿，然后郑重地说：

国内高校参与了当地草原的治理，国际组织也参与了，而且影响较大，特别是日本。日本人在这里研究时，人员经费充足，研究较多，曾在1989年成功写出两本书（其中一本已带回）。管理权交给内蒙古后，政府不重视，日本撤人、撤资，致使治沙站的日常运作经费不够，现在的治沙站冷清萧条。

与之前的访谈对象所说的不同，I 主任认为：

当地的农牧民超载现象严重，严重破坏了当地植被。

谈到自己 1989 年曾成功写出两本书时，话题未完，I 主任便想将当年的研究成果拿给我们看，一来展示治沙站的历史源流，二来可以全面展示治沙站努力的成果。兴起之下，I 主任又亲自开车，载着我们来到乌审旗林业局。

沙地柏只能在这里生长

经过毛乌素沙地柏自然保护区管理局的领导办公室时，我们有幸被领导秘书招呼进去喝茶，这种良好的访谈机会自然不能放过。

E 领导是本地的蒙古族，学林业治沙专业，当了 9 年领导。该单位的业务由乌审旗林业局统一管理，隶属乌审旗人民政府。单位主要负责保护当地的原生态自然保护区及其内的原始森林、文化遗产、湿地，以及保护当地的生态系统。E 领导告诉我们：

就国家层面而言，现有国家规划的生态自然保护区的面积约占土地面积的 4%，计划要达到 16%。毛乌素沙地柏自然保护区成立于 2000 年，属于省级自然保护区。现有 4667 万亩核心保护区，控制地 70 万亩。单位现有专职人员 12 人，成立时只有 3 人。此外，本地还有 70 名专职护林员，他们平时住在自然保护区内，分属于 3 个管护大队，每人每年有 2000 元的护林费。

沙地柏是一种珍稀植物，具有利用价值。因此，本地也就成了企业原材料供应基地。本单位的日常工作主要是巡查自然保护区、检查病虫害。同时，自然保护区内的防火工作是重中之重。

下面的内容 E 领导说得斩钉截铁，大概是为了说明当地对管理局工作的重视：

为了保护毛乌素沙地柏自然保护区，管理局拒绝企业游说，什么老板都不行。而且，环保、草监等兄弟部门也全力保护、支持或者配合。在成立毛乌素沙地柏自然保护区之前，将集体草场转为国有、承诺自然保护区内不进行经济开发是成立自然保护区三大条件之二。

谈到草原治理情况及其影响因素，E 领导意味深长地说：

我个人感觉本地的沙漠面积很大，但是沙漠治理的效果也很明显。就人为因素而言，自然保护区成立的初衷是保护与改善本地生态环境。由于经济利益，2000 年以前当地砍伐严重。2000 年之后，由于当地规定在自然保护区内不允许搞任何建设，再配合完善的执法举措与较大的执法力度，自然保护区内的生态环境好转。而且，在设置标准化的防护栏后，自然保护区内的动物种类及其数量也多了。再者，完善的法律法规与政策，以及较大的执法力度，促使保护区内基本上没有偷牧放牧现象。最后，林业局还通过居民搬迁政策来保护自然保护区。2000 年，自然保护区总计共迁出 26 户农牧民。后来，虽然有一半迁出户由于不习惯外面的生活环境而返回，但他们基本上没有放牧种地等现象。此外，虽然有些农牧民不愿迁出，但自然保护区管理委员会也不允许他们在区内放羊。就自然因素而言，本地降雨等气候条件还行，年均降雨（量）350～400毫米。今年（2014 年）比较干旱，截至目前，降雨量还没达到 35 毫米，但是，一般来说，秋季降水量较多。

谈到当地草原治理参与的主体与实际效果，E 领导与先前 I 主任的说法类似：

与中科院植物研究所有合作，他们在前些年过来要过物种；与林科院有合作，合作搞科技；与阿根廷科研机构有合作，合作研究灌木生长；自 1983 年开始与日本东京大学有合作，帮助其搞研究。此外，此地还有与国外合作的鄂尔多斯市的沙漠研究所。从东京大学的一项研究中得出：此地的沙地柏生长已有 420 年的历史。

谈到当地草原治理的改进对策时，E 领导认为：

草地退化的主要原因是人为因素。（20 世纪）80 年代破坏较为严重，90 年代开始好转。总结这一时段草原治理的成功经验，主要在于飞播造林。而且，当地正大力倡导并开始发展农家乐等旅游业，以推动绿色产业的发展。

访谈完后，E 领导主动邀请我们前往他们最近的一处生态自然保护区参观考察，我们自然欣然应允。下午 4 点 50 分左右，我们坐着 E 领导的车前往离乌审旗林业局最近一处的实验性控制区（离此地约 20 千米）考察。乘车大约 15 分钟，我们来到了目的地。一下车，一望无垠的植被，布满金黄的沙地，辉映晴空蓝天，连绵坡上、坡下、坡间。

考察过程中，E 领导指着一望无际的自然保护区向我们介绍：

这里生长的主要是沙地柏和小叶鼠梨树，它们可根据流沙自坡上而下延绵生长。一般生长的高度为 2～3 米，这里共有 6.3 万亩。这些植被可自行播种与生长，工作人员的主要职责是防止火灾。为了防火，管理局还在远处的高山上搭建了防火警控器，并搭建起瞭望台，能够监控植被的生长以及偷牧放牧等情况。通过这些仪器，监控者可清楚观测到半径在 1 千米范围内的所有地方。

我们跟随 E 领导上坡远眺连绵生长的植被。从坡上连绵至坡下，从丘陵蜿蜒至平地，密密麻麻，恰似青绿的海藻。这不免让观赏者质疑"沙地"有几分"沙"了。见此情此景，我们甚至觉得"毛乌素沙地"中的"沙地"二字有点"混淆视听"了。我们询问能否将这些植被运到像后旗这种荒漠化严重、植被难以生长的地方去。一听我们这些观点，E 领导平心静气地说：

我想你们听过"橘生淮南则为橘，生于淮北则为枳"之说。比之更甚，毛乌素沙地柏就只能生于斯长于斯，迁移到北方就难以生长存活了。

在即将走出控制区的路上，我们看到了牛群。E 领导说这是禁牧区，牛群是属于偷牧放牧的。本地没有偷牧放牧者，应该是从其他地方来的。回到公路上，E 领导向我们介绍说，两边的树是人工种植的普通杨树（6 年长到 80 厘米到 1 米）或者新疆杨树。但是，所种杨树叶子容易散发水分，会浪费大量的水资源，因而一般用来做生态防护林。杨树的生长周期按照树的直径算，3～4 年可长大约 50 厘米。

离开控制区又前行了大约 3 分钟，我们看到了一大片以松林为主的植被，E 领导也兴致勃勃地带我们去参观这一人工草场。该草场是由一位山西来的煤矿老板投资兴建的，叫作乌审旗乾泰农牧业开发股份有限公司。其前身是陕西煤矿企业，现在也在做煤矿生意。企业投资 3 亿元，国家补贴 2000 万元，企业一边种植大面积的林地一边采矿，社会责任感相对较强。所种林地现有 52 个品种，以松树为主（占 85%）。现在总共种有 1.3 万亩林地，以后计划种植 3 万亩。林地用管子绕在松树周围浇水，水源是离林地不远的人工池塘。随后，E 领导又开车带我们去人工池塘参观。人工池塘全部用大型挖掘机挖开，环岛状，不仅现在可以引水灌树，预计后面还将可以进一步开发成一处旅游景区。

返回乌审旗林业局已是下午 7 点。H 主任又来接送，我们再乘其车返回宾馆。考虑到第二天是周六，H 主任等都放假，毛乌素发电厂不仅距离远，外人还难以进入，故而我们打算就此结束调研，不想再给 H 主任添麻烦了，同时也避免影响他的周末休息。洗漱完毕后，H 主任为我们饯行。H 主任之前称近段时间不喝酒，但为了给我们饯行，他说还是要多少意思一下，实在盛情难却，于是我们只能客随主便，稍微喝了点酒。

乌拉特后旗与乌审旗的反思：高治理协同高效果，低治理空间低协同

从治理空间来看，乌审旗与后旗相比要好很多。作为沙地草原的乌审旗，无论是水文条件还是财政收入，都要比后旗好很多。在荒漠化治理方面，乌审旗跟后旗一样，也有着禁牧休牧和退牧还草等政策与项目，自然也有偷牧和超载现象。整体而言，从治理效果来看，后旗是全面退化局部好转，乌审旗是全面好转局部退化。从政策执行来看，后旗的治理难以抗衡普遍违禁，乌审旗的治理也难以彻底根除偷牧。虽然两地的治理政策或措施相差不大，但治理效果的差别还是很明显的。

首先是在草原治理方面，乌审旗的各方协同程度要远远高于后旗。对于草原治理，乌审旗涉及的政府机构包括林业局、农牧业局、环保局等；涉及的企业中，有的投资上亿元种植大面积的松树；涉及的农牧民也基本遵守政策，按规定养殖、放牧、禁牧、轮牧；涉及的基层组织如村委会等，也定期召集农牧民开会，宣讲国家相关治理政策；涉及的研究机构，如内蒙古大学、内蒙古农业大学、内蒙古林科院、内蒙古牧科

所等，都在本地做实验；涉及的国际组织，如与阿根廷、日本等国的研究机构，也参与其间。所有这些主体，既有单独的治理任务，也有多方的协同参与，这样就为强治理的形成奠定了社会网络基础。从治理实践来看，最典型的协同当属农牧业局和林业局。林业局在沙地上种植灌木、沙柳、沙地柏等木本植物，农牧业局则种植柠条、沙蒿等草本植被。而在后旗，草原治理只是政府机构在全力以赴，企业和研究机构很罕见，而农牧民则是违反多于配合。即使是政府机构之间，林业局种树和农牧业局的种草，也没有形成有效的协同。

其次是政府与社会的协同成为主流，在很大程度上减少了双方之间可能的对抗。政府政策的执行需要和农牧民依法养殖之间形成良性的治理反馈。在乌审旗，政府规定养羊数量为3亩地1只羊，2000亩地一般200～300只羊。这种规定如果没有农牧民生态意识提升之下的合作，是很难对农牧民形成约束的。后旗就出现了农牧民竞相违禁的局面。而在乌审旗，形成了良性循环，正如农牧民C一家三口都认为："禁牧之后草场情况变好了。"草场变好、意识提高、政策顺畅，这些因素之间的相互作用我们虽然不是很清楚，但至少我们能感受到这些因素之间形成的良性循环。

最后是农牧民对国家基本政策认同与基层政府制度设计形成合力。在乌审旗，草场承包制得到了农牧民的广泛认同。农牧业局草监所官员在谈到草场承包时强调："牧民认为分包到户好，这样可以自行安排轮牧与自主保护自家草场。"农牧民C一家三口也认为应该："实施承包制，自己保护自己分得的草地。"此外，基层政府为激励农牧民种植草场，设计了抵押种草的政策，"草场种子免费发放，程序是每斤种子抵押10元，保证存活后退还押金"。

当然，乌审旗也存在养殖超载、偷牧放牧的现象，甚至一些地方有增加的趋势，之前的"超载可能20～30只，现在可能达到100只"。在考察乌素沙地柏自然保护区返程的路上，禁牧区也看到了牛群。对此受访者的解释是："本地没有偷牧放牧的，应该是从其他地方来的。"此外，大企业也会对草场造成破坏，"特别是1992年天然气钻井队以来，草场就被破坏了"。所以围绕草原治理的争议不可避免,而且不管是内蒙古东部的草甸草原还是西部的草原化荒漠,不管是河湖遍布的沙地草原还是阴山北麓的荒漠草原,对于治理效果之争与治理措施利弊之争都可谓莫衷一是。虽然在乌审旗我们看到的和受访者谈到的治理情况都较为不错,但对于治理效果的强调也不尽相同(见表3-8)。这表现在政府部门中,大多数部门强调植被恢复较好,草原生长越来越好,超载也比较少,但是治沙站则认为超载严重,植被也遭到了破坏。此外,牧民认为草场不怎么好,但植被恢复很好,沙尘暴越来越少。但无论如何,至少乌审旗的荒漠化治理比起后旗的"乏善可陈"要好了很多。

表3-8 后旗与乌审旗访谈结果

访谈对象	政策措施	治理效果
后旗		
草监所官员	退牧还草	全部退化
	人工草场	荒漠化严重
农牧业局官员		恢复好多了
林业局官员		招标造林
林业局职工	巡查排除火患	
乌审旗		
环保局职工		植被恢复
		草原生长越来越好
环保局官员		相对较好
		植被生长越来越好
	禁牧、休牧、轮牧	植被有所好转
农牧业局官员	草种抵押	有非法开垦案件
		超载少
牧民家小组		草场不怎么好
		植被恢复全国第一
		沙尘暴越来越少
环保局职工		草原生长越来越好
		植被在恢复

续表

访谈对象	政策措施	治理效果
乌审旗		
治沙站官员		超载严重
		植被遭到破坏
保护区管理局官员	飞播造林	治理效果明显
	发展绿色产业	生态好转

资料来源：笔者根据访谈整理。

此外，还需要注意的是，本来自然条件越是恶劣，就越需要政府与社会的协同。但和在其他地方观察到的一样，这两个旗的对比也表明，自然条件越恶劣，政府与社会的协同越难以形成。这也意味着，治理空间狭小给环境治理带来的阻力是非线性的，更有可能是各种治理阻力因素产生乘数效应，给本来困难的治理平添了更多的情境因素。水文条件本来就差、荒漠化程度本来就严重，再加上农牧民生产方式单一和政府内部各自为政，在这种情况下，要使荒漠化治理取得成效，自然难上加难。当然，我们这里所说的治理空间，也类似于前面一些地方强调的治理条件。不同的是，治理条件更多地强调治理对象本身的自然因素等构成的、影响治理的前提条件，而治理空间则更多地着眼于这些自然因素和条件能给治理本身带来多大的可能、改善空间或余地等。

十二、内蒙古自治区阿拉善左旗

阿拉善左旗（以下简称"阿左旗"）在行政上隶属于内蒙古自治区阿拉善盟，位于内蒙古自治区西部、阿拉善盟东部、贺兰山西麓，东与宁夏回族自治区相交，西、南与甘肃省毗邻，北与蒙古国接壤，边境线长 188.68 千米；地理位置在东经 103°21′~106°51′、北纬 37°24′~41°52′,总面积 80412 平方千米①。根据阿拉善盟统计局数据，2007 年阿

---

① 阿拉善左旗人民政府. 地区概况［EB/OL］.（2020－06－04）［2021－04－26］. http://www.alszq.gov.cn/art/2020/6/4/art_2156_6118.html.

左旗的户籍人口为 14.30 万人①；根据第七次全国人口普查数据，截至 2020 年 11 月 1 日零时，阿左旗常住人口为 176744 人（约 17.67 万人）②，有明显增长。

全旗地势东南高、西北低，腾格里沙漠、乌兰布和沙漠、巴丹吉林沙漠分布于西南、西北和东北部，约 3.4 万平方千米，占总面积的 42.5%；地处温带荒漠干旱区，为典型的大陆性气候，风多沙大、干旱少雨、日照充足、蒸发强烈，年平均降雨量 80～220 毫米，年平均蒸发量 2900～3300毫米，日照时间 3316 小时，年平均气温 7.2 摄氏度。③

据旗政府官方网站介绍，这里是世界蒙古民族传统礼仪保存最完整的地区之一，是世界文化名人——杰出的蒙藏语言大师阿旺丹德尔的故乡，是六世达赖喇嘛仓央嘉措圆寂之地，被誉为“苍天圣地阿拉善”。2008 年荣获“中国观赏石之城”称号；2009 年，阿拉善沙漠国家地质公园成功晋升为世界地质公园，也是目前我国唯一的沙漠世界地质公园④。

9 月 23 日　略显“反常识”的分析

我们的阿拉善之行与其他旗的安排方式略有不同：由于一些特殊的原因，我们这次访谈没有拜访政府，而是选择完全走“群众路线”的方式，但也收集了一些不同的声音。

我们于 9 月 23 日到达了巴彦浩特镇，其蒙古语意为“富饶的城”，是阿拉善盟的盟委所在地，也是当地最大、人口最集中的城市。整个城市给人以小而美的感觉，街道干净整洁，且有非常多的卖奇石的店铺。我们安顿下来后，中午享用了一顿具有当地特色的贺兰山野生蘑菇羊肉搓面，配上胡辣羊蹄，香辣鲜美，确实令人食欲大开，回味无穷。

———————————

　　① 汇聚数据. 阿拉善左旗人口[EB/OL]. [2021－10－06]. https://population. gotohui. com/pdata－2305.

　　② 阿拉善盟统计局. 阿拉善盟第七次全国人口普查公报(第二号)：旗区常住人口情况[EB/OL]. (2021－05－31)[2021－10－06]. http://tjj. als. gov. cn/art/2021/5/31/art_4055_370588. html.

　　③ 内蒙古自治区地名委员会. 内蒙古自治区地名志：阿拉善盟分册(内部资料)[M]. 呼和浩特：内蒙古人民出版社,1986：51,54.

　　④ 阿拉善左旗人民政府. 地区概况[EB/OL]. (2020－06－04)[2021－04－26]. http://www. alszq. gov. cn/art/2020/6/4/art_2156_6118. html.

9月23日下午，我们去往阿左旗畜牧局，对其工作人员C进行了访谈。在C看来，如今的阿左旗草原退化很严重，对草原的治理"最好是绝对的草畜平衡"。我们让C给阿拉善过去60年来的草原治理总体成效进行打分。C认为，20世纪五六十年代时最好，可用"水草丰美"来形容。1989—2003年草原治理情况较差，因为"过度放牧"，只能打50分。2003—2007年能打70分，禁牧区"频度、盖度、种类均有上升"。2007—2013年能打60分，禁牧区"原生态植物（毛头刺、红沙）死亡，但北部仍放羊，绵刺有上升"。今年（2014年）草原雨水情况好，能达到80分。

对于阿左旗近几年的草原退化，C认为大概有四方面原因：首先，禁牧时间长导致草原退化更加严重；其次，由于生态移民后，"外来人员挖发菜、苁蓉等，捉蝎子"；再次，政府征地、修建高级墓地使草原受到影响；最后，因为草原平衡被打破，失去了"牲畜对草地的积极影响"。

上面几条原因总结，有些在外人看来很有点"反常识"的味道：①从一般"常识"来看，禁牧时间越长，草原应该恢复越好，但C认为会让草原退化更严重；②从一般"常识"来看，生态移民本来是为了更好地保护草原，但移民后相关看护政策跟不上，反倒给外来人员提供了乘机去移民区开采破坏的机会；③从一般"常识"来看，草原退化是因为牲畜太多，但C认为牲畜具有"积极作用"。

这些分析显然具有非常重要的积极意义，而且不是对草原和草原治理问题真正了解的人不会有这样的见识。这就更加提示我们，对沙地、沙漠化、荒漠化以及草地、草原等的治理必须实事求是，必须深入了解实际情况，也必须谦逊地与真正有经验和了解各种实际情况的人深入交流，绝不能固执己见，只见其一、不见其二，更不能自以为是、纸上谈兵，想当然地瞎指挥、乱指挥。

9月29日　吉兰泰盐湖有可能成为沙下湖

9月29日上午，我们驱车离开巴彦浩特镇前往吉兰泰镇。吉兰泰是阿左旗的第二大城镇，人口只有约1.5万人，且当地有著名的吉兰泰盐湖，是内蒙古自治区重要的盐、碱工业生产基地。整个车程有 100 多千米，途中我们发现，随着越来越远离巴彦浩特，所见的绿色也越来越少，整个地表景观逐渐从荒漠草原更替为荒漠，再到泛白的盐碱地，让人觉得揪心；但与此同时，我们也多次惊喜地看到了骆驼（见图 3 – 12），所以忍不住下车拍照。

图 3 – 12　阿左旗荒滩上看到的骆驼群
资料来源：笔者摄于 2014 年。

下午，我们拜访了阿左旗 I 卫生院副院长 U，虽然 U 认为当地草原破坏不是很严重，但草原治理情况也一般。我们让 U 给阿左旗过去 60 年来的草原治理总体成效进行打分，U 只给了 50 分。在他看来，当地草原退化的原因在于：

人口多、羊多，雨水少，尤其是为了利益采矿、砍伐树木、挖采中草药，导致土质疏松，进而风沙日益严重。

他指出，虽然卫生院每年都植树，"但没有后续的保护，成活率不高"。此外，一些社会组织和退休人员也会种植一些梭梭和草本植物。牧民虽然也有一定的参与，但他认为：

有些牧民缺乏爱护草场的意识，过度放牧，为了取暖、获取收益而乱砍滥伐，导致明显的草场退化、沙化。

在 U 看来，为了保护草场，应该一方面控制牲畜数量，另一方面调动大家参与植树种草工作的积极性。总体来说，我们在 U 处得到的信息极为有限。

结束了与 U 的访谈，我们前往中国盐业公司兰太有限责任公司，与其环保有关部门的工作人员 E 进行了深入交流。据 E 介绍：

由于自然环境和资源不合理开发利用等原因，吉兰泰地区草原生态环境遭受了不同程度的破坏，这将严重影响社会经济的可持续发展和生态环境安全。吉兰泰地区的气候属于典型的大陆性干旱荒漠气候，生态环境十分恶劣，由于气候连年干旱、乱砍滥伐、过度放牧等诸多因素的影响，到 20 世纪 80 年代初，天然梭梭林毁坏殆尽，流沙不断向盐湖侵袭。根据内蒙古林学院 1983 年的调查：本地 37 平方千米的盐矿床，被流沙覆盖的就有 10.8 平方千米，占可开采盐矿床的 29%，平均厚度 0.5 米以上，边缘区超过 2 米。盐湖进沙量达到 825.4 万立方米，而且沙丘正以每年 33 米的速度向盐湖采区推进。有专家预测，30 年后吉兰泰盐湖将变为沙下湖。

面对这种严峻的形势，为了有效地防止风沙对吉兰泰盐湖的进一步侵害，E 介绍说：

20 世纪 80 年代中期至 90 年代初，兰太公司实施了"吉兰泰盐湖沙害综合治理技术试验研究"课题项目，通过实施围栏封育、治沙造林等措施，对盐湖周围的流动沙丘进行了治理。其间，共架设高压输电线路 26 千米，打机井 34 眼，营造盐湖防护林 1600 公顷，围栏封沙育林育草 25 平方千米。现已建立围绕盐湖及吉兰泰镇区东、北、西面，长 15 千米、宽 1~2 千米的乔、灌、草立体防护体系。

在 E 看来，连续干旱、过度放牧、乱砍滥伐、采挖草苁蓉破坏草场、非法开垦草原是导致吉兰泰地区草原退化的主要原因。公司和企业虽然参与到治理草原的环节中，但是他认为：

企业的社会责任还没有很好地发挥出来；对环境保护的意识还比较薄弱；政府很多草原治理补贴政策没有惠及企业；政府对环境保护方面

的宣传力度也不够。

辞别 E，我们又去了 A 大队，访谈了当地牧民 D。我们让他给过去 60 年的草原治理成效打分，D 给 1970 年以前打了 80 分；1970 年至 2005 年成效最差，只有 55 分；而从 2005 年以后，他给了 90 分。在 D 看来，从 2005 年以后，当地的草原生态环境逐渐好转，政府起到了很好的作用。他说：

禁牧后种梭梭，沙子没有了，也没有干旱过。人多，羊少，每家限制（养）羊数，一户 60 只羊。几乎没有沙化的问题。

D 认为当地政府在治理草原中发挥的作用最大："围栏、飞播，参与度很高！"也有一些个人种梭梭，政府给予一定的"政府贷款，政府鼓励奖励"。相对而言，家庭参与草原治理的很少，原因在于"包产到户后，自己管自己的就不错了"！

从我们调研的情况来看，中国盐业公司兰太有限责任公司的 E 与 A 大队的牧民 D 对于 20 世纪 80 年代的草原生态环境恶化是有共识的。但针对政府在草原治理中的作用，二者的观点大相径庭。E 认为政府还有发挥的空间，D 则认为政府已经发挥了很大作用。可以做出这样的推测，当地政府对于牧民参与草原治理进行了宣传引导，取得了一定的成效，而对于企业参与草原治理则尚未给予政策支持，这可能是二者给出不同答案的一个原因。

10 月 1 日　一年不如一年

10 月 1 日上午，我们与吉兰泰镇下辖的嘎查人员取得了联系，采访了 A 嘎查书记 C。在 C 看来，当地草原退化并不是很严重，他说：

3 万亩退化成沙，算少了。嘎查一共 444 万平方千米。有退化迹象的面积挺大，但绝对退化得少。

当地政府对草原治理采取的措施有种植公益林、飞播、限制牲畜数量。他介绍说：

公益林效果不错，但飞播效果不好。再有 10 年肯定没有问题了。

但是，在我们让他回顾过去 60 年草原治理成效时，C 只打了 60 分。

在他看来，导致当地草原退化的原因有羊太多、风太大、雨太少，主要问题是没水，并着重强调说：

水资源充裕的话，就没啥问题。

了解了 A 嘎查的情况后，我们又访谈了其他嘎查的护林员 T 和牧民 A。在他们看来，近几年当地草原生态已经非常恶劣，草原治理也没有效果。回顾过去 60 年当地草原治理的情况，两人都称"一年不如一年"。究其原因，他们认为，近几年外来人口采矿是草原退化最重要的原因；最后是挖草药，如偷发菜、苁蓉等，也致使草原被破坏。农牧民虽然参与草原治理，但他们认为：

农牧民自己说了也不管用，有能力的能保护，没有资金的就难以保护。（而且）他们未参与过政府的意见征求过程。

针对草场私有的问题，两人认为：

私有化没啥问题，但自主权不够。如果有矿产，农牧民没有拒绝开采的权利。如果有矿产，会直接让转移，农牧民今后的生活缺乏保障。

总之，T 和 A 都认为政府应为百姓着想，不能只想到眼前的发展，应更多地征求农牧民的意见，目前的情况是"下一代不可能再进行畜牧生产"。

短期内比较奏效，长期看手段单一

吉兰泰镇的调研结束后，我们又返回了巴彦浩特镇，访谈了一位资深治沙专家 M。M 称前几年阿拉善草原退化比较严重，但 2008—2010 年后草场就比较好了。他说：

总体来讲，现在的草原治理还是以政府的强制性手段为主，短时期内对草原情况的好转还是比较奏效的，但长远来看，治理手段比较单一，个人觉得甚至有些简单粗暴，还是应该和其他的经济、文化措施有机地结合起来。

M 还认为：

当地社区总体来讲是一种被动的参与，主要是施行政府的政策。第三部门从面上来讲就是凑个热闹，主体力量还是政府，我觉得草原治理的成果95%都是政府的政策取得的。

对于社会组织的作用，M认为最重要的是解决定位问题和专业问题，且这两个问题是交织在一起的。他说：

你要是不那么专业，就不能把自己的定位搞得那么清楚。定位不清楚就很难发展自己在这些方面的专业能力。

总体而言，现在草原的治理还是政府一家独大，想要各种社会主体在草原治理中实现协作，就需要政府的管制松一些。但是，M也指出：

如果我们政府是家长，其他主体是孩子，那就是家长放松了管制，也要孩子自己争气。

10月2日　以前的草高到没过骆驼

10月2日上午，我们在巴彦浩特镇登门拜访了阿左旗X苏木寺庙的喇嘛M。M已经70多岁高龄，深切感受到草原在不断退化，他说：

和我小时候比，草场60%~70%都退化了，很多草场、草都消失了，以前的草都很高，骆驼在里面都看不见，现在草退了，兔子跑都能看见。

在M看来，当地并没有对草原破坏情况进行治理，只有个别地方进行了治理，他说：

阿左旗有些地方进行了飞播，我在的地方没有，但飞播的效果不好，因为飞播的植物多是几年生的，像沙珠檬、红沙、珍珠等草本植物，没有动物吃，几年就完全木（质）化死了，很难再长。不像灌木、野杏树、花棒、沙拐枣、毛苕、巴望、梭梭能不断地生长。

M还认为，本地草原退化主要是人为因素导致的，他告诉我们：

20世纪60年代，"大跃进"等一系列事件，使甘肃得不到国家粮食补贴，出现了饥荒，大批甘肃人迁入阿拉善。为了生存，很多人砍树建房，烧草取暖，之后人口增多，对当地生态造成了巨大的破坏。除此之外，还有外来人口、鼠患、挖苁蓉、乱砍滥伐、人多、羊多等各种原因。

对各主体参与草原治理的情况，M说：

梭梭和一些中草药的种植，很多组织、个人都在参与。其中，有些牧民是为了获得种植补贴以及收获中草药，而有些人像额济纳旗的苏和是为了改善生态环境，但这些对阿拉善的生态治理作用是远远不够的。当年我任苏木干部时，曾带领15个人在8平方千米梭梭林里进行灭鼠，杀了4万只老鼠，也算是参与草原治理。

M也告诉我们，现在寺庙里也有大概6900亩草场。当我们问及宗教组织参与草原治理的情况时，M介绍说：

也想做一些种植，但缺水使得计划进行不下去，需要宗教局和畜牧局协调，派专门的人来护理。2009年我开始想做，但现在老了，干不了了。

略显另类的回答，截然相反的评价

结束了对M的采访后，紧接着我们去了阿拉善苁蓉集团有限责任公司，采访了一位员工E。E认为，阿拉善的草原情况很好，草原治理情况也不错。对过去60年草原治理的成效，E给打了80分的高分。根据之前的调研情况来看，认为阿拉善草原治理情况不错的受访者很少，E的回答略显另类。谈及草原退化的主要因素，E认为主要是自然因素，尤其是"水资源短缺"。在他看来，放牧不可能影响那么大。对于各主体参与治理的情况，E称：

政府、企业和学校经常进行植树。我们公司经常参与，种各种梭梭、苁蓉、蔬菜、果树，在沙漠里建生态湖。

但是，他也指出，虽然说各主体之间有协作，但基本都是各做各的，都是为了各自的业绩。

10月2日，我们电话访谈了自然大学，它属于典型的NGO。自然大学的T称，该组织在阿拉善曾开展过一些环保活动。T不是本地人，但来过阿拉善草原多次，他觉得阿拉善相对于内蒙古的其他草原，像锡林郭勒草原、鄂尔多斯草原，退化得不明显，他说：

可能是因为它本来就是荒漠草原。但是我不知道这个地方以后会有怎样的变化。

同时，T告诉我们，根据他的理解，阿拉善事实上并没有进行草原治理。而且，他还说：

就我所知，阿拉善不许养骆驼，但是不养骆驼对阿拉善不是好事，因为草原治理和养骆驼是相辅相成的关系。

T认为，农牧民一直是草原治理的主力，发挥着重要作用。但是，现在一般情况都是政府在主导，农牧民、家庭等都没有发言权，社会组织也只能倡导。他特别指出：

政策的制定者没有从农牧民的利益出发，没有从草原本身的利益出发。

因此，他认为，首先需要政府面对客观问题，不要逃避；其次要真诚和开放，接纳牧民和社会组织对问题的讨论及意见，才能促成真正意义上的改变。

十三、内蒙古自治区阿拉善右旗

阿拉善右旗（以下简称"阿右旗"）在行政上和阿左旗一样，都隶属于内蒙古自治区阿拉善盟，位于阿拉善盟中部，东接阿左旗，南邻甘肃省金昌、山丹、张掖、高台、临泽、金塔诸市县，西连额济纳旗，北与蒙古国接壤，边境线长45.25千米[1]；地理位置在东经99°44′~104°38′、北纬38°38′~42°02′，全旗南北长375千米、东西宽415千米，总面积73443平方千米[2]。根据阿拉善盟统计局数据，2007年阿右旗的户籍人口为2.46万人[3]；根据第七次全国人口普查数据，截至2020年11月1日零时，阿右旗常住人口为22647人（约2.26万人）[4]，基本保持稳定，略有下降。

阿右旗地处内蒙古高原西部，总地势南高北低，按地形特征，可分

---

① 阿拉善右旗人民政府. 阿右旗概况[EB/OL].（2021 - 01 - 01）[2021 - 04 - 26]. http://www. alsyq. gov. cn/col/col1202/index. html.

② 内蒙古自治区地名委员会. 内蒙古自治区地名志:阿拉善盟分册(内部资料)[M]. 呼和浩特:内蒙古人民出版社,1986:127.

③ 汇聚数据. 阿拉善右旗人口[EB/OL].[2021 - 10 - 06]. https://population. gotohui. com/pdata - 2307.

④ 阿拉善盟统计局. 阿拉善盟第七次全国人口普查公报(第二号):旗区常住人口情况[EB/OL].（2021 - 05 - 31）[2021 - 10 - 06]. http://tjj. als. gov. cn/art/2021/5/31/art _ 4055 _ 370588. html.

为山地及丘陵地（南部和中部）、沙漠（西北部）、戈壁荒漠（东部和东北部）三种类型。气候属典型的内陆高原温带干旱荒漠气候，降水量小、蒸发量大、风沙多、温差大。年平均降水量113毫米，年平均蒸发量3100毫米①，年平均气温8.3摄氏度，冬夏温差达50摄氏度。年平均大风日51天，最多达95个风日，大风之时飞沙走石，出现沙暴。②旗内水资源贫乏，无长年性河流，地表水缺，山区有少量泉水，城镇供水、牧区人畜饮用水和灌溉用水主要靠地下水，但地下水位一般较深、量少。③由于严酷的自然条件，旗内植被稀少、种类贫乏、覆盖率低，建群植物多以灌木和半灌木为主。④

据旗政府官方网站介绍，阿右旗有古朴厚重的人文历史，早在新石器时代就有人类活动的足迹。阿右旗独特的旅游资源可以概括为"一沙、一山、一林、一谷"，即巴丹吉林沙漠、曼德拉山岩画、海森础鲁怪石林、额日布盖大峡谷。尤其以巴丹吉林沙漠最具特色，被誉为"中国最美丽的沙漠"⑤。此外，阿右旗盛产苁蓉、甘草、麻黄、锁阳、五灵芝等名贵药材，肉苁蓉号称"沙漠人参"，甘草则有"药中之王"的美誉。

10月14日　草木生长主要看降雨量

虽然阿左旗和阿右旗同属阿拉善盟，而且除了中间靠近甘肃省的一部分隔着甘肃省民勤县之外，也都是毗邻而居，但由于阿拉善盟的总面积为27万平方千米，是内蒙古自治区12个盟市中面积最大的盟，且这么大的一个盟就分了三个旗——阿左旗、阿右旗、额济纳旗，这使得从阿左旗到阿右旗非常远。特别地，阿左旗旗政府所在地，也是盟行政公署

① 阿拉善右旗人民政府. 阿右旗概况［EB/OL］.（2021－01－01）［2021－04－26］. http://www. alsyq. gov. cn/col/col1202/index. html.

② 内蒙古自治区地名委员会. 内蒙古自治区地名志:阿拉善盟分册(内部资料)［M］. 呼和浩特:内蒙古人民出版社,1986:129.

③ 内蒙古自治区地名委员会. 内蒙古自治区地名志:阿拉善盟分册(内部资料)［M］. 呼和浩特:内蒙古人民出版社,1986:127.

④ 内蒙古自治区地名委员会. 内蒙古自治区地名志:阿拉善盟分册(内部资料)［M］. 呼和浩特:内蒙古人民出版社,1986:130.

⑤ 阿拉善右旗人民政府. 阿右旗概况［EB/OL］.（2021－01－01）［2021－04－26］. http://www. alsyq. gov. cn/col/col1202/index. html.

所在地——巴彦浩特镇，距离阿右旗政府所在地——巴丹吉林镇，就有520千米，坐公交车过去最少也得一整天的时间。故此，由于我们的时间安排确实有限，在调研完阿左旗之后，也就一时未能再找到合适的机会到阿右旗进行实地调研。

一直到10月14日，我们才找到了一个难得的机会，通过电话在线采访了一位阿右旗当地的牧民I。总体来看，I觉得当地草原退化情况还好，草原治理也挺好，可以打70分。据I介绍，政府在参与草原治理中，采取了一些措施控制畜牧数量，但"草木生长主要看降雨量"。农牧民和政府在草原治理中要想保持协作关系，就应该"减少畜牧数量，按照有关规定放牧"；同时，牧民在减少畜牧数量的情况下可得到国家禁牧补贴，但认为实际补贴和规定的还是有点差距。由于是电话访谈，互动确实没有面对面访谈那么自然和顺畅，而且发现对方实在不善言辞，故而我们的电话调研只能匆匆结束。

后来，由于其他种种原因，我们再也没有找到特别的机会专门到阿右旗进行实地调研，这就使得我们在阿拉善的调研在访谈完牧民I之后，没有继续深入下去了，给我们在阿右旗的调研留下了莫大的遗憾。

为什么调研的材料这么少还保留着

阿右旗的调研资料确实太少！而且，可能既不具有代表性，又不是特别可靠和可信。故此，在进行材料汇总整理的时候，本来我们也想再次到阿拉善调研，以使我们的调研材料更完整。但是考虑到，如果再次调研的话，时间上就和2014年整体调研的内蒙古的其他十二旗在时间安排上相隔太远，有些不太合适，也不太好进行比较；而且，即使调研了，已经过了2014年，也不能说是2014年的调研，不好再归到一编。同时想来，由于阿右旗和阿左旗一样，都属于阿拉善盟，自然环境其实也差不多，管理的措施等应该差别不大（当然，当我们做出这样的判断时，是十分小心的，而且随时准备推翻它们），既然我们已经在阿左旗做了较多调研，现在不再对阿右旗进行更深入的调研，应该也不会有太大的问题。为此，我们决定不再进行补充调研。

在进行书稿系统修改的时候，我们也确实不止一次地想过，既然阿拉善的材料这么少，就应该把它拿掉，只讲 12 个旗的材料也没有什么问题。这其实也很合理。可后来一想，为了更完整地展示我们这次调研的全貌，也为了更好地尊重事实，最后还是决定再少也要把它放在这里。而且，可以通过这个例子更加真实地告诉读者朋友，我们在实地调研中经常会出现各种各样预料不到的问题，也需要不断地处理这些问题。而处理这些问题的最好措施，就是真实地去面对它们，解决它们，而不是试图去回避它们，甚至掩盖它们。否则，既不符合调研的实际情况，也不利于真正展开有价值的实地研究，更不符合实地调研的基本准则和规范。尽管我们坚持要把阿右旗的很少资料保存着，会使我们第三编的整体调研略微显得有点缺口，不是那么完美，尤其将其安排在各自资料汇报的最后部分，更易让不太理解的读者朋友产生调研是不是有点"虎头蛇尾"的疑问，但我们还是坚持把它留了下来。因为，这不仅可以给读者朋友展示更真实的情况，也可以对我们未来进行更好的实地研究有所启迪。

阿拉善左、右两旗的反思：气候越恶劣，争议越多元

对于阿左旗，受访者呈现的争议更加多元（见表 3–9）。例如，卫生院副院长强调了"本地的土质疏松、风沙日益严重乃至草原退化和沙化"；有的牧民则强调"生态逐渐好转、沙子没了"；可另外的嘎查小组的访谈却强调"一年不如一年"。更值得思考的是，这些受访者其实都同时强调"本地区草原退化不严重"。其实，这些纷争背后是标准的不一致。例如，喇嘛强调草场退化，比较的是他儿时的记忆。这种拿历史上的黄金期与现今的治理效果比较，显然很容易低估政策的效果。当然，这中间还混杂了长时段的记忆的准确性问题，但大体上应该是可信的。而有些则可能只是对比前一些年，这自然有所不同。

表3-9　阿拉善左、右两旗访谈结果

访谈对象	政策措施	沙化原因	治理效果
阿拉善左旗			
草原站官员	禁牧	禁牧时间长	牲畜积极影响被打破
		生态移民导致外来人口破坏	雨水情况好
		政府征地	
卫生院副院长		人口多	土质疏松
		羊多	风沙日益严重
		雨水少	植被成活率低
		个别牧民意识差	草场退化和沙化
盐业公司管理员	围栏封育	连年干旱	天然林破坏殆尽
	治沙造林	乱砍滥伐	流沙侵袭
		过度放牧	
牧民	禁牧	种梭梭	生态逐渐好转
	围栏		沙子没了
	飞播		
嘎查干部	种植公益林	羊太多	退化比例较小
	飞播	风太大	
	限制牲畜数量	雨太少	
嘎查小组		外来人采矿	一年不如一年
		偷挖药材	
治沙专家	以强制性手段为主		草场比较好
宗教人士	个别地方飞播	外来人口多	草场退化了
		鼠患	
		乱砍滥伐	
		禁牧后缺动物采食	草本植物木质化
企业员工	植树	水资源短缺	草原治理不错
NGO人员	不许养骆驼		退化不明显
阿拉善右旗			
牧民	控制牲畜数量		草原治理挺好
	禁牧补贴		

资料来源：笔者根据访谈整理。

整体来看，阿左旗受访者强调的趋势大致有两种：一是生态的恶化，即"一年不如一年"；二是生态好转。大多数受访者提及了以前的恶化趋势和近期的好转趋势。对于生态恶化，谈及的具体表现是土质疏松、风沙日益严重、植被成活率低、草场退化等。对于好转趋势，谈及的具体表现是雨水好、沙子少、退化比例小等。对比来看，即使对于风沙究竟是多了还是少了，受访者的答复也不一致。这就使对政策效果的争议更加多元化。例如，对禁牧政策，喇嘛认为禁牧导致很多飞播的草本植物缺乏动物采食，结果木质化死掉，反倒造成了草场退化。草原站官员则认为禁牧时间长导致牲畜吃草啃树的积极影响被打破。此外，对于政府在草原治理中的作用，有的认为没有发挥作用，有的则认为发挥了很大作用，这种反差或许也可以理解为：由于阿拉善地域辽阔，政府的实际作用可能二者皆有，我们接触的受访者也恰恰反映了这两方面。

相对而言，作为NGO成员的自然大学的受访者给出的答案可能更具合理性。因为该地区要么是沙地，要么是荒漠，在这种情况下，即使退化，也基本看不出来。而且，在这种自然条件下，反倒是种草能看出效果，虽然成活率低了些，但总要比荒无人烟更有生机。

由于阿右旗的材料实在太少，所以我们根本无法根据那些极少的材料来分析阿右旗的真实情况，故此也就不能进一步拿它和阿左旗进行对比了，这可以说是我们这次阿拉善线（阿拉善两旗）调研的最大遗憾吧！

内蒙古自治区十三旗的反思：协同强伴随着争议多

综观整个内蒙古自治区十三旗的调研，最直观的感受可以概括为两个字"争议"，具体可分为对草原政策的争议和对治理效果的争议（见表3-10）。在13个地区中，存在争议的有11个。只有新巴尔虎左旗和苏尼特左旗既没有看到政策争议，也没有看到对治理效果的争议。对于新巴尔虎左旗，可能是因为我们的访谈接触面不是很大，既没能在多个政府机构展开足够的访谈，又没有遇到足够的农牧民，所以我们对于当地的治理效果也只能凭借直观的感受。无法具体各知治理政策执行的各方反应，自然获得的信息也不完全。对于苏尼特左旗，情况大致类似。

不过在苏尼特左旗，我们至少从超市老板和老牧羊人那里得到了一些信息。但由于该地区的环境确实相对比较恶劣，虽然政府和民众都对现有政策没有争议，但治理效果不是很好也算是不争的事实了，故而也就不存在对治理效果的争议了。

表3－10　2014年内蒙古十三旗访谈结果

地区	水文条件有利	政社协同	政企协同	社企协同	植被恢复	植被退化	政策争议	治理效果争议
鄂温克族自治旗	√	√			√		√	
新巴尔虎左旗	√				√			
陈巴尔虎旗	√		√		√			√
杭锦旗	√	√		√	√			√
达尔罕茂明安联合旗					√	√		√
四子王旗					√	√	√	√
苏尼特右旗					√	√		√
正蓝旗		√			√	√	√	√
苏尼特左旗		√			√			
乌拉特后旗					√	√	√	
乌审旗	√	√	√		√		√	√
阿拉善左旗	√				√	√	√	√
阿拉善右旗	√				√	√	√	√

资料来源：笔者根据访谈整理。

除了新巴尔虎左旗、苏尼特左旗2个地区，其余的11个地区或者对治理政策有争议（共9个旗），或者对治理效果有争议（共9个旗），当然多数是对二者都有争议（共7个旗）。对于皆有争议的7个地区，既有典型草原区，也有荒漠草原区，还有草原化荒漠区。可以说，这种政策和治理效果争议跨越了不同类型的草原。具体而言，仅对政策有争议的地区有鄂温克族自治旗和乌拉特后旗，前者草原生态相对较好，后者草原生态相对特别差。草原生态相对较好，治理效果自然有目共睹，也就没有争议。草原生态相对特别差，治理不见效也非人力所能改变，所以也不用争议。

　　因此，对治理效果有争议的地区才是需要探讨的重点。这样的旗有杭锦旗和乌审旗，二者都是沙地草原区。两地的自然条件，尤其是水文条件都还不错，这就意味着在自然条件相对可以的情况下，只要政府、企业和社会等各方面齐心协力，还是能收到不错的成效的。但即使这样，对于这些草原区的治理效果也存在争议。例如，在杭锦旗我们看到，禁牧区的一些植被因缺乏动物采食而枯死。在乌审旗，即使在禁牧区，也会见到外来偷牧者。但是，也应该注意，这两个地区对于禁牧、休牧等政策的早期争议基本已经化解。例如，杭锦旗的禁牧执法，从一开始的阻力很大，到后来的农牧民生态意识逐步提高，其间政府的生态保护目标虽然不可能百分之百实现，但至少能够凝聚企业、社会的力量，实现造林治沙成果的不断巩固和拓展。乌审旗也是如此，从政府官员到农牧民，大家对于草原生态保护的一系列政策最后也都表示认同。

　　更关键的是，政策争议与治理效果争议紧密相伴。如果从植被的恢复和退化两个方面来评价治理效果，则大多数地区（共 11 个旗）都取得了一定的治理效果，只有极个别的旗（共 2 个旗）没有任何效果，植被在不断退化。有将近一半（共 7 个旗）的植被恢复与退化并存。这些旗有的是自然条件相对不利，如达尔罕茂明安联合旗、四子王旗、正蓝旗和乌拉特后旗。其余的 3 个旗虽然自然条件相对有利，例如，乌审旗的地下水位较浅、河湖众多，阿拉善 2 个旗近两年降雨较多，但这也避免不了对治理效果的争议。

　　虽然对治理效果的争议不可避免，但对治理政策的争议在很大程度上可以通过政府与各方的协同参与来消解。这里将政府与各方主体的协同治理初步划分为三类：政府与社会协同，主要是政府与当地民众之间协同；政府与企业协同，主要是政府与当地企业之间协同；社会与企业协同，主要是企业与当地民众之间协同。对于存在政策争议的地区，要么只有一类协同（共 5 个旗），要么都没有协同（共 6 个旗）。这些只有一类协同的地区主要是政社协同，即单一的政府主导的群众参与模式，如鄂温克族自治旗、新巴尔虎左旗、正蓝旗、苏尼特左旗。只有陈巴尔虎旗较为特殊，该地区政府与企业协同很高，但政府与社会协同较低，例如，治沙站官员强调压沙都雇不到人。相对而言，杭锦旗和乌审旗都有着至少两类协同治理。杭锦旗，一是政府与社会协同，具体表现在政府的造林动员和禁休牧的执法均较为顺畅；二是社会与企业协同，具体表现在企业与民众之间的治沙造林及相关经验推广。类似地，乌审旗政府与社会的协同治理也很顺畅。但两地不同的是，乌审旗政府与企业之间也有着较强的协同治理，而杭锦旗的企业与基层政府基本是各做各的。此外，乌审旗的社会与企业之间的协同尚未形成。无论如何，这两个地区能够拥有两类协同，已很是不易。由此来看，杭锦旗和乌审旗的受访者谈及相关政策几乎没有争议，可能很大程度上源于各方的协同治理要远远高于其他地区。

| 第四编 |

强治理模式下的中国经验

从中国东北到西北，大范围地分布着草原、荒漠、沙漠和戈壁。很多地区的生态环境极其脆弱，自然条件也非常恶劣。在这些地区，地方民众如何代代生存，基层政府又如何连续治理？除了农牧民和基层政府，这些地区还有哪些主体在参与防沙治沙和荒漠化治理？这是我们多年关注的重点，也是持续研究的重点。[①] 2007—2014 年，我们的调研主题在不断拓展，调研的区域在不断扩大，但调研的尺度基本保持在县域层次。可能有人会产生疑问，对于中国的体制，各基层政府应该都是"职责同构"[②] 下的产物，各地区防沙治沙是不是应该也差别不大？这个疑问在一定程度上是对的。不过，虽然基层政府的机构设置有着很高的相似性，但各地的制度设计也有着一定的独特性，由此带来的政府与社会的关系自然会有很大不同。换句话说，无论何处的荒漠化防治，基层地方政府都是主导力量；但是同样的基层政府，却有着非常不同的制度设计。

以临泽县为例，该地有一项独特的制度安排——副县长兼任治沙站站长。这种制度设计[③]将政府、专家学者和当地民众的参与紧密结合在一起。这种独特的制度安排，对于政府内部的机构间协同，乃至政府与社会之间的协同发挥了很大作用。不言而喻，任何制度的实施都不可能一

---

① YANG L. Types and institutional design principles of collaborative governance in a strong – government society：the case study of desertification control in northern china[J]. International public management journal,2017,24（4）:586 – 623.

② 朱光磊,张志红."职责同构"批判[J]. 北京大学学报（哲学社会科学版）, 2005, 42（1）: 101 – 112.

③ 杨立华. 有限制度设计：一种中道制度设计观[J]. 北大政治学评论, 2018(2)：65 – 100.

帆风顺。有些制度设计看上去很简单，似乎执行起来也不难，但要想实现良性的可持续发展并不容易。很多时候，在基层政府主导下短期的具体目标都能够完成。但问题在于，后续的管理才更考验协同治理的可持续性。很多时候，短期成果容易实现，长期协同却很难坚持。例如，植树造林，只要人手足，树种也是适合当地的，只要基层政府一声令下，基本都能完成。但是后续的管护能否跟上在很大程度上决定了荒漠化防治的有效性和可持续性。如此看来，荒漠化治理单靠政府的强势主导显然是不够的。除了政府之外，也必须有多个社会主体的协同参与。因此，下面我们首先从多主体协同及其协同效果、协同过程、治理条件三个方面对中国北方荒漠化治理的实际情况进行一些反思；之后，对调研过程、方法和经验等进行探讨。

一、对协同主体和效果的反思：强政府与强社会协同才能产生强治理

总体来看，只要强政府主导与强社会参与能够有效协同，治理效果就不会太差（见表4-1）。调研的县域中政府内部能实现协同的有10个，政府与社会间能实现协同的有11个，二者基本相当。相对而言，专家与民众间能够协同的县域较少，仅有5个。很多时候，一地既然有政府与社会协同，想来政府内部的协同也不会太低。可能我们接触的受访者有限，对于政府内部的协同所知也有限，于是就出现了有的县域仅有政府与社会协同而没有政府内部协同。这样的县有金塔县、多伦县、磴口县、正蓝旗、阿拉善左旗。以此推理，二者中只要有一项出现就将其判定为强治理县域，这样的县域至少有15个，占到总数的一半以上。尤其是多伦县，治沙取得如此成就，其政府内部协同定然不少，但我们的访谈未能就此获得更多信息，这不能不说是一种遗憾。大体来看，只要是有协同治理出现的地区，都能取得较为明显的防沙治沙效果。无论是三种协同都出现的中卫市、临泽县，还是只有一种协同的奈曼旗，当地的荒漠化治理效果都比较明显。

表4-1 28县（旗、市）协同治理情况汇总

时间	县（旗、市）	政府内部协同	政府社会协同	专家民众协同	治理效果明显
2007年	民勤县	√		√	
	中卫市	√	√	√	√
	景泰县				
	临泽县	√			√
	金塔县		√		√
	瓜州县	√			√
	敦煌市	√			√
2011年	翁牛特旗				
	敖汉旗				
	奈曼旗			√	√
	锡林浩特市				
	多伦县		√		√
	磴口县		√		√
	伊金霍洛旗	√	√		√
	盐池县	√	√		√
2014年	鄂温克族自治旗				√
	新巴尔虎左旗				
	陈巴尔虎旗				
	杭锦旗	√	√		√
	达尔罕茂明安联合旗	√			
	四子王旗				√
	苏尼特右旗				
	正蓝旗		√		√
	乌审旗	√	√		√
	苏尼特左旗				
	乌拉特后旗				
	阿拉善左旗		√		√
	阿拉善右旗				
合计		10	11	5	18

资料来源：笔者根据访谈整理。

政府内部的协同是基础

无论是荒漠化治理还是草原生态建设，政府各部门的紧密合作都是协同治理的基础。特别是，农牧局、林业局、气象局等部门之间的密切合作，会大大提升植树种草的效果。但是，对于基层政府而言，部门间的关系处理问题具有很大的被动性。很多时候，基层政府部门设置既要考虑与上级管理部门的对口，也要考虑地方治理工作的开展。例如，对于草原治理，有的归农牧业部门负责，有的归林业部门负责，还有的归草监部门负责，因此机构间的职责交叉与重叠问题也相当普遍，机构职能的调整也时而有之。例如，早在2002年，苏尼特左旗就成立了生态治理办公室（以下简称"生态办"），专门负责草原生态建设，这是一项很具开拓性的制度设计。2015年，随着整个锡林郭勒盟生态办职能的提升，该旗的生态保护局也正式成为一个新的部门。

不难看出，基层政府部门之间的分分合合大都是高层级政府调控的产物。对于基层政府而言，想要实现政府强有力的主导，无论政府机构间如何分工，各方能够有效协同都是强治理的根本保证。以内蒙古自治区乌审旗为典型，该地区农牧局和林业局的协同就比较多。林业局在毛乌素沙地种植沙柳、沙地柏及其他树种，农牧局再种植柠条、沙蒿等草本植物。农牧局与气象局合作也很顺畅，通过气象信息共享来选择播种时机。虽然在政府主导过程中，各部门间协作也会遇到问题，但高一级的办公会议协调一般也很顺畅。总之，政府部门之间的协同可以让基层政府能够更好地发挥主导优势，而且良好的政府内部协同可以更好地促进政府和社会之间的协同。

政府与社会的协同才能形成合力

很多时候，基层民众主动参与荒漠化防治除了制度激励之外，更重要的是生存压力。正如金塔县老人概括的"代代治沙，才能生存"。该县的企业员工也强调，植树造林必须保证成活，否则就失去了经济效益，浪费了资金和人力。概括来说，只有基层政府的强有力主导与基层社会的多方参与形成合力，才能改善治理效果，原因如下。

　　首先，强政府主导与强社会参与有助于发挥各方优势。例如，在正蓝旗，当地政府特别重视总结和推广农牧民的治理经验，每年会定期组织相关的下乡活动，建立学习交流机制，将好的经验和做法不断推广。类似地，乌审旗的村委会会定期宣讲国家相关政策，农牧民也常按规定养殖和放牧，各高校（内蒙古大学、内蒙古农业大学、内蒙古牧科所）等研究机构也和当地政府多有合作，再加上阿根廷、日本等国际组织的参与，从而使当地的治沙取得了较好的成绩。

　　其次，强政府主导与强社会参与有助于治沙经验的总结和推广。在政府与社会的协同治理过程中，特定主体既有其优势，也存在不足。例如，专家学者虽然拥有行业内较为扎实的理论功底与较为先进的治理技术，但是存在所授知识理论性强、方法不易操作等问题。一些地方的受访者认为，农牧民的方法比专家学者的方法更有效。例如，正蓝旗的受访者就特别强调本土知识的重要性，指出"农牧民多少年就是顺应这个气候的，他们知道该怎么办最好"。当地的经验是在植被覆盖率较低的地区广泛种植黄柳条，而且栽种时要"一丛丛"地种，而不能"一株株"地种，只有这样黄柳条才能形成竞争性生长。因此，不管多么先进的技术，都要将本土知识与外来知识相结合，并且在实践应用中不断总结，形成本土经验。

　　最后，强政府主导与强社会参与有助于避免科学技术的盲目推广。所谓盲目推广，是指不顾技术应用的条件限制，强行推广使用，进而带来诸多问题。举例来说，同样的滴灌和喷灌，在有些地方可能两者没有区别，在有些地方可能就只能使用此种而不能使用彼种，不能不顾技术应用的条件限制而强行推广。例如，在民勤就因为水中沙子多、矿化度高，滴灌滴头容易堵塞，所以喷灌更适用；而在金塔，喷灌则容易造成地面结皮，影响水向下渗透，所以滴灌用得更多。因此，任何先进技术的应用，都必须深入了解技术使用的条件限制，而这在大多数情况下需要政府与社会协同下的不断实践才能逐步了解。

　　总之，强政府与强社会的协同参与共同构成了强治理的基础。以宁夏回族自治区中卫市为例，当地的企业造林成活率很高，受访者认为最重要的原因是后续工作能跟上。这种"能跟上"意味着政策与目标群体，或者说基层政府与地方社会，能够协同治理，相互促进。大体来看，制度安排带来的激励动力有两个方面，一方面是处罚，另一方面是奖励。以乌审旗为例，制度设计中规定了养羊的限度——3亩地1只羊，当地民众的生态意识也越来越强。这样民众遵守相关政策，执法部门依法监管，二者慢慢形成了良性循环。类似地，在奖励机制方面，政府划定草原治理项目并投资，农牧民参与种植，政府监管部门验收，也形成了良性循环。再如，为了激励农牧民种草，政府设计了草种抵押制度。具体来说，政府免费发放草场种子，但要求每领取1斤种子抵押10元，待草场种植成功后再退还押金。这样有了抵押后，种草的成功率就能得到保障。所以，基层政府在短期高效动员后，后续的维护还需要当地政府部门之间，尤其是政府与社会之间的长期协同。

简单来看，只有强政府主导而没有强社会参与的治理模式，其可持续性很难保证。只有强社会参与而没有强政府主导，很容易形成各行其是甚至相互冲突的局面，让本来能发挥更大效力的治理大打折扣。我们在磴口县沙金套海的纳林湖考察时，当地环保局官员指出："如果单靠我们政府一直这么投入，也不可能将这里建成大的旅游区。"因此，只有政府和社会主体的各方协同参与，才能实现协同治理的良性互动和可持续发展。

二、对协同过程的反思：高协同常能容忍争议，低协同应该多怀忧虑

荒漠化防治存在的问题，可谓千差万别。例如，对于一地荒漠化的自然原因，虽然缺水被大多数受访者反复强调，但缺水的情形多种多样：有的是上游来水减少（河水），有的是地下水源减少（井水），还有的是天上降水减少（雨雪水）……而且，在实际中，这些情形可能掺和在一起，或者上游有来水但地下少水，或者地下有水但天上没水。但这些都只是自然因素，如果再将开荒、砍树、过牧等人为因素以及各种治理的参与主体都考虑进来，那么一地的治理过程就更复杂了，自然也就免不了争议，更避不开忧虑。

强政府与强社会的高协同需要多容忍一些争议

很多时候，一地参与主体越多，对于沙化的性质认定及原因争议就越多。以草原区为例，面对荒漠化，当地人多强调外来大企业的影响，而政府部门则多强调地方民众的超载过牧。对于草原生态的退化，不管是内蒙古自治区东北部的鄂温克族自治旗，还是中部的正蓝旗，乃至西部的四子王旗，都强调外来大企业的负面影响。内蒙古自治区东部某旗的牧民还因此进行过上访，他们给的例证是靠近厂矿附近的雪融化得比较快。类似地，正蓝旗受访者认为，修路、修桥的企业对环境污染很大。四子王旗的受访者认为，挨着大企业的地下水位下降了。但对于这些外来的大企业，基层政府部门人员可以说是又爱又恨。爱的是大企业能带来稳定税收，恨的是大企业挖掘本地资源，影响生态环境。当然，理想的状态是既没有破坏生态的大企业，又能有稳定丰厚的税收来源。这意味着地方民众和基层政府都能享受开发带来的红利，而不用付出生态代价。但是在现实中，二者总是难以兼顾，即使是大企业较多，生态建设做得不错的旗县，也会存在争议。基层政府与基层社会认为外来大企业只顾开发利用，破坏了生态但没有缴纳足够的税并进行足够的补偿；而大企业则可能认为地方收了税、解决了就业，不应再要求过多。

此外，不同主体对基层防沙治沙的主导者——基层政府也存在争议。对于农牧民来说，很多时候他们将基层政府视为中央政府的代表。当有些政策涉及自身利益时，由于农牧民认为中央政府是保证自身利益的，因此也希望地方政府能够保证自己的利益，与此同时，他们也担心基层政府或者基层政府的某些官员歪曲国家政策，或者不完全地执行国家政策。但是，如果调研基层政府人员，他们也会列举自己的难处。如内蒙古自治区某市的受访者谈及挂职轮岗制度时强调，某些外挂官员出于自身政绩的需求，只顾眼前利益，很难考虑本地区的长远发展。例如，对于草原生态"他管你草种是不是单一了，绿了就行"。这些争议背后是不同维度的利益考虑：官员短期轮换有利于上级政府的行政管理，但不利于地方的生态建设；相反，官员长期稳定可能会有利于生态建设，但很可能不利于上级政府的行政管理。

如此来看，对于防沙治沙乃至同类环境问题的治理，寻求共识必须面对充满争执的政策议题和参与主体。很多时候，多方争议似乎是协同治理和问题解决中必不可少的一环。换句话说，荒漠化防治过程中协同参与的范围越大，争议就越多，越表明参与各方可能正在努力尝试寻求解决方案。就此而言，这样的争议也许并非坏事。因此，也意味着，无论在何时何地，如果要实现强政府和强社会的"双强"协同，就不能怕有争议，非但不能怕有争议，反而应该容忍甚至欢迎争议，从而力争为问题的更好解决创造更好的条件。因为，治理的目标是解决问题而不是积攒问题，一地争议较多可能说明某地正走在寻找问题解决方案的路上。从我们的调研来看，很多治沙效果不错的地区，都不会害怕问题呈现，更不会害怕争议的表达，因为争议的表达本身就是协商和协同解决问题的前提之一。

强政府与弱社会的低协同应该多几分忧虑

在治理的过程中，除了争议之外，也常常伴随着不少忧虑。即使是协同治理效果较好的地区，人们在论及很多争议时也会伴随着不少对生态恶化和政策难以执行的忧虑。但是，应该注意，虽然忧虑总是令人担心的，但有忧虑常常意味着人们认识到了问题的严重性，也希望事情能往好的方面转变，这就为进一步改善提供了条件。因此，对很多强政府与弱社会的低协同治理更应该鼓励人们多几分忧虑，因为这样的忧虑，不仅会促进强政府和弱社会的低协同治理有可能向强政府与强社会的高协同治理转变，而且本身会对没有强社会协同乃至制约的单一强政府形成一定的约束。

我们接触最多的要数对治理政策的忧虑，尤其以禁牧政策为典型。很多人指出，中央政府一边发放禁牧补贴，一边调动行政力量防止偷牧；与此同时，农牧民难免会一边领着补贴一边偷偷放牧。有研究者将其概括为"猫鼠共谋"①。在这里，对于基层政府而言，草场不是自己的，但

---

① 王晓毅. 从承包到"再集中"：中国北方草原环境保护政策分析[J]. 中国农村观察,2009(3):36-46.

保护任务是自己的，于是怎么完成中央或上级政府的任务就变成了重点；对于基层民众而言，草场是自己的，政策是政府的，怎么能在政策约束之外让自己的利益最大化才是其关注的重点。于是，在这种情况下，往往会让中央政府、地方政府和基层民众或社会之间的关系，最终演变成基层政府与基层民众或社会联手应对中央政府的状况。于是，地方政府和基层民众各取所需，也都满意了，中央政府也被应付了，可生态最终还是被破坏了。四子王旗的一位受访者对此的经典概括是，"罚款的跟被罚的双方都满意，受罪的还是这片土地"。回想当时的访谈，我们依然能真切感受到这位草原男儿对政策执行不力和草原生态恶化的痛心和忧虑。

类似这种"猫鼠共谋"的游戏，更可怕的则是各方满意但风险累积。此时，各主体打着自己的小算盘，实现了自己的小满意，但问题发生的风险不断积聚，最终小问题攒成大问题，小风险酿成大事故。

如我们将各旗县的访谈内容和人们反映的基本情绪进行编码，大致可概括为成就为主、问题为主、忧虑且多争议、忧虑但少争议 4 种类型（见表 4-2）。从成就和问题的划分来看，在 28 个县（旗、市）中，以呈现治理成就为主的共有 21 个地区，只有 7 个地区以呈现治理中存在的问题为主；从反映的情绪看，忧虑且多争议的共有 16 个地区，忧虑但少争议的有 8 个地区。

表 4-2　28 县（旗、市）类型分析

时间	县（旗、市）	成就为主	问题为主	忧虑且多争议	忧虑但少争议	治理效果明显
2007 年	民勤县		√		√	
	中卫市	√		√		√
	景泰县		√		√	
	临泽县	√		√		√
	金塔县	√		√		√
	瓜州县	√			√	√
	敦煌市		√	√		√

续表

时间	县（旗、市）	成就为主	问题为主	忧虑且多争议	忧虑但少争议	治理效果明显
2011 年	翁牛特旗		√	√		
	敖汉旗	√			√	
	奈曼旗	√			√	√
	锡林浩特市	√		√		
	多伦县	√				√
	磴口县	√		√		√
	伊金霍洛旗	√				√
	盐池县	√		√		√
2014 年	鄂温克族自治旗	√		√		√
	新巴尔虎左旗	√		√		√
	陈巴尔虎旗	√		√		√
	杭锦旗	√		√		√
	达尔罕茂明安联合旗		√	√		
	四子王旗	√		√		√
	苏尼特右旗	√		√		√
	正蓝旗	√		√		√
	乌审旗	√				√
	苏尼特左旗		√		√	
	乌拉特后旗		√		√	
	阿拉善左旗	√		√		√
	阿拉善右旗	√				
合计		21	7	16	8	18

资料来源：笔者根据访谈整理。

我们可以进一步将访谈者所偏好强调的主要内容（成就还是问题）和受访者在访谈过程中所反映的两种基本情绪（忧虑和争议）结合考虑。同时，将忧虑分为有、无两种，将争议分为多、少两种。如此，则不难发现会有 8 种基本类型：①偏好强调成就，有忧虑、多争议；②偏好强调成就，有忧虑、少争议；③偏好强调成就，无忧虑、多争议；④偏好强调成就，无忧虑、少争议；⑤偏好强调问题，有忧虑、多争议；⑥偏好强调问题，有忧虑、少争议；⑦偏好强调问题，无忧虑、多争议；⑧偏好强调问题，无忧虑、少争议。

但是我们发现，在访谈过程中，大家的忧虑其实是普遍的基本情绪，无论在哪里，大家都表现出了不少忧虑情绪。为此，为了更加符合实际情况，也为了简化分析，可以暂时不考虑"无忧虑"的类型。如此，则主要类型就又变成了都有忧虑的四种：（Ⅰ）偏好强调成就，有忧虑、多争议；（Ⅱ）偏好强调成就，有忧虑、少争议；（Ⅲ）偏好强调问题，有忧虑、多争议；（Ⅳ）偏好强调问题，有忧虑、少争议。下面，我们将结合各县（旗、市）的具体情况，对这4种类型依次进行分析。

首先，可以发现，大多数县（旗、市）的受访者在主要呈现治理成就的同时，反映了有忧虑且多争议的基本情绪。对于2007年在河西走廊的调研，以中卫市、临泽县和金塔县最为典型。例如，虽然临泽县取得了较大的治理成就，但受访者很为未来忧虑，并且明确承认治沙站与农民之间有过争议甚至冲突。对于2011年在内蒙古和宁夏的调研，则以奈曼旗、锡林浩特市、磴口县和盐池县等为典型。以磴口县和盐池县为例，两地都将生态治理与政府官员政绩挂钩。受访者在强调当地治沙取得了很大成就的同时，都表现出了忧虑，并对这种激励机制的长远影响具有较大的分歧和争议。甚至在一些受访者看来，部分基层政府为了政绩不顾地方实际，虽然靠高投入取得了短期效果，但从长期来看埋下了隐患。他们还认为，这种做法会让基层政府的职能走向畸形，并有可能陷入"越治越穷"的恶性循环中。为什么大家一边强调成就，一边还表示忧虑，并会出现较多的争议呢？其实，这也不难理解。根源或许有二。其一，防沙治沙在很多时候面对的环境非常恶劣，犹如"逆水行舟"，需要持续不断地努力，稍一松懈，就会前功尽弃，故而人们时刻存在忧虑是必然的。其二，既然要治理环境，就要做事，而要做事，就势必会影响不同人的行为和利益，并带来不同的争议，因此出现争议也是必然的。而且，有争议甚至要比没争议好，有争议最起码说明有可争议的地方，证明在做事；没有争议，可能就说明没有做事，自然也就没有什么好争议的了；而且，在争议很多的情况下，其实都是在为问题的解决寻找可能的途径，争议多了、久了，或许就会找到更好解决问题的办法了。

其次，也有一部分县（旗）的受访者在主要呈现治理成就的同时，反映了有忧虑但少争议的基本情绪，如瓜州县、敖汉旗和奈曼旗。以瓜州县为例，受访者基本都在强调本地的治理取得了一定成就，但也对地下水位下降、植树造林的后期管护等方面充满忧虑。尤其是植树造林的后期管护问题，不只是村民在忧虑，治沙站的技术员也认为这是大问题。类似地，敖汉旗的受访者也极力呈现本地治理取得的成就，但对技术应用的前景则充满忧虑。对于这些问题该如何解决以及治理取得的成就，受访者并没有表现出更多的分歧或争议。其原因除了调研的数据可能有偏，还可能有三个方面的影响：一是大家对治理措施、结果或成就比较认同，所以，虽然对治理中可能还存在的一些问题多有忧虑，但最起码不用在治理措施、结果或成就等方面进行争议；二是大家虽然对一些存在的问题充满忧虑，但是对这些问题究竟是什么、该如何解决以及能不能解决，其实是有相对共识的，所以也不用争议；三是大家虽然对一些存在的问题充满忧虑，但是对这些问题究竟是什么、该如何解决以及能不能解决，没有自己的看法，也不知道该怎么办，因此也就没有争议。但究竟是哪种情况，还需要我们具体问题具体分析，需要更多的后续研究进一步深入探讨。

再次，也有 2 个县（旗）的受访者在主要呈现问题的同时，反映了有忧虑且多争议的基本情绪，即翁牛特旗和达尔罕茂明安联合旗。以翁牛特旗为例，受访者都强调治沙技术的应用存在问题，认为该地区的治理与破坏并存是较为普遍的现象，因此都对这些问题表示忧虑，同时也对治理结果究竟如何存在较大争议。类似地，在达尔罕茂明安联合旗，全面禁牧导致人们对禁牧补贴的金额不足和禁牧政策的公平性等问题产生诸多争议，也因此出现了一些普遍的忧虑。当然，这些忧虑既有有关禁牧措施的，也有有关草原治理措施、效果和未来的。出现这样的情况，其实也好理解，其最基本的逻辑就是：既然有问题，当然就忧虑，但对这些问题究竟是什么、该如何解决以及能不能解决等，大家都没有统一的看法，自然就会出现争议。而且，就我们的调研来看，这些争议大都是针对治理效果评价的，这说明，这些地方是采取了一些治理措施，也收到了一些治理效果，但这些效果尚未获得一致公认，否则也不会出现人们颇多争议的情况。

最后，有一些县（旗、市）的受访者在主要呈现问题的同时，反映了有忧虑、少争议的基本情绪，如民勤县、景泰县、敦煌市、苏尼特左旗和乌拉特后旗等。整体而言，虽然这些地区的受访者也强调了当地治理取得的一些成就，但重点还是反映治理中存在的问题。有问题，大家自然很忧虑。很多时候，这样的忧虑，正如我们在内蒙古自治区苏尼特左旗调研时，当地老人发出的感慨那般让人揪心：

这治沙的心哪，人人都有，但你这个气候不行啊！干啊，旱啊。你说要有资金吧，也好办。国家的投资也不少，要是有效益的话，人家企业也会来。今年不行，我们可以明年、后年，实在不行就一辈子。只要你有效益，我就有信心。可你看这气候，根本就不行。咱这儿治理草原还得靠老天爷，这个没办法，全是沙子。你说人家有的地方，上面虽然干，但是下面好点，我挖地三尺就能有水。我费点力，投点资，都能实现。你现在挖地三尺还是沙子，更干了，越挖越干。你说这怎么办？

可见，在环境极度恶劣的情况下，由于先天因素的制约，即使治理也很难收到立竿见影的效果。所以，人们表现更多的自然是忧虑了，而不是去争议治理政策、过程、效果或未来的好坏。事实上，在恶劣的自然条件下，即使做了很多，效果也并不见得就很好，所以即使效果不好，大家也能表示理解，就不会去争议。或者，即使大家对治理结果等有争议，但这样的争议，在普遍而且强大的忧虑情绪之前，也会显得微不足道，自然也就很少会被人们所提及了。这也许就是这些地方虽然忧虑很多，但是争议很少的一个重要原因吧。但是有忧虑，总比没有忧虑好！有忧虑，最起码证明大家认识到了这些问题，自然会在可能的情况下想办法去解决，即使是杯水车薪，也总比毫无作为要好。怕就怕，最后"死猪不怕开水烫"，连忧虑也没有了，那可能就只能剩下绝望了。

总之，防沙治沙和沙漠化、荒漠化防治等工作是非常复杂的工程，不仅有成就，也会有问题，同时，不同的人对成就和问题也会有不同的看法，就会有忧虑，有争议。而且，有忧虑和有争议，其实都是好事，最起码都好于没有忧虑和没有争议。尤其是对那些协同程度低、治理效果比较差的地方，更应该多些忧虑，因为只有这样，才有更大的动力去想办法解决问题；而对那些协同度高，治理效果相对不错的地方，更应该允许甚至欢迎更多的争议，因为只有这样，才可能做得更好。而且，我们的调研也发现：相对做得越多越好的地方，争议就越多越激烈；而相对做得越少越不好的地方，争议也相对越少越平缓。这就是我们在此处想给出的一些最基本的结论。当然，是不是都对，还需要读者自己去评判和思考，而且需要今后的研究进一步验证和探讨。

三、对治理条件的反思：治理空间和治理能力决定治理效果，治理资本和治理方式影响治理能力

就像人都有自身的限制一样，我们不能让一个人凭空像鸟儿一样凌空飞翔；如果有人要让人不依靠任何凭借就像鸟儿一样在空中展翅翱翔，大家一定会说这个人疯了。对于沙化、沙漠化、荒漠化等的治理，也是一样。我们决不能离开治理所在地区的各种自然、社会等相对先天的制约条件而一味地提高治理目标和要求。如此，不仅不能有效治理沙漠化和荒漠化问题，而且会极大地破坏原有生态。具体来说，也就是要在强调积极治理的同时，必须认识到，治理也是有前提条件的，不同地区的治理可能性也不同，并不是所有地区都可以采用同样的治理手段和治理措施，更不是所有地区都可以治理到同样的水平。这些不同地区的各种自然、社会等的相对先天的制约条件不仅影响着该地区应该采取什么样的治理手段和措施，而且决定着即使在最好的治理状态下，该地区能够最终达到什么样的治理效果。在这里，我们把要治理地区的各种不可改变或不可立即改变的自然和社会条件相对先天决定的治理可能性的大小定义为"治理空间"；把治理地区基于一定治理空间，采取各种治理手段和措施以解决面临的治理问题的总体表现及其水平定义为"治理能力"；

把构建治理能力依赖的各种具有相对增值①效应的资源定义为"治理资本";而把除治理资本之外的其他各种影响治理能力的最重要的要素统一定义为"治理方式"(从更整体性的类型学意义上来说,治理方式和本书前面整体概括的治理模式是相同的,但模式更具有宏观类型学的含义,而这里则是从相对具体的角度而言的,故采用治理方式的说法)。如此,我们便可以将一个地区的治理效果看作该地区提供的先天的治理空间和后天的治理能力的函数;把一个地区的治理能力看作该地区具有的各种治理资本和采取的治理方式的函数。亦即

$$治理效果 = f(治理空间,治理能力)$$
$$治理能力 = g(治理资本,治理方式)$$

如此,则

$$治理效果 = f\{治理空间,g(治理资本,治理方式)\}$$

进一步地,我们可以把治理空间、治理资本、治理方式、治理能力、治理效果以及决定了治理空间的自然条件和社会条件的关系用图4−1表示。

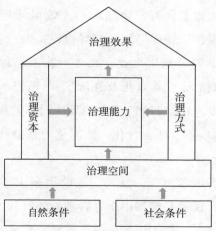

图4−1　治理空间、治理资本、治理方式、治理能力、治理效果的关系

---

① 杨立华.超越政府与超越企业:政府理论与企业理论的大社会科学和产品研究法[M].北京:中国经济出版社,2005:192.

在防沙治沙和荒漠化治理中，决定其治理空间的主要自然因素有地理因素、水资源因素（包括地下水、地表水和降水）、气候因素等，但最主要的还是地理因素和水资源因素。首先，就地理因素而言，在调研中有很多人进行了强调。例如，临泽县小泉子治沙站站长 M 指出，"治沙要以沙养人"。在磴口县中国林科院沙漠林业实验中心遇到的 X 领导也指出："非常重要的一点是，治沙要在适应的地方搞，免得后悔……大规模向沙漠进军是不可能的，也是没必要的。"盐池县沙泉湾治沙站遇到的北京林业大学水土保持学院 M 博士指出："应该首先认识到沙漠是一种应该存在的生态系统，不是人类能够将它从地球上消灭的，很多时候它也对人类并无威胁。"因此，在内蒙古与宁夏八县（旗、市）调研的反思中，我们也提出，"在适合的条件下发挥主观能动性，这是沙化治理成功的基本原则"。而且指出，治理技术作用的发挥也受制于治理条件（见图 2 - 8）。而这里的治理条件，就是影响或决定了治理空间的条件。而且，苏尼特左旗的老牧羊人也指出："咱这儿治理草原还得靠老天爷，这个没办法，全是沙子。"所以，在对正蓝旗与苏尼特左旗调研结果的反思中，我们也指出，治理条件好，协同和治理效果才更好。此外，乌审旗毛乌素沙地柏自然保护区管理局的 E 领导也说："我想你们听过'橘生淮南则为橘，生于淮北则为枳'之说。比之更甚，毛乌素沙地柏就只能生于斯长于斯，迁移到北方就难以生长存活了。"所以，我们在对乌审旗与乌拉特后旗调研的反思中也指出，"高治理协同高效果，低治理空间低协同"。总之，所有这些都说明，沙化、沙漠化等基础性地理因素影响甚至决定了治理空间的大小。

其次，就水资源因素而言，强调的人就更多了，也是调研中大家最强调的因素。例如，民勤县红崖山水库管理处的管理人员 G 就指出，"民勤的主要问题是缺水"，并指出"有水是绿洲，无水就是沙漠"。红崖山分厂厂长 G 也指出："民勤治沙面临的最主要问题就是水的问题。""政府现在提倡节水，但是实际上本来没有水，如何节水？还得靠外流域调水。"而且，他还指出，就是植树造林也要看条件，否则"现在造林，未来可能也枯死"。三角城林场的 3 名工作人员也指出："民勤沙化重点还是缺水，没有水还是不行。"环保局监察大队副队长Z则指出："（大家都）明显知道地下水超载，但没有办法治。因为已经突破了环境的临界线，没有办法恢复。"同样地，瓜州县的司机师傅C指出："只要有水就能治好，没有水种树也是白干。现在的问题主要还是没有水。"在奈曼旗的调研也发现，不仅技术是把"双刃剑"，而且就像大柳树国有林场领导所说的那样，无论怎样，"不降雨，种啥都够呛"。在四子王旗的调研也发现，虽然地表生态好转，但地下水也在下降。苏尼特左旗的包车师傅也指出："但是这个治理吧，你说他不下雨，再怎么治都没多大效果。"阿拉善右旗的牧民H也指出，虽然政府在参与草原治理中，采取了一些措施控制畜牧数量，但"草木生长主要看降雨量"。所有这些不仅强调了水作为防沙治沙的前提和先决条件的重要性，而且强调了水资源的多少对治理可能性或治理空间的影响。如果不顾水资源自身的条件以及由其影响和决定的治理空间，不仅不会取得好的治理效果，还有可能严重恶化生态。

在荒漠化治理中，决定其治理空间的主要社会因素也有很多，但主要是一些短期无法得到显著改善的法律性和政策性因素。例如，一些短期无法改变的上级政府的环境性、政策性因素等。在杭锦旗我们发现，强治理要成功，除了本地的强政府、强社会、强协同，还必须有强自然条件和强人为条件，尤其是上级政府等的强环境性或政策性人为条件。而这里所强调的人为条件，尤其是上级政府等的强环境性或政策性人为条件，在某种程度上，就一个固定的地域而言（在这里就是杭锦旗），也可以看作制约其治理空间大小的社会因素。同样地，在民勤县我们发现，虽然其自然条件尤其是水资源条件比较恶劣，但是来自中央的支持相对拓宽了其治理空间。在多伦县我们发现，其治沙的成功，除了较好的自然条件、较充足的治理资本和较好的治理方式之外，也与上级政府以及北京甚至中央的支持有关。当然，在杭锦旗、民勤县和多伦县我们看到的是上级的政策性支持拓宽了其治理空间。但是，在其他很多地方，如果这样的支持性条件不存在，一些短期无法改变的上级部门的制约和掣肘等，就会变成其治理空间的制约因素。

当然，需要指出的是，不是这里说的所有决定了治理空间的一些自然和社会因素都是永远不能改变的。就水资源来说，如果一个地方通过调水实现了改变，那么此时由水资源决定的治理空间相对以前来说就变得更大一些了。例如，民勤县的"引黄保民"工程就解决了一些民勤县的水资源严重短缺问题，为青土湖等的治理提供了相对可能的治理空间。在临泽县和敦煌市的调研中，受访者也多次提到了调水解决问题的办法。就环境性和政策性社会因素而言，也有可能通过上级政府和中央的政策、态度和关注点等的变化而发生变化。而且，相对于自然因素而言，除了历史和传统的制约，社会因素更容易改善。但是，除了水资源和社会因素，沙化等的地理因素往往是很难改变的，因此也可以将其看作决定一地治理空间的最根本性因素。

如上所述，把治理能力看作治理资本和治理方式的函数，也可以从治理资本和治理方式两个方面分析影响治理能力的因素。首先，就治理资本而言，包括物质资本（例如，是否有特定工具和物质资源等）、货币（财政或资金）资本、人力资本（通俗点讲，就是有没有人干活）、制度资本（如法律制度等）、组织资本（如组织机构等）、知识与技术资本、社会资本（如各种关系等）、文化资本（如文化传统和社会习俗等）等多种要素。[1] 特别地，在调研中，我们发现几乎所有的地区都特别强调资金也就是货币资本的重要性。除此之外，也有很多地方强调组织资本、制度资本以及知识与技术资本等的重要性。例如，我在民勤县的老同学强调："民勤县治理沙化重点是钱的问题，只要给钱，问题就能解决。"道长 Z 也指出："现在植物枯干，沙漠化蔓延，所面临的主要问题有两个，一个是缺钱，一个是缺水，这里水比钱还贵。"中卫沙坡头植物园的铁路治沙工程师 S 也指出："治沙就得花钱。"农牧林业局的一位林业工程师兼科长 L 也指出："有了钱，治沙是没有什么问题的。"甘肃省治沙研究所景泰试验站的护林员 H1 也指出，"有钱就能治理"。H2 也指出：

---

① 杨立华.超越政府与超越企业:政府理论与企业理论的大社会科学和产品研究法［M］.北京:中国经济出版社,2005:184 - 201.

"治沙研究所治得好是因为他们有钱。有钱就能办好，有钱谁都能办好。治沙首先把沙漠围住，然后有钱，栽上毛条、花棒等，雨水好，植被就好了。""治沙要把真正有水平、会管理、有技术的能人放到治沙站上来。资金方面多给点钱，没有钱办不了事情。"景泰林业局的一位领导 X 指出："现在治沙的关键就是资金的问题，有了资金，才有了钱，否则没有办法做事。"瓜州县的司机师傅 C 指出："主要问题也是没有钱，就像咱们开始过来的地方，那是国家拨钱治理，通过退耕还林治理的效果就好。"敦煌市林业系统某单位的技术人员 Y 也指出，沙漠化的主要问题"一个是资金投入的问题，要给钱"。莫高农业有限责任公司的职员也指出，沙漠化的主要原因是"缺钱和缺水，钱投上就好了"。此外，在翁牛特旗、敖汉旗、奈曼旗、磴口县、伊金霍洛旗、盐池县、鄂温克族自治旗、新巴尔虎左旗、陈巴尔虎旗、杭锦旗、达尔罕茂明安联合旗、四子王旗、苏尼特右旗、正蓝旗、乌拉特后旗、乌审旗等地方的不同调研者，都从不同的角度强调了钱的重要性。至于知识和技术资本的重要性就更不用说了，因为我们 2007 年的调研和 2011 年的调研本身就是围绕着专家学者的作用以及科学技术的作用展开的。故在此不再举例说明。

其次，就治理方式而言，也可以从多个方面进行分析。但是，在本研究中，我们最重要的发现就是两种治理主体即政府和社会的结合方式，是影响治理能力的关键，也最能影响治理资本功效的发挥。其中，强政府和强社会的治理能力最强。有关这一点，我们在前面已经进行了专门讨论，故此处不再赘述。

但是，需要指出的是，无论就影响治理空间的自然条件和社会条件而言，还是就影响治理能力的治理资本和治理方式而言，都有两种要素的组合问题。例如，在影响治理空间的自然条件和社会条件中，如果一地的自然条件的正面影响显著大于社会条件，则可将其看作自然优势型；如果社会条件的正面影响显著大于自然条件，则可将其看作社会优势型；如果自然条件和社会条件的正面影响差不多，则可将其看作相对均衡型（见图 4-2）。

同样地，在影响治理能力的治理资本和治理方式中，如果一地的治

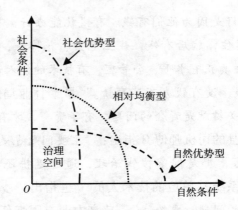

图 4 - 2　治理空间的三种理想类型划分

理资本的正面影响显著大于治理方式，则可将其看作资本优势型；如果治理方式的正面影响显著大于治理资本，则可将其看作方式优势型；如果治理资本和治理方式的正面影响差不多，则可将其看作相对均衡型（见图 4 - 3）。

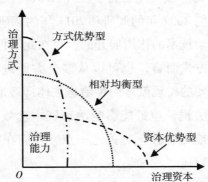

图 4 - 3　治理能力的三种理想类型划分

　　当然，以上对治理资本和治理能力类型的划分，都是基于马克斯·韦伯所说的理想型类型①划分的，实际的类型要复杂得多。这些从我们调研的 28 个县（旗、市）当中也能看得非常清楚。每个地方的由自然

―――――――――

　　① 　马克斯·韦伯. 社会科学方法论[M]. 李秋零,田薇,译. 北京:中国人民大学出版社,1999:
32.

条件和社会条件影响的治理空间以及由治理资本与治理方式影响的治理能力都不相同，并因此导致了不同形态的治理结果。例如，就自然条件和社会条件构成的治理空间而言，民勤县的自然条件相对较差，社会条件相对较好但仍然不足，因此在整体上可能偏向于社会优势型的较小治理空间；就治理资本和治理方式而言，民勤县的治理资本相对较弱，治理方式虽然相对较好，但政府和社会协同不足，故在整体上相对偏向于方式优势型的一般治理能力，并因此带来了相对一般的治理效果。同样地，就自然条件与社会条件构成的治理空间而言，临泽县和杭锦旗的自然条件与社会条件都相对较好，因此在整体上可能偏向于相对均衡型的较高治理空间（尤其是杭锦旗具有上级政府的强力支持）；就治理资本和治理方式而言，临泽县和杭锦旗的治理资本和治理方式也都相对较好（尤其是临泽县具有较强的社会参与），故在整体上偏向于相对均衡型的较高治理能力，并因此带来了相对较好的治理效果。当然，如果再将临泽县与杭锦旗和中卫市、多伦县和正蓝旗相比，则中卫市、多伦县和正蓝旗不仅由于较多的水资源及较多的社会支持导致了更高的相对均衡型的治理空间，而且由于较多的资源和较好的治理方式导致了相对更高的相对均衡型的治理能力，并因此带来了相对更好的治理效果。当然，必须注意的是，所有这些都是大致的分析，且都是相对而言的，并不一定完全正确。如要进行更加精确的分析，还需要今后研究持续收集更多的信息，并进行系统评估。

总之，本研究的一个基本发现是：一地的治理空间和治理能力共同决定了一地的治理效果。其中，相对而言，治理空间是先天基础条件，而治理能力是后天能动条件。要达到好的治理效果，就要在了解治理短期无法改变或显著改变的先天基础条件——治理空间的基础上，最大限度地发挥后天可以改变的治理资本和治理方式的作用，即最大限度地提高治理能力。而要提高治理能力，除了充分发挥各种治理资本的优势和作用，还要注重推动实现强政府和强社会相结合的"双强"治理模式。当然，也应该注意到，在一定的条件下，就是相对先天的治理空间，也有可能在某些条件改变的情况下随之改变，进而实现扩大或缩小。例如，虽然一个地方的天然水资源有限，这固然从自然条件的角度限制了其治理空间，但是如果它能够实现从外地调水，则可以在某种程度上实现治理空间的扩大。另外，技术的使用也有可能突破原来先天条件的制约，扩大治理的可能性和治理空间。与此相反，也有可能在某些条件的改变下，使原来的治理空间变小。例如，如果一地原来的水资源条件充沛，但是近年来由于种种原因，水资源受限，就会使其治理空间也受限。同样地，如果一地本来有上级部门的支持，但现在由于政策改变和领导人更替等原因，没有了这些支持，而且这种情况在短期内不会得到改善，那么就会从社会条件的方面限制其治理空间。总之，要实现更好的治理，就要在了解治理空间的基础上，立足治理空间，最大限度地提高治理能力；但如果在条件允许的情况下，可以通过某些要素的改变，实现治理空间的扩大，也要积极争取。

四、对调研过程的反思：四种类型的受访者和调研的基本经验

四种类型的受访者各有特点，亦各有作用

政府与社会的协同会在很大程度上影响治理效果，但很多时候，即使面对相同的治理结果，不同类型的受访者也会给出不同的答案。这里根据受访者愿意讨论的内容倾向，大致分为四种类型（见图4-4）。内容倾向有两个维度：问题倾向或者成就倾向。第一个维度倾向于反思本地区存在的问题，第二个维度倾向于谈论本地区取得的成就。如此，如果两个维度结合起来，就可以将受访者划分为四种类型：第一种可以称为综合型受访者，既谈问题也谈成就；第二种为歌颂型受访者，只谈成就而不谈问题；第三种为抱怨型受访者，只谈问题而不谈成就；第四种为关门型受访者，问题和成就都不愿意谈。

我们三次大规模调研中遇到的受访者，尤以歌颂型受访者和抱怨型受访者最为典型。具体而言，基层政府官员以歌颂型居多。很多主管官员更愿意展示在荒漠化治理中取得的成就，避免谈及存在的问题。这样

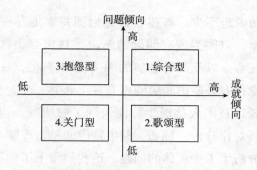

图 4 - 4　受访者的基本类型

资料来源：笔者自制。

访谈得到的信息的真实性就会打折扣，但是想要了解治理成就，这类受访者能够提供的有效信息可能远大于回避的问题。或者说，略有浮夸也比没有信息强。例如，有一些旗对于我们的调研特别热心，对于自己取得的成就也是极力呈现。当我们想要去当地的治沙站实地考察时，对方答应得也非常痛快，虽然受访者提供的信息真实性需要核实，但只要能够实地考察，一些不真实的信息就能被过滤掉。

抱怨型受访者以当地民众居多，也有一部分是即将退休的官员和技术人员。对于民众而言，一是因为"群众的眼睛是雪亮的"，他们会看到很多更真实的情况，自然会有很多问题反映；二是相对于官员等，民众也没有那么多约束和顾虑，这也可以使他们更愿意敞开来谈问题；三是由于民众不仅比较关心自己的利益，而且常常是利益相关方，这就使得他们在访谈过程中会更多地反映一些涉及自身利益的问题，如禁牧补贴的发放不及时、征地补偿的标准偏低等，这也使他们相对于其他受访者来说更容易反映问题。对于一些即将退休的官员而言，他们可能想到自己快要退休了，也就没有那么多顾虑，因此也就变得更加愿意说，也更加敢说，自然也会相对更加真实地反映一些问题。当然，也不排除有些人由于面临退休，心情不好，故意多说问题而少谈成绩的情况。而对很多技术人员来说，由于他们更多地从事技术工作，不仅对实际治沙情况更了解，而且更理想化，同时也没有官员那么多的顾虑，所以他们可能会更多地反映问题，而不是"展示成就"。

综合型受访者也不少,有些官员会力图将本地存在的问题和取得的成就都进行展示,以图为现有问题的解决寻找出路,这样的官员往往具有非常强的责任心。以苏尼特右旗的 M 领导最典型,一开始他不打算见我们,后来又觉得有必要把底层的声音往上传达一下。但是,总体而言,综合型的受访者以技术人员居多。他们既了解成就,也更熟悉问题,更愿意将二者进行对比分析。例如,翁牛特旗的总工程师 E,给我们介绍了很多成就,也分析了不少具体的问题,给我们留下了很深的印象。

关门型的受访者主要是生态脆弱地区的官员,尤其以负责官员为主。这些地区没有强关系的中间人引荐,基本不接受访谈。即使通过中间人得以进行访谈,所提供的也跟官方网站差不多,甚至还不如我们从一般路人那里得到的意外信息多。其实从受访者的角度来看,这也很好理解。地区生态环境越是脆弱,生态治理的现状就越是缺乏成就,存在的问题就越多,自然就越不愿意接受访谈。因此,在这种情况下,不接待、不配合,但你们自己去也拦不住,就变成了很多关门型受访者的基本态度。

对于不同类型的受访者,中间人的作用大不相同。很多时候,中间人最大的作用是尽量帮助我们避免碰上关门型受访者,或者至少能让关门型受访者转向歌颂型受访者,当然最好能转向综合型受访者。对于一些官员,如果中间人比较可靠,也确实可让其从歌颂型受访者转为综合型受访者。而且,只要能够过渡到综合型,访谈得到的信息的真实性、全面性就会大大提升,甚至后续一些较为隐蔽的话题也会被逐步谈及。当然,并不是说只有官员才可能是关门型受访者,有时候,地方民众也会有关门型受访者。他们不清楚外来调研者的背景,害怕接受访谈会给自己带来风险,所以会本能地拒绝接受访谈。但如果能够有中间人做引荐,就可能让其由关门型受访者转为歌颂型受访者、综合型受访者,或是抱怨型受访者。当然,在我们的调查中,由于我们寻找的中间人往往尽量避免是官员,这就使这些关门型受访者在中间人的作用下更多地变成了综合型受访者和抱怨型受访者。

还需要强调的一个问题是,很多研究者常常强调实地调研要"自下而上"，要尽量避免访谈政府人员，以免信息的真实性打折扣，甚至被欺骗①。但这种担心很可能会导致对访谈信息的全面性和部分真实信息的忽略。一般而言，访谈中所期待的真实性，是受访者作为个体的人，对其经历、认知和观点在访谈者面前的全面呈现。尤其是期待访谈对象能够说出一些亲身经历又不便于公开吐露的内容。② 必须承认，如果访谈官员和政府工作人员，信息的真实性确实常常会打折扣，在某些情况下甚至大打折扣。但是，我们要注意三个问题。第一，问题的全面性不是真实性所能弥补的。例如，对于整个县域的荒漠化治理，这就不是普通受访者能知晓的。如果只访谈农牧民，那么真实性相对不成问题，但全面性就会大打折扣。但如果访谈对象是主要负责的技术人员或主管官员，虽然真实性会受到影响，但整体来看，其提供的信息的全面性是其他受访者不能相比的。再如，我们想要了解政府各部门之间的业务关系，如果去问农牧民，其知晓的大多只是猜想和谣传。但如果访谈政府官员，我们至少能够知道水利部门和林业部门会各有各的考虑，也能明白不同部门各自的出发点。因此，也可以说，所谓的真实性是在有信息的前提下才可以探讨的，如果连相关信息都没有，就开始考虑真实性，这确实有些因噎废食了。第二，还有很多信息，也是只能从官员那里才能了解到的。例如，我们曾去很多自然保护区实地调研，如果没有基层政府部门的引导，很多重点我们是根本不可能看到的。而且，不管是沙区绿洲还是荒漠草原，不仅其观测点间的距离往往非常遥远，而且很多观测点是在基层政府机构的主导下建立的，其具体位置和实际情况普通民众很难知晓。因此，如果是外来者自己前去，可能连位置都找不到。因此，在这个时候，我们就不得不借助政府相关部门和人员的帮助。第三，对政府相关部门及其官员的访谈也常常会获得很多真实性非常高的信息。例如，通过林业的治沙效果呈现比较慢，从而降低了领导对此的关注度，这也是我们在访谈官员后才知道的。我们曾经想了解一家当地热电厂热

---

① 冉冉. 中国地方环境政治:政策与执行之间的距离[M]. 北京:中央编译出版社, 2015:14.
② 曹锦清. 黄河边的中国:一个学者对乡村社会的观察与思考[M]. 上海:上海文艺出版社, 2000:176.

心公益事业的事迹，询问当地的农牧民他们都知之甚少。于是，当时陪同我们调研的工作人员就帮我们打电话去电厂，才得知该厂的基本情况。再如，我们在内蒙古西部某旗调研时，关于禁牧补贴的发放问题，同行的农牧局领导就与当地的农牧民当面争论了起来，双方还僵持了一会儿，这就更加揭示了这个问题的真实性。因此，与其说访谈官员会使信息的真实性大打折扣，不如先考虑一下我们究竟要将访谈信息的真实性和全面性平衡到何种程度？如果要在二者之间找到一个平衡点，就必须折中考虑。总之，纳入政府这条线确实会有不少弊端，而且往往由于应酬太多会浪费很多宝贵的访谈时间，但是能够提高信息的全面性，获得很多从其他访谈者那里无法获取的信息，这是我们必须高度肯定的。

从调研获得的一些其他基本经验

当然，除了以上对四种类型的受访者以及他们各自的特点和作用的分析，从这些调研中，我们也初步总结了以下一些基本调研经验。

（1）良好的调研必须做好充分的准备，充分的准备是展开良好调研的必备条件。但是，也应该知道，再充分的准备都不可能预知所有调研中可能遇到的情况，所以即使准备得再充分的调研（尤其是大范围的调研）也带有很大的随机性，因此调研者必须时刻准备应付各种意外情况。这些意外情况，既可能包括一些令人沮丧的情况，也可能包括一些令人惊喜的情况。一些不好的情况可能包括：被访者的拒访、天气等不可抗力的限制、道路的阻隔、交通工具的缺失或故障、调研者自身的各种原因致使无法调研等，这是我们不希望的，却经常有可能出现的，一旦不幸出现这些情况，我们必须立即认识到这些情况的正常性，积极分析情况，并尽力想办法解决。一些好的情况可能包括：突然遇到了本不抱期望的访谈人或访谈机会、突然得到了意外的好心人的帮助等，这些当然都是我们希望的，但又是可遇而不可求的。一旦遇到这些情况，我们就必须立即随机应变，调整调研安排，积极抓住机会，否则机会稍纵即逝，失去了后悔也来不及了。

（2）调研必须尽可能地纳入不同的利益相关方，否则从任何单独一方得到的信息都有可能是有偏的。这一点，从以上我们对不同调研者的态度类型的分析中就可以看得非常明白。但是，要做到这一点，首先必须清晰地知道要调研问题的所有利益相关方究竟有哪些，尽力在调研中包括所有可能的利益相关方，并优先安排主要的或核心的利益相关方。例如，在沙化、荒漠化、草原治理的调研中，主要的利益相关方就包括农牧民、政府畜牧业局、草原局、林业局、水利局、治沙站等。此外，还包括专家学者、社会组织等。而且调研核心问题不同，即使是同一领域的调研（如都调研治沙防沙等），其核心利益相关方也不同。就像我们2007 年和 2011 年的调研，由于重点关注专家、学者以及科学技术在防沙治沙中的作用，自然除了农牧民等之外，专家、学者、工程师、技术人员、治沙试验站等就变成了最核心的利益相关方，自然这些人或机构是必须优先得到关注的。之后，在行有余力的情况下，再考虑其他次要利益相关方。

（3）要真正找到对调研问题有帮助的受访者，首先需要依赖当地人的真心帮助，只有在他们的帮助下，我们才能真正深入当地，接触到关键和核心部门及其人物。但是，又不能仅仅依靠当地人的帮助，还需要调研者本身做好各种充分的准备工作，千方百计为找到各种最有帮助的受访者积极努力；根据调研展开时遇到的各种实际情形不断随机应变，有效抓住并创造各种机会和条件。

（4）要真正从受访者那里得到最有效和真实的信息，首先必须消除和受访者之间的陌生感，必须和受访者建立良好的关系，必须尊重对方、理解对方，尽量与之打成一片，并让对方愿意和你推心置腹。我们的一个基本经验是：要消除和受访者之间的陌生感，首先必须和受访者进行必要的寒暄，而不要直奔调研主题；同时，在与受访者的寒暄和正式交谈中，要尽量通过“求同”（例如，共同的家乡、共同的学习专业、共同的爱好等）、表达理解、同情、共鸣、幽默、随和等方式，自然地拉近与受访者的距离，消除其戒备心理和紧张感。

（5）访谈研究最好能与实地观察紧密结合，随时相互印证，因为俗话说得好，“耳听为虚，眼见为实”，这在社会调研中显得尤其正确。但

443

是，必须注意，在地区广大或对象非常复杂的情况下，很多时候即使"眼见"也不一定"为实"。这个时候，就要求我们不仅要"多听"，还要"多看"，且只有把二者有机结合起来，才能得到更真实的信息。此外，也需要在调研过程中收集各种文本档案资料，以和访谈与观察数据相互印证或补充。同时，需要说明的是，事实上，我们这三次大规模的访谈和观察调研，还只是各自整体研究的一部分，在那些研究中，除了访谈、观察和文本档案资料收集之外，我们还使用了大规模调查、系统文献荟萃分析、典型案例分析和多个案例比较分析等多种数据收集与研究方法，这就为多种资料之间的相互验证提供了可能，更提高了研究的信度和效度。

（6）调研就是不断学习和进步的过程，调研中的遗憾和不完美随时存在，我们必须随时准备面对，坦诚接受。

（7）实地调研必须不怕吃苦，怕吃苦是做不了真正的实地调研的。

（8）真正妨碍我们研究的其实不是研究问题和对象本身的复杂性，而是那些被故意掩盖的信息和受访者提供的错误信息，所以我们的调研应该尽量挖掘那些被掩盖的信息，同时尽力避免被错误的信息以及偏见等误导。这在社会科学的研究中尤为重要，而在一个信息表达受到诸多社会要素制约的社会则会使其对研究的危害加倍，所以我们必须尽量扩大样本量，这不仅应该包括同一地区的不同部门和不同身份的人，而且应该包括尽量多的具有代表性的不同地区。因为有些时候我们发现，在同一地区，不同的人会补充不同的信息，或者会揭露或指出被别人掩盖或错误的信息，但是有些时候不会，这也可能是由共同的环境和氛围等决定的。此时，我们不得不离开这一地区，进入其他具有相同研究问题的地区，以尽量避免那种单一或者过少地区可能带来的局限性。

（9）再好的调研也是有缺陷的，所以我们必须不断改进调研方法，同时要不断研究，不断实践，以求能在未来做得更好！

此外，需要说明的是，由于我们访谈的地域跨度非常大，这也导致为了进行访谈，我们不得不不停地长途跋涉。因此，为了节省时间，也为了访谈更多的人，并希望得到更多的信息，有一些访谈是我们坐在车上一边走一边进行的。现在想来，那样的一些访谈，有很多其实是非常不安全的，也是很累人的。因为，既要一边走，一边找路，还要一边问，一边听，一边记录，确实非常不安全。同时，本来在车下已经安排和奔波得很累了，上了车还得继续工作，从而导致一刻也不能得闲，所以常常一路下来筋疲力尽。但这也是无可奈何的事情，中国幅员辽阔，我们要去的各个观测点之间距离太远，不可能每位受访者都能坐下来面对面交流。因此赶路这段时间不去多搜集信息，对于我们这些千里迢迢来进行调研的人而言，实在是极大的浪费。这很像科学研究本身，背后的千辛万苦才能汇成纸上的一行文字。但也正因为有了这背后的种种努力，才使我们对每一行文字有了更大的信心。说得更崇高一点，这样的努力和信心，虽然对整个荒漠化防治来说甚至可能够不上一滴有用的水滴，但即使是再小的水滴，如果能够越积越多，也会变成涓涓细流，并最终变成奔腾不息的河流，从而为建设更加美丽的中国贡献自己力所能及的力量。

最后，通过这些调研，我们另一个总的感受是：美丽中国除了美丽风景之外，还有美丽的人；那些不辞辛苦、勤勤恳恳地为建设美丽中国而努力奋斗的人，无论他们是政府官员，是农民牧民，是专家学者，是工程师或技术人员，是教师学生，是社会组织工作人员，是宗教人士，是超市老板，是出租车司机，是酒店服务员，是医生，还是其他任何人，只有他们，也只有他们，才是美丽中国最美丽的风景！

| 后　记 |

本书研究的调研路程相当遥远，调研和访谈的内容也相对多样。从
2007 年到 2014 年，3 次调研历时近 8 年，共调研县（旗、市）28 个。在
线路安排上，只有 2007 年的甘肃和宁夏 7 县（市）调研是单线推进的，
之后的调研都是两条以上的线路同时进行。这样做的优点很明显：既节
省了时间，扩大了调研地域，也锻炼了不同的调研者。但是，其弊端也
很明显：访谈的深度、资料搜集的广度、访谈背后信息的挖掘等方面会
受到一些制约。此外，虽然我们在调研前期做了非常充分的准备，对访
谈提纲也曾反复讨论修订不下数十次，但实地调研后常常需要应对各种
意外情况。总之，各种辛苦，自不待言；各种惊喜，也常常层出不穷。
因此，可以说，本书的研究虽有遗憾，却自有其价值。因此，我们在此
大胆将其汇报出来，以供学界朋友参考。同时，为了保证调研报告的原
汁原味，在初稿撰写时，我们也尽量想办法确保访谈一线人员参与其中，
力图能把最生动鲜活的调研经历和材料呈现给读者。具体而言，各章节
初稿的主要撰写人员分工如下。

2007 年甘肃和宁夏七县（市）调研：杨立华、黄河［七县（市）］。

2011 年内蒙古与宁夏八县（旗、市）调研：杨立华、申鹏云［东线
五县（旗、市）］；张腾、黄河［西线三县（旗）］。

2014 年内蒙古十三旗调研：杨立华、黄河（东中线七旗）；程诚、
申鹏云（中线两旗）；唐权、何元增（西线两旗）；朱拉其其格、黄河、
常多粉（阿拉善线两旗）。

书中每个（少数是每两个）县（旗、市）的调研汇报之后安排的总
结讨论部分、第四编的全部内容以及前三编前面的调研目的及线路安排
说明等由杨立华、黄河完成。

　　一些同学参与了相关县（旗、市）的部分资料搜集及数据核对工作，他们是：内蒙古师范大学历史文化学院学生李响、李彦慧、张欢欢、郑锦程、杨如燕、张雨婷、宋艳玲、韩婷、王晓静、李毓蓉、郭乾、特日格乐、阿荣赛汗、边旭东、刘凤阳。

　　在此基础上，杨立华、黄河对全书进行了统稿、增加和系统修订。由于初稿撰写文风各异，我们先在尽量保留原始风格的基础上进行了统一修改和编排，之后再由杨立华多次统一修改，并增补、重写了很多内容后，最终定稿。同时，由于书稿也是在各地的实地调研完成后才统一整理撰写的，尤其是最初以河西走廊为主的甘肃和宁夏七县（市）调研，距离原来的实际时间相对更为久远，虽然有当时的详细记录、照片、照片拍摄记录的时间等材料和信息可以帮助我们系统回忆调研经历，并进行认真查实和核对，但是也难免存在不能完整回忆和回忆不太正确的地方，再加之本身能力和水平所限，因此书中的各种缺漏和错误定然不少。恳请读者朋友多多批评指正！